计算机应用基础

主　编　姜　帆
副主编　王　艳　吴　丹
杨　柳　张丽平
（排名不分先后）

武汉理工大学出版社
·武汉·

图书在版编目(CIP)数据

计算机应用基础/姜帆主编. —武汉:武汉理工大学出版社,2017.3
ISBN 978-7-5629-5261-9

Ⅰ.① 计… Ⅱ.① 姜… Ⅲ.① 电子计算机—高等职业教育—教材 Ⅳ.① TP3

中国版本图书馆 CIP 数据核字(2016)第 208719 号

项目负责人:鹿丽萍　　责 任 编 辑:王嘉行
责 任 校 对:王一维　　封 面 设 计:芳华时代
出 版 发 行:武汉理工大学出版社
网　　　址:http://www.wutp.com.cn
地　　　址:武汉市洪山区珞狮路 122 号
邮　　　编:430070
经　　　销:各地新华书店
印　　　刷:湖北丰盈印务有限公司
开　　　本:789×1092　1/16
印　　　张:21.5
字　　　数:536 千字
版　　　次:2017 年 3 月第 1 版
印　　　次:2017 年 3 月第 1 次印刷
定　　　价:42.00 元
凡购本书,如有缺页、倒页、脱页等印装质量问题,请向出版社发行部调换。
本社购书热线电话:027-87515958　87523148　87785758　87165708(传真)

前　言

当今时代，计算机的应用已经渗透到社会生活的方方面面，掌握计算机的基本操作技能已经成为高职院校学生的必备职业素质之一。培养这种职业素质需要开设相应的课程。“计算机应用基础”就是学习计算机知识的入门课程，同时也是高职院校每个专业的公共基础课程。一门课程的学习离不开好的教材，本书就是一本为实现这个培养目标而编写的教材。

本书依照“以服务为宗旨，以就业为导向”的职业教育办学方针，根据高职院校学生注重实际操作的特点，结合编者多年的实际教学经验编写而成。全书将计算机应用基础分成七个模块，通过实际应用来讲解基础知识，这些实际应用以案例的形式展现，将每个知识点的讲解融入到具体的案例中。为方便学习者，本书每个案例都附有大量的图解。模块化和案例化是本书的最大特色。

本书的特点如下：

1. 紧跟时代：本书根据社会的发展，结合计算机应用的实际情况，以社会上应用广泛的 Windows 7、Office 2010、音频和视频处理的多媒体技术和网络操作技能为讲解重点，实现了课程内容和社会应用的无缝对接。

2. 知识够用：本书结合高职院校的教学实际，知识的纳入以“够用”为原则，例如，对于计算机处理数据所依赖的二进制知识，在本书中就没有涉及；而对于计算机的实际操作知识，比如，组装计算机所需要的知识，以及计算机基本硬件组成的知识则进行了详细介绍。

3. 突出操作：本书以计算机基本应用为核心，以培养学生的实际动手操作计算机的能力为重点，力求做到教学并重。在计算机操作这条主线中，辅以实际的实训任务，学生通过操作完成这些具体的学习任务，真正体现“老师做中教，学生做中学”的特点。

4. 任务导向：本书在 Office 2010 操作的相关 3 个模块中，每个模块都按照实际需要给出了十几个任务，这些任务涵盖了 Office 2010 操作的大部分应用场景。每个任务在编写中又分为任务目标、职业引导、知识技能、案例小结和应用探索。

5. 配备教学资源包：本书附带光盘中配备了包括教学素材、教学软件等内容的教学资源包，方便教师的教和学生的学。

本书提供了一个计算机操作的初学者需要掌握的大部分基本知识和操作技能指导，按照由知识到技能的顺序，依次分为 7 个模块。

模块 1：信息科学与计算机。这个模块在知识上主要包括计算机的基本概念、计算机的基本组成、计算机的信息安全，在操作技能上重点介绍了键盘的使用。

模块 2：计算机操作系统——Windows 7。这个模块在知识上包括了 Windows 7 系统的基本概念和 Windows 7 系统的维护和安全，在操作技能上重点介绍了 Windows 7 系统的安装、个性化设置、资源管理、网卡设置和声卡驱动安装以及中文输入法。

模块 3：文字处理——Word 2010 应用。这个模块主要包括文字、段落、页面的格式编辑，图形图片的绘制与编辑，以及文本框、艺术字的创建与格式修改等知识点。学习该模块后，读者可以熟练地运用 Word 软件做各种文字处理的工作：如工作总结、简历制作等，还可以实现常见的图文混排的艺术化效果，如制作海报、简报、卡片。

模块 4：电子表格处理——Excel 2010 应用。这个模块在知识上主要包括 Excel 2010 的基本操作、函数、数据清单、数据筛选、图表、数据排序、分类汇总及数据透视表等知识点，在操作技能上包括数据录入的编辑技巧、工作表格式设置、条件格式设置、函数嵌套使用、利用图表实现数据的对比分析，数据报表的筛选、排序及分类汇总等综合应用知识。

模块 5：幻灯片处理——PowerPoint 2010 应用。这个模块在知识上主要包括了 PowerPoint 2010的界面组成、基本操作、自定义动画、图形的编辑、多媒体设置、切换效果，在操作技能上包括模板的应用、文字编辑、图片的插入、动画效果设置、自选图形的编辑、声音的插入、视频的处理、超链接、触发器、幻灯片切换、演示文稿打包。

模块 6：因特网应用。这个模块在知识上介绍了计算机网络的基本概念以及 IP 地址，在操作技能上重点介绍了 IE8 浏览器的使用和电子邮件的收发。

模块 7：音视频处理。这个模块在知识上介绍了音频和视频处理的相关软件，在操作技能上重点介绍了降噪、生成伴奏带、回声效果以及视频拼接、视频剪辑和视频特效处理。

本书由江汉艺术职业学院计算机专业教师编写，姜帆任主编，王艳、吴丹、杨柳和张丽平任副主编。姜帆老师主要编写了模块 1 的计算机安全部分，模块 2 的 Windows 7 系统的安装、Windows 7 系统的网络和多媒体，以及 Windows 7 的系统和安全部分，模块 7 的音频处理部分和模块 6，并负责本书的统稿；王艳老师编写了模块 4，吴丹老师编写了模块 3 和模块 7 的视频处理部分；杨柳老师编写了模块 5；张丽平老师编写了模块 1 和模块 2 的大部分内容。

本书在编写过程中得到了江汉艺术职业学院院长杨文堂、常务副院长李永华、教务处处长廖江涛、教务处副处长李红云、网络信息中心主任潘方胜、科研处处长袁航等同志的深切关怀，也得到了江汉艺术职业学院计算机专业其他教师的大力协助，在此表示深深的谢意！

本书附带光盘中的软件和素材仅供学习使用，禁止用于商业用途。

由于作者水平所限，书中难免有不足之处，敬请读者批评指正。

编　者

2016 年 8 月

目　　录

1 信息科学与计算机

1.1 初识计算机

1.1.1 计算机的概念

计算机是一种能够存储程序,并能按照程序自动、高速、精确地进行大量计算和信息处理的现代化智能电子机器,又称电脑。由硬件系统和软件系统所组成,没有安装任何软件的计算机称为裸机。电子计算机的发展和应用水平是衡量一个国家的科学技术发展水平和经济实力的重要标志。因此,学习和应用电子计算机知识,对于每一个学生、科技人员、教育者和管理者都是十分必要的。

1.1.2 计算机发展简史

世界上第一台电子数字式计算机于 1946 年 2 月 15 日在美国宾夕法尼亚大学正式投入运行,它的名称叫 ENIAC(埃尼阿克),是电子数值积分计算机(The Electronic Numberical Intergrator and Computer)的缩写。

ENIAC 是美国奥伯丁武器试验场为了满足计算弹道需要而研制成的,这台计算器使用了 17840 支电子管,大小为 80 英尺×8 英尺,重达 28 吨,功耗为 170 千瓦,其每秒能运行 5000 次的加法运算,造价约为 487000 美元。ENIAC 的问世具有划时代的意义,表明电子计算机时代的到来。在以后 60 多年里,计算机技术以惊人的速度发展,没有任何一门技术像计算机技术一样性能价格比能在 30 年内增长 6 个数量级。

ENIAC 奠定了电子计算机的发展基础,开辟了一个计算机科学技术的新纪元。有人将其称为人类第三次产业革命开始的标志。ENIAC 诞生后,数学家冯·诺依曼提出了重要的改进理论,主要有两点:其一是电子计算机应该以二进制为运算基础,其二是电子计算机应采用存储程序方式工作,并且进一步明确指出了整个计算机的结构应由五个部分组成:运算器、控制器、存储器、输入装置和输出装置。冯·诺依曼的这些理论的提出,解决了计算机的运算自动化的问题和速度配合问题,对后来计算机的发展起到了决定性的作用。直至今天,绝大部分的计算机还是采用冯·诺依曼方式工作。ENIAC 计算机如图 1-1 所示。

计算机的发展经历了四个阶段:

1.第一代计算机:电子管数字计算机(1946 年~1958 年)

硬件方面,逻辑元件采用真空电子管,主存储器采用汞延迟线、阴极射线示波管静电存储器、磁鼓、磁芯;外存储器采用磁带。软件方面采用机器语言、汇编语言。应用领域以军事和科学计算为主。特点是体积大、功耗高、可靠性差、速度慢(一般为每秒数千次至数万次)、价格昂贵,但为以后的计算机发展奠定了基础。电子管数字计算机如图 1-2 所示。

图 1-1　ENIAC 计算机

图 1-2　电子管数字计算机

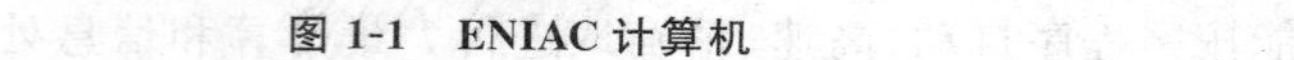

2. 第二代计算机：晶体管数字计算机(1958 年～1964 年)

硬件方面，逻辑元件采用晶体管，主存储器采用磁芯，外存储器采用磁盘。软件方面出现了以批处理为主的操作系统、高级语言及其编译程序。应用领域以科学计算和事务处理为主，并开始进入工业控制领域。特点是体积缩小、能耗降低、可靠性提高、运算速度提高(一般为每秒数十万次，可高达 300 万次)、性能比第一代计算机有很大的提高。

3. 第三代计算机：集成电路数字计算机(1964～1970 年)

硬件方面，逻辑元件采用中、小规模集成电路(MSI、SSI)，主存储器仍采用磁芯。软件方面出现了分时操作系统以及结构化、规模化程序设计方法。特点是速度更快(一般为每秒数百万次至数千万次)，而且可靠性有了显著提高，价格进一步下降，产品走向了通用化、系列化和标准化。应用领域开始进入文字处理和图形图像处理领域。集成电路数字计算机如图 1-3 所示。

图 1-3　集成电路数字计算机

4. 第四代计算机：大规模集成电路计算机(1970 年至今)

硬件方面，逻辑元件采用大规模和超大规模集成电路(LSI 和 VLSI)。软件方面出现了数据库管理系统、网络管理系统和面向对象语言等。1971 年世界上第一台微处理器在美国硅谷诞生，开创了微型计算机的新时代，应用领域从科学计算、事务管理、过程控制逐步走向家庭。

1.1.3 计算机的特点

计算机的主要特点表现在以下几个方面：

1. 运算速度快

运算速度是计算机的一个重要性能指标。计算机的运算速度通常用每秒钟执行定点加法的次数或平均每秒钟执行指令的条数来衡量。运算速度快是计算机的一个突出特点。计算机的运算速度已由早期的每秒几千次（如 ENIAC 机每秒钟仅可完成 5000 次定点加法）发展到现在的每秒几千亿次乃至万亿次，这样的运算速度是何等的惊人！

2. 计算精度高

在科学研究和工程设计中，对计算的结果精度有很高的要求。一般的计算工具只能达到几位有效数字（如过去常用的四位数学用表、八位数学用表等），而计算机对数据的结果精度可达到十几位、几十位有效数字，根据需要甚至可达到任意的精度。

3. 存储容量大

计算机的存储器可以存储大量数据，这使计算机具有了记忆功能。目前计算机的存储容量越来越大，已高达千兆数量级的容量。计算机具有记忆功能，是与传统计算工具的一个重要区别。

4. 具有逻辑判断功能

计算机的运算器除了能够完成基本的算术运算外，还具有进行比较、判断等逻辑运算的功能。这种能力是计算机处理逻辑推理问题的前提。

5. 自动化程度高，通用性强

由于计算机的工作方式是将程序和数据先存放在机内，工作时按程序规定的操作，一步一步地自动完成，一般无须人工干预，因而自动化程度高。这一特点是一般计算工具所不具备的。

计算机通用性的特点表现在几乎能求解自然科学和社会科学中一切类型的问题，能广泛地应用于各个领域。

1.1.4 计算机的分类

计算机的种类很多，可以按其不同的标志进行分类，通常计算机可分为模拟计算机和数字计算机两大类。

1. 模拟计算机是通过电压的大小来表示数，即通过电的物理变化过程来进行数值计算。参与运算的数值由不间断的连续量表示，其运算过程是连续的，模拟计算机由于受元器件质量影响，其计算精度较低，应用范围较窄，目前已很少生产。

2. 数字计算机是通过电信号的有无来表示数，并利用算术和逻辑运算法则进行计算的，参与运算的数值用断断续续的数字量表示，其运算过程按数字位进行计算，数字计算机由于具有逻辑判断等功能，以近似人类大脑的“思维”方式进行工作，所以又被称为“电脑”。数字计算机按用途又可分为专用计算机和通用计算机。

专用与通用计算机在其效率、速度、配置、结构复杂程度、造价和适应性等方面是有区别的。

（1）专用计算机功能单一、使用面窄，针对某类问题能显示出最有效、最快速和最经济的特性，它是为了解决一些专门的问题而设计制造的。因此它的适应性较差，不适于其他方面的应用。我们在导弹和火箭上使用的计算机很大部分就是专用计算机。这些东西就是再先进，你也不能用它来玩游戏。

(2) 通用计算机功能多样，适应性很强，应用面很广，但其运行效率、速度和经济性依据不同的应用对象会受到不同程度的影响。

通用计算机按其规模、速度和功能等又可分为巨型机、大型机、中型机、小型机、微型机及单片机。这些类型之间的基本区别通常在于其体积大小、结构复杂程度、功率消耗、性能指标、数据存储容量、指令系统和设备、软件配置等的不同。

一般来说，巨型计算机的运算速度很高，每秒可执行几亿条指令，数据存储容量很大，规模大结构复杂，价格昂贵，主要用于大型科学计算，它也是衡量一个国家科学实力的重要标志之一。单片计算机则只由一片集成电路制成，其体积小、重量轻，结构十分简单。性能介于巨型机和单片机之间的就是大型机、中型机、小型机和微型机，它们的性能指标和结构规模则相应地依次递减。

1.1.5 计算机的应用领域

1. 信息管理

信息管理是以数据库管理系统为基础，辅助管理者提高决策水平、改善运营策略的计算机技术。信息处理具体包括数据的采集、存储、加工、分类、排序、检索和发布等一系列工作。信息处理已成为当代计算机的主要任务，是现代化管理的基础。据统计，80%以上的计算机主要应用于信息管理，成为计算机应用的主导方向。信息管理已广泛应用与办公自动化、企事业计算机辅助管理与决策、情报检索、图书馆管理、电影电视动画设计、会计电算化等各行各业。

2. 科学计算

科学计算是计算机最早的应用领域，是指利用计算机来完成科学研究和工程技术中提出的数值计算问题。在现代科学技术工作中，科学计算的任务是大量的和复杂的。利用计算机的运算速度高、存储容量大和连续运算的能力，可以解决人工无法完成的各种科学计算问题。例如，工程设计、地震预测、气象预报、火箭发射等都需要由计算机承担庞大而复杂的计算量。

3. 过程控制

过程控制是利用计算机实时采集数据、分析数据，按最优值迅速地对控制对象进行自动调节或自动控制。采用计算机进行过程控制，不仅可以大大提高控制的自动化水平，而且可以提高控制的时效性和准确性，从而改善劳动条件、提高产量及合格率。因此，计算机过程控制已在机械、冶金、石油、化工、电力等部门得到广泛的应用。

4. 辅助技术：计算机辅助技术包括 CAD、CAM 和 CAI。

(1) 计算机辅助设计(Computer Aided Design，简称 CAD)

计算机辅助设计是利用计算机系统辅助设计人员进行工程或产品设计，以实现最佳设计效果的一种技术。CAD 技术已应用于飞机设计、船舶设计、建筑设计、机械设计、大规模集成电路设计等。采用计算机辅助设计，可缩短设计时间，提高工作效率，节省人力、物力和财力，更重要的是提高了设计质量。

(2) 计算机辅助制造(Computer Aided Manufacturing,简称 CAM)

计算机辅助制造是利用计算机系统进行产品的加工控制过程,输入的信息是零件的工艺路线和工程内容,输出的信息是刀具的运动轨迹。将 CAD 和 CAM 技术集成,可以实现设计产品生产的自动化,这种技术被称为计算机集成制造系统。有些国家已把 CAD 和计算机辅助制造(Computer Aided Manufacturing)、计算机辅助测试(Computer Aided Test)及计算机辅助工程(Computer Aided Engineering)组成一个集成系统,使设计、制造、测试和管理有机地组成为一体,形成高度的自动化系统,因此产生了自动化生产线和"无人工厂"。

(3) 计算机辅助教学(Computer Aided Instruction,简称 CAI)

计算机辅助教学是利用计算机系统进行课堂教学。教学课件可以用 PowerPoint 或 Flash 等制作。CAI 不仅能减轻教师的负担,还能使教学内容生动、形象逼真,能够动态演示实验原理或操作过程,激发学生的学习兴趣,提高教学质量,为培养现代化高质量人才提供了有效方法。

5. 计算机翻译

1947 年,美国数学家、工程师沃伦·韦弗与英国物理学家、工程师安德鲁·布思提出了以计算机进行翻译(简称"机译")的设想,机译从此步入历史舞台,并走过了一条曲折而漫长的发展道路。机译被列为 21 世纪世界十大科技难题。与此同时,机译技术也拥有巨大的应用需求。

6. 人工智能

人工智能(Artificial Intelligence,简称 AI)是指计算机模拟人类某些智力行为的理论、技术和应用,诸如感知、判断、理解、学习、问题的求解和图像识别等。人工智能是计算机应用的一个新的领域,这方面的研究和应用正处于发展阶段,在医疗诊断、定理证明、模式识别、智能检索、语言翻译、机器人等方面,已有了显著的成效。例如,用计算机模拟人脑的部分功能进行思维学习、推理、联想和决策,使计算机具有一定"思维能力"。我国已成功开发一些中医专家诊断系统,可以模拟名医给患者诊病开方。

7. 多媒体应用

随着电子技术特别是通信和计算机技术的发展,人们已经有能力把文本、音频、视频、动画、图形和图像等各种媒体综合起来,构成一种全新的概念——"多媒体"(Multimedia)。在医疗、教育、商业、银行、保险、行政管理、军事、工业、广播、交流和出版等领域中,多媒体的应用发展很快。

1.2 计算机系统与常用设备

1.2.1 计算机系统的组成和工作原理

1. 计算机系统的组成

计算机系统由计算机硬件系统和软件系统两部分组成。硬件系统是指组成计算机的各种物理设备,软件系统是计算机的运行程序和相应的文档。硬件系统和软件系统相互依赖,缺一不可。计算机系统的组成可参考图 1-4。

2. 计算机工作原理

计算机的基本原理是存储程序和程序控制。预先要把指挥计算机如何进行操作的指令序列（称为程序）和原始数据通过输入设备输送到计算机内存储器中。每一条指令中明确规定了计算机从哪个地址取数，进行什么操作，然后送到什么地址去等步骤。

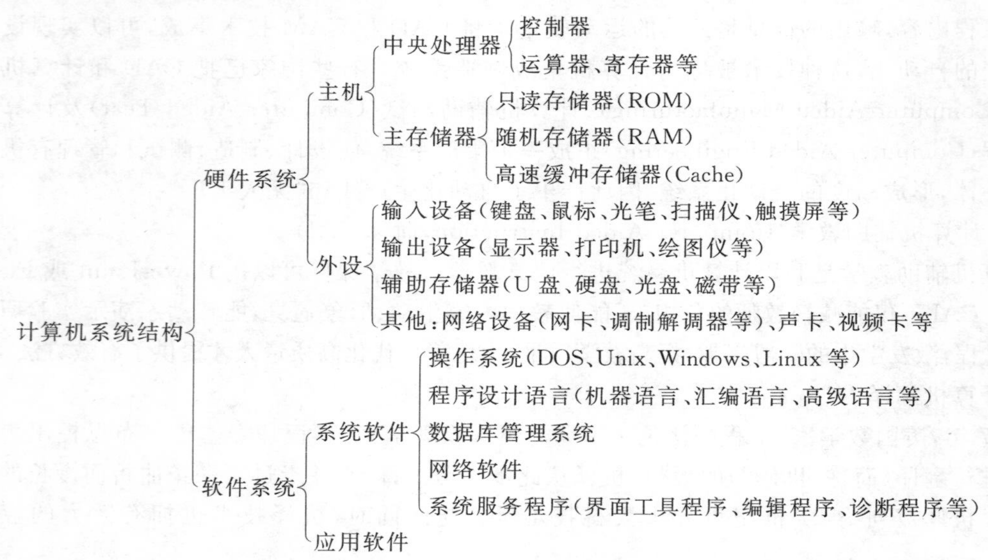

图 1-4　计算机系统组成示意图

（1）存储程序控制原理

"存储程序控制原理"是 1946 年由美籍匈牙利数学家冯·诺依曼提出的，所以又称为"冯·诺依曼原理"。该原理确立了现代计算机的基本组成的工作方式，直到现在，计算机的设计与制造依然遵循"冯·诺依曼原理"的体系结构。

（2）存储程序控制原理的基本内容

① 采用二进制形式表示数据和指令。

② 将程序（数据和指令序列）预先存放在主存储器中（程序存储），使计算机在工作时能够自动高速地从存储器中取出指令，并加以执行（程序控制）。

③ 由运算器、控制器、存储器、输入设备、输出设备五大基本部件组成计算机硬件体系结构。

（3）计算机工作过程

第一步：将程序和数据通过输入设备送入存储器。

第二步：启动运行后，计算机从存储器中取出程序指令送到控制器去识别，分析该指令要做的运算。

第三步：控制器根据指令的含义发出相应的命令（如加法、减法），将存储单元中存放的操作数据取出送往运算器进行运算，再把运算结果送回存储器指定的单元中。

第四步：当运算任务完成后，就可以根据指令将结果通过输出设备输出。

计算机的工作过程实际上就是快速地执行指令的过程。指令执行是由计算机硬件来实现的，指令执行时，必须先装入计算机内存，CPU 负责从内存中逐条取出指令，并对指令分析译码，判断该条指令要完成的操作，向各部件发出完成操作的控制信号，从而完成一条指令的执行。当执行完一条指令后再处理下一条指令，CPU 就是这样周而复始地工作，直到程序的完成。计算机工作原理可参考图 1-5。

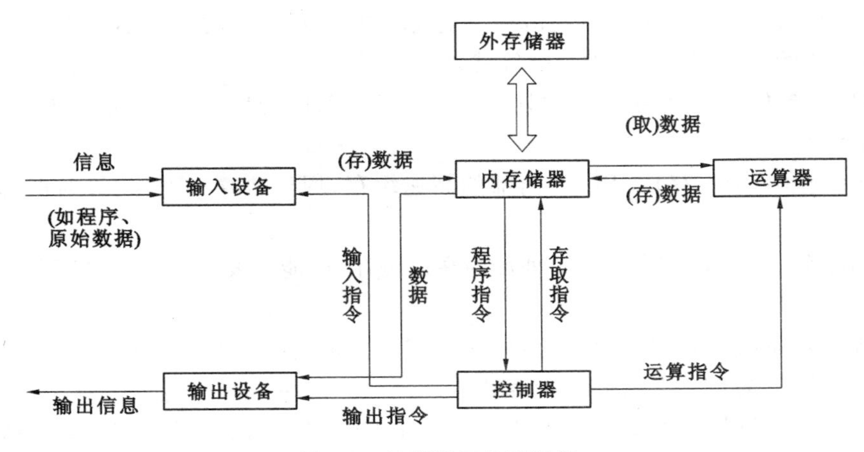

图 1-5 计算机工作原理图

1.2.2 计算机硬件系统

计算机的硬件系统通常由运算器、控制器、存储器、输入设备和输出设备五大部分组成。

1. 中央处理器(CPU)

中央处理器(Central Processing Unit,简称 CPU)是计算机的核心部件,就好像是计算机的"大脑",负责对信息和数据进行加工、运算及处理,对计算机的其他各组件进行操控。CPU 由运算器、控制器等构成。

(1) 运算器

作用:运算器是计算机的核心部件,主要负责对信息进行加工处理。运算器不断地从存储器中得到要加工的数据,对其进行加、减、乘、除及各种逻辑运算,亦称算术逻辑部件(ALU)。并将最后的结果送回存储器中,整个过程在控制器的指挥下有条不紊地进行。

组成:运算器由算术逻辑单元(ALU)、累加器、状态寄存器、通用寄存器等组成。运算器示意如图 1-6 所示。

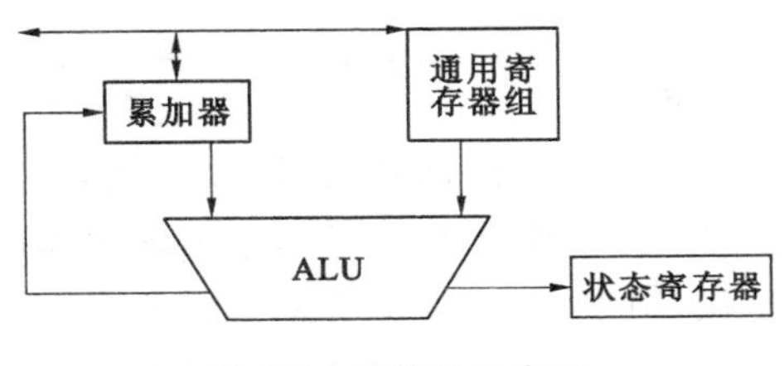

图 1-6 运算器示意图

(2) 控制器

作用:控制器是计算机的指挥中枢,主要作用是使计算机能够自动地执行命令。

组成:控制器由指令指针寄存器、指令寄存器、控制逻辑电路和时钟控制电路等组成。指令指针寄存器(IP)用于产生及存放一条待取指令的地址。指令寄存器用于存放指令。指令从内存取出后放入指令寄存器。

指令系统:通过 CPU 发出指令,让计算机识别并执行。

CPU 的性能主要由 CPU 主频、外频、高速缓存、制造工艺、位数和接口来决定。

① CPU 主频:是 CPU 的实际工作频率,一般以 MHz 或 GHz 为单位,也就是说 CPU 在

每秒钟能够产生数百万次或十亿次的信号。主频越高,每秒完成的指令数就越多,处理速度就越快。平时所说的133 MHz、1.7 GHz等就是指主频。

② 外频:是指CPU内系统总线的频率,一般是以MHz为单位,也就是说每秒钟能够传送数百万次的信号。

③ 内部缓存(一级缓存):CPU的内部的高速缓存,用于暂存CPU运算时的部分指令和数据。

④ 外部缓存(二级缓存):CPU的外部的高速缓存,性能主要是由二级缓存的容量的来决定的。

⑤ 制造工艺:制造工艺决定倍频系数,现在的工艺精度以微米来表示,数值越小表示工艺越先进,例如奔腾4的制造工艺是0.13微米。

位数和接口:计算机更新换代最重要的标志是CPU的位数,也就是CPU一次所能处理的二进制数据量。现在大多数个人计算机是64位机。

2. 存储器

存储器是计算机存放数据程序的部件,容量以字节为基本单位,由内存储器(主存)和外存储器(辅存)组成。它的介质材料有半导体存储器、磁表面存储器和光存储器。

(1) 主存储器(内存)

内存分成只读存储器(ROM)、随机读写存储器(RAM)、高速缓冲存储器(CACHE)三种。

① 只读存储器(ROM)

只读存储器用于存储计算机中固定的程序和数据,如引导程序、监控程序等。它的介质材料是半导体存储器。ROM只能进行"读"操作,不能进行"写"操作,计算机断电后,ROM内的原有固化程序和数据不会丢失。

② 随机读写存储器(RAM)

随机读写存储器是内存的主要部分,用于动态地存放和输出数据与程序。它的介质材料是半导体存储器。RAM既能进行"读"操作,也能进行"写"操作,计算机断电后,RAM内的程序和数据全部丢失。根据制造原理的不同,RAM可分为静态随机存储器SRAM和动态随机存储器DRAM两种。

③ 高速缓冲存储器(CACHE)

高速缓冲存储器作为CPU与RAM之间的缓冲,用于提高CPU"读写"程序、数据的速度,从而提高计算机整体的工作速度。它的介质材料是半导体存储器。Cache既能进行"读"操作,也能进行"写"操作。与RAM比较,Cache存储容量小,"读写"速度快、价格高,并且计算机断电后,CACHE内的内容全部丢失。图1-7为内存条的图片。

(2) 辅助存储器(外存)

外存储器的种类很多,有磁带存储器、软盘存储器、U盘存储器、硬盘存储器、光盘存储器等。它通常是磁性介质或光盘,能长期保存信息,并且不依赖于电来保存信息,但是由机械部件带动,速度与CPU相比就慢得多。

① 磁带存储器

磁带存储器用于存储大中型计算机中的程序、图像和数据。它的介质材料是磁表面存储器。磁带存储器只能按顺序进行"读写"操作,不能随机"读写",它的存储容量大,"读写"速度慢、成本低,计算机断电后,内容能保存。

图 1-7 DDR 内存条

② 软盘存储器

软盘存储器在微型机中用于存放和输出小型程序或数据。软盘主要使用的是 3.5 寸软盘，最多只能存 1.44 M，因为它个头小、携带方便，在前几年颇为盛行，但是终因为容量的限制，目前已逐渐被 U 盘和光盘所取代。

③ U 盘存储器

U 盘是一种新型的移动存储产品，主要用于存储较大的数据文件和在电脑之间方便地交换文件。存储介质是用目前最为先进的 Flash 闪存芯片。它不需要物理驱动器，也不需外接电源，可热插拔。由于体积很小，重量极轻，可抗震防潮，特别适合随身携带，是移动办公及文件交换理想的存储产品。

④ 硬盘存储器

硬盘用于存储计算机中的程序、图像和数据。介质材料是硬金属外面的磁表面存储器。硬盘存储容量大，"读写"速度快、成本低，计算机断电后，内容保留。

需要注意：使用时要注意防震，硬盘正在操作时，千万不能切断电源。

下面介绍几个有关硬盘的关键参数。

a. 硬盘的转速：也就是硬盘电机主轴的转速，转速是决定硬盘内部传输率的关键因素之一，它的快慢在很大程度上影响了硬盘的速度，同时转速的快慢也是区分硬盘档次的重要标志之一。

b. 平均寻道时间：指硬盘在盘面上移动读写头至指定磁道寻找相应目标数据所用的时间，它描述硬盘读取数据的能力，单位为毫秒。

c. 最大内部数据传输率：指磁头至硬盘缓存间的最大数据传输率，一般取决于硬盘的盘片转速和盘片数据线密度(指同一磁道上的数据间隔度)。

移动硬盘目前在我们的工作和学习中用的非常多，它的主要特点：一是容量大，移动硬盘可以提供相当大的存储容量，是一种较具性价比的移动存储产品，目前比较常见的移动硬盘有 10 GB、20 GB、40 GB 等容量；二是传输速度快；三是使用方便。图 1-8、图 1-9 为硬盘图。

⑤ 光盘存储器

光盘用于存储计算机中的程序、图像和数据。它的存储介质是光介质存储器，光盘又分为只读型光盘 CD-ROM、一次写多次读型光盘 WORM、可擦写型光盘 CD-RW、DVD-ROM 光盘。它的存储容量大、成本低，但只能进行"读"操作，不能进行"写"操作。

图 1-8　电脑硬盘图　　　　图 1-9　移动硬盘图

3. 输入设备

输入设备的功能是将数据、程序、文字符号、图像、声音等信息输送到计算机中。常用的输入设备有键盘、鼠标、触摸屏、数字转换器等。

(1) 键盘

键盘是最常用也是最主要的输入设备，通过键盘，可以将英文字母、数字、标点符号等输入到计算机中，从而向计算机发出命令、输入数据等。

(2) 鼠标

鼠标因形似老鼠而得名。它用来控制显示器所显示的指针光标。

(3) 触摸屏

触摸屏是一种覆盖了一层塑料的特殊显示屏，在塑料层后是互相交叉不可见的红外线光束。用户通过手指触摸显示屏来选择菜单项。触摸屏的特点是容易使用。例如自动柜员机(Automated Teller Machine，简记为 ATM)、银行、饭店、百货商场等场合均可看到触摸屏的使用。

(4) 数字转换器

数字转换器是一种用来描绘或拷贝图画或照片的设备。它常常用于工程图纸的设计。

除此之外的输入设备，还有游戏杆、光笔、数码相机、数字摄像机、图像扫描仪、传真机、条形码阅读器、语音输入设备等。

4. 输出设备

输出设备的功能是将计算机的运算结果或者中间结果打印或显示出来。常用的输出设备有显示器、打印机、绘图仪和传真机等。

(1) 显示器

显示器(Display)是计算机必备的输出设备，常用的有阴极射线管显示器、液晶显示器和等离子显示器。

显示器的两个重要技术指标是：一是屏幕上光点的多少，即像素的多少，称为分辨率；二是光点亮度的深浅变化层次，即灰度，可以用颜色来表示。分辨率和灰度的级别是衡量图像质量的标准。

（2）打印机

打印机（Printer）是计算机最基本的输出设备之一。它将计算机的处理结果打印在纸上。打印机按印字方式可分为击打式和非击打式两类。

击打式打印机是利用机械动作，将字体通过色带打印在纸上，根据印出字体的方式又可分为活字式打印机和点阵式打印机。

非击打式打印机是用各种物理或化学的方法印刷字符的，如静电感应，电灼、热敏效应，激光扫描和喷墨等。其中激光打印机（Laser Printer）和喷墨式打印机（Inkjet Printer）是目前最流行的两种打印机，它们都以点阵的形式组成字符和各种图形。

（3）绘图仪

绘图仪是一种能按照人们的要求自动绘制图形的设备。它可将计算机的输出信息以图形的形式输出。主要可绘制各种管理图表和统计图、大地测量图、建筑设计图、电路布线图、各种机械图与计算机辅助设计图等。

1.2.3 计算机软件系统

计算机软件总体分为系统软件和应用软件两大类。系统软件为计算机的使用提供了最基本的功能，但是并不针对某一特定应用领域。而应用软件则恰好相反，不同的应用软件根据用户和所服务的领域提供不同的功能。

软件并不只是包括可以在计算机上运行的电脑程序，与这些电脑程序相关的文档，一般也被认为是软件的一部分。简单地说软件就是程序加文档的集合体。程序是软件的主体，一般保存在存储介质（如软盘、硬盘和光盘）中，以便在计算机上使用。文档对于使用和维护软件尤其重要，随着软件产品发布的文档主要是使用手册，其中包含了该软件产品的功能介绍、运行环境要求、安装方法、操作说明和错误信息说明等。

1. 系统软件

系统软件是管理、监控和维护计算机资源的软件，是用来扩大计算机的功能、提高计算机的工作效率、方便用户使用计算机的软件，人们借助于软件来使用计算机。系统软件主要分为操作系统（软件的核心）、语言处理系统和数据库管理系统三类。

（1）操作系统

系统软件的核心是操作系统。操作系统是由指挥与管理计算机系统运行的程序模板和数据结构组成的一种大型软件系统，其功能是管理计算机的软硬件资源和数据资源，为用户提供高效、全面的服务。

（2）语言处理系统

语言处理系统包括机器语言、汇编语言和高级语言。这些语言处理程序除个别常驻在ROM中可以独立运行外，都必须在操作系统的支持下运行。

（3）数据库管理系统

数据库是以一定的组织方式存储起来的、具有相关性的数据的集合。数据库管理系统就是在具体计算机上实现数据库技术的系统软件，由它来实现用户对数据库的建立、管理、维护和使用等功能。

2. 应用软件

应用软件是为了某种特定的用途而被开发的软件。它又可分为应用软件包与用户程序。

应用软件随着计算机应用领域的不断扩展而与日俱增。

(1) 用户程序

用户程序是用户为了解决特定的具体问题而开发的软件。编制用户程序应充分利用计算机系统的种种现成软件,在系统软件和应用软件包的支持下可以更加方便、有效地研制用户专用程序。例如,火车站或汽车站的票务管理系统、人事管理部门的人事管理系统和财务部门的财务管理系统等。

(2) 应用软件

应用软件是为实现某种特殊功能而经过精心设计的、结构严密的独立系统,是一套满足同类应用的许多用户所需要的软件。例如,Microsoft 公司发布的 Office 2010 应用软件,是能实现办公自动化的优秀的应用软件;还有日常使用的杀毒软件(360 杀毒软件等)以及各种游戏软件等。

1.3 学会使用键盘

键盘由一组按阵列方式装配在一起的按键开关组成,每按下一个键就相当于接通了相应的开关电路,把该键的代码通过接口电路送入计算机。

1.3.1 键盘键位结构

键盘按键数可分为 86 键键盘、101 键键盘、104 键键盘、107 键键盘。目前的标准键盘主要有 104 键和 107 键。

不管键盘形式如何变化,其按键排列基本保持不变,键盘的键位结构可以分为主键盘区、功能键区、编辑键区、数字键盘区和状态指示区,多功能键盘还增添了快捷键区。如图 1-10所示为键盘键位分区。

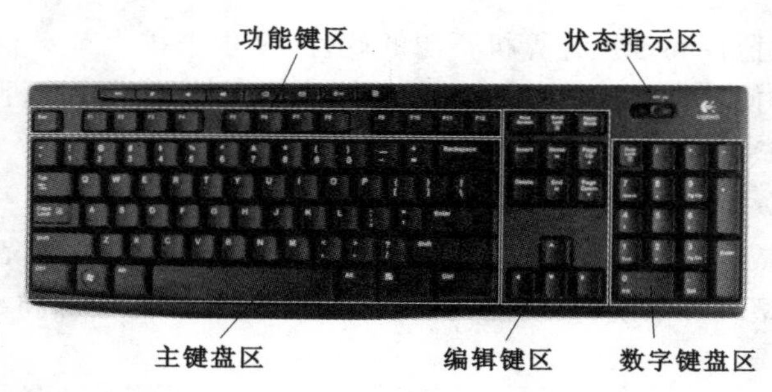

图 1-10 表中键盘键位示意图

1. 主键盘区

(1) 数字键:有 0、1、2、3、4、5、6、7、8、9 共 10 个数字键。

(2) 英文字母键:有 A、B、C、…、Z 共 26 个英文字母键。

(3) 空格键:键盘下方最长的键。

(4) 其他符号键:有~、!、@、#、\、$、%、^、&、* 等符号键。

(5) 特殊功能键

① Shift(转换键),左右各一个,功能基本一样。用以转换大小写或上符键,还可以配合其他的键共同起作用。例如,要输入电子邮件的@,在英文状态下按 Shift+2 就可以了。

② Caps Lock 键,大小写字母切换键。它是一个循环键,按一下会启动大写状态,再按一下就又恢复为小写状态。当启动到大写状态时,键盘上的 Caps Lock 指示灯会亮着。注意,当处于大写的状态时,中文输入法无效。

③ Enter 键,回车键,是使用最多的一个键。

④ Backspace 键,退格键,常标有向左箭头符号,其作用是删除光标左边的字符。

⑤ Ctrl 键,控制键,左右各一个,作用一样,该键必须与其他键配合构成组合功能键才能使用。

⑥ Alt 键,转换键,左右各一个,作用一样,该键一般要与其他健配合构成组合功能键。

⑦ Tab 键,制表键,主要在制作图表时用于定位,起到等距离移动的作用。

2. 功能键区

(1) Esc 键:是最常用的功能键之一。主要用于退出正在运行的软件系统。

(2) F1～F12 键,软功能键。使用这些键时,要特别注意在不同的软件下,这些键各具有什么功能。

3. 编辑键区

(1) Print Screen 键:打印屏幕键,在 Windows 系统下按该键,则可以将当前屏幕内容复制到剪贴板。

(2) Scroll Lock 键:滚动锁定键。

(3) Pause/Break 键:暂停键,将某一动作或程序暂停,例如将打印暂停。

(4) Insert 键:插入/改写键,在文字编辑中主要用于插入字符,是一个循环键,再按一下就变成改写状态。

(5) Delete 键:和 Del 键相同,删除键,主要在 Windows 中或文字编辑软件中删除选定的文件或内容,在文档中删除内容时,删除的是光标后面的内容。

(6) Home 键:原位键,英文 Home 的中文意思是家,即原地位置,在文字编辑软件中,定位于本行的起始位置,和 Ctrl 键一起使用可以定位到文章的开头位置。

(7) End 键:结尾键,英文 End 的中文意思是结束、结尾。在文字编辑软件中,定位于本行的末尾位置,与 Home 键相呼应,和 Ctrl 键一起使用可以定位到文章的结尾位置。

(8) Page Up:向上翻页键,Page 是页的意思,Up 是向上的意思,在软件中将内容向上翻页。

(9) Page Down:向下翻页键,Page 是页的意思,Down 是向下的意思,和 Page Up 键相呼应。

(10) 方向键:顾名思义,方向键就是四个指向不同方向的按键,方便用户使用。

4. 数字键盘区

数字键盘区一般都是由 17 个按键组成,方便用户在使用计算机使能够更加便捷地进行运算。

5. 状态指示区

1.3.2 键盘指法

1. 正确的坐姿

用正确的姿势操作电脑,不但可以使我们舒服地使用电脑,提高工作效率,还可以避免给我们的身体和眼睛造成伤害。

(1) 上半身应保持颈部直立，使头部获得支撑，两肩自然下垂，上臂贴近身体，手肘弯曲呈90°，操作键盘或鼠标，尽量使手腕保持水平姿势，手掌中线与前臂中线应保持一直线。下半身腰部挺直，膝盖自然弯曲呈90°，并维持双脚着地的坐姿。

(2) 必须选择符合人体工程学设计的桌椅，使用专用的电脑椅，坐在上面遵循"三个直角"：电脑桌下膝盖处形成第一个直角，大腿和后背是第二个直角，手臂在肘关节形成第三个直角。肩胛骨靠在椅背上，双肩放下，下巴不要靠近脖子。两眼平视电脑荧幕中央，座椅最好有支持性椅背及扶手，并能调整高度。

2. 正确的指法

要熟练地使用计算机，正确的指法很重要，图1-11给出了手指和键位的对应关系。

键盘上的F和J键上有小小的突起，这两个键称为母键。按键的标准姿势是将左手的食指放在F键上，其余分别放在A、S、D键上，右手食指放在J键上，其余三个手指放在K、L、:键上，双手的大拇指轻轻放在空格键上。这9个键称为基准键。

在输入时，手指必须置于基准键位上面。在输入其他键位后必须重新放回基准键上面，再开始新的输入。

【注意】 手指要自然弯曲，轻放在基准键位上面，大拇指置于空格键上，两臂轻轻抬起，不要使手掌接触到键盘托架或桌面，如果接触一般会影响输入速度。

手指分工：每个手指除了指定的基准键外，还有其他字键的分工，如图1-11所示。

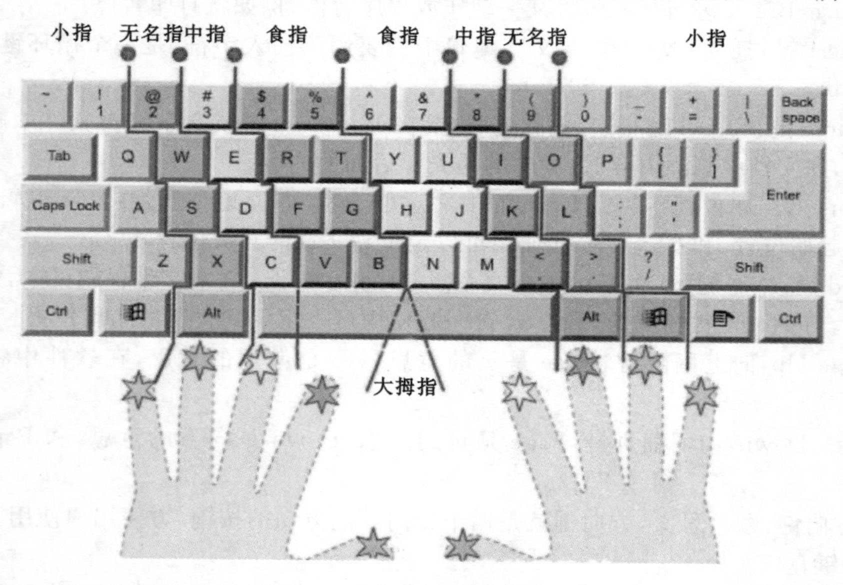

图1-11 手指与键位的对应关系

指法练习技巧：左右手指放在基准键上；击完它键迅速返回原位；食指击键注意键位角度；小指击键力量保持均匀；数字键采用跳跃式击键。

指法练习：初学打字，掌握适当的练习方法，对于提高自己的打字速度，以及成为一名速记高手是非常必要的，一定把手指按照分工放在正确的键位上，有意识地慢慢记忆键盘字符的位置，体会不同键位上字键被敲击时手指的感觉，逐步养成不看键盘输入的习惯。

指法的训练可以采用一般的指法训练软件(金山打字或快打一族)练习盲打，使盲打字母的击键频率达到300键每分钟。

1.4 信息安全与知识产权

1.4.1 计算机病毒与信息安全

计算机病毒是指“编制者在计算机程序中插入的破坏计算机功能或者破坏数据，影响计算机使用，并能自我复制的一组计算机指令或者程序代码”（摘自《中华人民共和国计算机信息系统安全保护条例》）。与医学上的“病毒”不同，计算机病毒不是天然存在的，是某些人利用计算机软件和硬件所固有的脆弱性编制的一组指令集或程序代码。它能通过某种途径潜伏在计算机的存储介质里，当达到某种条件时即被激活，将自己精确复制的或者可能演化的形式放入其他程序中，从而感染其他程序，对计算机资源进行破坏。

熊猫烧香就是一种典型的计算机病毒，它会将自己附加到计算机里所有的可执行的 EXE 文件的头部，使相应程序的图标都变成一只举着三炷香的熊猫，如图 1-12 所示。用户开机后一般都要运行可执行文件，而当用户运行感染了熊猫烧香病毒的可执行文件时，它将用户用于备份的 GHOST 文件删除，这样将使计算机操作系统无法还原。该病毒通过局域网共享或互联网 WWW 服务进行传播，使得它的传播非常迅速。

图 1-12 熊猫烧香病毒

信息安全，意为保护信息及信息系统免受未经授权的进入、使用、披露、破坏、修改、检视、记录及销毁（摘自维基百科）。信息安全很大程度上要求做好计算机病毒的防治工作。而要做好计算机病毒的防治工作，首先我们需要来了解一下计算机病毒的特点。

1. 计算机病毒的特点

计算机病毒主要有以下五个特点：

（1）寄生性

计算机病毒寄生在其他程序之中，当执行这个程序时，病毒就起破坏作用，而在未启动这个程序之前，它是不易被人发觉的。

（2）破坏性

主要表现在占用 CPU 时间和内存开销上，从而造成计算机运行速度减慢，或删除、修改数据，打乱屏幕显示等。

（3）传染性

计算机病毒传染性是指计算机病毒通过修改别的程序将自身的复制品或其变体传染到其他无毒的对象上，这些对象可以是一个程序也可以是系统中的某一个部件。

（4）潜伏性

计算机病毒潜伏性是指计算机病毒潜伏到条件成熟才发作，使电脑变慢。

（5）隐蔽性

计算机病毒具有很强的隐蔽性，有的可以通过病毒软件检查出来，有的根本就查不出来，有的时隐时现、变化无常。

2. 计算机病毒的分类

计算机病毒按照病毒的特征大致可以分为木马病毒、蠕虫病毒、脚本病毒和文件型病毒四大类。根据中国国家计算机病毒应急处理中心发表的报告统计，占近45%的病毒是木马程序，蠕虫占病毒总数的25%以上，占15%以上的是脚本病毒，其余的病毒类型占5%。

(1) 木马病毒

木马病毒本质上是一个远程控制软件。黑客在远端连接上运行了木马程序的主机，这个被控制的主机就成为黑客的肉鸡(也称傀儡机，可被黑客运程控制)，黑客可以在这台主机上进行绝大部分操作。同时黑客还可以窃取用户的密码等机密信息。

(2) 蠕虫病毒

蠕虫病毒的共有特性是通过网络或者系统漏洞进行传播，很大部分的蠕虫病毒都有向外发送带毒邮件、主动连接宿主网站的特性。如针对旧版本未打补丁的 Windows XP 的冲击波病毒和震荡波病毒，以及前面我们提到的熊猫烧香病毒。

(3) 脚本病毒

脚本病毒以宏病毒为主。宏病毒的感染对象为 Microsoft 开发的办公系列软件。Word、Excel 这些办公软件本身支持运行可进行某些文档操作的宏命令，所以也被 Office 文档中含有恶意的宏病毒所利用。

(4) 文件型病毒

文件型病毒通常寄居于可执行文件(扩展名为.exe 或.com 的文件)中，当被感染的文件运行时，病毒便开始破坏电脑。

3. 计算机病毒防治

计算机病毒的防治以预防为主，同时要做到以下几点：

(1) 专机专用

避免陌生人将计算机病毒传入自己的计算机。

(2) 利用写保护

设置系统只能读不能写入，可以避免程序被修改，从而避免病毒的入侵。

(3) 慎用网上下载的软件

网络上下载软件一定要慎重使用，避免下载和使用一些包含木马的软件，使自己的计算机成为肉鸡。

(4) 建立备份

建立备份可以使系统数据遭受病毒的入侵时通过备份好的文件进行还原。

(5) 采用防毒软件和杀毒软件

借助专业的防毒软件可以保护系统免受病毒的入侵。一旦病毒入侵，也可以使用杀毒软件来查杀病毒。

(6) 定期检查

养成定期检查系统的好习惯，让病毒无处藏身，这个操作一般要借助于杀毒软件来完成。

(7) 准备系统盘

当系统遭受病毒入侵完全崩溃时，就要准备系统盘来对系统进行恢复。

(8) 宏病毒的防治

openoffice.org 对 Microsoft 的 VBS 宏仅进行编辑支持而不运行,所以含有宏病毒的 MS Office文档在 openoffice.org 下打开后病毒无法运行。

1.4.2 计算机知识产权

计算机软件是计算机系统的重要组成部分。编制软件与生产硬件一样,需要付出巨大的劳动,以及大量的人力、物力。软件开发是一个系统工程,涉及规划、设计、编程、调试,以及最后的维护等工作。由于软件自身的特殊性,它可以很方便地进行复制。要保护开发者的劳动成果,就需要我们有较强的知识产权意识和道德观。

为了保护我国计算机应用事业的发展,国务院依照《中华人民共和国著作权法》的有关规定,颁布了《计算机软件保护条例》,该条例明确规定:未经软件著作人的同意,复制其软件的行为是侵权行为,侵权者要承担相应的民事责任。

计算机软件是有知识产权的,属于著作权法保护的对象,因此未经合法授权的使用、复制等都是违法行为,会受到法律的制裁。我们在使用计算机时,要建立尊重知识产权的观念,支持使用正版软件。

实训项目1　个人计算机组装

【实训目标】

(1) 认识计算机的各个组成部件;

(2) 熟练连接个人计算机外围设备。

【实训内容】

安装个人计算机主机并连接外部设备:

(1) 连接主机和显示器数据线;

(2) 在主机上连接鼠标;

(3) 在主机上连接键盘;

(4) 在主机上连接音频输入/输出设备;

(5) 在主机上连接网线;

(6) 连接主机和显示器电源。

实训项目2　指法训练

【实训目标】

(1) 熟练地使用正确的指法敲击键盘,不断地提高打字速度,实现盲打;

(2) 熟练掌握至少一种输入法。

【实训内容】

（1）使用金山打字通练习指法和打字速度；

（2）在文本文档中输入朱自清《荷塘月色》的部分文字内容：

曲曲折折的荷塘上面，弥望的是田田的叶子。叶子出水很高，像亭亭的舞女的裙。层层的叶子中间，零星地点缀着些白花，有袅娜地开着的，有羞涩地打着朵儿的；正如一粒粒的明珠，又如碧天里的星星，又如刚出浴的美人。微风过处，送来缕缕清香，仿佛远处高楼上渺茫的歌声似的。这时候叶子与花也有一丝的颤动，像闪电般，霎时传过荷塘的那边去了。叶子本是肩并肩密密地挨着，这便宛然有了一道凝碧的波痕。叶子底下是脉脉的流水，遮住了，不能见一些颜色；而叶子却更见风致了。

月光如流水一般，静静地泻在这一片叶子和花上。薄薄的青雾浮起在荷塘里。叶子和花仿佛在牛乳中洗过一样；又像笼着轻纱的梦。虽然是满月，天上却有一层淡淡的云，所以不能朗照；但我以为这恰是到了好处——酣眠固不可少，小睡也别有风味的。月光是隔了树照过来的，高处丛生的灌木，落下参差的斑驳的黑影，峭楞楞如鬼一般；弯弯的杨柳的稀疏的倩影，却又像是画在荷叶上。塘中的月色并不均匀；但光与影有着和谐的旋律，如梵婀玲上奏着的名曲。

荷塘的四面，远远近近，高高低低都是树，而杨柳最多。这些树将一片荷塘重重围住；只在小路一旁，漏着几段空隙，像是特为月光留下的。树色一例是阴阴的，乍看像一团烟雾；但杨柳的丰姿，便在烟雾里也辨得出。树梢上隐隐约约的是一带远山，只有些大意罢了。树缝里也漏着一两点路灯光，没精打采的，是渴睡人的眼。这时候最热闹的，要数树上的蝉声与水里的蛙声；但热闹是它们的，我什么也没有。

忽然想起采莲的事情来了。采莲是江南的旧俗，似乎很早就有，而六朝时为盛；从诗歌里可以约略知道。采莲的是少年的女子，她们是荡着小船，唱着艳歌去的。采莲人不用说很多，还有看采莲的人。那是一个热闹的季节，也是一个风流的季节。梁元帝《采莲赋》里说得好：

于是妖童媛女，荡舟心许；鹢首徐回，兼传羽杯；櫂将移而藻挂，船欲动而萍开。尔其纤腰束素，迁延顾步；夏始春余，叶嫩花初，恐沾裳而浅笑，畏倾船而敛裾。

可见当时嬉游的光景了。这真是有趣的事，可惜我们现在早已无福消受了。

于是又记起《西洲曲》里的句子：

采莲南塘秋，莲花过人头；低头弄莲子，莲子清如水。

今晚若有采莲人，这儿的莲花也算得“过人头”了；只不见一些流水的影子，是不行的。这令我到底惦着江南了。——这样想着，猛一抬头，不觉已是自己的门前；轻轻地推门进去，什么声息也没有，妻已睡熟好久了。

全国计算机等级考试（一级）MS-OFFICE 练习

1. 第一台计算机是1946年在美国研制的，该机英文缩写名为（　　）。

A. EDSAC　　B. EDVAC　　C. ENIAC　　D. MARK-Ⅱ

2. 计算机最主要的工作特点是（　　）。

A. 存储程序与自动控制　　B. 高速度与高精度

C. 可靠性与可用性　　D. 有记忆能力

3. 第一代电子计算机的主要组成元件是(　　)。

A. 继电器　B. 晶体管　C. 电子管　D. 集成电路

4. 电子计算机的发展已经历了四代,四代计算机的主要元器件分别是(　　)。

A. 电子管、晶体管、集成电路、激光器件

B. 电子管、晶体管、小规模集成电路、大规模和超大规模集成电路

C. 晶体管、集成电路、激光器件、光介质

D. 电子管、数码管、集成电路、激光器件

5. 计算机内部,一切信息的存取、处理和传送都是以(　　)进行的。

A. 二进制　B. ASCII 码　C. 十六进制　D. EBCDIC 码

6. 为了避免混淆,十六进制数在书写时常在后面加上字母(　　)。

A. H　B. O　C. D　D. B

7. 现代计算机中采用二进制数制是因为二进制数的优点是(　　)。

A. 代码表示简短,易读

B. 物理上容易实现且简单可靠;运算规则简单;适合逻辑运算

C. 容易阅读,不易出错

D. 只有 0、1 两个符号,容易书写

8. 任何进位计数制都有的两要素是(　　)。

A. 整数和小数　B. 定点数和浮点数

C. 数码的个数和进位基数　D. 阶码和尾码

9. 微型计算机中使用最普通的字符编码是(　　)。

A. EBCDIC 码　B. 国标码　C. BCD 码　D. ASCII 码

10. 微机中,西文字符所采用的编码是(　　)。

A. EBCDIC 码　B. ASCII 码　C. 原码　D. 反码

11. 一个字符的标准 ASCII 码用(　　)位二进制位表示。

A. 8　B. 7　C. 6　D. 4

12. 标准 ASCII 码用 7 位二进制位表示一个字符的编码,其不同的编码共有(　　)。

A. 127 个　B. 128 个　C. 256 个　D. 255 个

13. 一个完整的计算机系统应该包含(　　)。

A. 主机、键盘和显示器　B. 系统软件和应用软件

C. 主机、外设和办公软件　D. 硬件系统和软件系统

14. 计算机软件分系统软件和应用软件两大类,其中(　　)是系统软件的核心。

A. 数据库管理系统　B. 操作系统　C. 程序语言系统　D. 财务管理系统

15. 计算机操作系统通常具有的五大功能是(　　)。

A. CPU 管理、显示器管理、键盘管理、打印机管理和鼠标器管理

B. 硬盘管理、软盘驱动器管理、CPU 的管理、显示器管理和键盘管理

C. CPU 管理、存储管理、文件管理、设备管理和作业管理

D. 启动、打印、显示、文件存取和关机

16. 下列叙述中,正确的是(　　)。

A. Cache 一般由 DRAM 构成　B. 汉字的机内码就是它的国标码

C. 数据库管理系统 Oracle 是系统软件　　D. 指令由控制码和操作码组成

17. 微机硬件系统中，最核心的部件是(　　)。

A. 内存储器　　B. 输入/输出设备　　C. CPU　　D. 硬盘

18. 微型计算机的性能主要取决于(　　)。

A. CPU 的性能　　B. 硬盘容量的大小　　C. RAM 的存取速度　　D. 显示器的分辨率

19. 构成 CPU 的主要部件是 (　　)。

A. 内存和控制器　　B. 内存、控制器和运算器

C. 高速缓存和运算器　　D. 控制器和运算器

20. 计算机的内存储器由(　　)组成。

A. RAM　　B. ROM　　C. RAM 和硬盘　　D. RAM 和 ROM

21. 存储在 ROM 中的数据，当计算机断电后 (　　)。

A. 部分丢失　　B. 不会丢失　　C. 可能丢失　　D. 完全丢失

22. RAM 中存储的数据在断电后(　　)丢失。

A. 不会　　B. 完全　　C. 部分　　D. 不一定

答案：

1—5　CBCBA　　6—10　ABCDB　　11—15　BBDBC

16—20　CCADD　　21—22　BB

2 计算机操作系统——Windows 7

2.1 初识 Windows 7

2.1.1 操作系统的概念、功能、分类

1. 操作系统的基本概念

操作系统是计算机的系统软件，是用来控制及指挥电脑系统运作的软件程序，其他所有的软件都是基于操作系统运行的。常用的操作系统有：Windows、DOS、UNIX、Linux 、OS/2、Windows 7 等。

(1) 操作系统管理和控制系统资源。计算机的硬件、软件、数据等都需要操作系统的管理。操作系统通过许多的数据结构，对系统的信息进行记录，根据不同的系统要求，对系统数据进行修改，达到对资源进行控制的目的。

(2) 操作系统提供了方便用户使用计算机的用户界面。用户只需要通过鼠标点击相应的图标就可以做他想要做的事情，它的发展方向是简单、直观、方便使用。

(3) 操作系统优化系统功能。计算机系统中配备了大量的硬件、软件，它们可以实现很多的功能，这些功能之间必然免不了发生冲突，导致系统性能下降。操作系统要使计算机的资源得到最大的利用，使系统处于良好的运行状态，还要采用最优的实现功能的方式。

(4) 操作系统协调计算机的各种动作。计算机的运行实际上是各种硬件的同时动作，是许多动态过程的组合，通过操作系统的介入，使各种动作和动态过程达到完美的配合和协调，以最终对用户提出的要求反馈满意的结果。如果没有操作系统的协调和指挥，计算机就会处于瘫痪状态，更谈不上完成用户所提出的任务。

因此，可以将操作系统定义为对计算机系统资源进行直接控制和管理，协调计算机的各种动作，为用户提供便于操作的人机界面，存在于计算机软件系统最底层核心位置的程序集合。

2. 操作系统的功能

我们根据计算机系统资源的分类来对操作系统的功能进行划分。由于操作系统是对计算机系统进行管理、控制、协调的程序集合，我们按这些程序所要管理的资源来确定操作系统的功能，共分为五个部分：

(1) 处理机管理。处理机是计算机中的核心资源，所有程序的运行都要靠它来实现。处理机管理即对处理机的时间进行分配，对不同程序的运行进行记录和调度，实现用户和程序之间的相互联系，解决不同程序在运行时相互发生的冲突。

(2) 存储器管理。存储器用来存放用户的程序和数据，存储器越大，存放的数据越多，它要做的工作是以最合适的方案为不同的用户和不同的任务划分出分离的存储器区域，保障各存储器区域不受别的程序的干扰；在主存储器区域不够大的情况下，使用硬盘等其他辅助存储

器来替代主存储器的空间，自行对存储器空间进行整理等。

(3) 作业管理。当用户开始与计算机打交道时，第一个接触的就是作业管理部分，用户通过作业管理所提供的界面对计算机进行操作。因此作业管理担负着两方面的工作：向计算机通知用户的到来，对用户要求计算机完成的任务进行记录和安排；向用户提供操作计算机的界面和对应的提示信息，接受用户输入的程序、数据及要求，同时将计算机运行的结果反馈给用户。

(4) 信息管理。计算机中存放的、处理的、流动的都是信息。不同用户的不同信息共存于有限的媒体上，如何对这些文件进行分类，如何保障不同信息之间的安全，如何将各种信息与用户进行联系，如何使信息不同的逻辑结构与辅助存储器上的存储结构进行对应，这些都是信息管理要做的事情。

(5) 设备管理。计算机主机连接着许多设备，有专门用于输入/输出数据的设备，也有用于存储数据的设备，还有用于某些特殊要求的设备。而这些设备又来自于不同的生产厂家，型号更是五花八门，如果没有设备管理，用户一定会茫然不知所措。

3. 操作系统的种类

目前操作系统种类繁多，很难用单一标准统一分类。

根据操作系统的使用环境和对作业处理方式，可分为批处理系统（MVX、DOS/VSE）、分时系统（Windows、UNIX、XENIX、Mac OS）、实时系统（iRMX、VRTX、RTOS，RT Linux）；

根据所支持的用户数目，可分为单用户（MSDOS、OS/2）、多用户系统（UNIX、MVS、Windows）；

根据硬件结构，可分为网络操作系统（Netware、Windows 2010、OS/2 warp）、分布式系统（Amoeba）、多媒体系统（Amiga）等。

操作系统的五大类型是批处理操作系统、分时操作系统、实时操作系统、网络操作系统、分布式操作系统。

2.1.2 常见操作系统

常见的操作系统有：

1. DOS 系统是 1981 年由微软公司为 IBM 个人电脑开发的，即 MS-DOS。它是一个单用户单任务的操作系统。在 1985 年到 1995 年间 DOS 占据操作系统的统治地位。

2. Windows 是一个为个人电脑和服务器用户设计的操作系统。它的第一个版本由微软公司发行于 1985 年，并最终获得了世界个人电脑操作系统软件的垄断地位。现在的版本有 Win XP、Win 2003、Win 7、Win 8 等，所有最近的 Windows 都是完全独立的操作系统。

3. Unix 是一种分时计算机操作系统，1969 年在 AT&TBell 实验室诞生。从此以后其优越性不可阻挡地占领了网络操作系统的市场。它的成熟产品主要是几个大牌厂商如 IBM 的 AIX、SUN 的 Solaris、HP 的 UNIX，它主要用于电信、银行、证券以及大企业客户。

4. Linux 是 Unix 克隆的操作系统，在源代码上兼容绝大部分 Unix 标准，是一个支持多用户、多进程、多线程、实时性较好且稳定的操作系统。主要有 RedHat、SlackWare、SUSE、TurboLinux、Debian、XteamLinux、BluePoint、红旗 Linux 等。

5. Palm OS 是 Palm 公司开发的专用于 PDA 上的一种操作系统，这是 PDA 上的霸主，一度占据了 90% 的 PDA 市场的份额。虽然其并不专门针对手机设计，但是 Palm OS 的优秀性和对移动设备的支持同样使其能够成为一个优秀的手机操作系统。其最新的版本为Palm OS 5.2。

6. Netware 系统。Netware 是美国 Novell 公司的网络操作系统，曾广泛应用在局域网上。

2.1.3 Windows 7 概述

Windows 7 是由微软公司推出的电脑操作系统，供个人、家庭及商业使用，一般安装于笔记本电脑、平板电脑、多媒体中心等。

1. Windows 7 基本特点

(1) 更易用

Windows 7 做了许多方便用户的设计，如快速最大化、窗口半屏显示、跳跃列表、系统故障快速修复等，这些新功能令 Windows 7 成为最易用的 Windows。

(2) 更快速

Windows 7 大幅缩减了 Windows 的启动速度，据实测，在 2008 年的中低端配置下运行，系统加载时间一般不超过 20 秒，这与 Windows Vista 的 40 余秒相比，是一个很大的进步。

(3) 更简单

Windows 7 将会让搜索和使用信息更加简单，包括本地、网络和互联网搜索功能，直观的用户体验将更加高级。

(4) 更安全

Windows 7 桌面和开始菜单包括了改进了的安全和功能合法性，还会把数据保护和管理扩展到外围设备。Windows 7 改进了基于角色的计算方案和用户账户管理，在数据保护和坚固协作的固有冲突之间搭建沟通桥梁，同时也会开启企业级的数据保护和权限许可。

(5) 更低的成本

Windows 7 可以帮助企业优化它们的桌面基础设施，具有无缝操作系统、应用程序和数据移植功能，并简化 PC 供应和升级，进一步朝完整的应用程序更新和补丁方面努力。

(6) 更好的连接

Windows 7 进一步增强了移动工作能力，无论何时、何地、任何设备都能访问数据和应用程序，开启坚固的特别协作体验，无线连接、管理和安全功能会进一步扩展。

2. Windows 7 版本信息

(1) Windows 7 Home Basic(家庭基础版)

和 Vista 一样，仅用于新兴市场国家，主要新特性有无限应用程序、实时缩略图预览、增强视觉体验(仍无 Aero)、高级网络支持(ad-hoc 无线网络和互联网连接支持 ICS)、移动中心(Mobility Center)。

(2) Windows 7 Home Premium(家庭高级版)

有 Aero Glass 高级界面、高级窗口导航、改进的媒体格式支持、媒体中心和媒体流增强(包括 Play To)、多点触摸、更好的手写识别等等。

(3) Windows 7 Professional(专业版)

替代 Vista 下的商业版，支持加入管理网络(Domain Join)、高级网络备份和加密文件系统等数据保护功能、位置感知打印技术(可在家庭或办公网络上自动选择合适的打印机)等。

(4) Windows 7 Enterprise(企业版)

提供一系列企业级增强功能:BitLocker,内置和外置驱动器数据保护;AppLocker,锁定非授权软件运行;DirectAccess,无缝连接基于 Windows Server 2008 R2 的企业网络;BranchCache、Windows Server 2008 R2 网络缓存等等。

(5) Windows 7 Ultimate(旗舰版)

拥有新操作系统所有的消费级和企业级功能,当然消耗的硬件资源也是最大的。

2.1.4 Windows 7 的安装、启动、注销、退出

1. 本教材使用的是 Windows 7 旗舰版,它的安装过程如下:

(1) 设置光驱引导:将安装光盘放入光驱,重新启动电脑,当屏幕上出现开机 LOGO 时,按下键盘上的"Delete"键,进入 BIOS 后,选择"Boot",选择"CD/DVD"为"First Boot Device",将光驱设为第一启动。完成后按"F10",选择"Y",退出 BIOS 重启电脑。

(2) 选择光驱,几秒后,屏幕上会出现"Press any key to boot from CD…"的字样,此时需要马上按下键盘上的任意键以继续引导光驱,否则将进入原先的系统。

(3) 光驱引导起来后,会出现如图 2-1 所示界面。

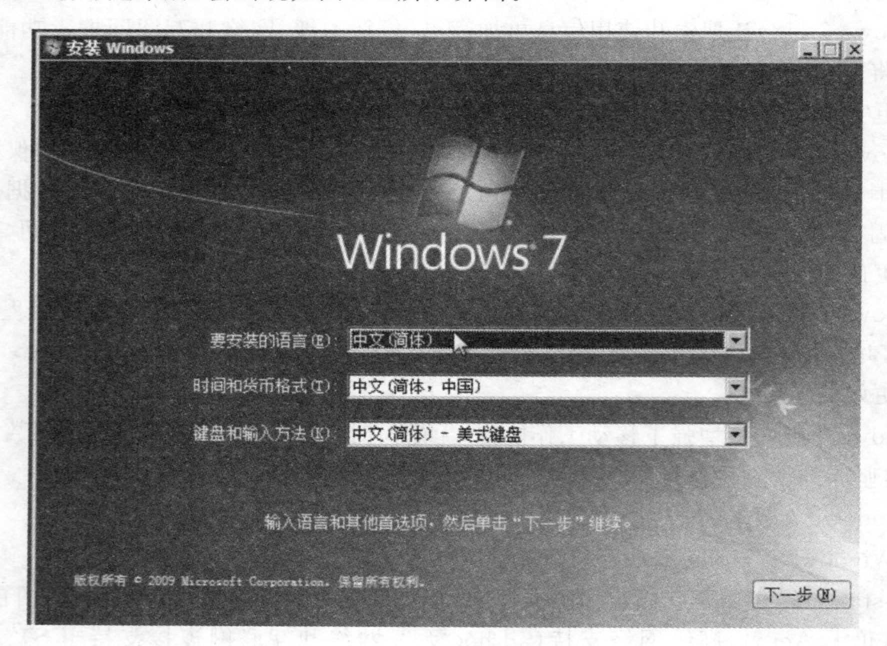

图 2-1 安装界面

(4) 在图 2-1 中,选择安装系统的语言、时间和货币格式以及键盘和输入方法。单击下一步,打开"许可条款"对话框,如果要成功安装 Windows 7 旗舰版系统,就必须勾选"我接受许可条款"前面的单选框,如图 2-2 所示。

(5) 单击下一步,选择安装类型为"自定义安装",如图 2-3 所示。

这一步需要大家注意了,是升级安装还是全新安装 Windows 7 旗舰版需要在这里做出选择!如果你想从 XP 升级到 Windows 7 系统的话,可以选择"升级",但升级后 XP 系统的旧文件将保留在系统盘占用大量的磁盘空间,所以一般建议选择"自定义"安装。

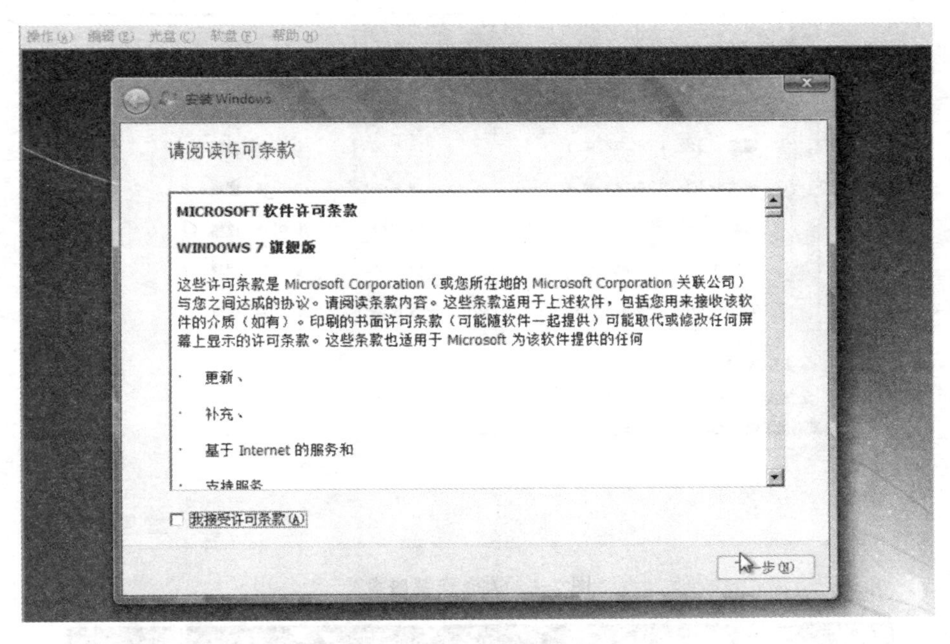

图 2-2 安装许可条款

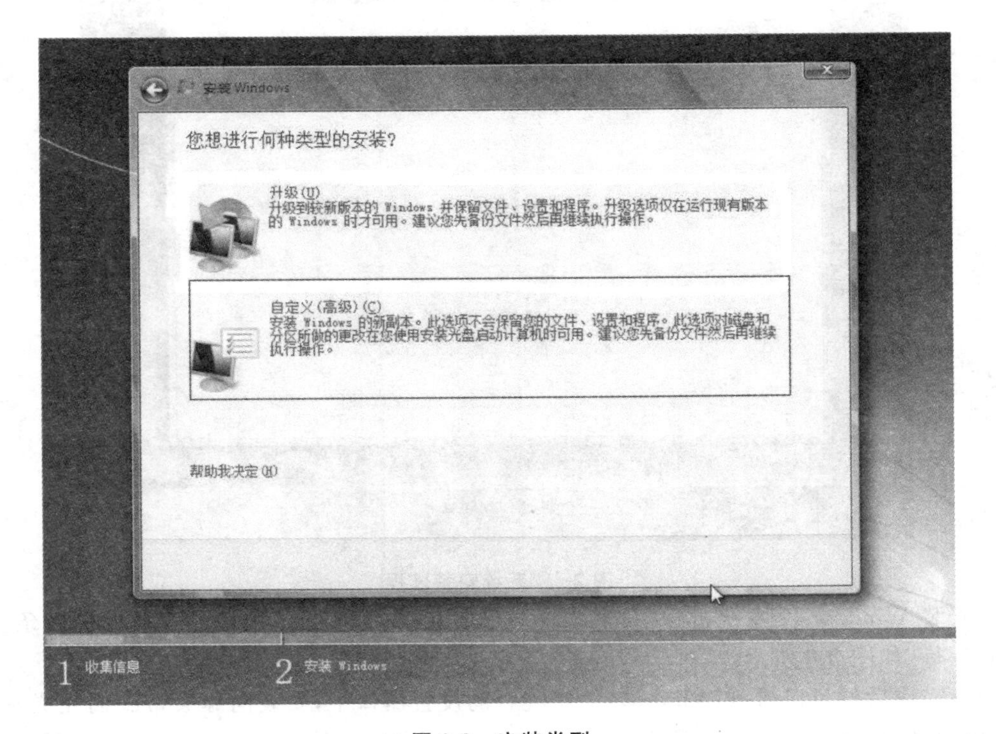

图 2-3 安装类型

（6）接下来请选择一个磁盘作为 Windows 7 系统安装盘，本教材选磁盘 0 分区 3，即 E 盘，如图 2-4 所示。

（7）然后单击下一步，电脑将自动完成 Windows 7 操作系统的安装，如图 2-5 所示。

您想将 Windows 安装在何处?

名称	总计大小	可用空间	类型
磁盘 0 分区 1: WINXP (C:)	14.6 GB	8.6 GB	系统
磁盘 0 分区 2: TOOLS (D:)	19.5 GB	10.5 GB	逻辑
磁盘 0 分区 3: WORD (E:)	19.5 GB	10.8 GB	逻辑
磁盘 0 分区 4: GAME (F:)	19.5 GB	6.5 GB	逻辑
磁盘 0 分区 5: Move (G:)	75.8 GB	21.7 GB	逻辑

刷新(R)

加载驱动程序(L)

要对分区进行更改，请从安装盘重新启动 Windows。

下一步(N)

图 2-4　选择安装磁盘

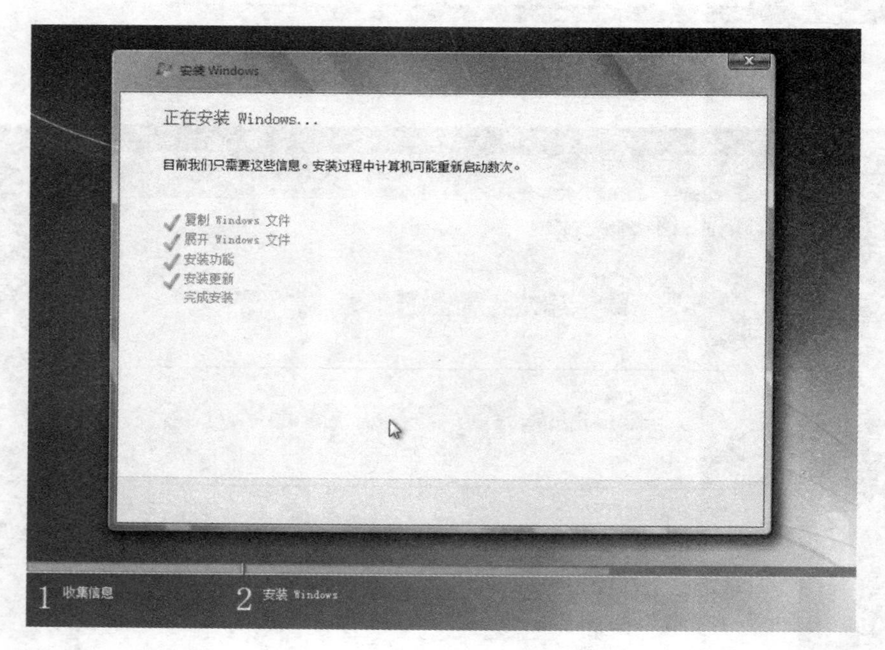

图 2-5　系统安装过程

在安装 Windows 7 系统过程中，电脑将会重启几次，并在最下面会有安装的进度条，请大家耐心等待，如图 2-6 所示。

安装完成后便可以看到 Windows 7 旗舰版的设置窗口了，安装向导会带我们完成基本设置，如用户名、计算机名、Win7 激活码、登录密码、时区和时间等等，如图 2-7、图 2-8 所示。

完成系统开始设置后，就可以看到 Windows 7 系统的欢迎界面。进入桌面，内有激活程序，激活成功后，与正版无任何区别。至此我们的系统安装完成，接下来就可以进行个性化的系统设置了。

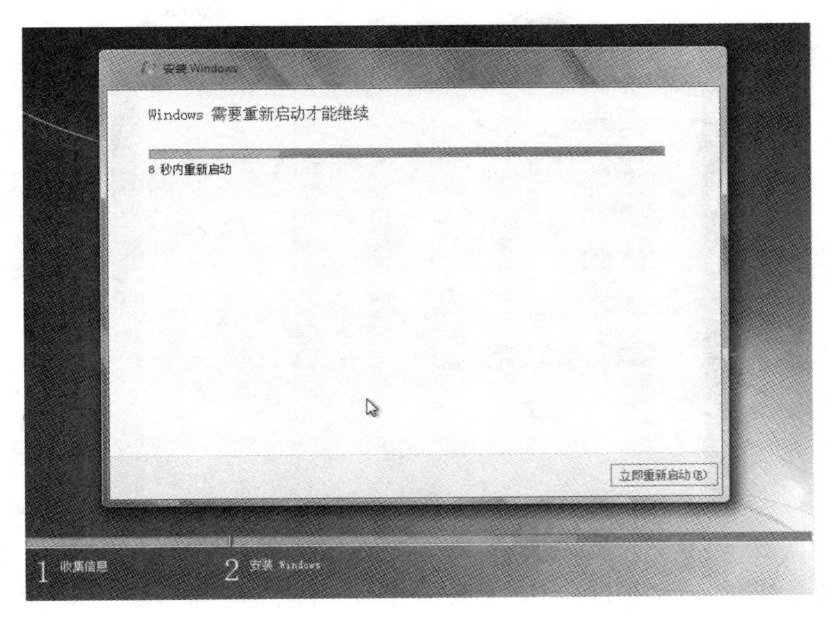

图 2-6　安装中重启提示界面

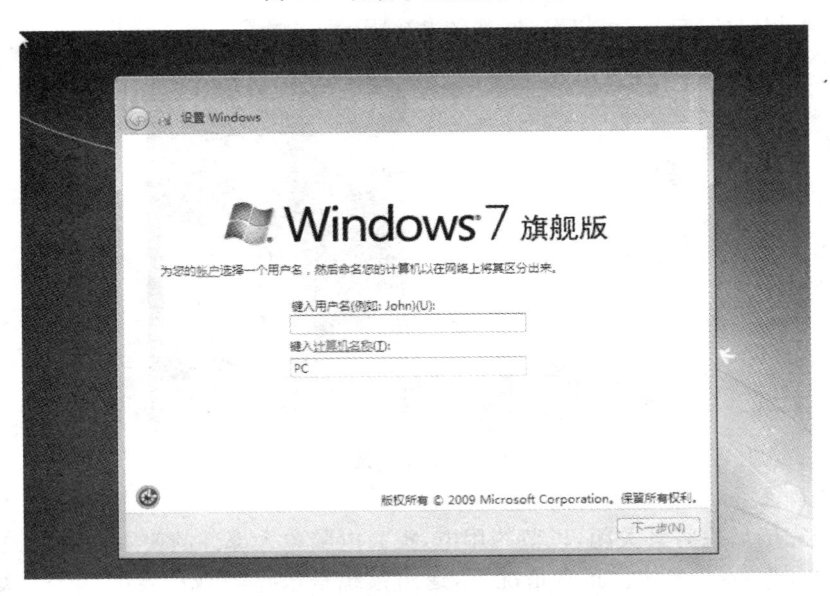

图 2-7　设置用户名和计算机名框

2. Windows 7 的注销和退出

如果需要中途离开但又不想关闭计算机，则需要确保其他用户不能直接访问自己的桌面以查看文件。可以通过注销或者锁定计算机来达到此目的。

(1) 注销登录

如果希望使用另外一个用户身份登录计算机，则可以注销当前用户。有时候遇到和当前用户相关的一些系统故障现象，也可以尝试注销当前用户，然后重新登录，以便重新加载用户配置文件，可能就可以解决故障问题。使用这个选项，所有运行的程序都会被关闭，而且拨号网络连接也会结束。

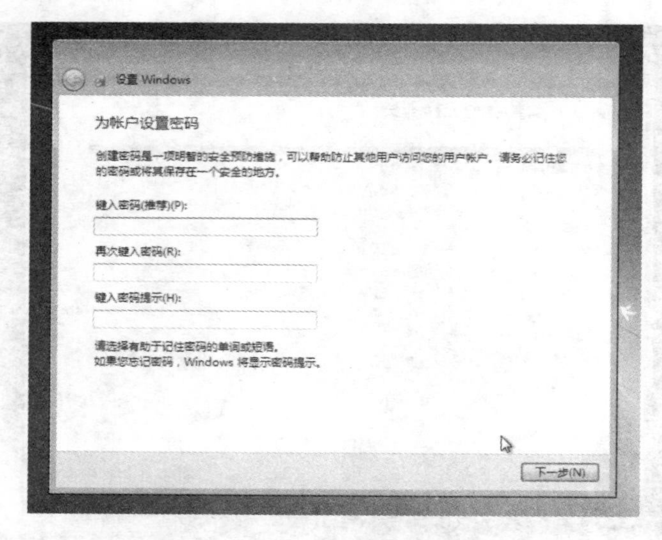

图 2-8　设置用户密码框

操作方法是单击“开始”按钮，单击“关机”菜单命令右侧的三角形按钮，即可打开一个级联菜单，单击其上的“注销”菜单命令。此时将会返回欢迎屏幕的登录界面，选择所需登录的账户名称，然后输入相应的密码就可以登录，如图 2-9 所示。

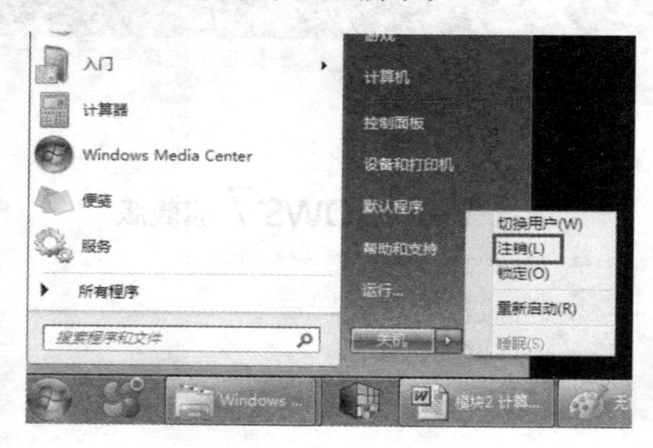

图 2-9　注销系统

(2) 退出系统

电脑使用完毕后应将其关闭，以节约用电，提高电脑各个部件的使用寿命。关闭电脑实际上就是退出 Windows 7 系统。正常情况下，退出系统是选择“开始”菜单，单击“关机”电源按钮命令即可退出系统。

【注意】 执行上面的操作后，系统将自动关闭主机电源，然后手动关闭显示器电源即可。

2.2　Windows 7 个性化设置

2.2.1　外观设置

Windows 7 在诸多方面的改进，带给了用户更多、更好的体验，在这个追求个性化的时代，大家都喜欢将电脑设置成符合自己的风格。

在进行个性化设置前，我们先来了解下桌面的组成部分，主要有桌面背景、任务栏、系统托盘、开始菜单、桌面图标(计算机、回收站、用户、网络等)。快速启动栏默认没有打开。

1. 设置桌面主题、背景

选择"开始"菜单中的"控制面板"命令，打开控制面板主页，如图 2-10 所示。

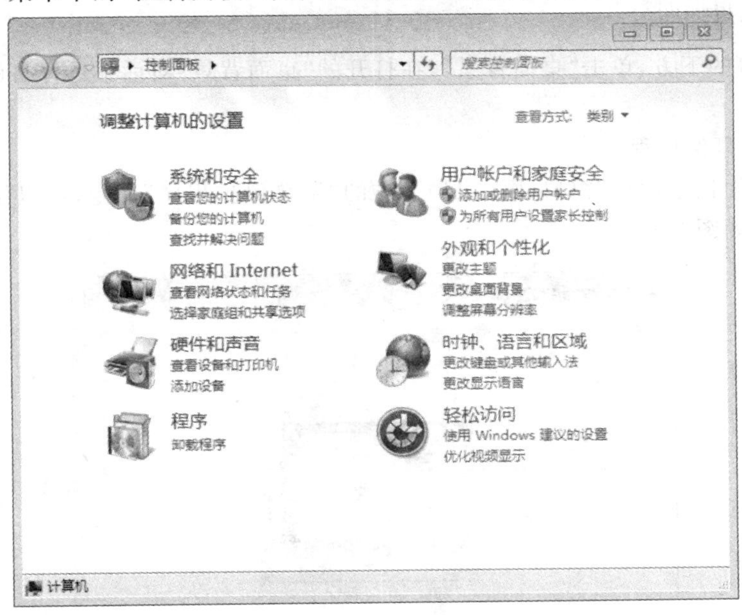

图 2-10　控制面板主页

在控制面板窗口中，选择"外观和个性化"命令，再选择"个性化"命令，打开图 2-11 所示窗口，可以在这个窗口中，更改主题，更改桌面背景、窗口颜色、声音和屏幕保护程序等，用户可以根据自己的喜好进行个性化的设置。

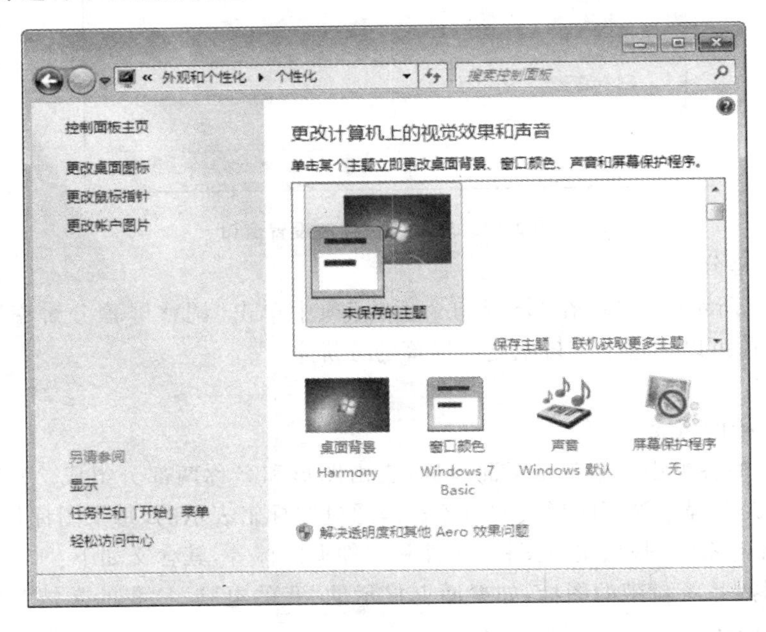

图 2-11　个性化设置窗口

用户也可以在桌面的空白区域,单击右键,在弹出的快捷菜单中选择“个性化”命令,打开如图 2-11 所示窗口,即控制面板中的个性化设置窗口。

(1) 更改主题为“建筑”

在打开的“个性”窗口(图 2-11)中,选择 Aero 主题中的“建筑”即可。

(2) 更改背景

在个性窗口的下方,单击“桌面背景”,在打开的“桌面背景”对话中选择自己喜欢的背景图片即可。

(3) 设置屏幕保护程序

单击“控制面板个性化”窗口(图 2-11)下方的“屏幕保护程序”命令,可以给电脑设置屏保的时间和密码,如图 2-12 所示。

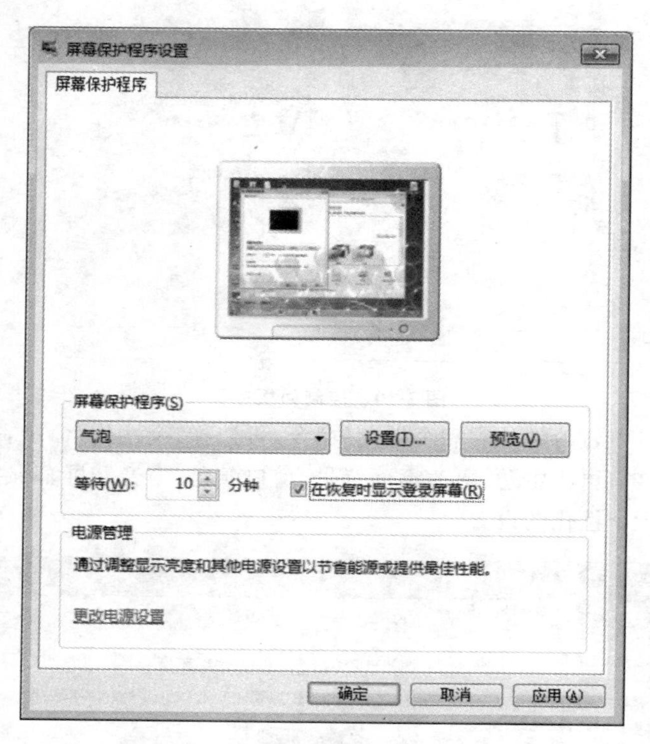

图 2-12 屏幕保护程序设置窗口

(4) 设置屏幕分辨率

打开图 2-10 所示的窗口,在“外观和个性化”项中单击“调整屏幕分辨率”命令,打开如图 2-13所示窗口,可以在这个窗口中更改屏幕的分辨率。

2. 桌面图标

(1) 桌面图标的概念

桌面上显示的各种小图案就是桌面图标,它由图形和名称两部分组成。Windows 7 系统中的文件、文件夹和程序等不同形式的对象都是通过图标来表示的,每个图标代表一个不同的对象。桌面图标有系统图标、快捷图标、文件和文件夹图标等,其含义如下:

① 系统图标:系统自带的图标,如桌面上显示的“我的电脑”、“我的文档”、“回收站”、“网上邻居”和“Internet Explorer”图标。

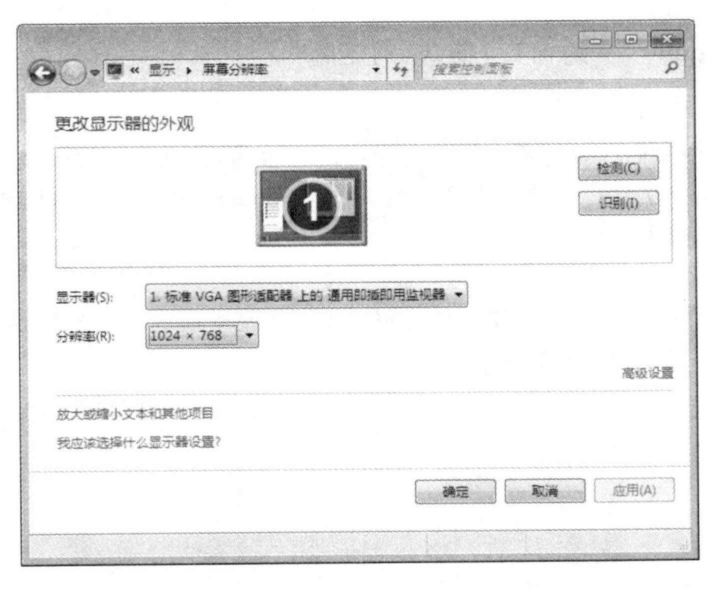

图 2-13　设置屏幕分辨率

② 快捷图标：图标的左下角有一个小箭头标记。快捷图标并不是程序、文件或文件夹本身，而是指向某个程序、文件或文件夹的快捷方式。

③ 文件图标：每个文件图标都代表一个文件，双击该图标可以打开该文件启动相应的软件。

④ 文件夹图标：用于存放文件或文件夹，它由文件夹图案和名称两部分组成。

(2) 更改桌面图标

用户可以根据自己的需求在桌面上添加桌面图标，具体操作如下：

单击“控制面板个性化”窗口(图 2-11)左侧的“更改桌面图标”命令，可以设置要在桌面上显示的图标，如图 2-14 所示。

(3) 排列桌面图标

如果桌面图标较多时，可以采用不同方式对其进行排列。其方法是在桌面空白处单击鼠标右键，在弹出的快捷菜单中选择排列的方式，如按名称、大小、类型或修改时间，如图 2-15所示。

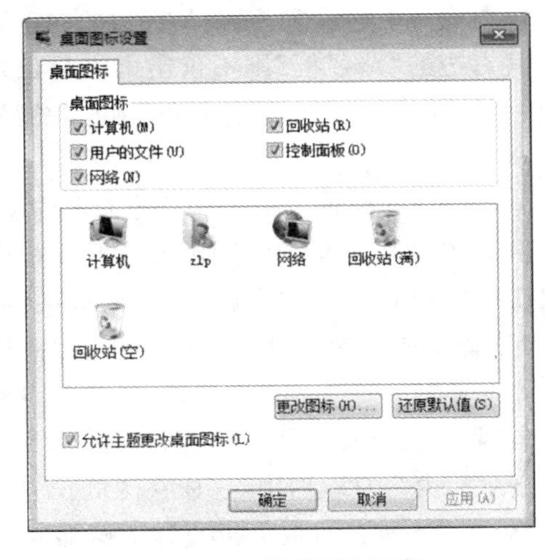

图 2-14　桌面图标设置

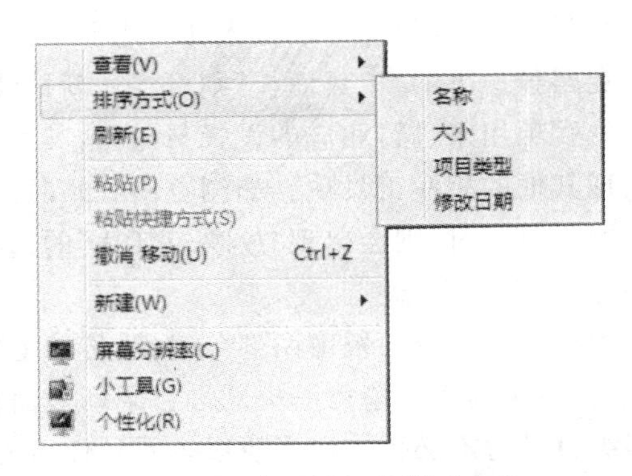

图 2-15　桌面图标的排列方式

2.2.2 Windows 7 的窗口、菜单、对话框

1. Windows 7 窗口

在 Windows 中我们所有的程序都是运行在窗口内的，尤其是资源管理器窗口，它一直是我们用来和计算机中文件打交道的重要工具，在 Windows 7 中，窗口的几个重大改进让我们能更方便地管理和搜索文件。

(1) 认识 Windows 7 窗口

在对窗口进行操作之前，我们先简单了解下窗口的基本组成。图 2-16 为打开 E 盘下文件夹的窗口。我们以它为例来了解窗口。

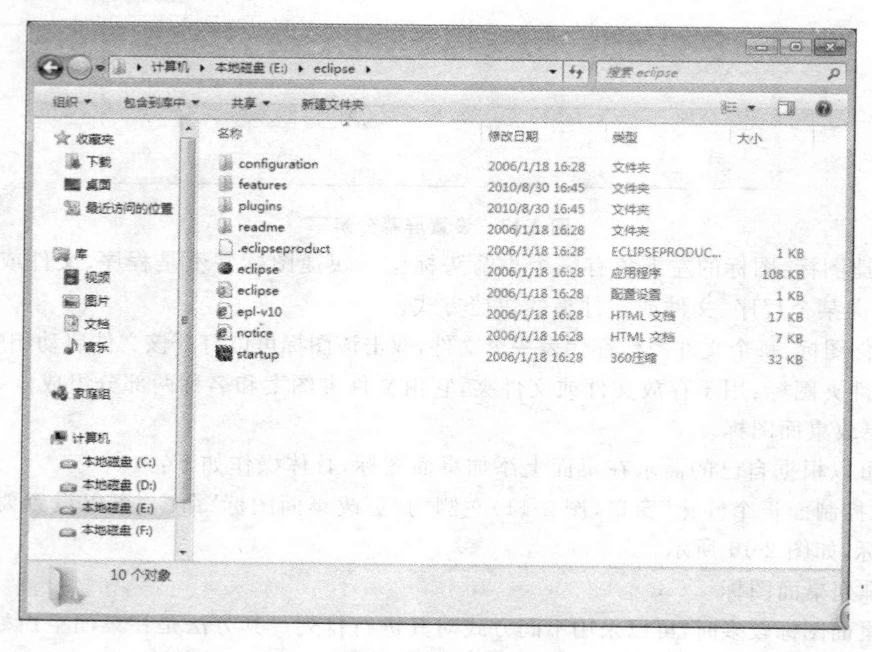

图 2-16 窗口界面

在窗口的左上角是“前进”与“后退”按钮，这很像浏览器中的设置；而在其旁边的向下箭头则分别给出浏览的历史记录或可能的前进方向；在其右边的“路径框”则不仅给出当前目录的位置，其中的各项均可点击，帮助用户直接定位到相应层次，而在窗口的右上角，则是功能强大的“搜索框”，在这里您可以输入任何想要查询的搜索项。

在路径框下的“工具面板”则可视作新形式的菜单，其标准配置包括“组织”等诸多选项，其中“组织”项用来进行相应的设置与操作，其他选项根据文件夹具体位置不同，在工具面板中还会出现其他的相应工具项。如浏览回收站时，会出现“清空回收站”、“还原项目”的选项；而在浏览图片目录时，则会出现“放映幻灯片”的选项；浏览音乐或视频文件目录时，相应的播放按钮则会出现。

主窗口的左侧面板由两部分组成，位于上方的是“收藏夹链接”，如文档、图片等，其下则是树状的“目录列表”，值得一提的是目录列表面板中显示的内容自动居中，这样在浏览长文件名或多级目录时不必再拖运滑块以查看具体名称。另外，目录列表面板可折叠、隐藏，而收藏夹链接面板则无法隐藏。

窗口的最下方是“状态栏”,用于显示当前的工作状态和一些提示信息。因此其中显示的信息将随操作和鼠标指针位置的不同而发生变化。

① 窗口操作

a.改变窗口大小。窗口大小可以通过鼠标拖动的方法来任意改变。将鼠标放置在窗口的上、下、左、右的边框上或者窗口的任意一个角上,当鼠标变成双向箭头形状时,按住鼠标左键不放进行拖动,就可以改变窗口的宽度和高度。

b.移动窗口。操作方法是将鼠标放置在窗口标题栏上,按住鼠标左键不放向所需要的方向拖动,到达需要的位置松开即可。

c.切换窗口。在打开的多个窗口中,我们需要进行窗口的切换。其方法是用鼠标单击“任务栏”里面的“窗口图标”;或者按住【Alt+Tab】键不放,屏幕上将显示任务切换栏,所有打开的窗口都以图标形式排列在该栏中。此时按住 Alt 键不放,多次按 Tab 键即可在不同的图标间切换,当需要显示当前窗口的图标时,释放按键便可以切换到该窗口中,如图 2-17 所示。

d.排列窗口。当打开的窗口比较多时,有时需要对其进行排列,以便管理和操作窗口。操作方法是在任务栏的空白处单击鼠标右键,在弹出的快捷菜单中,选择“层叠窗口”、“横向平铺窗口”或“纵向平铺窗口”命令,即可以按相应的方式进行排列,如图 2-18 所示。

图 2-17 切换窗口

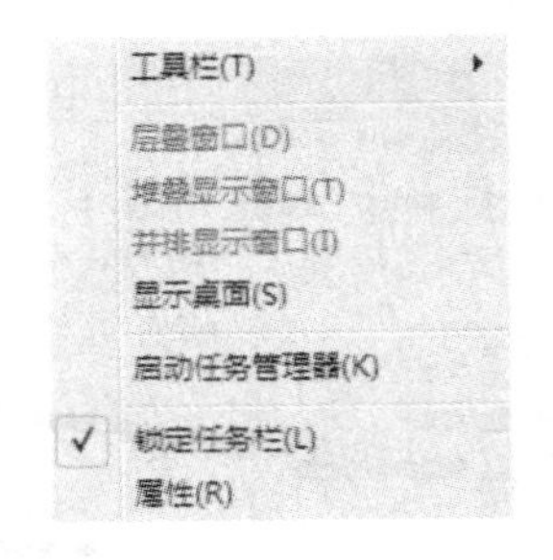

图 2-18 排列窗口

e.关闭窗口。当不需要使用某个窗口时,应将其关闭,这样可以使桌面看起来更整洁,而且方便操作。其操作方法有:单击标题栏右端的关闭按钮;选择“文件”菜单中的“关闭”命令;按【Alt+F4】键。

2. Windows 7 菜单

菜单是操作者向电脑传达命令的重要方式之一，Windows 7 操作系统中,菜单分成两类,即右键快捷菜单和下拉菜单。

(1) 快捷菜单

用户可以在文件、桌面空白处、窗口空白处、盘符等区域上右击,即可弹出快捷菜单,其中包含对选择对象的操作命令。如图 2-18 就是快捷菜单。

(2) 下拉菜单

用户只需在菜单栏中单击不同的菜单,即可弹出下拉菜单。例如在“我的电脑”窗口中单击“组织”菜单,即可弹出一个下拉菜单,如图 2-19 所示。

【技巧】 一般情况下 Windows 7 菜单栏不显示,如果需要使用菜单栏,按下 Alt 键即可。通过 Alt 键就可以收发自如地显示与隐藏菜单栏,如图 2-20 所示。

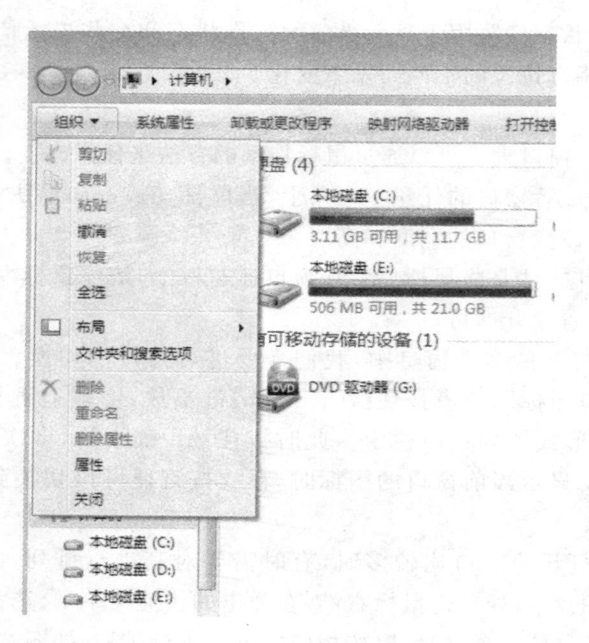

图 2-19　组织菜单

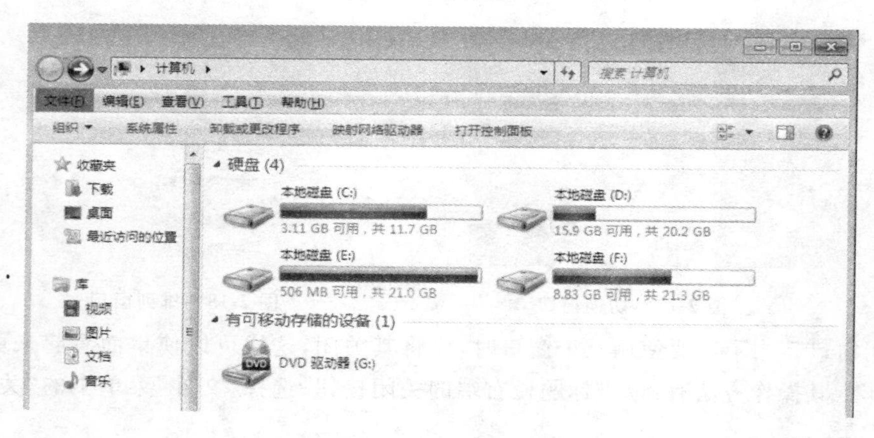

图 2-20　窗口菜单栏

让菜单栏显示在窗口中，确实会给我们的一些操作带来方便，我们可以通过设置让它一直显示在窗口中，其操作方法是，单击“工具”菜单下的“文件夹选项”，打开“文件夹选项”对话框，选择“查看”选项卡，在查看选项卡的“高级设置”中勾选 “始终显示菜单” ，即可让菜单栏显示在窗口上，如图 2-21 所示。

3. Windows 7 对话框

在 Windows 7 操作系统中，对话框是人机交互的基本手段。用户通过对话框的提示和说明，在对话框中设置某些选项，使程序按用户指定的方式执行，如图 2-22 所示。

多数对话框都由以下几种元素组成：

(1) 选项卡。选项卡多用于将一些比较复杂的对话框分为多页，在不同页面实现切换操作。

(2) 文本框。文本框可以让用户输入和修改文本信息。

(3) 命令按钮。命令按钮在对话框中用于执行某项命令，单击按钮可实现某项功能。

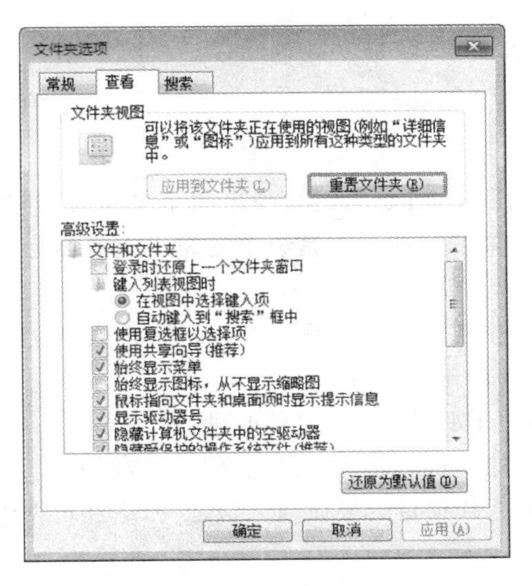

图 2-21 文件夹选项对话框

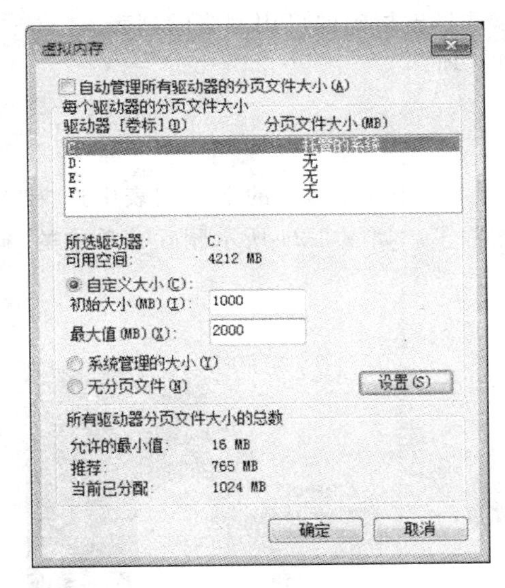

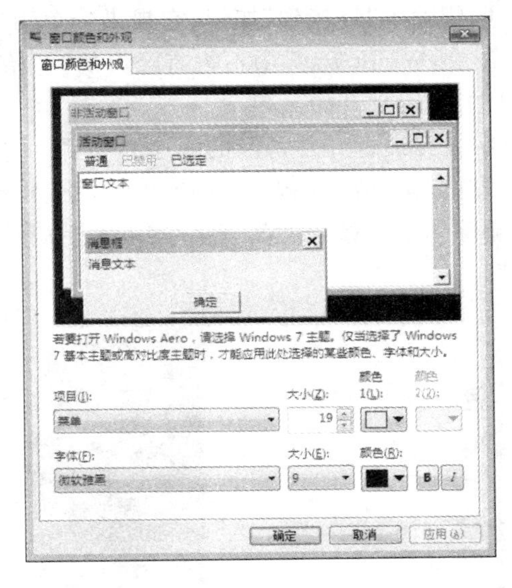

图 2-22 对话框

(4) 选择框或组合框:选择框是指用户只能在系统提供的选项列表中选择某个选项的可设置项目;而组合框是指用户既可以在系统提供的选项列表中选择某个选项,又可以直接输入欲设置的内容。

(5) 复选框:复选框是一个触发开关,允许同时选中一组选项中的多个项目或者都不选中。

(6) 单选按钮:在对话框中,用户必须选中一个单选项,且只能选中一个单选项。

(7) 数值框:数值框用于设置参数值的大小,其右侧一般都有一个微调按钮,可以通过微调按钮来增大数值或减少数值,也可以直接在数值框中输入数值。

2.2.3 开始菜单、任务栏设置

1. 开始菜单

(1) 认识开始菜单

单击任务栏中最左边的圆形“开始”按钮，弹出的菜单称为“开始”菜单。它主要用于启动电脑中的应用程序或打开相应的窗口。在系统中安装应用程序后，都会在“开始”菜单中生成启动该程序的快捷方式。

Windows 7 操作系统除了提供传统风格的“一列式”菜单外，还为我们提供了全新的“两列式”风格菜单，如图 2-23 所示。

(2) 对比 Windows XP，有如下几个明显的改进：

① 跳转列表：最近使用的项目列表，如文件、文件夹或网站。

② 搜索框：在计算机上查找项目的最便捷方法之一，它还可搜索用户的电子邮件、已保存的即时消息、约会和联系人。

③ 电源按钮选项。

④ 删除了“连接到”按钮，它提供一个用户可以选择连接到的可用网络的列表。

⑤ 在 Windows 7 中不再有经典的“开始”菜单选项。

(3) 自定义开始菜单

① 设置最近经常访问的程序和项目

删除最近访问的程序：在应用程序名称上单击鼠标右键，在弹出的下拉列表中选择“从列表中删除”，这样系统就将当前应用程序从列表中删除了。如图 2-24 所示删除菜单中的“截图工具”。

图 2-23 开始菜单

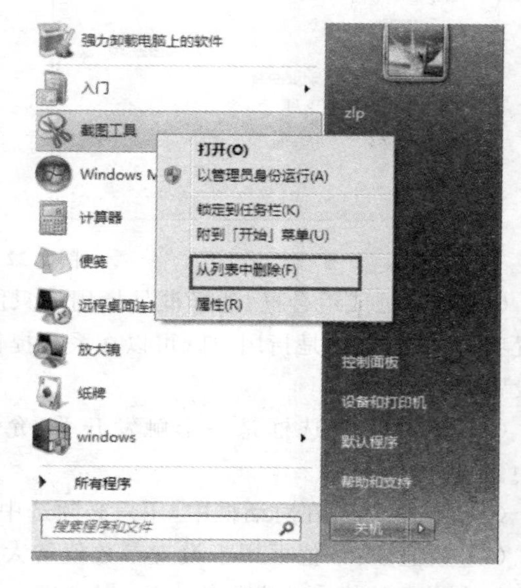

图 2-24 删除截图工具

不存储最近使用的程序：鼠标右击 “开始”按钮，然后选择“属性”，打开“任务栏和开始菜单属性”对话框，如图 2-25 所示。

在“开始菜单”选项卡中的“隐私”设置里，只需要在这里取消相关的勾选设置即可。

② 设置在开始菜单上显示的方式和数目

在图 2-25 对话框中，单击“开始菜单”选项卡中的“自定义”按钮，打开图 2-26 所示对话框。用户可以根据自己的需要和使用习惯对开始菜单进行设置，比如显示什么、不显示什么、显示的方式和数目等等。

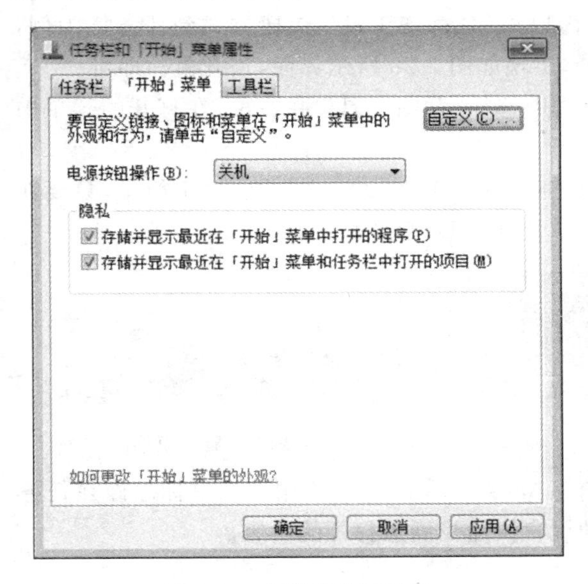

图 2-25　开始菜单属性框

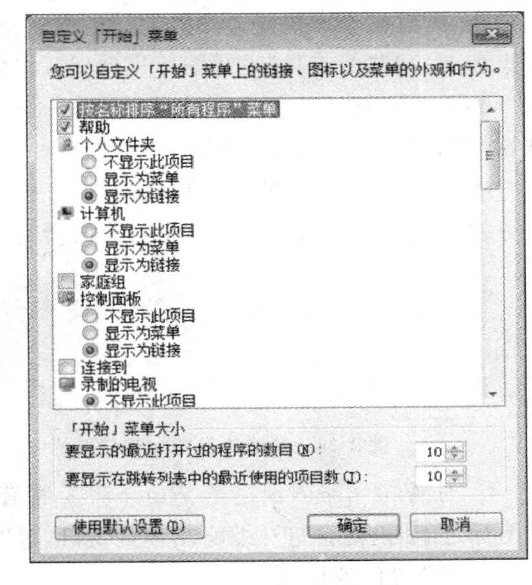

图 2-26　自定义开始菜单

③ 更换电源按钮

Windows 7 特有的功能——更换电源按钮，Windows 7 的电源按钮，在默认状态下是“关机”，用户可以通过自己的喜好来改变这个按钮。在“开始菜单”选项卡中“电源按钮操作”列表中选择，即可定义电源按钮的功能，例如锁定、重新启动、睡眠等，如图 2-27 所示。

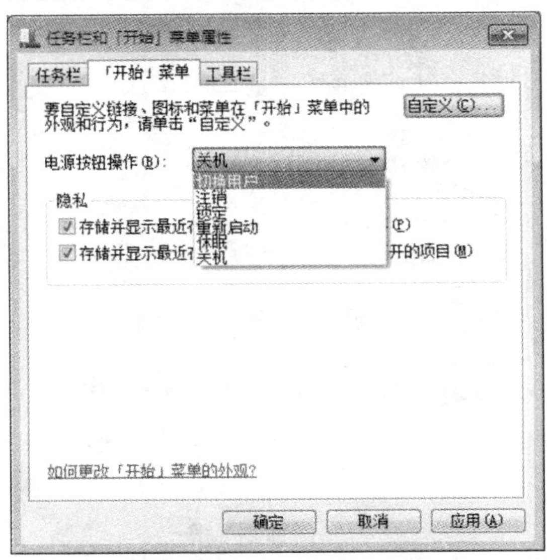

图 2-27　设置电源按钮操作

2. 任务栏

(1) 认识任务栏

Windows 7 系统的任务栏和 XP 系统的任务栏相比有很大的区别，下面我们就来看看 Windows 7 中的变化。

① Windows 7 系统的任务栏中没有了快速启动栏，这是因为 Windows 7 中增加了一项新的功能，可以将桌面快捷方式附到任务栏。下面以添加“截图工具”快捷方式到任务栏为例，将桌面上的“截图工具”快捷图标拖到任务栏处，出现如图 2-28 所示界面，松开鼠标即可。

如果要将其从任务栏移除，则只要在任务栏中选择“截图工具”并右击，在打开的菜单中选择“将此程序从任务栏解锁”，单击即可。

② Windows 7 中的任务栏还增加了一项快速隐藏窗口的功能，其方法也很简单，只要在任务栏的最右侧单击一下就可将打开的所有窗口快速隐藏，显示桌面，如图 2-29 所示。

图 2-28　截图工具附加到任务栏

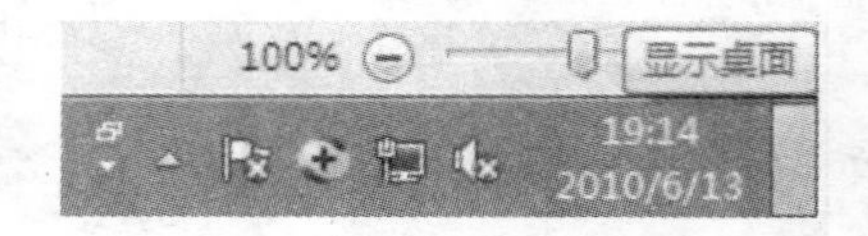

图 2-29　显示桌面

③ 任务栏缩略图预览是 Windows 7 特有的 Aero Peek 的一大应用。当鼠标悬停在任务栏图标之上时，便会打开缩略图预览窗口，帮助用户快速找到想打开的内容。

(2) 设置任务栏属性

下面我们就来了解下 Windows 7 的任务栏的设置方法。

① 将鼠标移动至任务栏空白处，然后右击任务栏，在弹出的任务栏属性菜单中选择“属性”菜单项；

② 在打开的“任务栏和开始菜单属性”对话框中单击“任务栏”选项卡，就可以看到许多关于任务栏的设置项目，如图 2-30 所示。

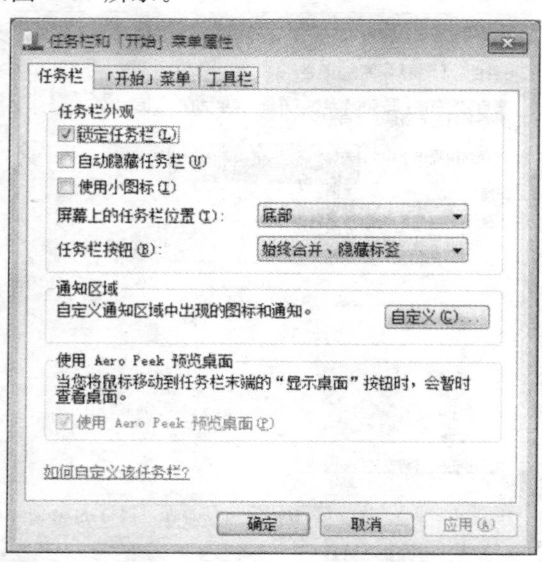

图 2-30　任务栏属性设置框

我们从图 2-30 中就可以看出，任务栏可选项主要分为三部分，任务栏外观、通知区域和使用 Aero Peek 预览桌面。

a. 任务栏外观

锁定任务栏：在进行日常电脑操作时，常会一不小心将任务栏“拖拽”到屏幕的四侧，有时难以调整到原来的状态，为此用户可以将任务栏锁定。

自动隐藏任务栏：有时用户需要的工作面积较大，可隐藏屏幕下方的任务栏。如果要打开任务栏，把鼠标移动到屏幕下边即可看到，否则不会显示任务栏。

使用小图标：图标大小的一个可选项，方便用户自我调整。

屏幕上的任务栏位置，默认是在底部，我们可以点击选择左侧、右侧、顶部。

任务栏按钮：三个可选项，“始终合并、隐藏标签”，“当任务栏被占满时合并”，“从不合并”。

b. 通知区域

在通知区域，我们可以自定义通知区域中出现的图标和通知，单击“自定义”按钮，会弹出“通知区域图标对话框”，在对话框中，我们可以设置在系统托盘上要显示或隐藏的图标和通知，如图 2-31 所示。

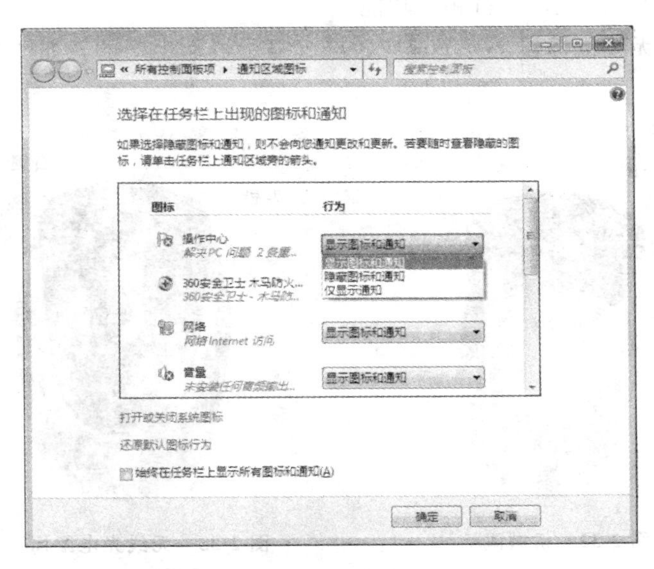

图 2-31 通知区域图标设置框

c. 使用 Aero Peek 预览桌面

Aero Peek 是 Windows 7 中 Aero 桌面提升的一部分，是 Windows 7 中崭新的一个功能。如果用户打开了很多 Windows 窗口，那么想要很快找到自己想要的窗口或桌面就不是件容易的事情了。而 Aero Peek 正是用来解决这一难题的。Aero Peek 提供了 2 个基本功能：

第一，通过 Aero Peek，用户可以透过所有窗口查看桌面；

第二，用户可以快速切换到任意打开的窗口，因为这些窗口可以随时隐藏或可见。

2.2.4 鼠标、字体的个性化设置

1. 鼠标

鼠标是操作计算机的主要工具，也是计算机显示系统纵横坐标定位的指示器，因形似老鼠

而得名“鼠标”。“鼠标”的标准称呼应该是“鼠标器”，英文名“Mouse”。鼠标的使用是为了代替键盘那烦琐的指令，使计算机的操作更加简便。

(1) 认识鼠标

虽然鼠标的外形各异，但其功能和使用方法都差不多。

① 按照工作原理不同来分主要分为两大类：一类为机械式鼠标；一类为光电式鼠标。机械鼠标主要由滚球、辊柱和光栅信号传感器组成，如图 2-32 所示。光电鼠标器是通过检测鼠标器的位移，将位移信号转换为电脉冲信号，再通过程序的处理和转换来控制屏幕上鼠标箭头的移动。光电鼠标用光电传感器代替了滚球。

② 按照接口类型分有串行鼠标、PS/2 鼠标、总线鼠标、USB 鼠标(多为光电鼠标)四种。

③ 根据鼠标按键数量的不同，可以将鼠标分为 2D 鼠标和 3D 鼠标。目前最常用的为 3D 光电鼠标。

④ 滚轴和感应鼠标。滚轴鼠标和感应鼠标在笔记本电脑上用得很普遍，往不同方向转动鼠标中间的小圆球，或在感应板上移动手指，光标就会向相应方向移动，当光标到达预定位置时，按一下鼠标或感应板，就可执行相应功能。

⑤ 无线鼠标。无线鼠标器是为了适应大屏幕显示器而生产的。如图 2-33 所示为无线光电鼠标。

图 2-32 机械鼠标

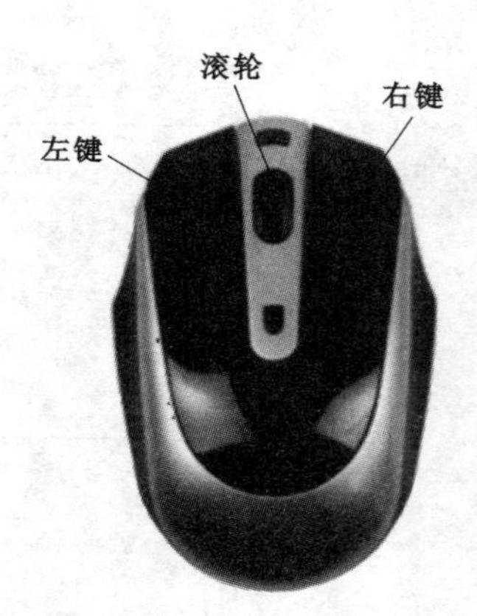

图 2-33 无线光电鼠标

(2) 手握鼠标的方法

一般鼠标上有三个键，左键、右键和滚轮(也叫鼠标中键)，鼠标左键用于执行命令或选择对象，鼠标右键用于弹出快捷菜单，滚轮用于滚动显示页面。

采用正确的姿势握住鼠标，不但可以提高操作速度，还能缓解长期使用鼠标带来的疲劳感。正确握鼠标的要点为：

① 把右手食指轻轻放在鼠标左键上，中指轻轻放在右键上；

② 大拇指放在鼠标的左侧，无名指和小指放在鼠标右侧，这三个手指轻轻握住鼠标；

③ 手掌心轻轻贴住鼠标背部，手腕自然放置在桌面上，然后带动鼠标做平面运动；

④ 如果要使用鼠标中间的滚轮，可以将中指移至滚轮上，操作完后再将中指移回到鼠标右键上。

(3) 鼠标的基本操作方法

鼠标的基本操作包括指向、单击、双击、拖动和右击五种。

① 指向：指移动鼠标，将鼠标指针移到操作对象上。

② 单击：指快速按下并释放鼠标左键。单击一般用于选定一个操作对象。

③ 双击：指连续两次快速按下并释放鼠标左键。双击一般用于打开窗口，启动应用程序。

④ 拖动：指按下鼠标左键，移动鼠标到指定位置，再释放按键的操作。拖动一般用于选择多个操作对象，复制或移动对象等。

⑤ 右击：指快速按下并释放鼠标右键。右击一般用于打开一个与操作相关的快捷菜单。

(4) 设置鼠标属性

用户可以通过替换元素的方式修改鼠标各项指针，其设置方法是：

右击电脑桌面，在弹出的快捷菜单中选择“个性化”以打开“个性化设置窗口”。

在接下来出现的“控制面板个性化设置窗口”中鼠标点击左边的“更改鼠标指针”链接文字，打开图 2-34 所示对话框。

用户也可以根据需要在图中设置鼠标键、指针的形状、指针选项和滑轮等项。

① 交换鼠标键

习惯使用左手的用户可能要将鼠标键的功能交换一下，这样按鼠标右键就成了“单击”，按鼠标左键就成了“右击”了。

交换鼠标键的方法如下：

打开“鼠标属性”对话框；

在“鼠标键”选项卡中，选中“鼠标键配置”区域中的“切换主要和次要的按钮”复选框；

单击“确定”按钮，如图 2-35 所示。

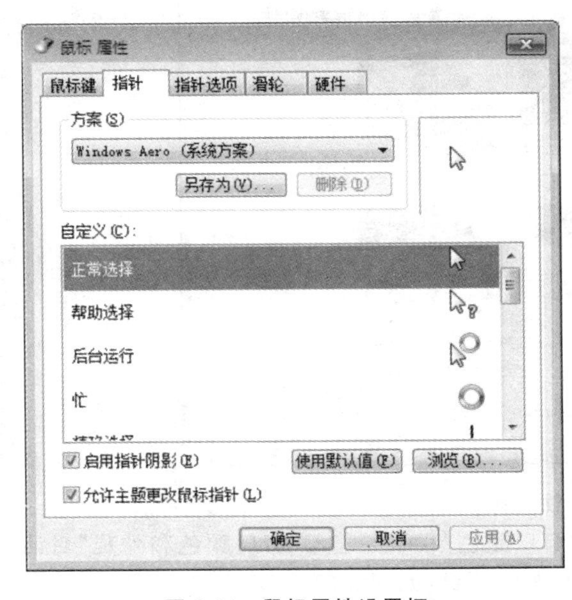

图 2-34 鼠标属性设置框

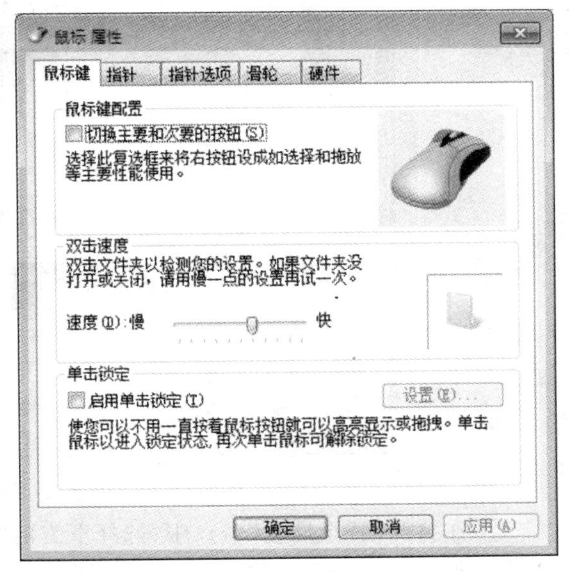

图 2-35 设置鼠标键

② 更改双击速度

双击速度就是按下和释放鼠标的速度达到什么样的程度，系统才认为是一次双击，而不是两次单击。更改双击的速度很简单，只要在图 2-35 中将“双击速度”的滑块拖到适当的位置即可。

③ 更改指针速度

指针速度是指当移动鼠标一段距离时，鼠标指针在屏幕上所移动的距离。

④ 更改鼠标指针

如果用户对目前的这种鼠标指针不喜欢或者厌倦了，是可以进行更改的。单击“鼠标属性”对话框中的“指针”选项卡，从“方案”下拉列表中选择一种自己喜欢的方案，如图 2-34 所示。选择一种方案后，可以拖动自定义列表，观看光标在屏幕上的变化，满意设置后，单击“确定”即可。

用户也可以根据需要设置鼠标的滚轮以及在“指针选项”选项卡中对鼠标指针的“对齐”、“可见性”、“在打字时是否隐藏指针”等等进行个性化的设置。

2. 字体设置

(1) 更改系统的字体

Windows 7 系统默认的字体是微软雅黑，如果不符合你的审美，那就大可换成自己喜欢的任意字体，将 Windows 7 打造得个性十足。其操作方法如下：

① 打开控制面板，在控制面板中打开“外观和个性化”一项，在打开的窗口中找到“个性化”一项，单击进入个性化窗口，如图 2-36 所示。

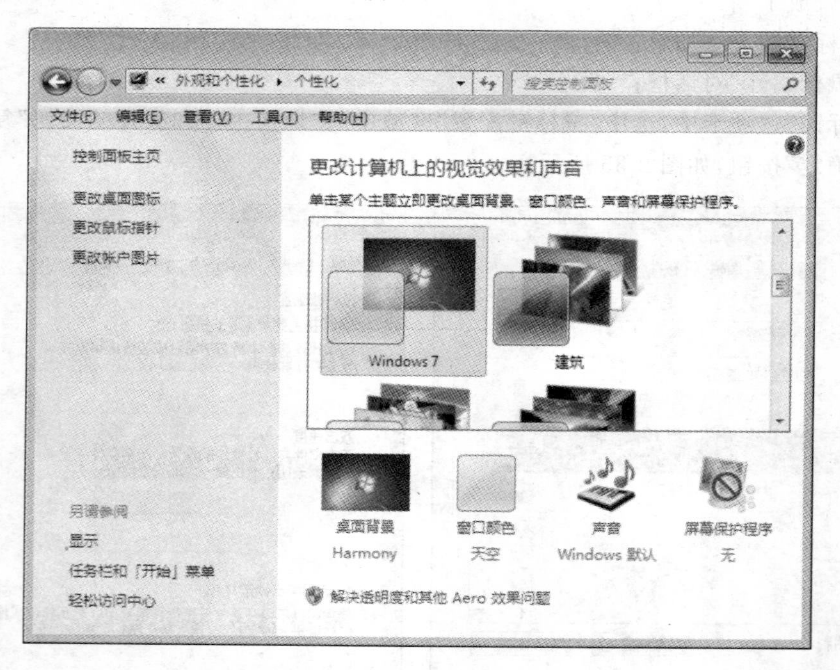

图 2-36　个性化窗口

② 在打开的“个性化”窗口中，选择下方的“窗口颜色”，单击进入“窗口颜色和外观”对话框，在“项目”的下拉列表中，可以看到所有可以修改的项目，如图 2-37 所示。

(2) 更改系统文字的大小

Windows 7 系统中，不但字体可以更改，而且文字的大小也是可以调节的，具体操作方法如下：

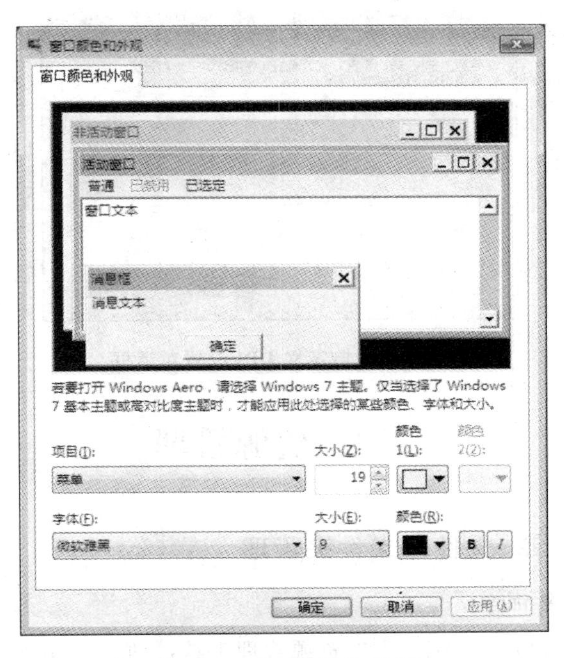

图 2-37 窗口颜色和外观

① 在控制面板的“外观和个性化”窗口中找到“显示”一项，打开 “显示”窗口，如图 2-38 所示。

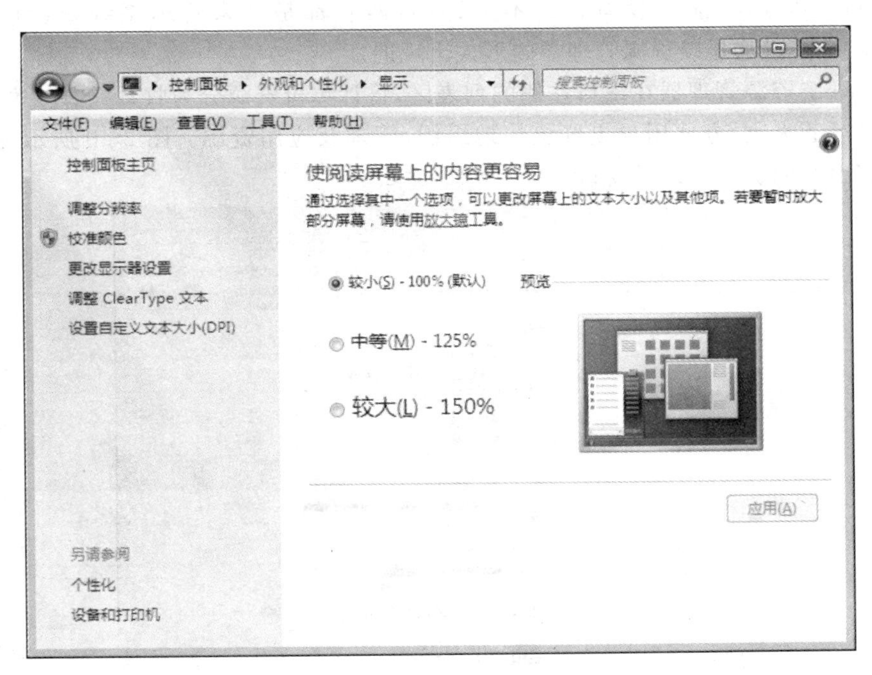

图 2-38 显示窗口

② 在“显示”窗口的右侧，单击“设置自定义文本大小(DPI)”链接文字，打开如图 2-39 所示的对话框。

③ 我们可以根据需要设置显示文字的百分比。

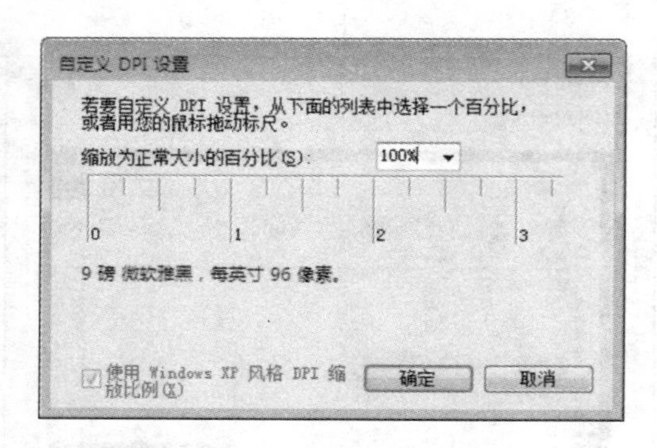

图 2-39　自定义 DPI 设置对话框

2.3　资源管理

2.3.1　资源管理器、文件与文件夹管理

1. Windows 7 资源管理器

“资源管理器”是 Windows 系统提供的资源管理工具，我们可以用它查看本台电脑的所有资源，特别是它提供的树形的文件系统结构，使我们能更清楚、更直观地认识电脑的文件和文件夹。

其实资源管理器与进入“我的电脑”界面是很相似的，只是左侧多了电脑所有文件的树形结构，在实际的使用功能上没有什么不一样的，两者都是用来管理系统资源的。并且在 Windows 7中，窗口都是以资源管理器的形式出现的。

Windows 7 资源管理器在窗口左侧的列表区，将计算机资源分为收藏夹、库、家庭网组、计算机和网络等五大类，方便用户更好更快地组织、管理及应用资源。图 2-40 所示为打开桌面上“计算机”出现的资源管理器窗口。

图 2-40　资源管理器

(1) 打开 Windows 7 资源管理器的方法

① 用鼠标右键单击桌面左下角的圆形“开始”菜单按钮，从弹出的菜单中选择“打开Windows资源管理器”，即可打开资源管理器。

② 单击“开始”按钮，选择菜单右列的“计算机”，即可打开资源管理器。或者双击Windows 7桌面上的“计算机”图标。

③ 快捷键【Win+E】打开资源管理器。

④ 将资源管理器固定到 Windows 7 任务栏中后，直接点击图标打开 Windows 7 资源管理器，如图 2-41 所示。

图 2-41 任务栏上的资源管理图标

(2) 界面布局轻松设置

相比 XP 系统来说，Windows 7 在 Windows 资源管理器界面方面功能设计更为周到，页面功能布局也较多，设有菜单栏、细节窗格、预览窗格、导航窗格等；内容则更丰富，如收藏夹、库、家庭组等。

若 Windows 7 资源管理器界面布局过多，用户也可以通过设置，变回简单界面。操作方法是，单击管理器窗口中“组织”菜单按钮旁的向下箭头，在显示的下拉菜单中，选择“布局”中需要的窗格，如图 2-42 所示。

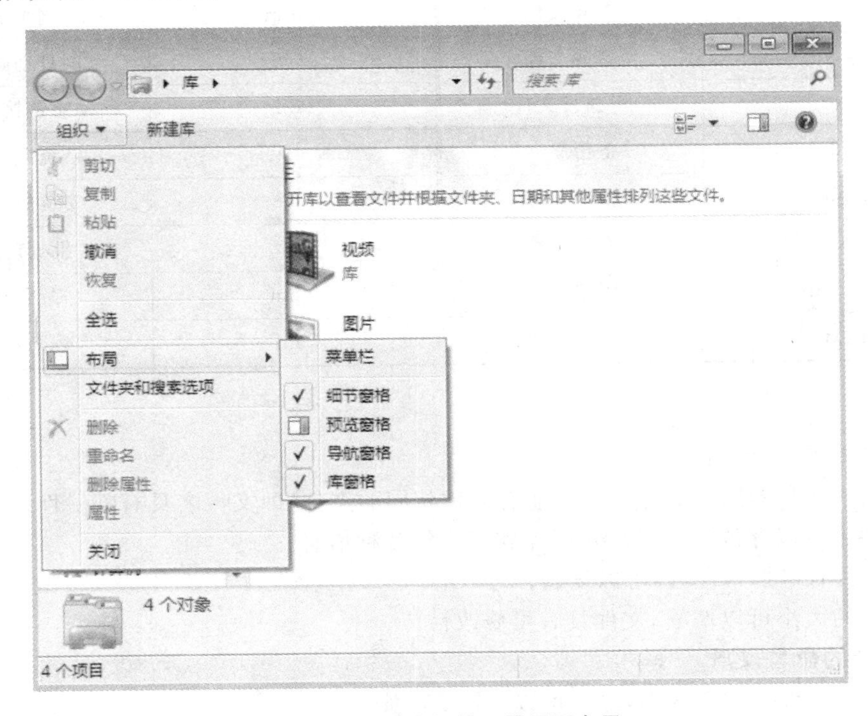

图 2-42 设置资源管理器界面布局

(3) 文件夹查看管理更快捷

Windows 7 资源管理器在管理方面的设计，更有利于用户使用，特别是在查看和切换文件夹时。查看文件夹时，上方目录处会根据目录级别依次显示，中间还有向右的小箭头。当用户单击其中某个小箭头时，该箭头会变为向下，显示该目录下所有文件夹名称。单击其中任一文件夹，即可快速切换至该文件夹访问页面，非常方便用户快速切换目录。

当然，在 Windows 7 资源管理器中，我们还可以使用高效搜索框、库功能、灵活地址栏、丰富视图模式切换等等，有效帮助我们轻松提高文件操作效率。

2. 文件与文件夹管理

(1) 文件

① 文件的含义和组成部分

在计算机中，数据和各种信息都是以文件形式保存的。从广义上讲，文件可以是一份文档，也可以是一个应用程序，还可以是音乐、图片或视频等。

文件由文件图标和文件名两部分组成，文件名又由名称和扩展名两部分组成，两者之间用一个圆点作为分隔符隔开。

扩展名决定了文件的类别，相同类别的文件具有相同的文件图标，因此可以通过图标样式或文件的扩展名来判断出文件的类型。表 2-1 是 Windows 7 系统中常见的文件类型及扩展名。

表 2-1　文件类型及扩展名

扩展名	文件类型	扩展名	文件类型
.avi	视频文件	.html	网页文件
.mp3、.wav、.wma	音频文件	.swf	网页动画文件
.exe	可执行文件	.dll	动态链接库文件
.bak	备份文件	.ini	系统配置文件
.bmp、.gif、.jpg	图片文件	.inf	安装信息文件
.txt	文本文件	.bat	批处理文件
.rar、.zip	压缩文件	.com	命令文件
.fon、.tiff	字体文件	.dbf	数据库文件

② 文件的特性

文件具有如下特性：

a. 在同一磁盘的同一文件夹内不能有名称相同的文件，即文件名具有唯一性；

b. 文件中可以存放字母、数字、图片和声音等各种信息；

c. 文件具有可携带性，即可以复制；

d. 文件的大小可以增减，文件具有可修改性。

③ 文件的命名规则

a. 文件或文件夹的名字中，最多可以使用 256 个字符；

b. 文件名中除去开头的任何地方都可以有空格，但不能有下列任何一个字符：/、\、*、:、<、>、|、"、?；

c. 文件的名称不区分大小写格式，例如，A. txt 和 a. txt 被认为是同一个文件名。

【注意】 当用户查找和排列文件时，可以使用通配符“?”和“*”。这两种通配符是有区别的，“?”代表文件名中的单个字符；“*”代表文件名中任意长的一个字符串。

(2) 文件夹

文件夹是用来存放文件的场所，它就像现实生活中的文件袋，用于将文件进行分类管理。文件夹中既可以存放文件，也可以存放文件夹。用户可以根据需要创建多个文件夹来分门别类地对电脑的资源进行管理。

(3) 管理文件和文件夹

① 新建文件或文件夹

在安装程序时，安装程序通常会创建文件夹来保存程序所用到的文件。用户也可以根据需要自己创建文件或文件夹。例如，用户需要在E盘新建一个文件夹，操作方法是：

a. 打开要保存新文件或文件夹的位置，在这里我们打开E盘；

b. 在窗口的空白处单击右键，从弹出的快捷菜单中选择“新建”命令；

c. 用户根据需要在菜单中选择要新建文件的类型或文件夹命令，本例选择“文件夹”即可，如图 2-43 所示。

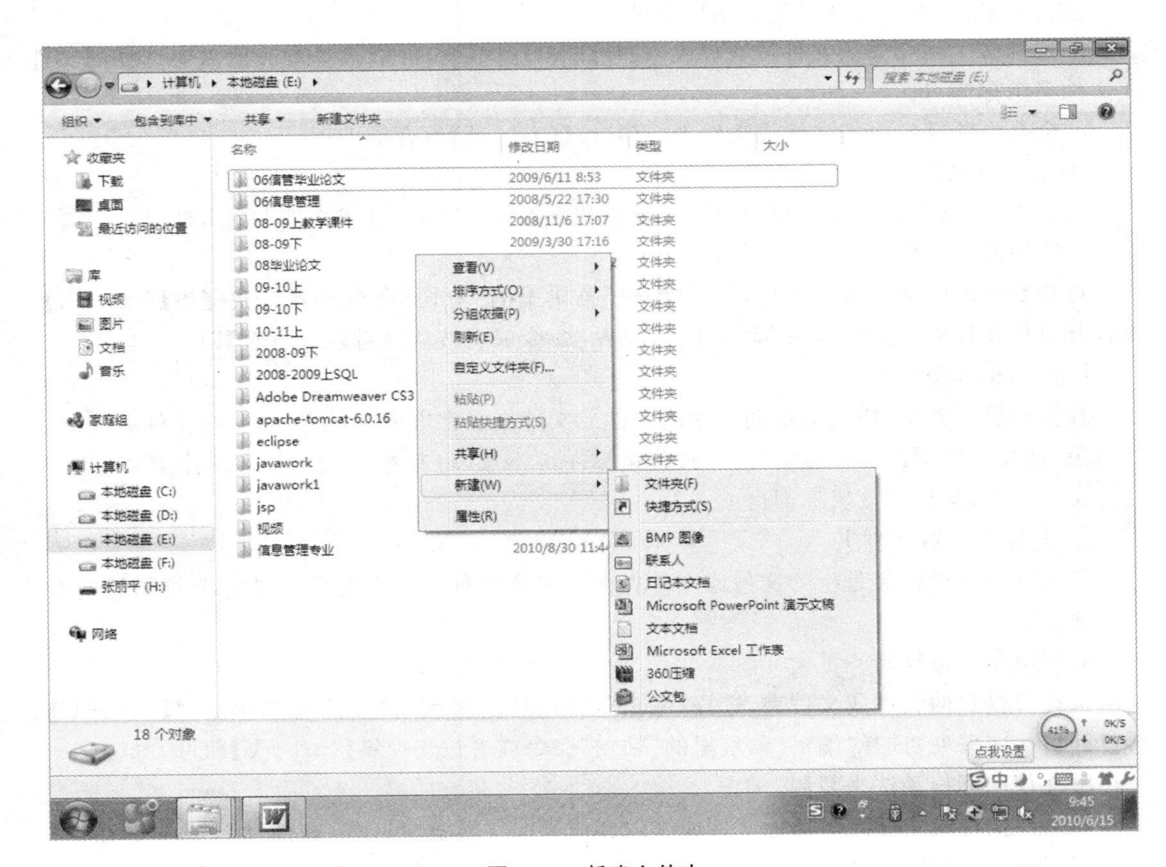

图 2-43 新建文件夹

用户也可以直接在 Windows 7 新提供的菜单中，单击“新建文件夹”命令。

② 重命名文件或文件夹

为了方便记忆和管理，文件名是很重要的，一般将文件或文件夹命名为易记的名称。刚刚新建的文件或文件夹名称呈可编辑状态，此时直接输入所需的名称即可。如果新建时没有命名，用户也可以通过重命名的方法为其改名称。

重命名文件的方法与重命名文件夹的方法完全相同，下面以刚在E盘新建的文件夹为例，将其重命名为“期末考试试卷”。

a. 在E盘的“新建文件”文件夹上，单击右键，在弹出的快捷菜单中，选择“重命名”命令；

b. 此时，文件夹处于可编辑状态，输入新名称“期末考试试卷”；

c. 按Enter键或单击名称之外的任何位置即可。

③ 选择文件或文件夹

要对文件或文件夹进行移动、复制、删除等操作之前，必须先选择文件或文件夹，选择文件或文件夹的方法有以下几种：

a. 选择单个文件或文件夹：只需要单击该文件或文件夹的图标即可。

b. 选择多个相邻的文件或文件夹：用鼠标拖动进行选择。

c. 选择多个连续的文件或文件夹：先单击第一个文件或文件夹图标，然后按住【Shift】键不放，再选择最后一个文件或文件夹图标即可。

d. 选择多个不相邻的文件或文件夹：按住【Ctrl】键不放，再依次单击其他需要选择的文件或文件夹图标即可。

e. 全选当前窗口内的文件或文件夹：直接按【Ctrl＋A】组合键即可。

④ 移动文件或文件夹

对文件或文件夹的基本操作有移动、复制和删除等，移动文件或文件夹的方法是：

a. 使用命令来移动

选择要移动的文件或文件夹，选择“编辑”菜单里的“剪切”命令或者按快捷键【Ctrl＋X】。再打开目标文件夹，选择“编辑”菜单里的“粘贴”命令或者按快捷键【Ctrl＋V】即可。

b. 使用鼠标移动

在资源管理器中，用鼠标拖动来移动文件或文件夹非常方便。其方法是：在文件夹区中展开目录，选择要移动的文件或文件夹，按住鼠标左键不放，将其拖动到文件夹区中要移动到的目标文件夹上，最后释放鼠标即可。

⑤ 复制文件或文件夹

复制文件或文件夹是指为文件或文件夹在指定位置创建一个与源文件完全相同的副本，其方法是：

a. 使用命令来复制

选择要复制的文件或文件夹，选择“编辑”菜单里的“复制”命令或者按快捷键【Ctrl＋C】。再打开目标文件夹，选择“编辑”菜单里的“粘贴”命令或者按快捷键【Ctrl＋V】即可。

b. 使用鼠标拖动法来复制

如果源文件或文件夹与目标文件或文件夹位于同一磁盘分区中，在拖动时按住Ctrl键即可进行复制；如果源文件或文件夹与目标文件或文件夹不在同一磁盘分区中，直接将源文件或文件夹拖动至目标文件或文件夹中即可。

⑥ 删除文件或文件夹

删除文件或文件夹的方法有很多,常用以下两种:

a. 选择要删除的文件或文件夹,单击右键,在弹出的“快捷菜单”中选择“删除”命令。

b. 选择要删除的文件或文件夹,按 Delete 键。

⑦ 查找文件或文件夹

有时忘记某个文件或文件夹的保存位置,只记得部分名称,这时可以通过 Windows 7 提供的搜索功能进行搜索。例如要在 E 盘找“06 信管信息检索. xls”文件,但只记得“06 信管”几个字。其操作方法是:打开 E 盘,在 E 盘窗口的右上角的“搜索框”内输入“06 信管. xls”,计算机就会自动在 E 盘进行搜索,并将搜索的所有相关的文件显示在窗口中,如图 2-44 所示。

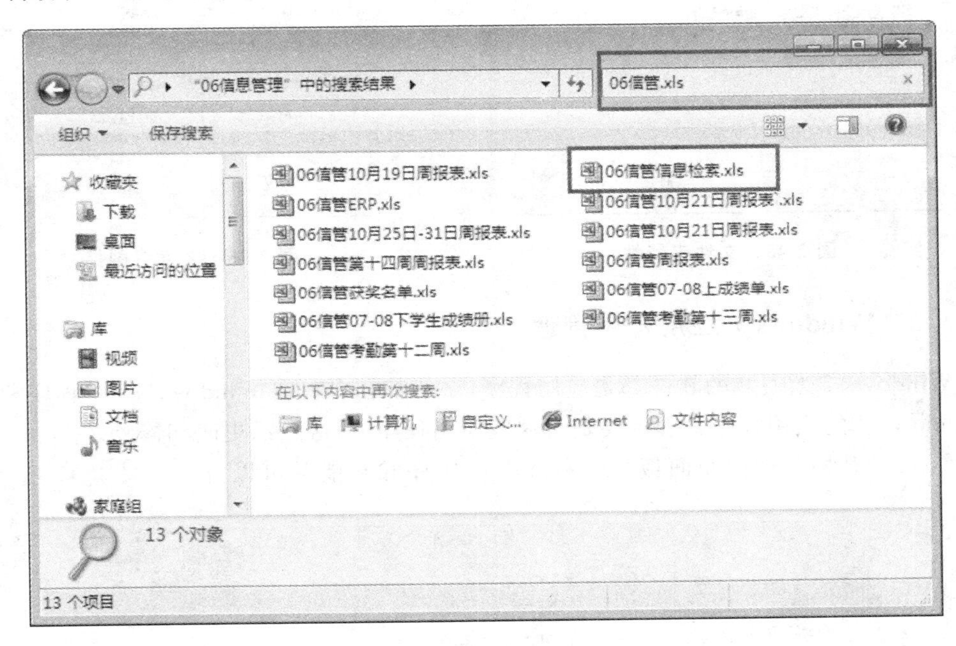

图 2-44 查找文件

⑧ 压缩文件或文件夹

Windows 7 内置了压缩文件的功能,生成的 ZIP 文件是为了减小文件,便于保存和网上传输。其操作方法是:选择要压缩的文件或文件夹,单击右键,在弹出的快捷菜单中,选择“发送到”中的“压缩 zipped 文件夹”命令,稍等一会,就会出现一个表示 ZIP 文件的图标,即压缩完成。

⑨ 更改文件或文件夹图标

用户对自己计算机中文件或文件夹的图标不喜欢,也可以进行更改,例如,更改计算机中“tup2”文件夹的图标具体方法如下:

a. 选择要“tup2”文件夹,右击,在弹出的快捷菜单中选择“属性”命令;

b. 打开“tup2 属性”对话框,选择“自定义”选项卡,如图 2-45 所示;

c. 在“自定义”选项卡下单击“更改图标”按钮,打开如图 2-46 所示的对话框;

d. 在打开的“更改图标”对话框中,用户可以通过“预览”按钮选择自己下载网络图标作为文件或文件夹的图标,也可以直接在系统提供的图标中进行选择,选择好之后,单击确定即可。

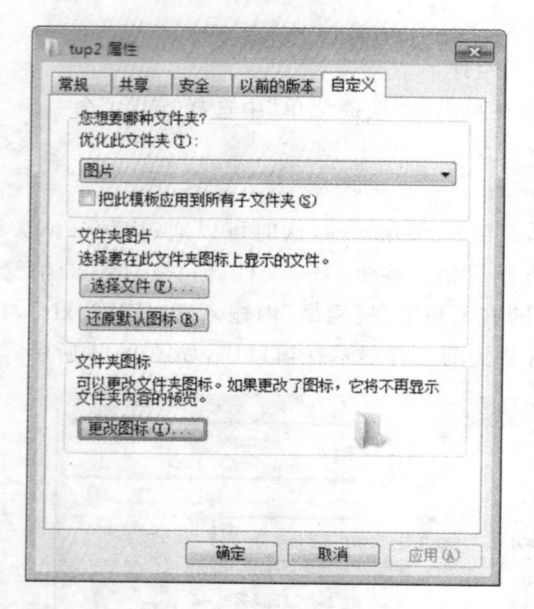

图 2-45　文件夹属性

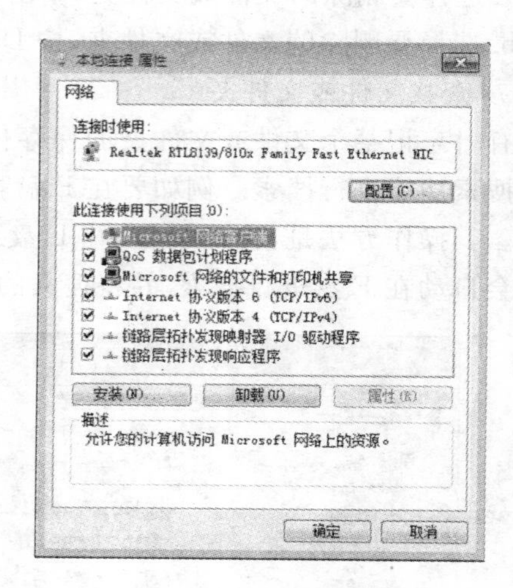

图 2-46　文件夹图标

2.3.2　Windows 7 应用程序管理

在 Windows 7 上安装的软件都是应用程序，一般都会出现在 Windows 7 的“程序和功能”中。Windows 7 的应用程序管理主要是对这些应用程序进行卸载、更改和修复。

依次点击“开始”→“控制面板”→“程序”→“程序和功能”，可以打开如图 2-47 所示的对话框。

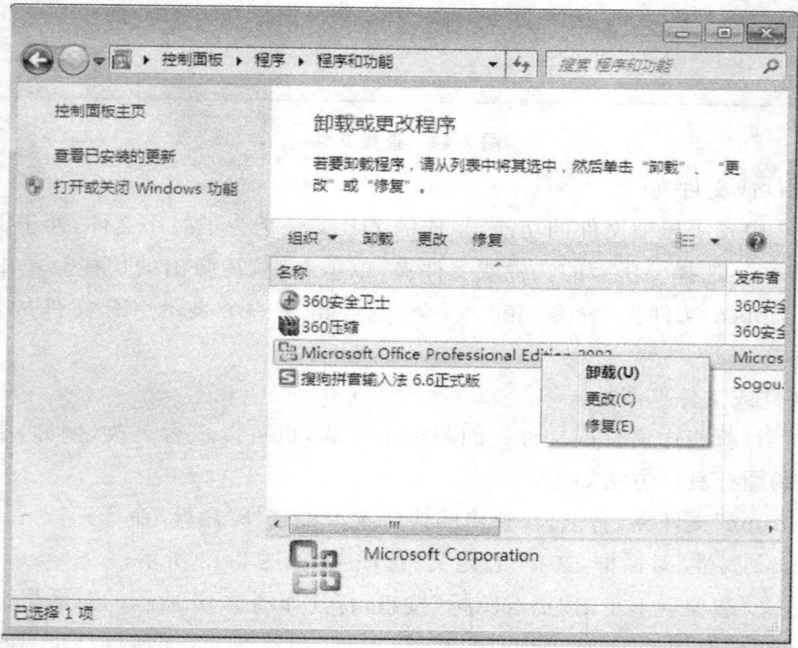

图 2-47　应用程序管理窗口

要对任一已经安装的程序进行卸载、更改或修复，在相应的软件名称后面点击右键，在弹出的菜单中选择对应的操作即可。

2.3.3 Windows 7 网络设置与管理

Windows 7 中进行网络设置，是使用 Windows 7 进行网络交流的前提。Windows 7 的网络设置，主要是对它的网卡的设置。其方法和步骤如下：

1. 依次点击“开始”→“控制面板”→“网络和 Internet”→“网络和共享中心”，可以看到当前计算机已经连接到 Internet，如果未连接上，系统在链路断路的地方会用红叉显示。点击图 2-48左上角的更改适配器设置，这里适配器就是网卡的意思，将弹出图 2-49 所示对话框。

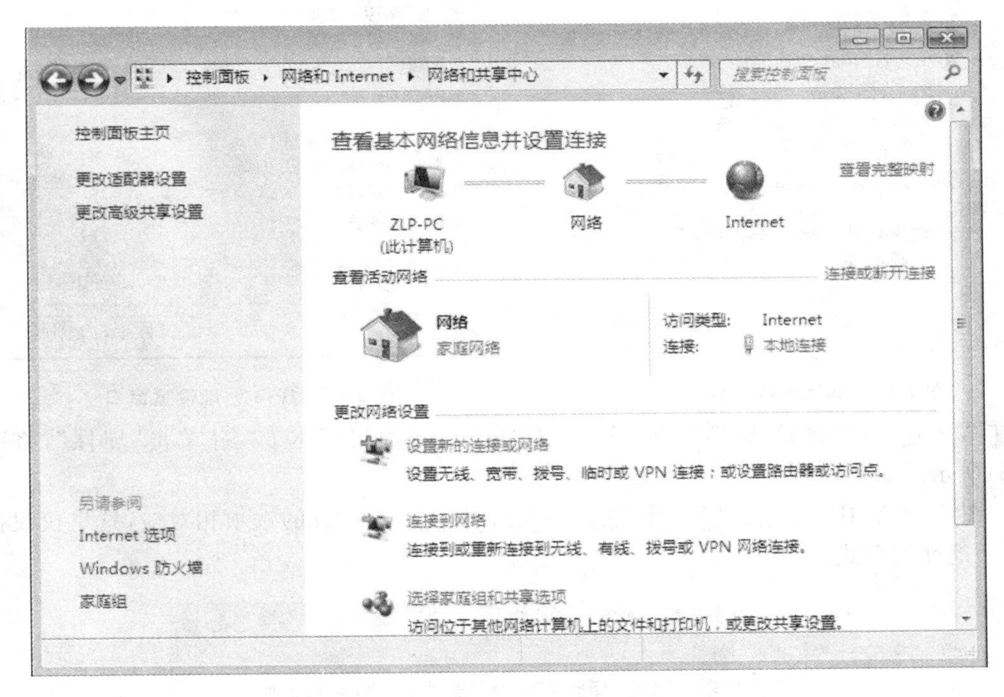

图 2-48 网络和共享中心窗口

2. 这是其中一块网卡的网络连接设置，这块网卡的名字是“本地连接”，在这个属性选项卡里，这个选项卡里有 IPv6 的选项，windows 的版本从 visita 开始，就有了这个选项，以便兼容未来的网络。

在图 2-49 对话框的“网络”选项卡里，点击“Internet 协议版本 4”，并单击“属性”，将弹出图 2-50 所示的对话框。

3. 图 2-50 所示的对话框是一个典型的 IPv4 地址设置，这个常规设置分成两部分。一部分是 IP 地址，另外一部分是设置 DNS 服务器 IP 地址。这两部分都可以设置成自动获取，家庭宽带网络一般设置成自动获取 IP 地址。如果是企事业局域网，一般要手工设置静态 IP 地址。这个手工设置的静态 IP 地址一般还要设置子网掩码和默认网关，默认网关要求和本地连接的 IP 地址在同一个网络段里。同一个网络段是指子网掩码中为 255 的部分 IP 地址和默认网关的要相同。配置好 IP 地址，只是使计算机可以连接到网关部分，要使得计算机可以上互联网，还要配置计算机的 DNS 服务器地址。就是告诉计算机如果在浏览器地址栏里输入网址，应该由哪台 DNS 服务器计算机将网址解析为 IP 地址。这里 202.103.44.150 是湖北电信的公共 IP 地址，一般一个省里每个通信服务商都有固定的 DNS 服务器 IP 地址。如果点击“高级”，将弹出一个新的对话框，在新的对话框里可以给这块叫作“本地连接”的网卡添加一个新的 IP 地址。

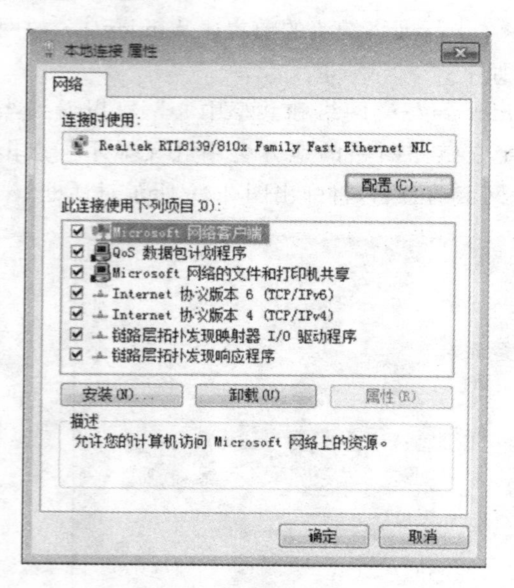

图 2-49　本地连接属性窗口

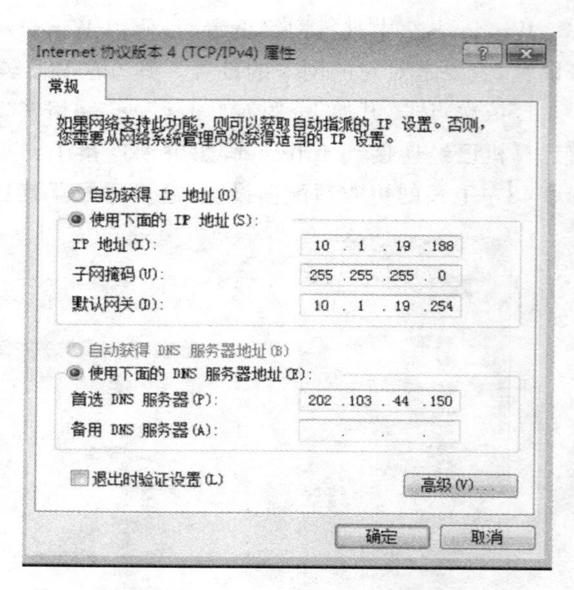

图 2-50　IPv4 地址设置窗口

在图 2-49“本地连接 属性”窗口中，点击“Internet 协议版本 6”，并单击“属性”，将弹出图 2-51所示的对话框。

4. 图 2-51 是 IPv6 地址设置对话框。同上面 IPv4 地址设置的选项相对应，这里仅仅换了一下 IP 地址的形式。

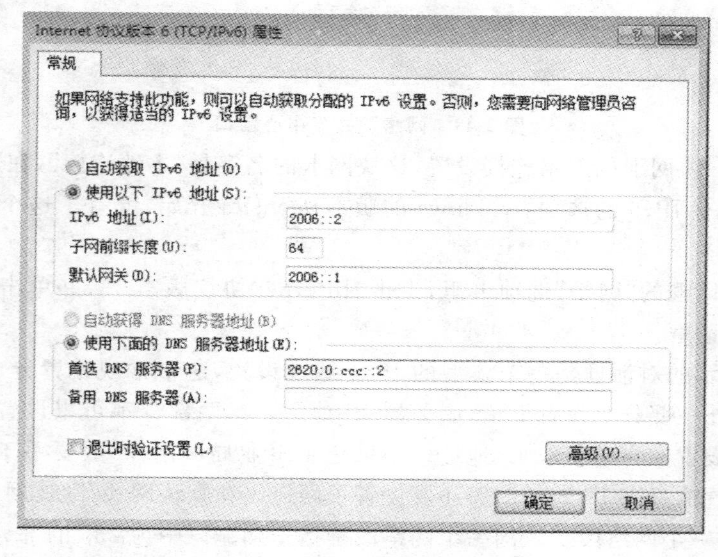

图 2-51　IPv6 地址设置窗口

2.3.4 Windows 7 多媒体

Windows 7 系统全方位支持影音分享、播放和制作，为欣赏音乐、浏览照片和看电影都带来更多的便利。

1. 播放格式更丰富

Windows 7 现在可以支持更多格式的多媒体文件，可播放的音乐和视频文件比以往都更加丰富，Windows 7 系统自带的 Windows Media Player 12 支持许多现在流行的音频和视频格式，其中包括 AVI、WMV、WMA、和 MOV 文件，另外 3GP、AAC、AVCHD、MPEG-4 等这些格式也能支持，还包括 iTunes 库中未受访问限制的歌曲以及部分数码相机和高清摄像机拍摄的视频文件。图 2-52 是 Windows Media Player 12 的界面，如果要播放音乐，直接将歌曲从左边拖到右边即可，如图 2-53 所示。

图 2-52 Windows Media Player 12 窗口

2. DIY 影音制作更便捷

使用 Windows Live 影音制作，我们可以将照片和音乐快速转换为流畅的视频，可以添加特殊效果、过渡特技、声音和字幕以帮助传情达意。而且，与好友和家人共享非常轻松，无论是在网络、计算机、电视、移动设备上还是在 DVD 上都可以。当然，如果家人使用的也是 Windows 7电脑，那么你们之间共享起来就更为方便了。

3. Windows 媒体中心功能更强大

Windows 7 系统还包含了增强的 Windows Media Center(媒体中心)功能，安装 Windows 7 系统之后，我们很快可以在开始菜单中看到全新的媒体中心图标。启动全新设计的 Windows 7媒体中心，我们可以快速浏览图片、欣赏视频，安装电视卡的计算机还能通过它快速观看精彩的电视节目，用遥控器就可以欣赏音乐、照片和视频。而且，只要为电脑安装上了

图 2-53　Windows Media Player 12 播放音乐

图 2-54　电视调谐器

电视调谐器,如图 2-54 所示,我们就可以观看、暂停或录制高清电视。当前的电视功能越来越强大,很多朋友可能不知道该如何派上用场,现在有了 Windows 7 系统,你很快就知道如何去发挥电视的作用了。

4. Windows 7 中开启音频服务

Windows 7 安装完成后,要使它能够播放声音,必须先确定声卡驱动程序已经安装好,然后还要开启音频服务。

如果打开 Windows Media Player 12,出现图 2-55 所示的提示,就表示系统未安装好音频设备,包括驱动程序的安装以及音频服务尚未开启。

在 Windows 7 中安装声卡驱动程序以及启动 Windows Audio 服务的步骤如下:

第一步:在线安装声卡驱动程序。保证计算机已经连入互联网,在桌面右击"计算机"图标,如图 2-56 所示。在快捷菜单中选择"属性",打开如图 2-57 所示的系统窗口。

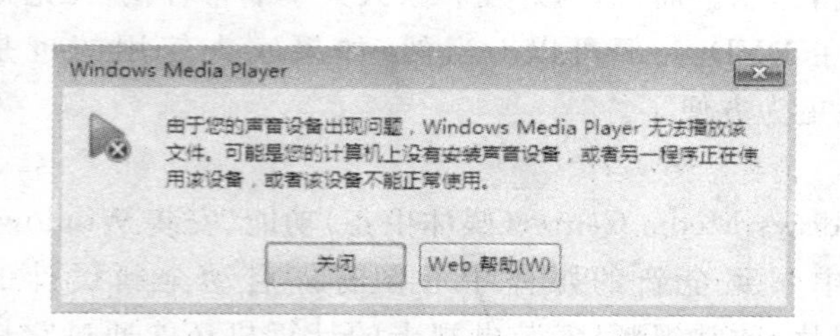

图 2-55　Windows Media Player 12 无法播放音频对话框

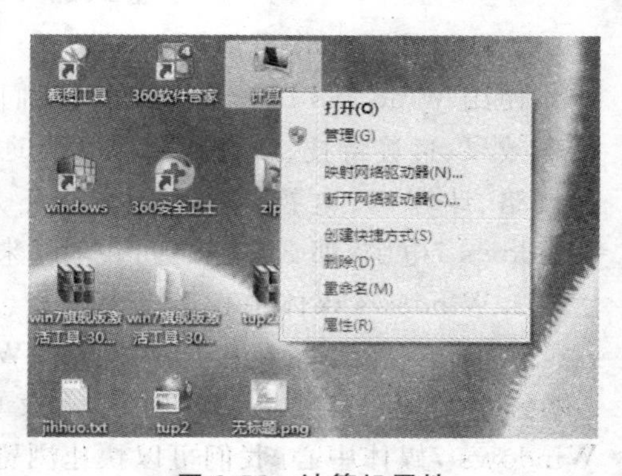

图 2-56　计算机属性

图 2-57　系统窗口

第二步:在系统窗口里,找到左边树形菜单中的“设备管理器”并单击,打开如图 2-58 所示的设备管理器窗口。

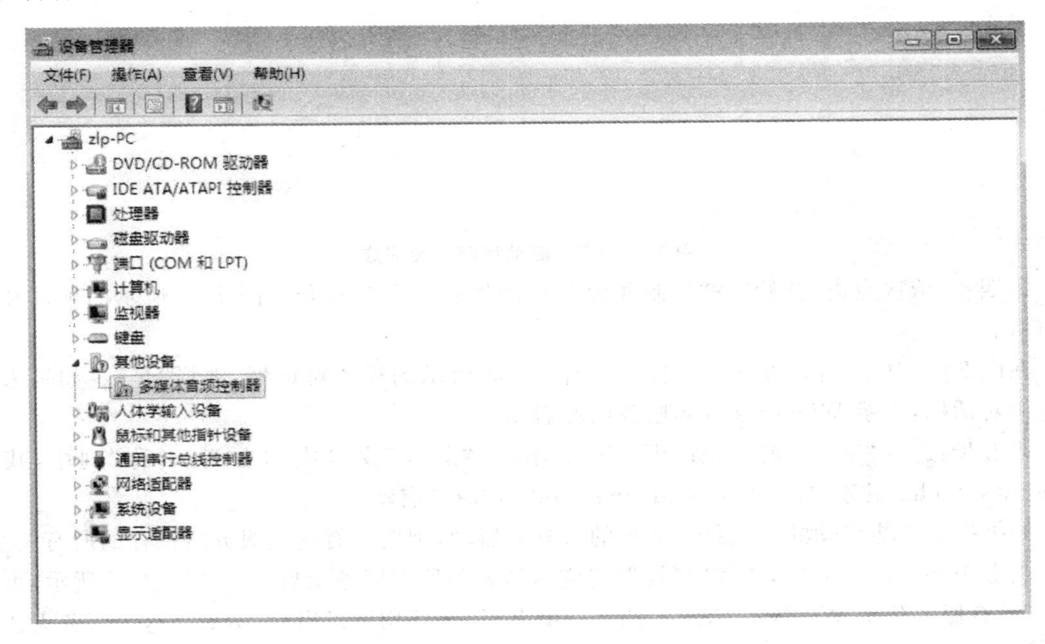

图 2-58　设备管理器窗口

第三步:在设备管理器窗口的右边将出现计算机上已经安装的设备,可以发现音频设备上有黄色的感叹号,表示驱动程序未安装好,直接在设备上点击右键,选择“安装/更新驱动程序”,系统会自动从互联网上搜索相应型号声卡的驱动程序,找到后会下载并安装,如图 2-59、图 2-60和图 2-61 所示。

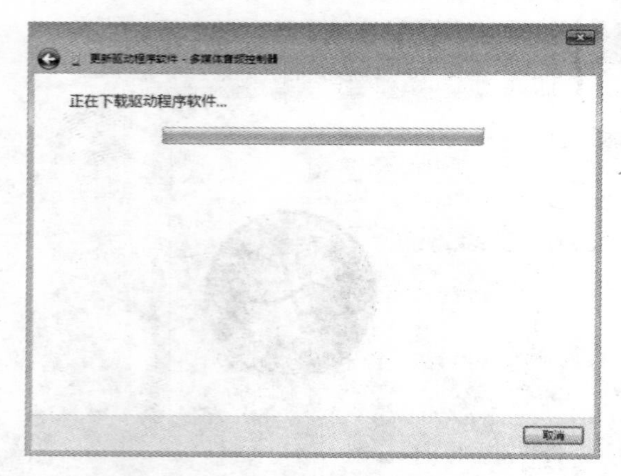

图 2-59　在线下载声卡驱动程序

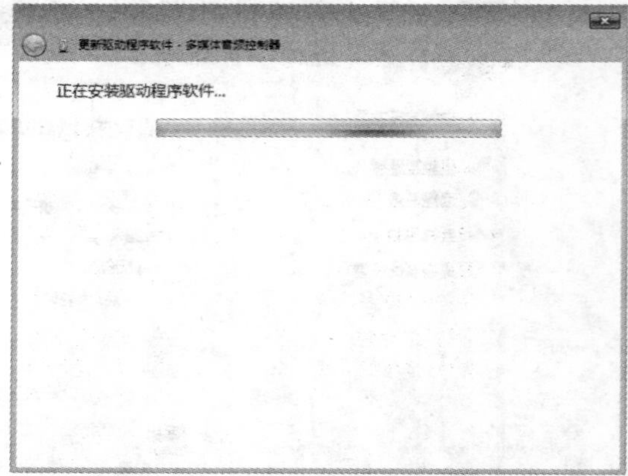

图 2-60　安装声卡驱动程序

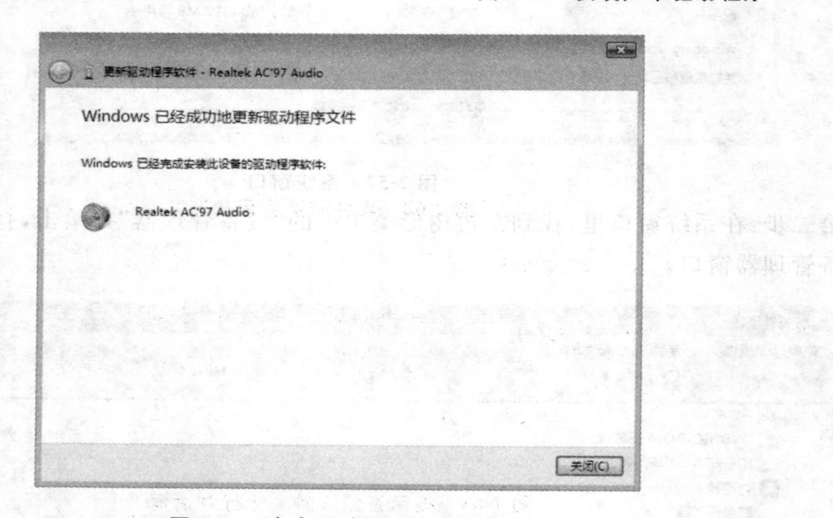

图 2-61　声卡驱动程序安装完成

第四步:依次点击“开始”→“控制面板”→“硬件和声音”,打开如图 2-62 所示的硬件和声音窗口。

在图 2-62 中,点击管理音频设备,出现图 2-63 所示的提示对话框,选择“是”。如果未出现这个对话框,表示 Windows 音频服务已经启动。

第五步:进入“服务”窗口,如图 2-64 所示,在“服务”窗口中的右侧“名称”列中,找到 Windows Audio 服务,右键点击 Windows Audio,选择“启动”。

如果提示不能启动的原因是所依赖的服务未启动,则要查看这个服务所依存的所有关系。右键点击 Windows Audio,选择“属性”,将它所依赖的所有服务均启动。如图 2-65 所示,可以发现,所有服务除了 Windows Audio Endpoint Builder 外均可以启动,而如果这个服务无法启动,则 Windows Audio 服务也无法启动。

第六步:我们应开启已经关闭的 Power 服务,并且保证 Windows Audio 服务采用本地服务账户,因为 Windows Audio Endpoint Builder 服务采用的是本地系统账户,如图 2-66 和图 2-67所示。

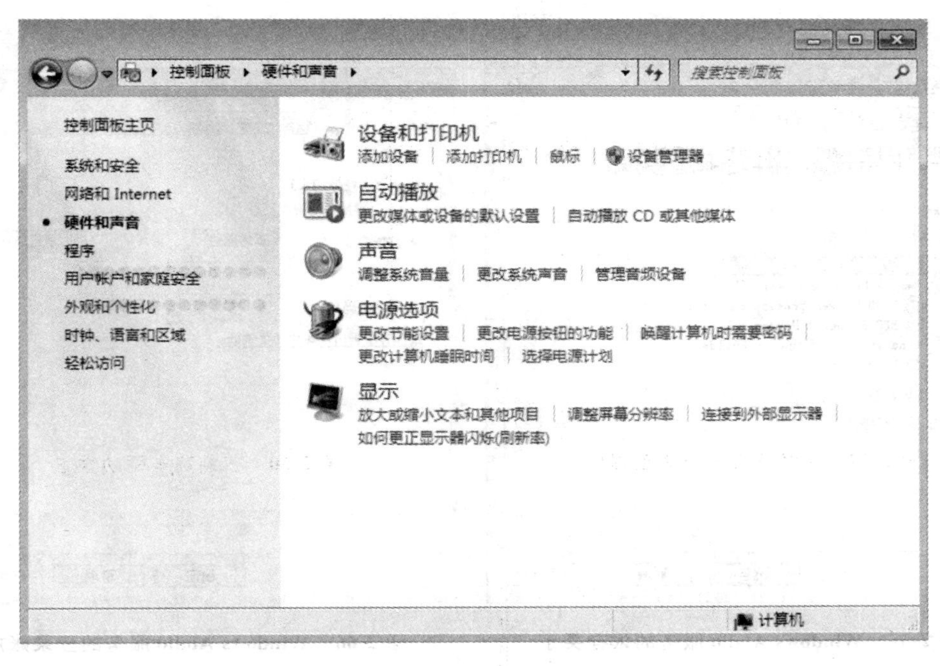

图 2-62 硬件和声音窗口

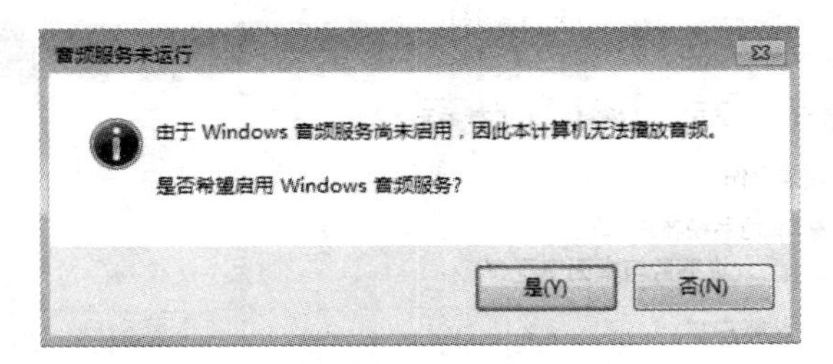

图 2-63 提示音频服务未运行对话框

图 2-64 Windows Audio 服务

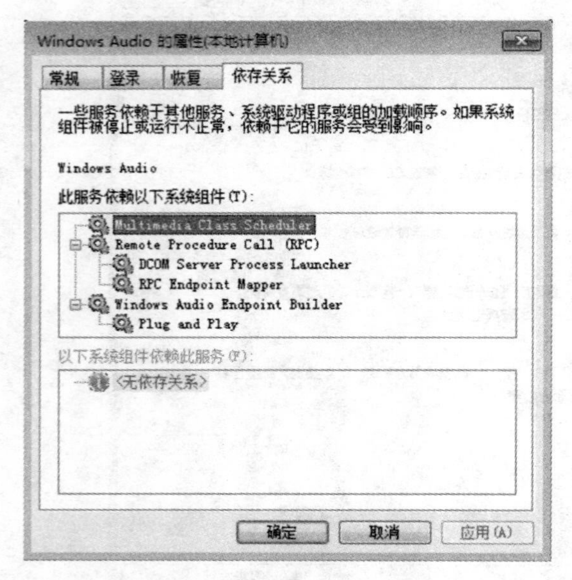

图 2-65　Windows Audio 服务的依存关系

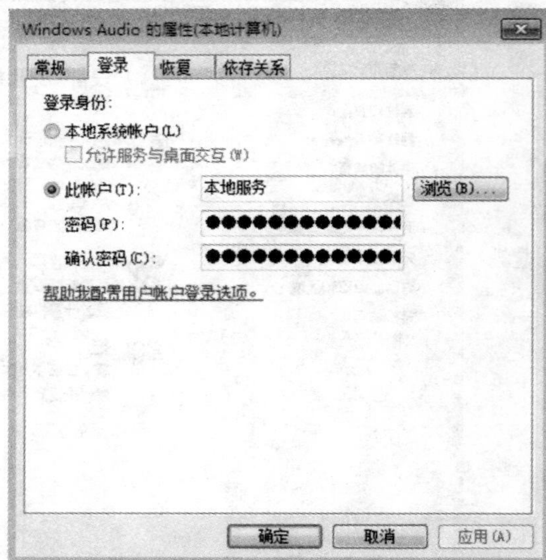

图 2-66　Windows Audio 服务的登录账户

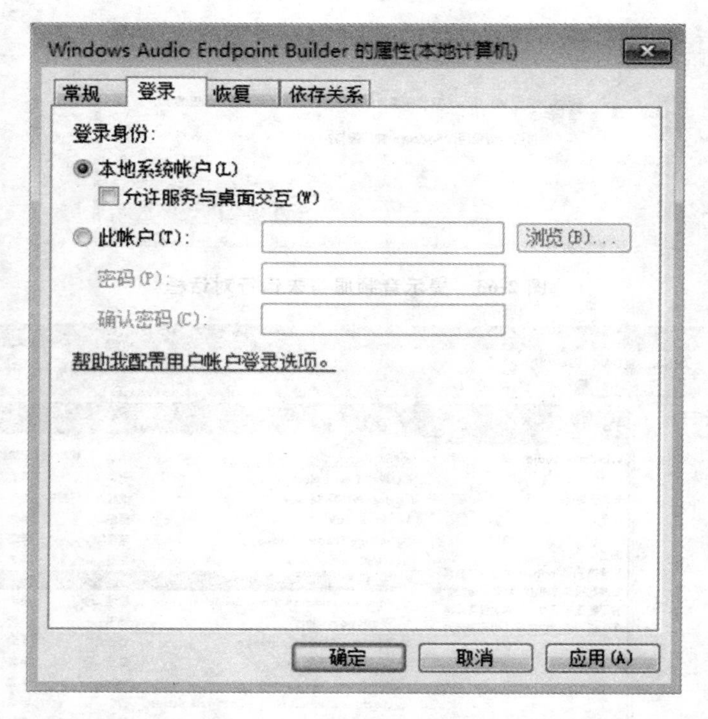

图 2-67　Windows Audio Endpoint Builder 服务的登录账户

通过这个操作以后，启动 Windows Audio 服务，这时候 Windows Media Player 12 就可以播放美妙的音乐了。

2.4 Windows 7 系统维护与安全

2.4.1 Windows 7 系统清理与优化

1. 系统服务优化

什么是服务？服务是系统用以执行指定系统功能的程序或进程，其功能是支持其他应用程序，一般在后台运行。

Windows 7 系统的服务加载数量严重影响电脑的开机速度，因此，优化服务就显得更加重要。

(1) 打开 Windows 7 系统的各项服务

① 用 Windows 7 系统自带的服务管理软件：

方法一：在 Windows 7 系统中随时按下【Win+R】快捷键打开运行窗口，输入“Services. msc”后按 Eneter 键，如图 2-68 所示。

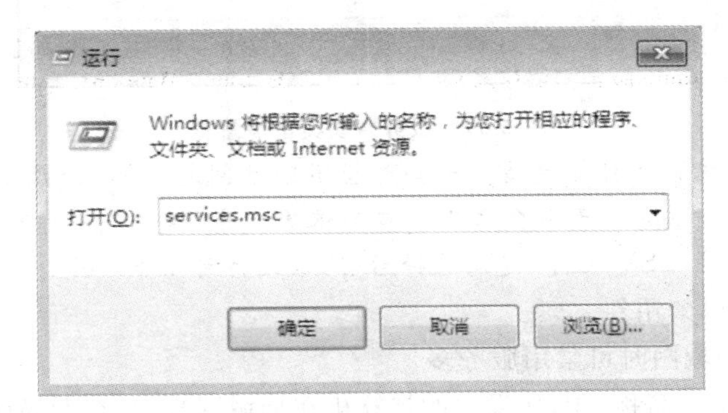

图 2-68 运行窗口

方法二：在“开始菜单”的搜索框中输入“服务”两个汉字，或者输入“Services. msc”后按 Eneter 键；

方法三：在“控制面板”的“系统和安全”选项下面，找到“管理工具”一项，在管理工具窗口中打开。

② 用 Windows 7 优化大师里面的服务优化大师，在系统优化菜单栏点击左侧的服务优化即可打开。

(2) 修改服务的启动类型

在打开的服务管理列表窗口中，双击任意一个服务都可以查看或修改它的属性，在属性窗口中可以修改启动类型为“自动”、“自动(延时启动)”、“手动”或“禁用”，如图 2-69 所示。

“自动”启动是指电脑启动时同时加载该服务项，以便支持其他在此服务基础上运行的程序。而“自动(延时启动)”则是 Windows 7 当中非常人性化的一个设计。采用这种方式启动，可以在系统启动一段时间后延迟启动该服务项，可以很好地解决一些低配置电脑因为加载服务项过多导致电脑启动缓慢或启动后响应慢的问题。

服务启动状态为“手动”的情况下，该进程虽然关闭，但依然可以在特定情况下被激活，而设置为“禁用”后，除非用户手动修改属性，否则服务将无法运行。

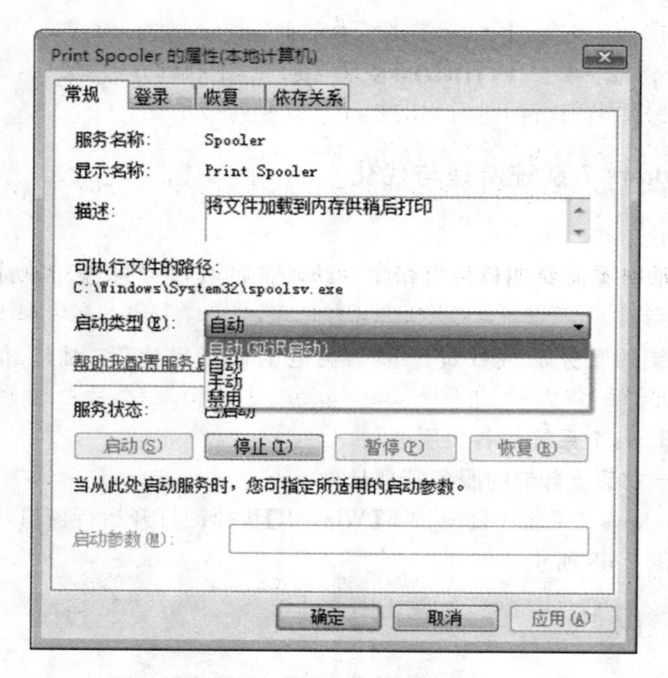

图 2-69　服务启动类型设置框

【注意】 修改系统服务可能会造成一些意想不到的问题，所以修改前最好将默认的服务状态进行备份。操作方法是打开服务管理窗口后依次点击"操作"→"导出列表"，选择"保存类型"为 TXT 文本文件或 CSV 文件，建议选择后者，该文件可用 Excel 打开。

(3) 哪些服务可以禁用

① 计算机不在局域网时可禁用服务多

Computer Browser，简称 CB，如果你的计算机在局域网当中，查看局域网中的其他计算机(也就是查看网上邻居)，就需要这个服务的支持。但是如果你的计算机并不处在局域网环境当中，只是单机运行的话，那么该服务显然就可以禁用了。

与它类似的还有 HomeGroup Listener(家庭组监听服务，简称 HL)和 HomeGroup Provider(家庭组支持服务，简称 HP)，如果你的计算机并不在家庭组当中，当然可以选择禁用它。

用户还可以禁用 Offline Files(简称 OF，脱机文件服务)和 Server 服务。

② 不用的功能全部禁用

虽然 Windows 7 中提供了很多功能，但平时我们可能并不会用到，那么就可以有选择地关闭这些服务，从而达到有效节省系统资源的目的。

如果你的电脑是台式机或者并没有启用电源管理策略，那么可以选择禁用 Power 服务；如果你的电脑没有连接打印机，那么可以选择禁用 Print Spooler 服务；如果你用不到手写板又不是平板电脑，那么可以禁用 Tablet PC Input Service 服务；如果你很少用移动硬盘等大容量移动存储设备，还可以禁用 Portable Device Enumerator Service 服务。

除了上述这些服务禁用外，用户可以根据自己的实际情况，选择服务是禁用还是手动、自动或自动(延时启动)等。

2. 系统启动优化

在电脑启动时,有些程序会同时启动,这样就拖慢了电脑的开机速度,为了加快开机速度,可以删除那些不需要随电脑启动时启动的程序。其操作方法是:

(1) 单击"开始"按钮,打开"所有程序"选项;

(2) 选择"启动"一项,这时会看到一系列程序的快捷方式,这些程序在启动系统时会自动加载;

(3) 如果在启动时不需要加载某个程序,可以从"启动"的子菜单中删除。

【注意】 有些程序并不在"启动"项里,这时用户需要打开"系统配置"进行操作,方法如下:

① 在"开始菜单"的"搜索框"中输入"msconfig",按 Enter 键,会打开如图 2-70 所示的"系统配置"对话框。

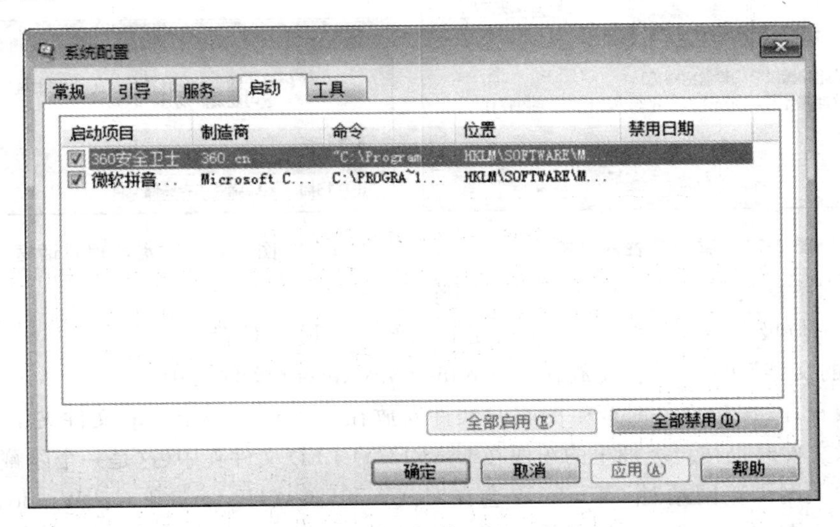

图 2-70 系统配置

② 在"启动"选项卡下,取消选择程序前面的复选框,即可使程序不随电脑的启动而启动;

③ 单击"完成"按钮,完成设置。

3. Windows 7 系统清理

在系统运行过程中,会不断地产生垃圾文件和其他我们用不到的文件。用户就需要经常对系统盘进行垃圾清理。但是,除了系统垃圾之外,系统盘内的许多文件虽然不是垃圾文件,但是由于我们根本用不到,所以也可以将其清除以释放磁盘空间。比如微软拼音输入法自带的音乐、视频、图片等文件。

(1) 利用系统自带的磁盘清理功能

① 打开"计算机",右键单击系统盘(C 盘),在弹出的快捷菜单中选择"属性"命令,会弹出磁盘清理对话框,如图 2-71 所示。

② 在打开的属性对话框中,单击"磁盘清理"按钮,会打开如图 2-72 所示磁盘清理对话框。

然后等待扫描完毕后选择要清理的文件,点击"确定"就会自动清理垃圾了。

【注意】 磁盘清理时最好少开一些应用程序,这样可以清理得更干净。

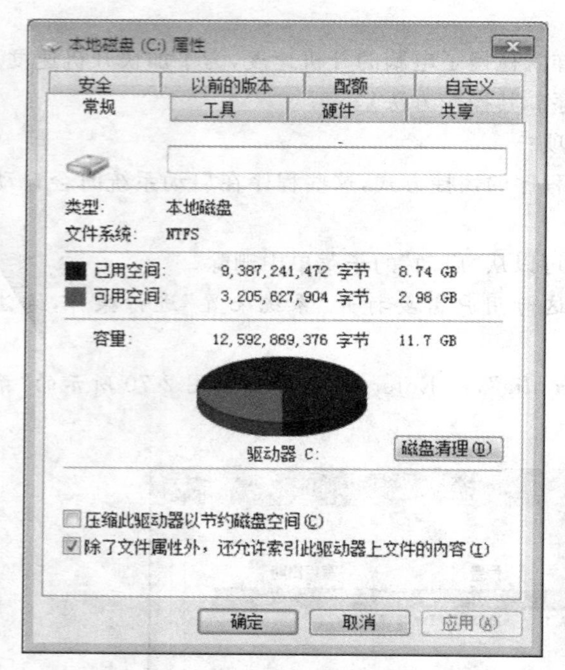

图 2-71 磁盘属性对话框

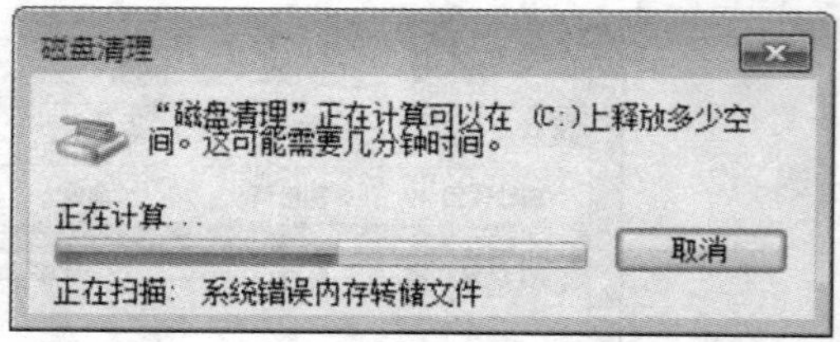

图 2-72 磁盘清理对话框

(2) 找到系统垃圾存放的位置并进行删除

很多系统垃圾产生在系统盘中，也就是我们经常所说的 C 盘。

① “我的文档”里的垃圾，安放在 C:\Windows\Recent 文件夹中。

② 安装程序、编辑文件时产生的临时文件安放在 C:\window\temp 文件夹中。

③ 删除文件时扔往垃圾桶里的东西在 C:\RECYCLED 文件夹中(这是一个隐藏文件夹)。

④ 当你上网浏览网站时，Windows 会在 C:\Windows\History 和 C:\Windows\Temporary\InternetFiles 文件夹中保留下你曾看过的网页。

(3) 360 软件优化清理

用户可以下载一个系统清理软件来清理系统盘。比如，Windows 7 优化大师和 360 软件安全卫士等，下面以 360 安全卫士为例来说明。

① 启动 360 安全卫士，在软件的上方有一系列的功能选项，单击“电脑清理”，其下面有很多清理的功能，选择“清理垃圾”一项，如图 2-73 所示。

② 在“清理垃圾”一项中，勾选要清理的项，选择好后，单击“开始扫描”按钮，等待一会，扫描完成，会出现如图 2-74 所示对话框。

③ 在图 2-74 中，我们可以看到扫描完成后，显示扫描了多少个垃圾文件，节省了多少磁盘空间。并且在列表中看到许多垃圾文件，在前面的复选框中选定它们，单击右上角的“立即清理”按钮，开始删除这些文件。

④ 360 安全卫士的功能还是比较强大的，我们也可以使用它清理插件、痕迹和注册表等垃圾文件。

图 2-73　360 安全卫士

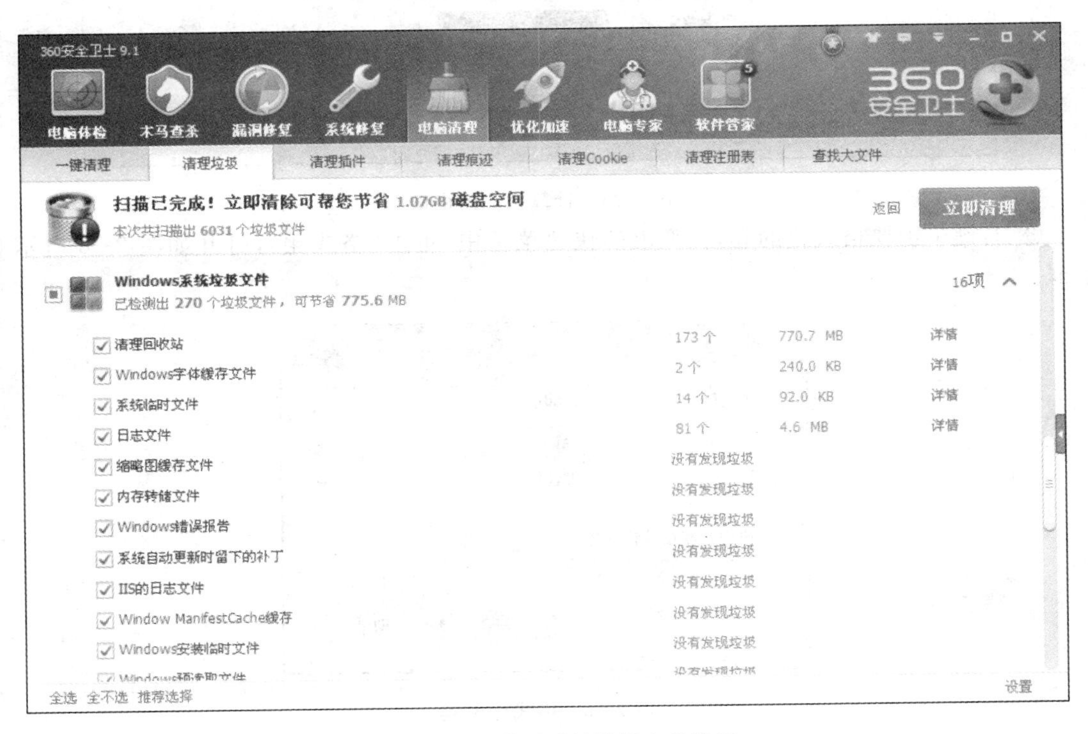

图 2-74　360 清理系统垃圾文件窗口

2.4.2 磁盘格式化、整理磁盘碎片

1. 磁盘格式化

格式化磁盘具体步骤如下：

① 右击桌面上的“计算机”，在打开的快捷菜单中选择“管理”，会打开“计算机管理”窗口。

② 在“计算机管理”左窗格中的“存储”下面，单击“磁盘管理”，如图 2-75 所示。

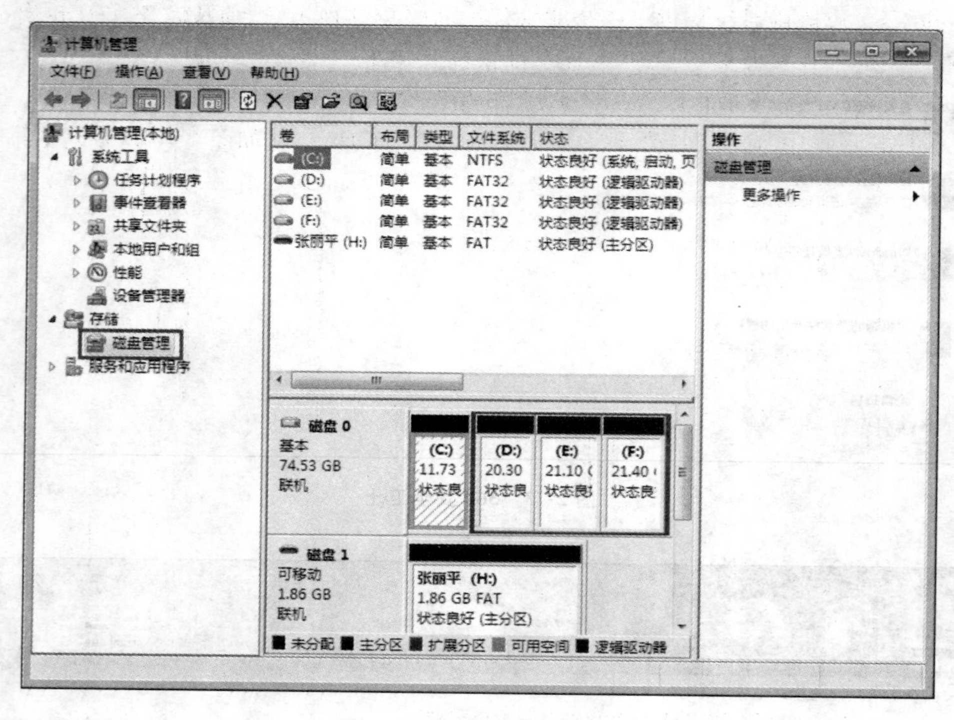

图 2-75 计算机管理窗口

③ 右键单击要格式化的卷，在弹出的快捷菜单中，单击“格式化”，打开如图 2-76 所示对话框。

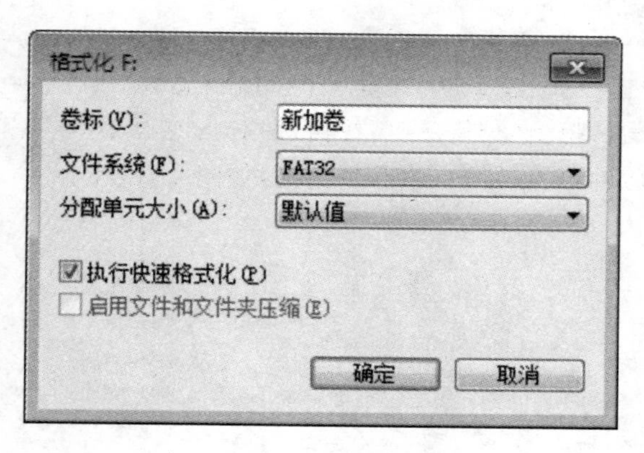

图 2-76 格式化 F 卷

④ 若要使用默认设置格式化卷，请在“格式化”对话框中，单击“确定”。

⑤ 然后再次单击“确定”。

【注意】 格式化卷将会破坏分区上的所有数据。请确保备份所有要保存的数据，然后才开始操作；无法对当前正在使用的磁盘或分区进行格式化；执行“快速格式化”选项将创建新的文件表，但不会完全覆盖或擦除卷；我们在安装新的系统或者重做系统时，往往需要格式化分区，但有时会提示无法格式化，这是因为用户权限不够，解决办法就是修改用户权限，以达到格式化分区的目的。

2. 磁盘碎片整理

Windows 7 旗舰版系统提供了一个非常优秀的碎片整理工具，通过这个工具我们可以快速地对磁盘中的碎片文件进行整理，从而提高系统的性能。

① 启动“磁盘碎片整理程序”工具：选择“开始”→“所有程序”→“附件”→“系统工具”，单击“磁盘碎片整理程序”命令，启动“磁盘碎片整理程序”工具，打开如图 2-77 所示对话框。

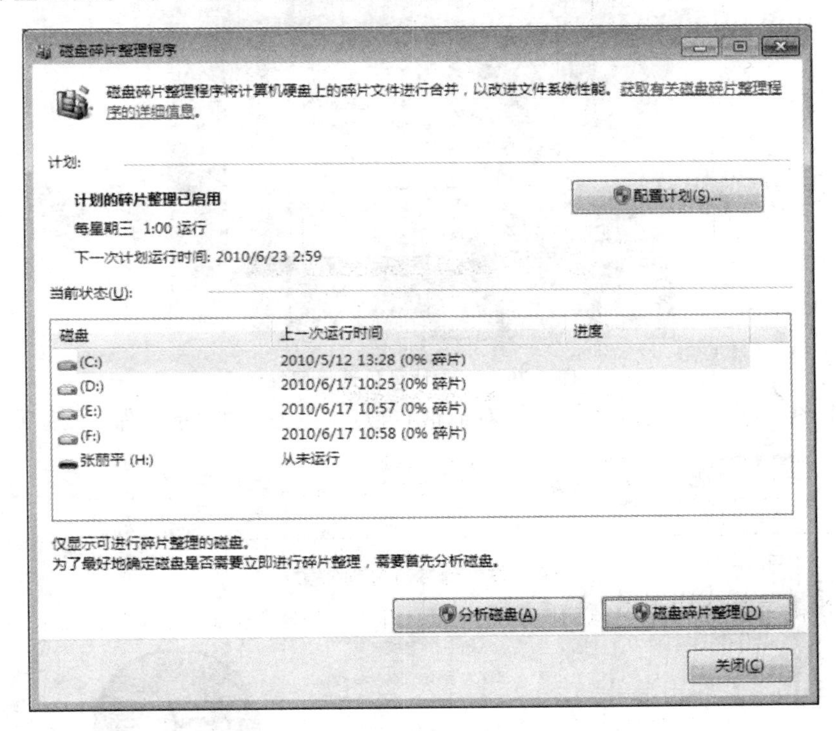

图 2-77 磁盘碎片整理程序窗口

② 选择要整理的磁盘，单击“分析磁盘”按钮，即对当前磁盘碎片情况进行统计。

③ 分析后，会在对应的磁盘后面显示碎片情况，如图 2-78 所示。

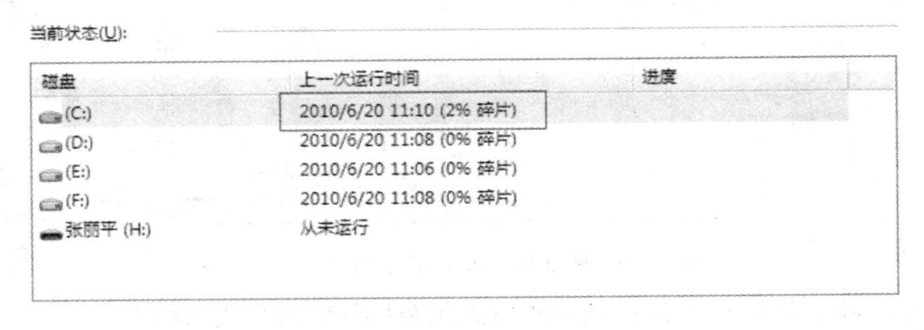

图 2-78 磁盘碎片数据

④ 选择要整理碎片的磁盘，单击“磁盘碎片整理”按钮，开始对指定磁盘中碎片文件进行整理。

⑤ 碎片整理完成后，单击“关闭”按钮即可。

2.4.3 创建 Windows 7 系统还原点、还原系统

系统还原是个十分好用的功能，避免了重装系统的费时。电脑出了什么问题，难以解决，一键还原就是个不错的选择。首先我们要学习怎么在 Windows 7 系统中创建还原点。

创建 Windows 7 系统还原点的步骤如下：

(1) 鼠标右击计算机，选择“属性”，如图 2-79 所示。

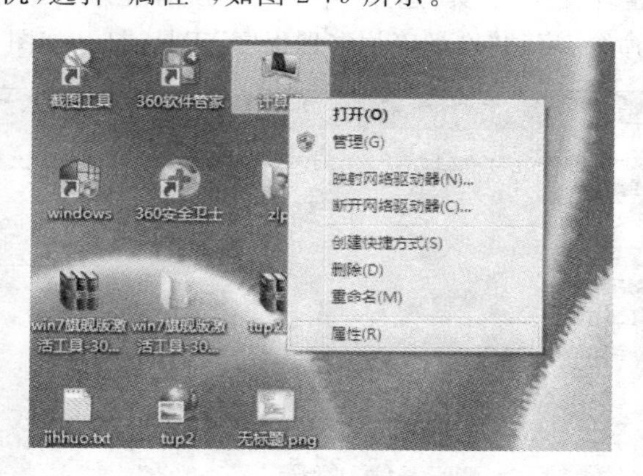

图 2-79　右击计算机选择属性

(2) 弹出图 2-80 所示的计算机属性对话框，再点击其左侧的“系统保护”选项。

图 2-80　右击计算机属性

(3) 在弹出的“系统属性”对话框中选择“系统保护”选项卡，再单击“配置”按钮，如图 2-81 所示。

(4) 在打开的“系统保护本地磁盘”对话框中，勾选“还原系统设置和以前版本的文件”前面的选项按钮，如图 2-82 所示，再单击“确定”按钮。

(5) 返回到系统保护界面，再单击“创建”按钮，输入还原点名称，一般是创建还原点的时间，如图 2-83 所示，点击创建按钮之后，便会自动创建还原点。

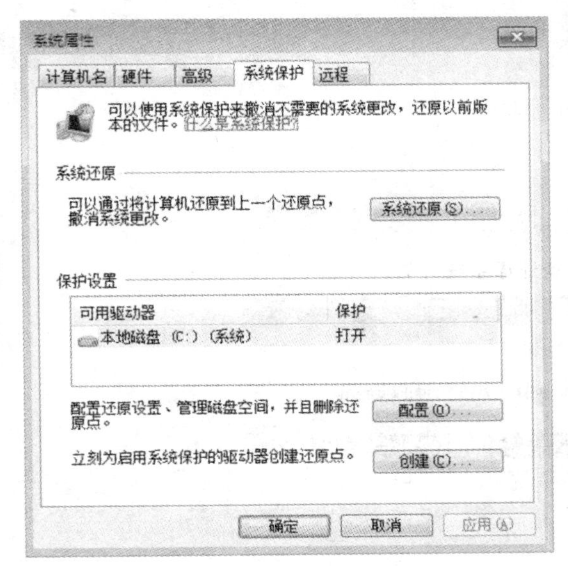

图 2-81　系统属性的系统保护选项卡

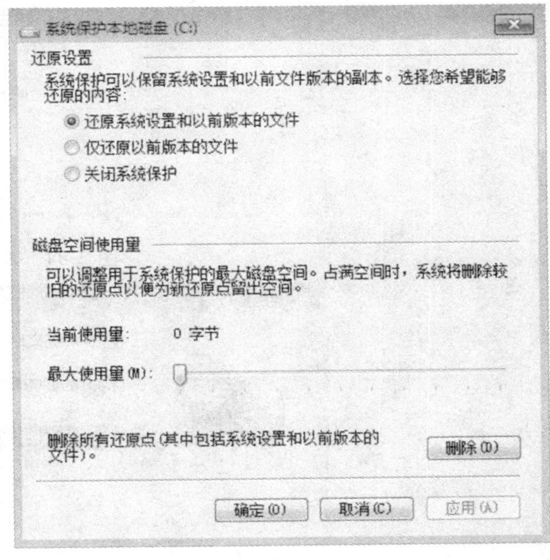

图 2-82　系统保护本地磁盘对话框

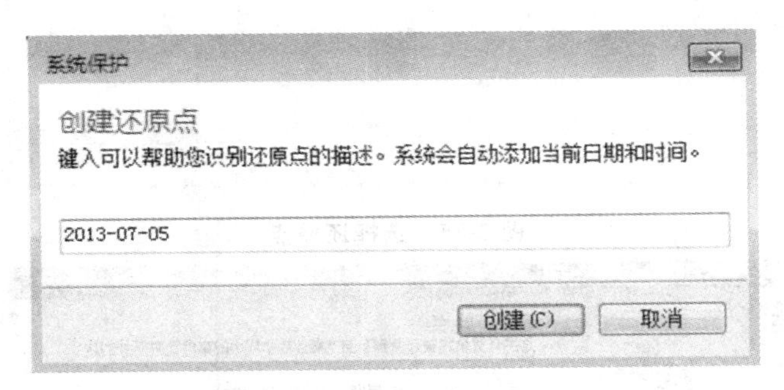

图 2-83　创建还原点

创建好还原之后，当系统出现问题的时候，可以按照以下步骤完成系统的还原：

(1) 单击开始菜单，依次点选“所有程序”→“附件”→“系统工具”→“系统还原”，打开如图 2-84所示的对话框。

(2) 在图 2-84 中，单击“下一步”按钮，出现时间点的选择，如果有多个时间点，可以选择将系统还原到特定的点上去。这台计算机只做了一次系统还原的操作，因此只有一个时间点，如图 2-85 所示。

(3) 在图 2-85 中单击“下一步”，将出现如图 2-86 所示的“确认还原点”对话框，单击“完成”，即可完成系统的还原。

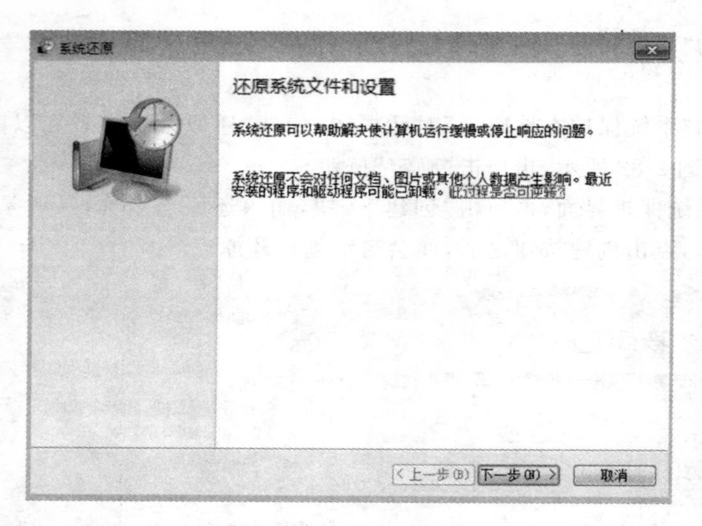

图 2-84　准备还原系统

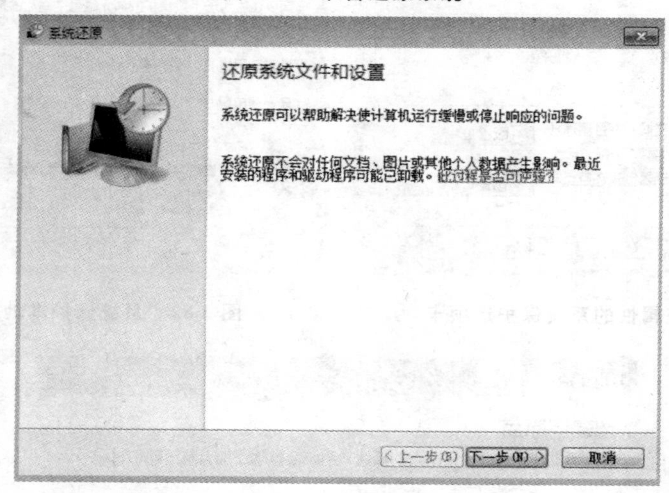

图 2-85　选择还原点

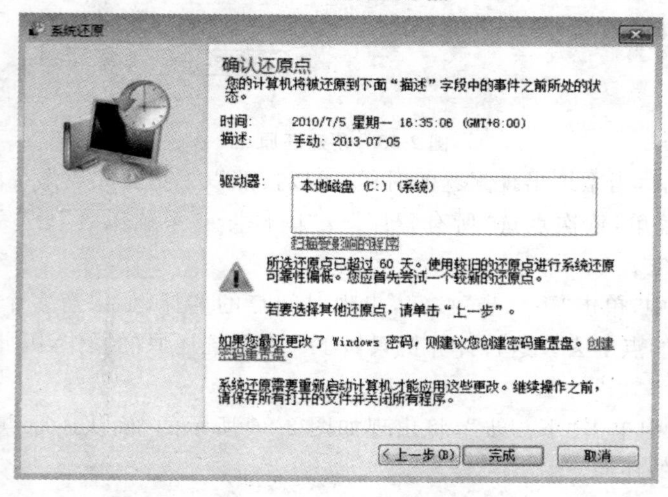

图 2-86　完成系统还原

2.4.4 Windows 7 用户账户管理

1. 用户账户控制(User Account Control)

微软在 Windows 7 系统中加入了 UAC(即 User Account Control,用户账户控制)功能。通过 UAC,标准用户没有权限执行的操作都可以在取得管理员权限后完成,而不需要切换至管理员用户。

在 Windows 7 下 UAC 功能则大有不同,除了在最大限度上减少弹出提示,不影响用户的正常操作外,与 UAC 配合工作的还有安全桌面模式,当 UAC 窗口弹出时,整个桌面将处于灰色状态,开始菜单、资源管理器、各种快捷方式都被完全封杀。这就意味着无法绕开 UAC 通过组策略来重置 UAC 的工作状态,也无法修改杀毒软件防火墙设置或切换到更高级别用户运行,从而进一步保证了系统的安全。

(1) 添加用户账户

Windows 7 可以像 XP 系统一样支持多用户共用同一台电脑,而且每个用户的账户都可以设置。下面以添加 coconutzlp 账户名为例,具体操作如下:

① 打开"控制面板",在"控制面板"窗口中单击"添加和删除用户账户"的选项,如图 2-87 所示;

② 在打开的窗口中,单击"创建一个新账户"选项,打开"创建账户"窗口;

③ 然后输入账户名"coconutzlp",并选择账户类型"标准用户",这里有两种账户类型可供选择,标准用户和管理员,如图 2-88 所示;

④ 单击"创建账户"按钮即可。

图 2-87 控制面板主页

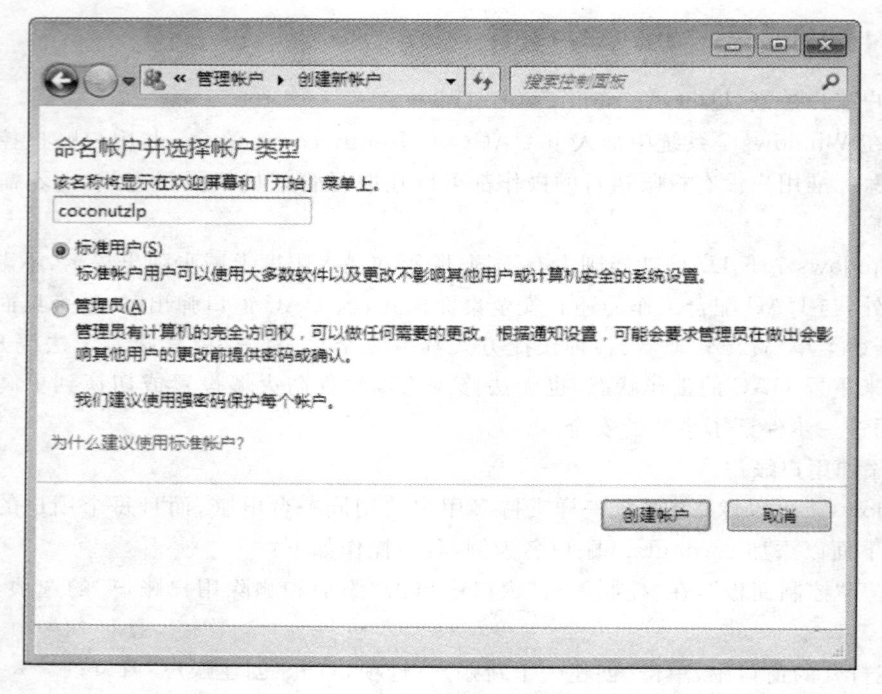

图 2-88　创建新账号窗口

（2）更改用户账户

创建好用户账户后，用户可以对其进行更改，进行个性化设置。这里以修改刚刚创建的 coconutzlp 账户为例。

① 打开“控制面板”，单击控制面板主页上的“用户账户和家庭安全”；

② 在打开的窗口中，选择“用户账户”一项，打开如图 2-89 所示用户账户窗口；

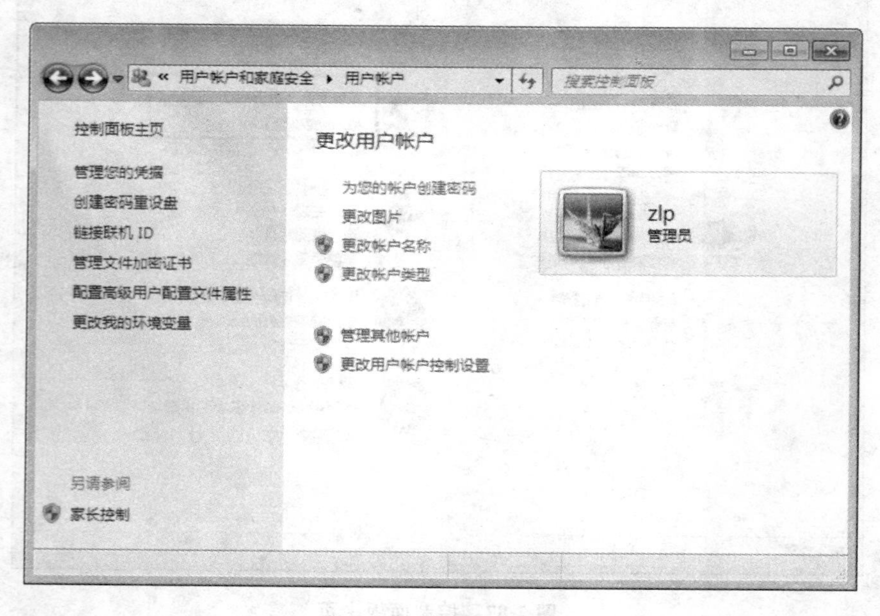

图 2-89　用户账户窗口

③ 在“用户账户”窗口中,我们可以为账户创建密码,更改账户图片、更改账户名称和账户类型;

④ 由于我们是要更改 coconutzlp 账户,在“用户账户”窗口中,单击“管理其他账户”链接文字,在打开的窗口中,可以看到本电脑上所有的用户账户,如图 2-90 所示;

图 2-90 管理账户对话框

⑤ 在“管理账户”窗口中,单击“coconutzlp”账户,打开如图 2-91 所示窗口。

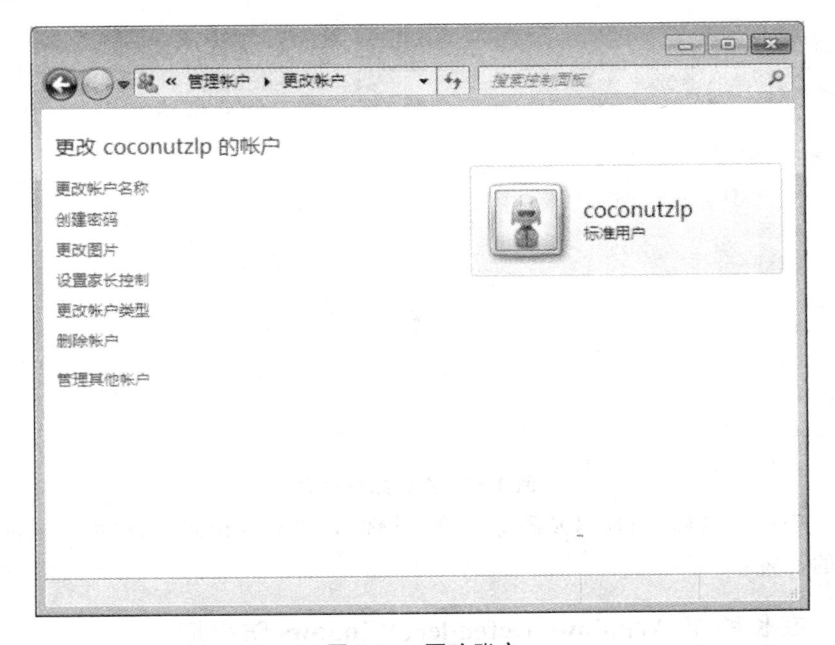

图 2-91 更改账户

下面我们以为账户创建密码为例:

① 在图 2-91 窗口中,单击“创建密码”链接文字,打开“创建密码”窗口;

② 在窗口中输入密码、确认密码和密码提示，如图 2-92 所示；

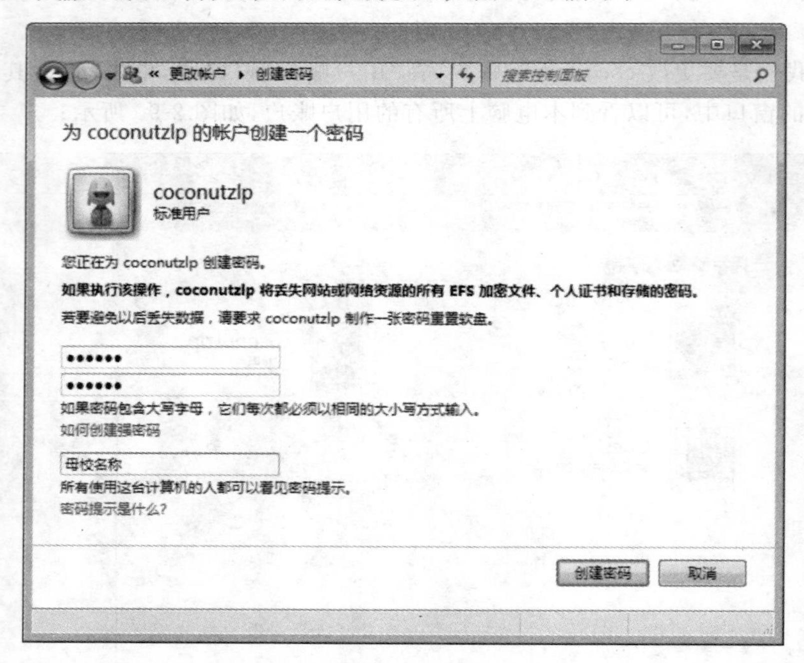

图 2-92　创建密码

③ 设置好密码后，单击右下角的“创建密码”按钮即可；

④ 返回“更改账户”主页后，可以看到设置密码后，账户下面会显示“密码保护”，如图 2-93 所示。

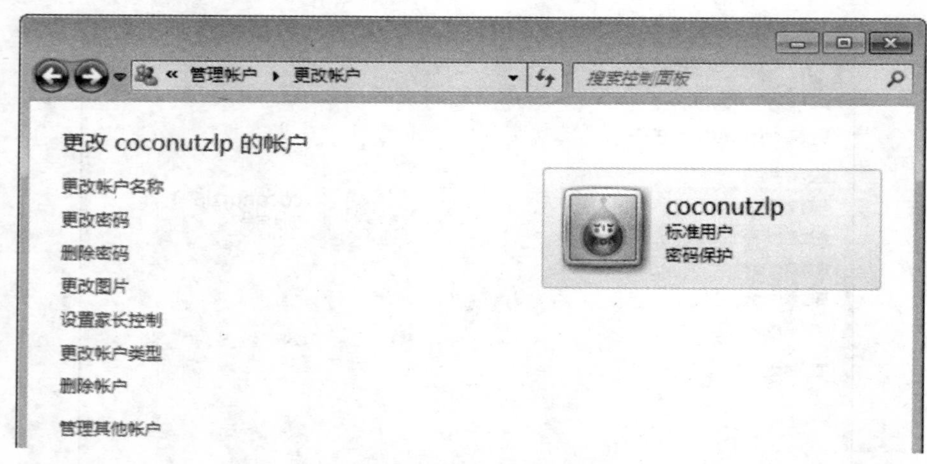

图 2-93　更改账户窗口

更改用户账户的名称、图片以及删除账户等操作方法基本相似，用户可以根据自己的喜好进行个性化的设置。

2.4.5　家长控制、Windows Defender、Windows 防火墙

家长控制、Windows Defender、Windows 防火墙这三个组件都是 Windows 7 的安全功能的模块。

1. 家长控制

家长控制可以使家长跟踪儿童上网的行为，限制他们使用计算机使用的时间，限制他们使用的程序和游戏等。

打开家长控制，只需要打开控制面板，当查看方式是类别时，很容易找到"用户账户和家庭安全"，单击"为所有用户设置家长控制"，如图 2-94 所示。

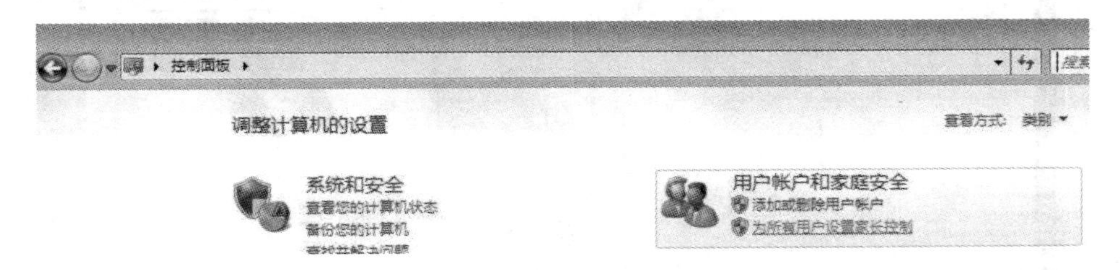

图 2-94 控制面板窗口

在家长控制窗口里，单击游戏分级系统，然后选择相应等级的网站，单击确定，这样可以确保用户只能浏览相应的安全等级的网站，如图 2-95 所示。

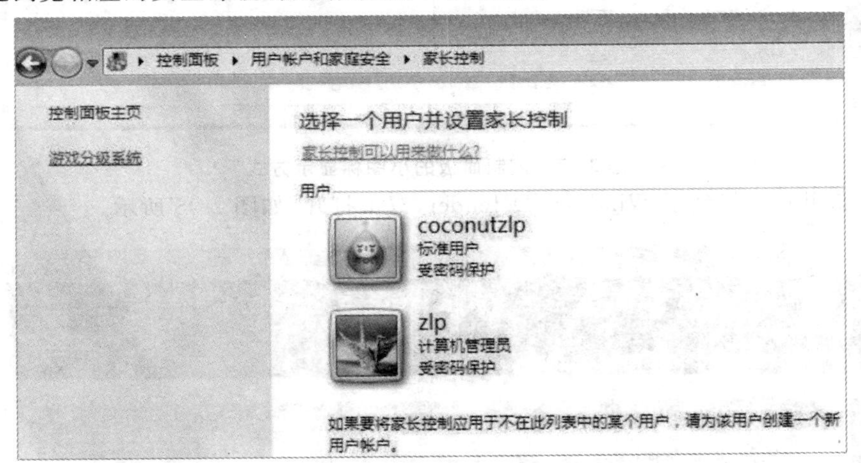

图 2-95 家长控制窗口

2. Windows Defender

Windows Defender 的作用是移除、隔离和预防间谍软件，它是主机防御工具，防止病毒木马对计算机关键设置进行更改，阻止他们的启动。

打开 Windows Defender 需要先修改控制面板的显示方式，如图 2-96 所示。

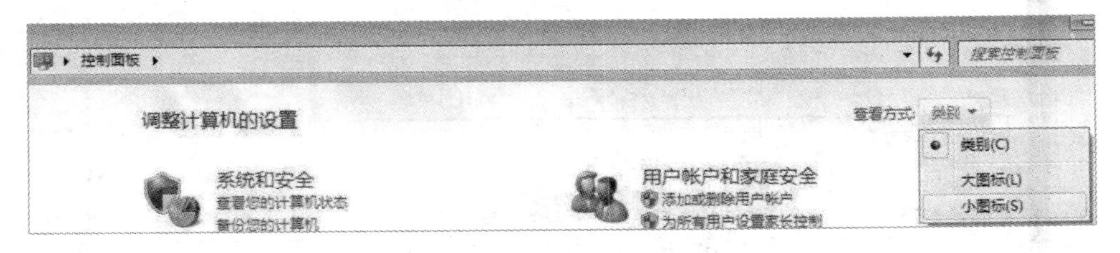

图 2-96 切换控制面板显示方式

这里我们将查看方式由类别改成小图标，这样 Windows Defender 就出现了，如图 2-97 所示。

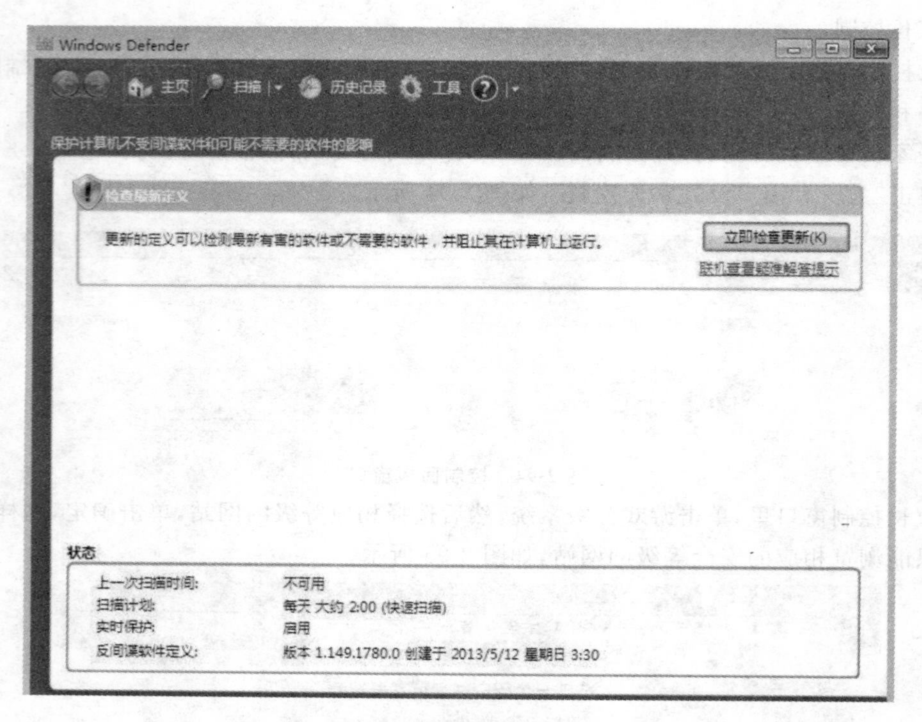

图 2-97　控制面板的小图标显示方式

在这个图里我们找到了 Windows Defender，双击打开，如图 2-98 所示。

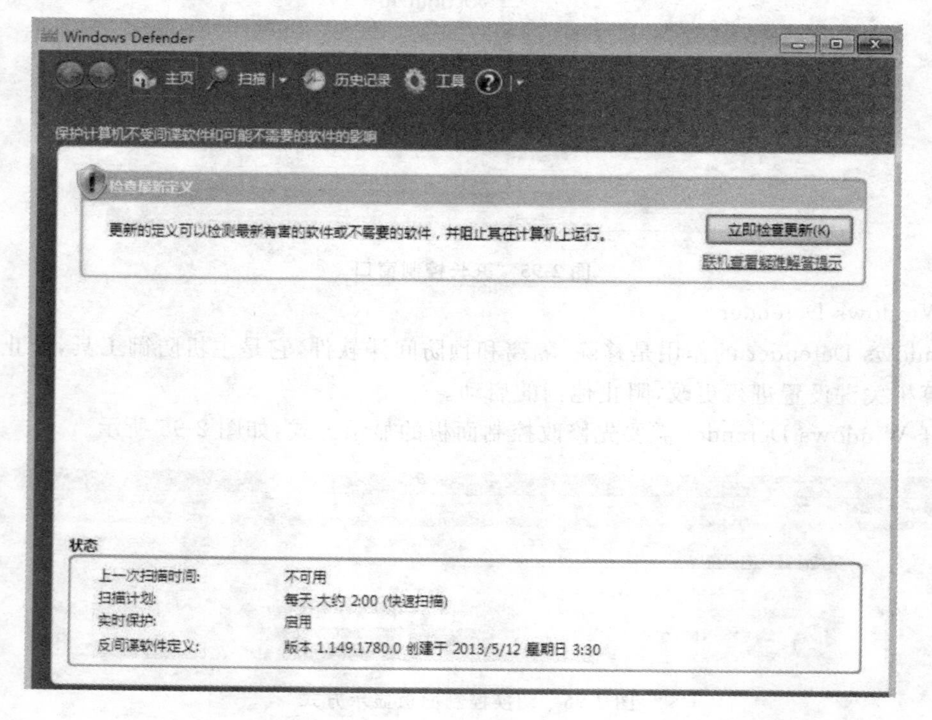

图 2-98　Windows defender 窗口

单击“立即检查更新”可以将病毒库的内容更新到最新，以便对付最新的病毒。

3. Windows 防火墙

Windows 防火墙的作用是保护网络通信安全，在非系统程序访问网络时给予警告，并让用户选择是否阻止。这通常用于阻断木马将个人隐私资料通过网络发送给黑客。

在前面控制面板的小图标查看方式的图中，我们找到 Windows 防火墙，单击打开，如图 2-99所示。

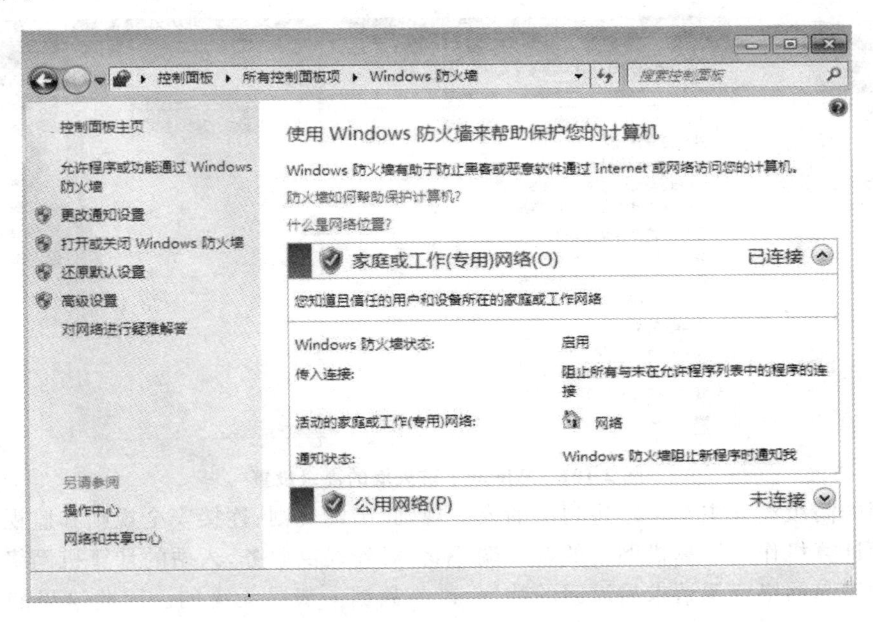

图 2-99 Windows 防火墙窗口

一般的防火墙操作就是打开或关闭防火墙，单击图 2-99 左边的“打开或关闭 Windows 防火墙”，打开如图 2-100 所示对话框。

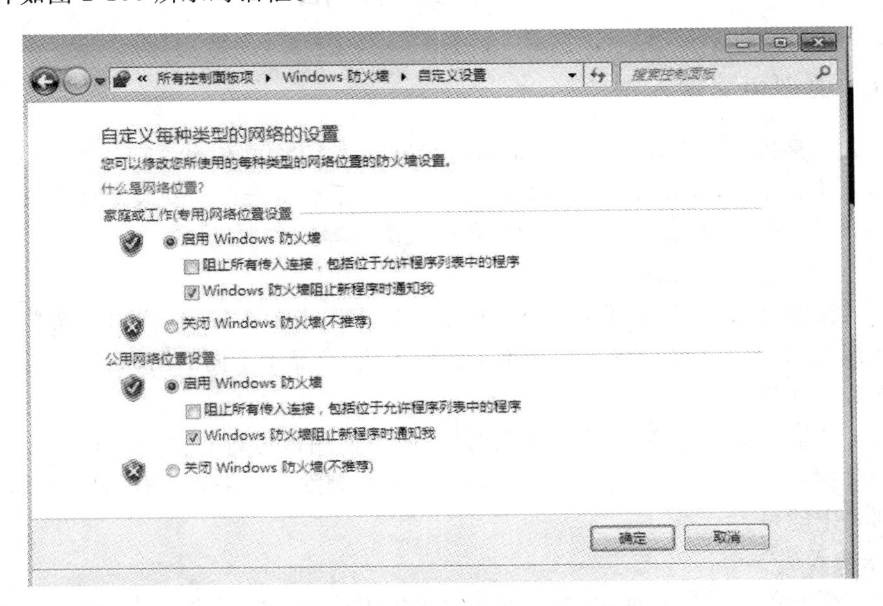

图 2-100 Windows 防火墙开启或关闭

可以看到这里的防火墙已经开启来保护计算机，如果对计算机防火墙知识了解比较多，可以单击 Windows 防火墙窗口中的“高级设置”，打开如图 2-101 所示窗口。

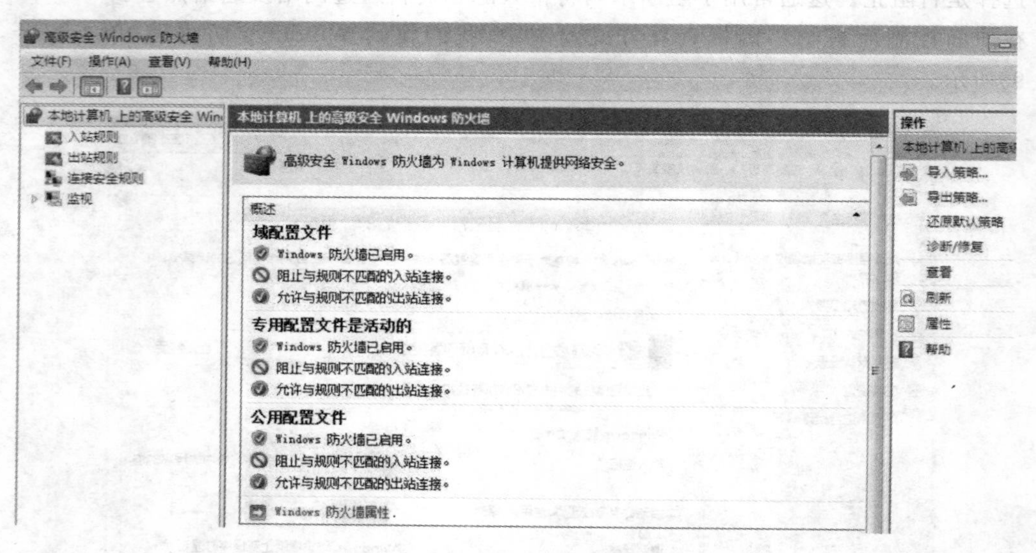

图 2-101　Windows 防火墙的高级设置

防火墙的高级设置主要是左边列出的入站规则、出站规则、连接安全规则和监视。

一般的计算机作为计算机网络的客户端，不会对外提供服务，入站的计算机网络流量主要是自己主动发起网络资源请求后返回的数据，这些数据一般是无害的。因此这里的入站规则默认是空的。

2.5　中文输入法

2.5.1　典型中文输入法

中文输入法是指将汉字输入计算机采用的编码方法，是中文信息处理的重要技术。

汉字输入法有多种，在安装了 Windows 7 系统后，系统将会自动安装简体中文全拼、中文双拼、中文郑码、智能 ABC 输入法和微软拼音输入法等等。

1. 选择适合自己的输入法

选择输入法非常简单，只需要单击语言栏上的输入法指示图标，在弹出的菜单中，选择所需的输入法即可，如图 2-102 所示。选择不同的输入法，会显示不同的图标。

2. 删除和添加输入法

系统自带的输入法比较多，在实际使用时，一般只使用最适合自己的一种输入法，为避免选择输入法时频繁切换的麻烦，可以将不使用的输入法删除。如果以后有需要时，再将其添加到输入法列表中即可。

① 删除输入法

a. 在语言栏上单击鼠标右键，在弹出的快捷菜单中选择“设置”命令，如图 2-103 所示。

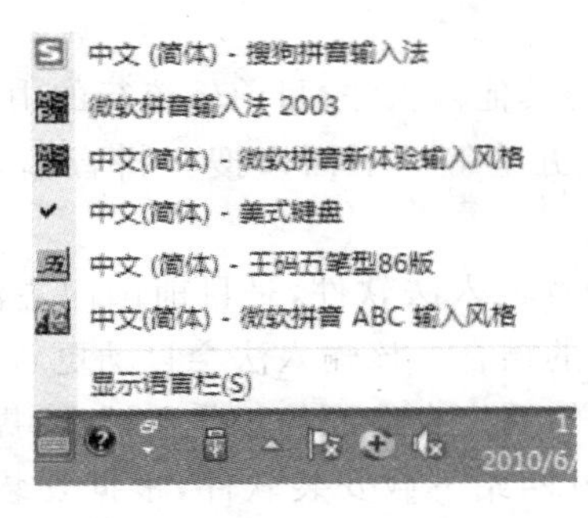

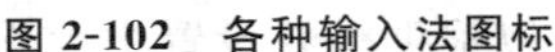

图 2-102 各种输入法图标

图 2-103 输入法快捷菜单

b. 打开“文字服务和输入语言”对话框，在已“安装的服务”列表框中，选择需要删除的输入法，本例选择“王码五笔型”一项，如图 2-104 所示。

c. 单击“删除”按钮即可。

d. 删除完毕，单击“确定”按钮完成输入法的删除操作。

② 添加输入法

被删除的输入法并未真正从系统中删除，需要使用时还可以将其重新添加到输入法列表中。具体操作如下：

a. 在语言栏上单击鼠标右键，在弹出的快捷菜单中选择“设置”命令，打开“文字服务和输入语言”对话框。

b. 单击“添加”按钮，打开“添加输入语言”对话框，如图 2-105 所示。

c. 在复选框中选择要添加的语言，本例勾选“王码五笔型 86 版”前面的复选框。

d. 单击“确定”按钮返回“文字服务和输入语言”对话框，再次单击“确定”按钮，设置即生效。

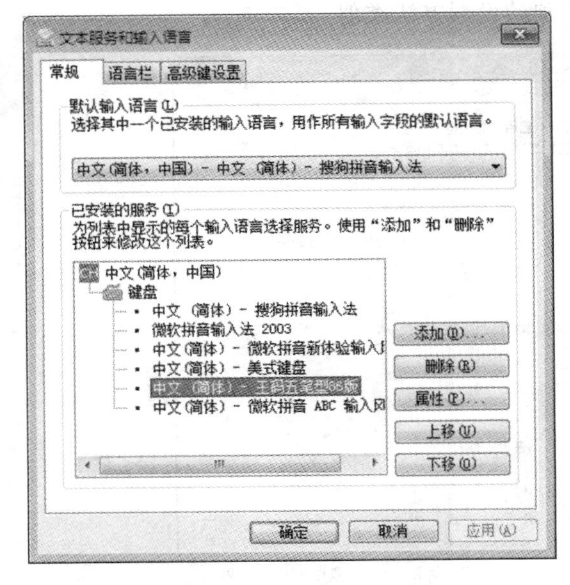

图 2-104 文本服务和输入语言对话框

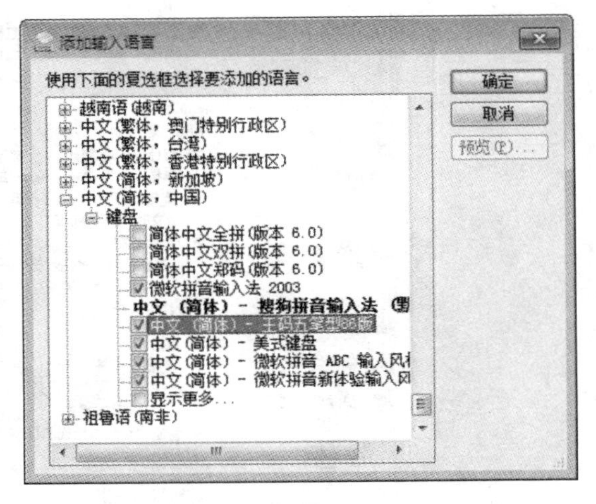

图 2-105 添加输入语言对话框

3. 典型中文输入法

除了系统自带的输入法外，还有许多用户常用的其他输入法，目前较流行的中文输入法有搜狗拼音输入法、谷歌拼音输入法、紫光拼音、万能五笔等。下面以搜狗拼音输入法为例来说明。

搜狗拼音输入法是搜狐公司推出的一款汉字拼音输入法软件，是目前国内主流的拼音输入法之一。它的最大特点是实现了输入法和互联网的结合。该输入法会自动更新自带热门词库，这些词库源自搜狗搜索引擎的热门关键词。这样，用户自造词的工作量减少，提高了效率。

用户要使用搜狗拼音输入法的话，只需要到官方网站下载安装软件，根据安装向导，进行安装就可以使用了，安装完成后，还有设置向导，用户可以根据需要设置个性化的皮肤、输入风格、词库等等。

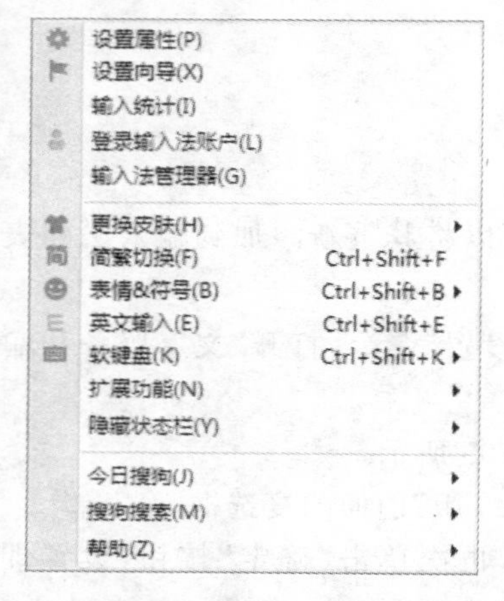

图 2-106　搜狗输入法快捷菜单

4. 设置输入法的属性

下面以搜狗拼音输入法为例，具体操作如下：

(1) 切换到搜狗输入法，在出现的输入法状态条上单击鼠标右键，在弹出的快捷菜单中选择“设置属性”命令，如图 2-106所示。

(2) 在打开“搜狗拼音输入法设置”的对话框中，右侧有相关的设置选项，如“常用”、“按键”、“外观”、“词库”、“账户”和“高级”等等，用户可以根据自己的需要进行设置，如图 2-107所示。

(3) 选择“搜狗拼音输入法设置”对话框右侧的“常用”选项，打开如图 2-107 所示对话框，可以在此设置输入风格、初始状态、特殊习惯等选项。

(4) 其他选项的设置方法类似。

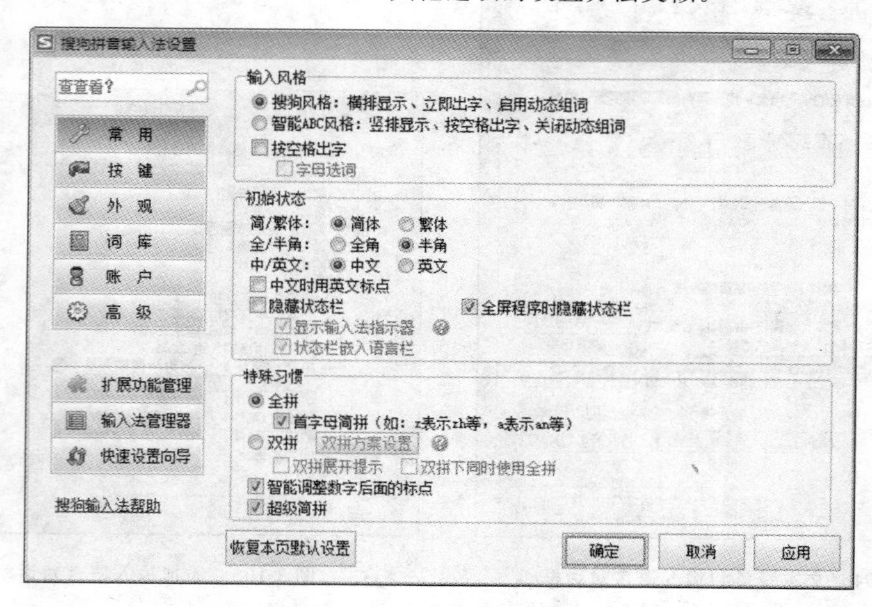

图 2-107　搜狗输入法属性设置

2.5.2 五笔字型

五笔字型输入法是王永民在1983年8月发明的一种汉字输入法。汉字编码的方案很多，但基本依据都是汉字的读音和字形两种属性。五笔字型完全依据笔画和字形特征对汉字进行编码，是典型的形码输入法。

1. 五笔字型原理

五笔字型中，字根多数是传统的汉字偏旁部首，同时还有一些少量的笔画结构，也有硬造出的一些字根，五笔基本字根有130种，加上一些基本字根的变形，共有200个左右。

键盘上有26个英文字母键，五笔字根分布在除Z之外的25个键上。这样每个键位都对应着几个甚至是十几个字根。为了方便记忆，把这些字根按特点分区。我们知道，汉字有五种基本笔画——横、竖、撇、捺、折，所有的字根都是由这五种笔画组成的。在五笔中还规定，把“点”归为笔画“捺”。

按照每个字根的起笔笔画，把这些字根分为五个“区”。以横起笔的在1区，是从字母G到A这个位置；以竖起笔的在2区，从字母H到L，再加上M；以撇起笔的在3区，从字母T到Q；以捺起笔的叫4区，从Y到P；以折为起笔的叫5区，从字母N到X。

我们已经知道，横起笔的字根都在1区，但横起笔的字根也很多，比如“一、二、大、木、七”等，将近40个。这些字根要分布在1区的各个键位上。为了便于区分，把每个区划分为5个位置，每个区正好有5个字母，一个字母占一个位置，简称为一个“位”。

每个区有5个位，按一定顺序编号，就叫区位号。比如1区顺序是从G到A，G为1区第1位，它的区位号就是11，F为1区第2位，区位号就是12。

2区的顺序是从字母H开始的，H的区位号为21，J的区位号为22，L的区位号就是24，M的区位号是25。

3区是从字母T开始的，T的区位号是31，R的区位号是32，到Q的区位号就是35。

区位号的顺序都是有一定规律的，都是从键盘中间开始，向外扩展进行编号。

所以5区是从字母N开始，N的区位号就是51，B的区位号是52，X的区位号是55。

总而概之，以横起笔的为1区，以竖起笔的为2区，以撇起笔的为3区，以捺(点)起笔的为4区，以折起笔的为5区。每个区有五个字母，每个字母有一个区位号，从11到15、21到25、…、51到55，一共是25个区位号，上面分布着200个左右的字根。

2. 五笔字根

五笔字根是五笔输入法的基本单元，练好五笔字根是学习五笔字型的首要条件。五笔字根有86版和98版两种。字根表如表2-2所示。

3. 一级简码

所谓一级简码，就是指二十五个汉字，对应着25个按键。操作方法是敲一个字母键再加一个空格键就可打出来的汉字。

我Q，人W，有E，的R，和T，主Y，产U，不I，为O，这P，工A，要S，在D，地F，一G，上H，是J，中K，国L，经X，以C，发V，了B，民N，同M。

表 2-2 字根表

11G	王旁青头戋(兼)五一	34W	人和八三四里,祭头登头在其底
12F	土士二干十寸雨,不要忘了革字底	35Q	金勺缺点无尾鱼。犬旁留乂一点儿夕,氏无七(妻)
13D	大犬三羊古石厂,羊有直斜套去大	41Y	言文方广在四一,高头一捺谁人去
14S	木丁西	42U	立辛两点六门病
15A	工戈草头右匡七	43I	水旁兴头小倒立
21H	目具上止卜虎皮	44O	火业头,四点米
22J	日早两竖与虫依	45P	之字军盖建道底,摘礻(示)衤(衣)
23K	口与川,字根稀	51N	已半巳满不出己,左框折尸心和羽
24L	田甲方框四车力	52B	子耳了也框向上,两折也在五耳里
25M	山由贝,下框几	53V	女刀九臼山向西
31T	禾竹一撇双人立,反文条头共三一	54C	又巴马,经有上,勇字头,丢矢矣
32R	白手看头三二斤	55X	慈母无心弓和匕,幼无力
33E	月彡(衫)乃用家衣底,爱头豹头和豹脚,舟下象身三三里		

4.二级简码

二级简码是只要敲其前两个字根加空格键即可打出来的汉字。理论上讲二级简码共有25×25=625个,但实际上没有那么多,在各种不同版本中会存在细微差别,一般认为有606个。例如:

吧:口巴(23　54,KC);给:幺人(55　34,XW)。

5.三级简码

三级简码由单字的前三个根字码组成,只要敲一个字的前三个字根加空格即可。例如:

华,全码:人七十一(34　55　12　22,WXFJ),简码:人七十(34　55　12　WXF)。

6.词汇编码

(1) 双字词。分别取两个字的单字全码中的前两个字根代码,共四码组成,例如:

机器:木几口口(SMKK);汉字:氵又宀子(ICPB)。

(2) 三字词。前两个字各取其第一码,最后一个字取其二码,共为四码,例如:

计算机:言竹木几(YTSM)。

(3) 四字词。每字各取其第一码,共为四码,例如:

汉字编码:氵宀纟石(IPXD);光明日报:小日日扌(IJJR)。

(4) 多字词。按"一、二、三、末"的规则,取第一、二、三及最末一个字的第一码,共为四码,例如:

电子计算机:日子言木(JBYS);中华人民共和国:口人人口(KWWL)。

7.汉字输入

五笔字型输入法把汉字分成三类。

(1) 键名汉字输入

键名是指各键位左上角的黑体字根,它们是组字频度较高,而形体上又有一定代表性的字根，它们中绝大多数本身就是汉字，只要把它们所在键连击四次就可以了，例如：

王：11 11 11 11 (GGGG)；立：42 42 42 42 (UUUU)。

(2) 成字字根汉字输入

在每个键位上，除了一个键名字根外，还有数量不等的几种其他字根，它们中间的一部分其本身也是一个汉字，称之为成字字根。成字字根输入公式是：键名代码＋首笔代码＋次笔代码＋末笔代码，如果该字根只有两笔画，则以空格键结束，例如：

由：25 21 51 11 (MHNG)；十：12 11 21 (FGH)。

五种单笔画的编码为：

一：11 11 24 24 (GGLL)；丨：21 21 24 24 (HHLL)；丿：31 31 24 24 (TTLL)；丶：41 41 24 24 (YYLL)；乙：51 51 24 24 (NNLL)。

(3) 单字输入

这里的单字是指除键名汉字和成字字根汉字之外的汉字，如果一个字可以取够四个字根，就全部用字根键入，只有在不足四个字根的情况下，才有必要追加识别码，例如：

副：一口田(11 23 24 22 GKLJ)；给：纟人一口(55 34 11 23 XWGK)；驭：马又(54 54 41 CCY)；汉：氵又(43 54 41 ICY)。

对识别的末笔，这里有两点规定：

所有包围型汉字中的末笔，规定取被包围的那一部分笔画结构的末笔，例如：

国：其末笔应取“丶”，识别码为 43(I)；远：其末笔应取“乙”，识别码为 53(V)。

对于字根“刀、九、力、七”，虽然只有两笔，但一般人的笔顺却常有不同，为了保持一致和照顾直观，规定凡是这四种字根当作“末”而又需要识别时，一律用它们向右下角伸得最长最远的笔画“折”来识别，如：

仇：34 53 51；化：34 55 51。

8. 字根识别

五笔字根识别码：拆完字根还打不出来的汉字，加识别码键，同理复杂的字取前三个字根加最后一笔。

(1) 末笔为“一”

左右型的汉字，末笔字型识别码为 G。

上下型的汉字，末笔字型识别码为 F。

杂合型的汉字，末笔字型识别码为 D。

(2) 末笔为“丨”

左右型的汉字，末笔字型识别码为 H。

上下型的汉字，末笔字型识别码为 J。

杂合型的汉字，末笔字型识别码为 K。

(3) 末笔为“丿”

左右型的汉字，末笔字型识别码为 T。

上下型的汉字，末笔字型识别码为 R。

杂合型的汉字，末笔字型识别码为 E。

(4) 末笔为“丶”

左右型的汉字，末笔字型识别码为 Y。

上下型的汉字，末笔字型识别码为U。

杂合型的汉字，末笔字型识别码为I。

(5) 末笔为“乙”

左右型的汉字，末笔字型识别码为N。

上下型的汉字，末笔字型识别码为B。

杂合型的汉字，末笔字型识别码为V。

实训项目1　系统个性化设置

【实训目标】

熟练地掌握系统的个性化设置方法。

【实训任务】

1. 把桌面背景更改为“风景”。
2. 设置桌面屏保程序为“气泡”，等待时间为15分钟。
3. 把系统时间设置为2016年4月3日8时。
4. 在任务栏里添加一个画图程序的快捷方式。
5. 将屏幕分辨率调整为800×600，并将刷新频率调整为70 Hz。
6. 对输入法进行设置，使其只保留微软拼音输入法和英文输入法。
7. 在桌面上添加“日历”工具。
8. 在开始菜单中删除“截图工具”图标。
9. 设置开始菜单中要显示的最近打开过的程序的数目为15个。
10. 把D盘上所有文件、文件夹的视图方式更改为“小图标”。
11. 设置鼠标方案为“Windows黑色(大)(系统方案)”。
12. 以自己的名字命名，新建一个用户账户，并设置密码保护。

实训项目2　文字录入训练

【实训目标】

熟练快速地录入文字。

【实训任务】

在Windows系统自带的应用程序“写字板”中录入下列文字内容：

盼望着，盼望着，东风来了，春天的脚步近了。

一切都像刚睡醒的样子，欣欣然张开了眼。山朗润起来了，水长起来了，太阳的脸红起来了。

小草偷偷地从土里钻出来，嫩嫩的，绿绿的。园子里，田野里，瞧去，一大片一大片满是的。

坐着，躺着，打两个滚，踢几脚球，赛几趟跑，捉几回迷藏。风轻悄悄的，草绵软软的。

桃树、杏树、梨树，你不让我，我不让你，都开满了花赶趟儿。红的像火，粉的像霞，白的像雪。花里带着甜味，闭了眼，树上仿佛已经满是桃儿、杏儿、梨儿！花下成千成百的蜜蜂嗡嗡地闹着，大小的蝴蝶飞来飞去。野花遍地是：杂样儿，有名字的，没名字的，散在草丛里，像眼睛，像星星，还眨呀眨的。

“吹面不寒杨柳风”，不错的，像母亲的手抚摸着你。风里带来些新翻的泥土的气息，混着青草味，还有各种花的香，都在微微润湿的空气里酝酿。鸟儿将窠巢安在繁花嫩叶当中，高兴起来了，呼朋引伴地卖弄清脆的喉咙，唱出宛转的曲子，与轻风流水应和着。牛背上牧童的短笛，这时候也成天在嘹亮地响。

雨是最寻常的，一下就是三两天。可别恼，看，像牛毛，像花针，像细丝，密密地斜织着，人家屋顶上全笼着一层薄烟。树叶子却绿得发亮，小草也青得逼你的眼。傍晚时候，上灯了，一点点黄晕的光，烘托出一片安静而和平的夜。乡下去，小路上，石桥边，撑起伞慢慢走着的人；还有地里工作的农夫，披着蓑，戴着笠的。他们的草屋，稀稀疏疏的在雨里静默着。

天上风筝渐渐多了，地上孩子也多了。城里乡下，家家户户，老老小小，他们也赶趟儿似的，一个个都出来了。舒活舒活筋骨，抖擞抖擞精神，各做各的一份事去。“一年之计在于春”，刚起头儿，有的是工夫，有的是希望。

春天像刚落地的娃娃，从头到脚都是新的，它生长着。

春天像小姑娘，花枝招展的，笑着，走着。

春天像健壮的青年，有铁一般的胳膊和腰脚，他领着我们上前去。

全国计算机一级等级考试练习

1. 切换窗口可以通过任务栏的按钮切换，也可按(　　)键和按【Win+Tab】键来切换。

A. Ctrl+Tab　　B. Alt+Tab　　C. Shift+Tab　　D. Ctrl+ Shift

2. 在“更改账户”窗口中不可进行的操作是(　　)。

A. 更改账户名称　　B. 创建或修改密码　　C. 更改图片　　D. 创建新用户

3. 窗口的组成部分中不包含(　　)。

A. 标题栏、地址栏、状态栏　　B. 搜索栏、工具栏

C. 导航窗格、窗口工作区　　D. 任务栏

4. 按(　　)键可以在汉字输入法中进行中英文切换。

A. Ctrl　　B. Tab　　C. Shift　　D. Alt

5. 下列选项中在 WinRAR 软件工作界面中不存在的是(　　)。

A. 内容窗口、状态栏　　B. 菜单栏、工具栏　　C. 地址栏　　D. 任务栏

6. 在 Windows 7 中，下列选项中不是常用的菜单类型的是(　　)。

A. 子菜单　　B. 下拉菜单　　C. 列表框　　D. 快捷菜单

7. 选定要移动的文件或文件夹，按(　　)键剪切到剪贴板中，在目标文件夹窗口中按【Ctrl+V】键进行粘贴，即可实现文件或文件夹的移动。

A. Ctrl+A　　B. Ctrl+C　　C. Ctrl+X　　D. Ctrl+S

8. Windows 优化大师提供了强大的系统清理功能，包括(　　)的清理。

A. 注册信息　　B. 磁盘文件

C 冗余 DLL、Active　　D. 历史痕迹、安装补丁

9. 在 Windows 优化大师中不可进行(　　)的优化。

A. 磁盘缓存、桌面菜单、后台服务

B. 文件系统、网络系统

C. 开机速度、系统安全

D. 运行速度

10. U 盘是目前使用最广、最方便的移动存储工具，其具有的特点包括(　　)。

A. 存储量大　　B. 操作简单　　C. 易流动　　D. 携带方便

11. 默认情况下，Windows 7 的资源管理器窗口的菜单栏是隐藏的，要选择菜单命令，可按下(　　)键显示菜单栏后再进行操作。

A. Ctrl　　B. Alt　　C. Tab　　D. Shift

12. 电子邮件也称 E-mail，是一种通过网络在相互独立的地址之间实现传送和接收消息与文件的现代化通信手段，其具有的优点包括(　　)。

A. 快速　　B. 方便

C. 廉价　　D. 需在联网状态下使用

13. 按(　　)键可以在中文输入法和英文输入法之间快速切换。

A. Ctrl＋Tab　　B. Ctrl＋空格　　C. Shift＋Tab　　D. Ctrl＋Shift

3　文字处理——Word 2010 应用

Microsoft Office 软件是美国微软公司开发的办公软件套装，是一个庞大的办公软件的集合体，它是目前全球使用最广泛、最普遍的办公软件。常用的组件有 Word、Excel、PowerPoint、Access、Outlook、OneNote 等。Microsoft Office 的版本不断地更新换代，本教材使用的是 Office 2010 的版本，主要讲解其中的 Word、Excel、PowerPoint 三个最实用最普遍的软件。

其中，Word 2010 是 Office 2010 办公软件套装中用于文档处理的软件，它可以实现最基本最常用的日常工作，例如文字、段落的格式编辑，页面的设置、打印等工作。

3.1　制作简历与名片

【任务目标】

1. Word 软件简介；
2. 工作界面组成；
3. 按模板新建文件。

【职业引导】

如图 3-1 所示，在文字排版中经常需要制作有一定格式规范的文档，如简历、名片、贺卡等，使用 Word 程序可以按照模板来创建这样的文件，既快捷又规范。

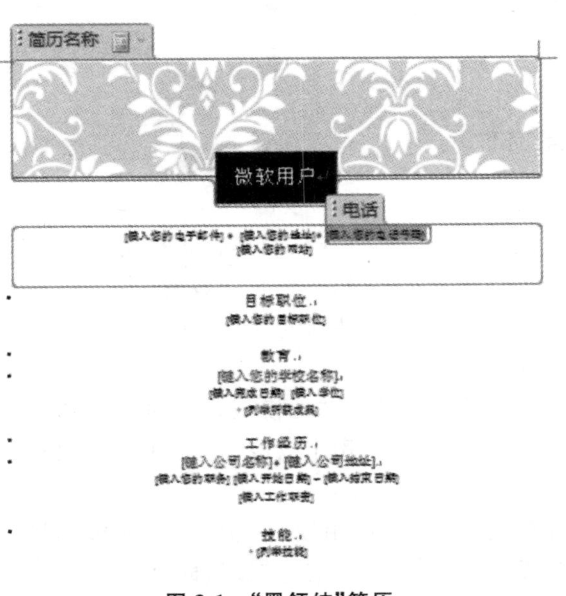

图 3-1　“黑领结”简历

【知识技能】

3.1.1 Word 软件简介

Word 是由 Microsoft 公司出品的一个文字处理程序，可使文档的创建、共享和阅读变得更加容易。本教材使用的是 Windows 7 系统下的 Word 2010 版。

3.1.2 工作界面组成

Word 窗口由标题栏、菜单栏、工具栏、编辑区、任务窗格、状态栏等组成。

1. 标题栏

标题栏在整个工作界面的最上方，主要用于显示当前正在编辑的文档名称。

2. 菜单栏

位于标题栏下方，显示 Word 提供的菜单，每一个菜单名都包含了一组命令，用户可以通过选择菜单命令来实现操作。

3. 功能栏

以选项卡的形式，将各组菜单下的命令分类集合。

可单击右上角的向上小箭头将功能区最小化，仅显示功能区上的选项卡名称。

4. 标尺

通过单击右侧的图标，打开和关闭标尺。利用标尺可调整边距、改变栏宽、设置段落缩进。

5. 编辑区

可建立、编辑、修改文档的地方，即工作空间。

6. 滚动条

可移动编辑窗口（有水平和垂直滚动条）。

7. 状态栏

显示当前工作状态。

3.1.3 模板创建文件

1. 模板的概念

就是某种文档的式样和模型，是一群样式的集合。利用模板可以创建一个具体的标准的文档，它决定了文档的基本结构和文档设置，如页面设置、自动图文集词条、字体、页面布局和样式等。任何 Word 文档都是以模板为基础创建的，当用户新建一个空白文档时，实际上也是打开了一个名为“normal. dot”的文件。

模板有两种基本类型，即共用模板和文档模板。共用模板包括 normal 模板，所含设置适用于所有文档。文档模板所含设置仅适用于以该模板为基础的文档。

2. 模板的使用

单击“文件”——“新建”命令，在“可用模板”中选择“样板模板”，选择所需要的模板，如图 3-2所示，选择“黑领结简历”模板，单击“确定”按钮即可。

【提示】 当选择某一模板时，右侧则会显示其预览效果图。

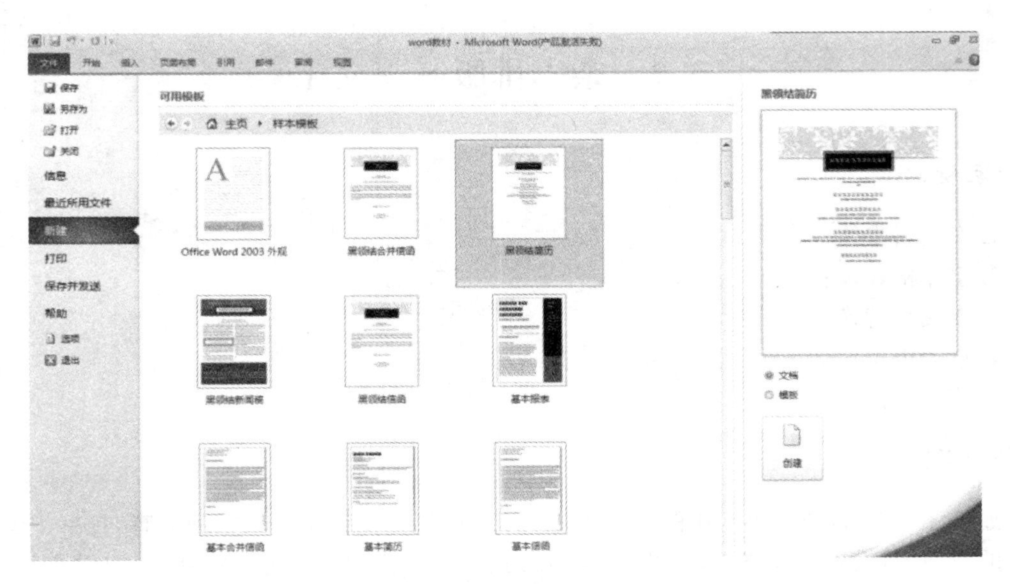

图 3-2 创建“黑领结”简历

【应用探索】

1. 完成图 3-1 所示“简历”文档。
2. 联网后，在 office. com 模板中创建一份差旅费报销单。如图 3-3 所示。

差旅费报销单

姓名		员工 ID	
电子邮件		部门	
用途		批准人	
出差小时数	日期	小时数	出差时间安排方式
费用	日期	说明	总额
交通费		□飞机 □出租车 □租车 □其他	¥
		□飞机 □出租车 □租车 □其他	¥
		□飞机 □出租车 □租车 □其他	¥
		□飞机 □出租车 □租车 □其他	¥
自备车		里程	¥
住宿		地点	¥
		地点	¥
		地点	¥
		地点	¥
餐饮		（不超过 50 元/天）	¥
		（不超过 50 元/天）	¥
		（不超过 50 元/天）	¥
		（不超过 50 元/天）	¥
会议费		用途	¥
		用途	¥
其他		用途	¥
		用途	¥
		用途	¥
		用途	¥
		小计	¥
		减去公司支付的金额	¥
		公司欠员工的总金额	¥
签名		日期	

图 3-3 创建差旅费报销单

3.2 杂志排版——文字

【任务目标】

1. 安装新字体；
2. 字体格式设置；
3. 查找与替换；
4. 自动更正；
5. 简繁转换。

【职业引导】

如图 3-4 所示，使用 Word 程序进行文档编辑的第一步就是对文字的编辑，包括了安装网络上的新字体，设置字体格式，以及一些常用的小功能，比如查找与替换功能、自动更正功能、简体繁体互换功能等等。

玉兰花　　　　　　刘墉

在我星期四的绘画班中，有位学生每次上课总要带许多玉兰花分给同学，所以一到星期四就变得馨香满室。我曾经好奇地问这位学生：“你哪里来的这么多玉兰花啊？”

“我从家里树上摘的。”

“每次去摘不是很麻烦吗？”我问。

“麻烦也值得。”她笑着说，这是祖母教我们做的。每年到这个季节，我家的树上就开满了玉兰花，朋友来访，总是一进门就赞不绝口，说是浓郁极了，可是我们整天接近，反倒久而不觉其香。有一天，祖母突然对大家宣布：“以后每个人出去，只要树上有玉兰，就摘一些送朋友。”当时大家都反对地说：“为什么不自己留着？”可是祖母说：“花总是要谢的，自己有的太多，反不觉得芬芳，何不拿去送给没有花的人，让我们庭院的馨香散布在每个朋友的身旁呢？”从此全家人就都这样做，它使我们结交了更多的朋友，树上的花朵似乎也开得比以前更繁盛了！

学生的这番话，真是令我感慨不已。有些东西我们拥有得过多，反而不感觉它的美好，何不将它分给那些需要的人呢？

让我们小小庭院的芬芳，散播在每个人的身边；让我们狭窄的快乐，扩展到社会每个角落；让我们家中的炉火，温暖每颗寒冷的心；让我们阶前的灯，照亮每个夜归人的路；让我们从别人的笑验上，看到自己的笑吧！

图 3-4　最终效果图

【知识技能】

3.2.1 简繁转换

你是否曾有过需要把整篇的繁体中文文章转换成简体的情况？但重新编辑整篇内容实在太费事了。Microsoft Office 2010 中提供了中文简繁转换的功能来解决您的困扰。而且，中文简繁转换并不单单是在文字上进行简繁字体互相转换，还可进行用语转换，例如，繁体中文的“印表机”在简体中文里是“打印机”。Microsoft Office 2010 的中文简繁智能转换引擎就是这么聪明，以字词对应的方式针对简繁用字遣词提供最精准的转换。

你可以通过鼠标、键盘上的快捷键或自定义快捷图标，打开中文简繁转换。

在选定好需要转换的范围之后，你可以通过鼠标左键单击功能区上的“审阅”；然后在“中文简繁转换”的任务栏中，根据自己的需要单击“繁转简”或“简转繁”，如图 3-5 所示。

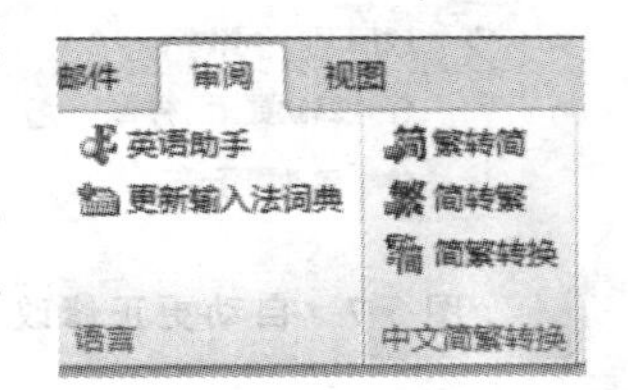

图 3-5 中文简繁转换

3.2.2 自动更正

通过使用自动更正功能，你可以更正键入、拼写错误的单词，还可以插入符号及其他文本片段。默认情况下，自动更正使用一个典型错误拼写和符号的列表进行设置，但是你可以修改自动更正所用的列表。

1. 向自动更正列表中添加文本项

单击“文件”选项卡，单击“选项”，选择“校对”，单击“自动更正选项”按钮，打开“自动更正”对话框，如图 3-6 所示。

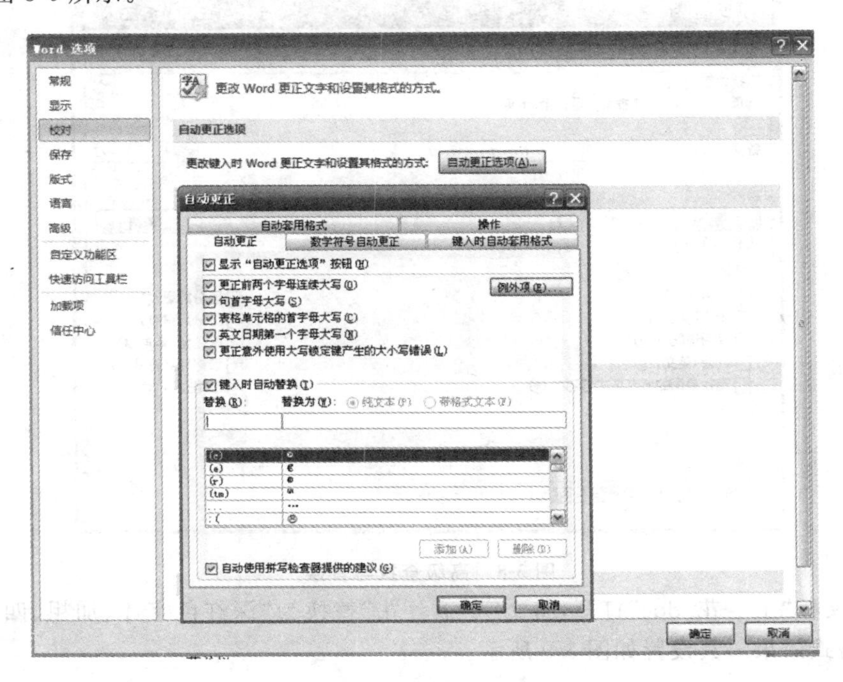

图 3-6 “自动更正”对话框

在“自动更正”选项卡上，确保已选中“键入时自动替换”复选框；在“替换”框中，键入经常出现键入错误或拼写错误的单词或短语，例如，键入 “中国”；在“替换为”框中，键入拼写正确的单词，例如，键入“中华人民共和国”；单击“添加”，确定即可。

2. 自动更正的使用与修改

在文本输入的过程中，为了输入的方便，设置添加一个简写的文字，将其自动更正为复杂且长的字段，如果在以后使用的过程中不需要自动更正了，则可以进行修改。如将“中国”二字自动更正为“中华人民共和国”，在文本输入时确实比较快速，但是如果某处确实就是需要输入“中国”二字，我们是不需要执行自动更正的，则需要修改自动更正。

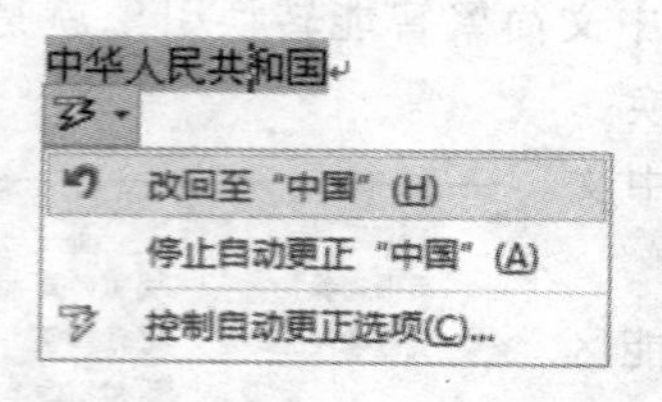

图 3-7　自动更正修改

在输入“中国”二字后，自动更正为“中华人民共和国”，且在文字下方会出现一个小矩形的智能标记，打开菜单选择列表中的选项，如图 3-7 所示，选择“改回至‘中国’命令”。若选择“停止自动更正‘中国’”，则 Word 以后不会对该词组进行自动更正。

3.2.3　查找与替换

使用 Word 的查找替换功能，可以查找和替换字符，也可以查找替换字符格式，例如查找或替换字体、字号、字体颜色等格式，非常方便快捷。还有一些更高级的应用，如统一调整文档中图片的位置等属性。

打开 Word 2010 文档窗口，在“开始”功能区的“编辑”分组中依次单击“查找”→“替换”按钮，单击“更多”按钮，如图 3-8 所示。

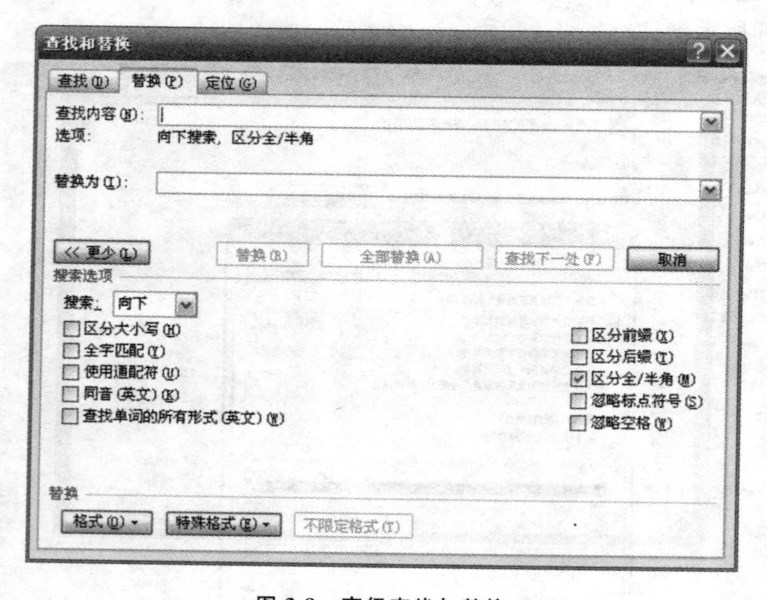

图 3-8　高级查找与替换

将本例文档“玉兰花. doc”打开，将文字“玉兰花”替换为“深红色字体、加粗、四号字、蓝色波浪线”的格式效果。其设置如图 3-9 所示。

图 3-9　替换文字格式

3.2.4　安装新字体

字体文件默认的后缀名是.ttf。例如我们通过百度搜索关键字“迷你简启体”，将它下载下来，保存到电脑上，文件名为“迷你简启体.ttf”。

安装新字体的 2 种方法：

一是双击字体文件，打开后单击“安装”按钮，即可完成新字体的安装。例如 Windows 7 系统，使用此方法，会更加快捷方便。

二是复制“迷你简启体.ttf”文件，粘贴到系统字体的安装目录下。双击桌面图标“计算机”，打开系统盘 C 盘，在 C 盘根目录下找到系统字体文件夹 Fonts，双击打开，则可以看到系统自带的所有字体都在其中，例如宋体、楷体等。将刚刚复制的文件粘贴到此文件夹中，粘贴的过程即安装的过程。

【提示】 第二种方法虽然相对麻烦，但是更加通用。例如我们从网上下载了很多个字体文件，想要一次性快速安装的话，使用第一种方法则需要将每个字体文件打开，单击“安装”按钮，不如直接复制粘贴到系统字体文件夹 Fonts 中更快捷。另外有些电脑如果安装的是其他系统，可能不能直接双击打开字体文件，例如在过去我们使用的 Windows XP 系统，就无法直接双击打开字体文件进行安装。

3.2.5　字体格式设置

1. 字体

默认的字体是宋体，英文字体是 Times New Roman。Word 提供了几十种中英文字体，若需要使用其他的字体，可先安装，安装完成后便可在 Word 中使用了。

2. 字号

默认的字号为五号字。字号表示方式有两种，一种是以磅为单位，主要用于英文设置，列出的是 5 磅到 72 磅之间。磅值越大，字越大；另一种以号为单位，主要用于中文设置，列出的是八号到初号之间，号数越大，字越小。五号字约等于 10.5 磅。

【操作技巧】 可以直接输入数字来进行字号的设置。

3. 字形

Word 字形有四种变化形式:常规、倾斜、加粗、加粗并倾斜。

4. 字符间距

缩放:对选中文字横向缩小或放大;

间距:在选中文字的相邻两字之间设置一定的空白间隔;

位置:对选中文字纵向设置一定的高低差。

5. 字体效果

Word 提供了 6 种动态文字效果,可以突出显示某些内容。但这仅仅是一种显示效果,不会被打印出来。

为 Word 2010 文档中的文本设置格式是最常用的 Word 设置之一,可以通过以下方式设置 Word 2010 文档中的字体大小:

方式 1:选中需要改变字体大小的文本,然后使用"开始"功能区的各个命令进行相应设置,如图 3-10 所示。

方法 2:选中需要改变字体大小的文本块,将鼠标指针滑向文本块上方。在打开的"浮动工具栏"中有设置字体大小、选择字体等文本操作,如图 3-11 所示。

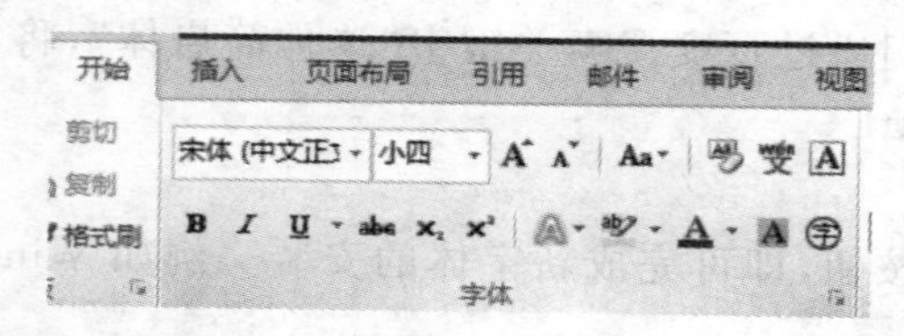

图 3-10 字体格式设置

图 3-11 浮动工具栏设置字体格式

方法 3:使用对话框进行具体设置,如图 3-12 所示。在打开的"字体"对话框中,分别对"字体"选项卡和"高级"选项卡进行设置。

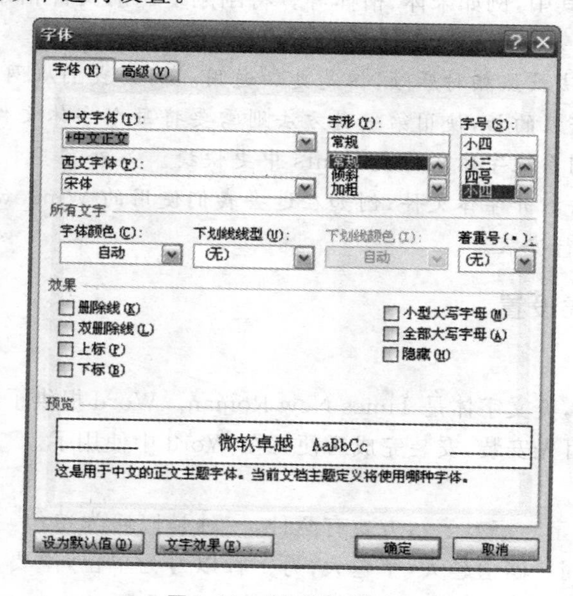

图 3-12 "字体"对话框

【应用探索】

实训一

1. 安装字体文件“汉仪丫丫简体.ttf”。

2. 打开本案例源文档“玉兰花.doc”，将全文改为简体字。

3. 将文字“玉兰花”替换为“深红色字体、加粗、四号字、蓝色波浪线”的格式效果。

4. 将全文全选，所有文字大小均设置为小四号字，字体设置为汉仪丫丫简体。

5. 为本文作者名字设置特殊的文本效果（第四行第五列），再添加发光效果（第四行第二列）。

6. 查找本文的图片文件，将其批量修改替换为在水平方向上居中对齐。

最终结果如图 3-13 所示。

实训二

1. 打开本案例源文档“怀念萧珊源文件.doc”，将文字“萧珊”替换为“绿色、加粗并倾斜、四号字、加着重号”的格式效果。

2. 将全文全选，所有文字大小均设置为四号字，字体均为方正剪纸简体。

3. 为本文作者名字设置特殊的文本效果（第一行第二列），再添加映像效果（第二行第二列）。

最终结果如图 3-14 所示。

玉兰花　　　　刘墉

在我星期四的绘画班中，有位学生每次上课总要带许多玉兰花分给同学，所以一到星期四就变得馨香满室。我曾经好奇地问这位学生：“你哪里来的这么多玉兰花啊？”

“我从家里树上摘的。”

“每次去摘不是很麻烦吗？”我问。

“麻烦也值得。”她笑着说，这是祖母教我们做的。每年到这个季节，我家的树上就开满了玉兰花，朋友来访，总是一进门就赞不绝口，说是浓郁极了，可是我们整天接近，反倒久而不觉其香。有一天，祖母突然对大家宣布：“以后每个人出去，只要树上有玉兰，就摘一些送朋友。”当时大家都反对地说：“为什么不自己留着？”可是祖母说：“花总是要谢的，自己有的太多，反不觉得芬芳，何不拿去送给没有花的人，让我们庭院的馨香散布在每个朋友的身旁呢？”从此全家人就都这样做，它使我们结交了更多的朋友，树上的花朵似乎也开得比以前更繁盛了！

学生的这番话，真是令我感慨不已。有些东西我们拥有得过多，反而不感觉它的美好，何不将它分给那些需要的人呢？

让我们小小庭院的芬芳，散播在每个人的身边；让我们狭窄的快乐，扩展到社会每个角落；让我们家中的炉火，温暖每颗寒冷的心；让我们阶前的灯，照亮每个夜归人的路；让我们从别人的笑脸上，看到自己的笑吧！

图 3-13　最终效果图

怀念萧珊

巴金

今天是萧珊逝世的六周年纪念日。六年前的光景还非常鲜明地出现在我的眼前。那一天我从火葬场回到家中，一切都是乱糟糟的，过了两三天我渐渐地安静下来了，一个人坐在书桌前，想写一篇纪念她的文章。在五十年前我就有了这样一种习惯：有感情无处倾吐时我经常求助于纸笔。可是一九七二年八月里那几天，我每天坐三四个小时望着面前摊开的稿纸，却写不出一句话。我痛苦地想，难道给关了几年的“牛棚”，真的就变成“牛”了？头上仿佛压了一块大石头，思想好像冻结了一样。我索性放下笔，什么也不写了。

六年过去了。林彪、“四人帮”及其爪牙们的确把我搞得很“狼狈”，但我还是活下来了，而且偏偏活得比较健康，脑子也并不糊涂，有时还可以写一两篇文章。最近我经常去火葬场，参加老朋友们的骨灰安放仪式。在大厅里，我想起许多事情。同样地奏着哀乐，我的思想却从挤满了人的大厅转到只有二、三十个人的中厅里去了，我们正在用哭声向萧珊的遗体告别。我记起了《家》里面觉新说过的一句话：“好像珏死了，也是一个不祥的鬼。”四十七年前我写这句话的时候，怎么想得到我是在写自己！我没有流眼泪，可是我觉得有无数锋利的

图 3-14　最终效果图

3.3 杂志排版——段落

【任务目标】

1. 段落格式设置；
2. 首字下沉；
3. 分栏；
4. 插入符号。

【职业引导】

如图 3-15 所示，使用 Word 程序进行文档编辑的第二步就是进一步对段落进行编辑，包括段落格式设置，以及一些常用的小功能，比如首字下沉功能、分栏功能、插入特殊符号等等。

论快乐

✍钱钟书

快乐在人生里，好比引诱小孩子吃药的方糖，更像跑狗场里引诱狗赛跑的电兔子。几分钟或者几天的快乐赚我们活了一世，忍受着许多痛苦。我们希望它来，希望它留，希望它再来——这三句话概括了整个人类努力的历史。在我们追求和等候的时候，生命又不知不觉地偷度过去。也许我们只是时间消费的筹码，活了一世不过是为那一世的岁月充当殉葬品，根本不会想到快乐。但是我们到死也不明白是上了当，我们还理想死后有个天堂，在那里——谢上帝，也有这一天！我们终于享受到永远的快乐。你看，快乐的引诱，不仅像电兔子和方糖，使我们忍受了人生，而且彷佛钓钩上的鱼饵，竟使我们甘心去死。这样说来，人生虽痛苦，却不悲观，因为它终抱着快乐的希望；现在的账，我们预支了将来去付。为了快活，我们甚至于愿意慢死。

穆勒曾把“痛苦的苏格拉底”和“快乐的猪”比较。假使猪真知道快活，那么猪和苏格拉底也相去无几了。猪是否能快乐得像人，我们不知道；但是人会容易满足得像猪，我们是常看见的。把快乐分肉体的和精神的两种，这是最糊涂的分析。一切快乐的享受都属于精神的，尽管快乐的原因是肉体上的物质刺激。小孩子初生了下来，吃饱了奶就乖乖地睡，并不知道什么是快活，虽然它身体感觉舒服。缘故是小孩子时的精神和肉体还没有分化，只是混沌的星云状态。洗一个澡，看一朵花，吃一顿饭，假使你觉得快活，并非全因为澡洗得干净，花开得好，或者菜合你口味，主要因为你心上没有挂碍，轻松的灵魂可以专注肉体的感觉，来欣赏，来审定。要是你精神不痛快，像将离别时的宴席，随它怎样烹调得好，吃来只是土气息，泥滋味。那时刻的灵魂，彷佛害病的眼怕见阳光，撕去皮的伤口怕接触空气，虽然空气和阳光都是好东西。快乐时的你一定心无愧怍。假如你犯罪而真觉快乐，你那时候一定和有道德、有修养的人同样心安理得。有最洁白的良心，跟全没有良心或有最漆黑的良心，效果是相等的。

图 3-15　最终效果图

【知识技能】

3.3.1 段落格式设置

在 Word 中，段落指的是两个 Enter 键之间的文本。每个段落后面跟一个段落标记，也就是说，我们在录入文本时如果不是分段落和创建空行，就不要敲 Enter 键。

段落格式设置，可以使文档更加具有条理性，结构更清晰。

1. 调整间距

(1) 行间距：同一段落内两行之间的距离；

(2) 段落间距：上一段落的最后一行与下一段落的最前一行之间除去行间距之后的距离。

【操作提示】 要设置行间距与段间距，首先选定要设置间距的段落，否则，只能对光标所在段落进行设置。

2. 段落缩进：更改段落相对左右页边的文字位置。

(1) 首行缩进：段落首行的左边界向右缩进一段距离，其余行的左边界不变；

(2) 悬挂缩进：段落首行的左边界不变，其余行的左边界向右缩进一定距离；

(3) 左缩进：整个段落的左边界向右缩进一段距离；

(4) 右缩进：整个段落的右边界向左缩进一段距离。

设置方式有两种。

第一种：利用标尺上的游标，此种方法比较简便，但不够精确，主要靠目测。

【操作提示】 加 Alt 键辅助，再拖动游标，可在标尺上显示缩进的距离。

第二种：准确设置，用“段落”对话框设置缩进。

如图 3-16 展示的是段落缩进的各种不同设置效果。

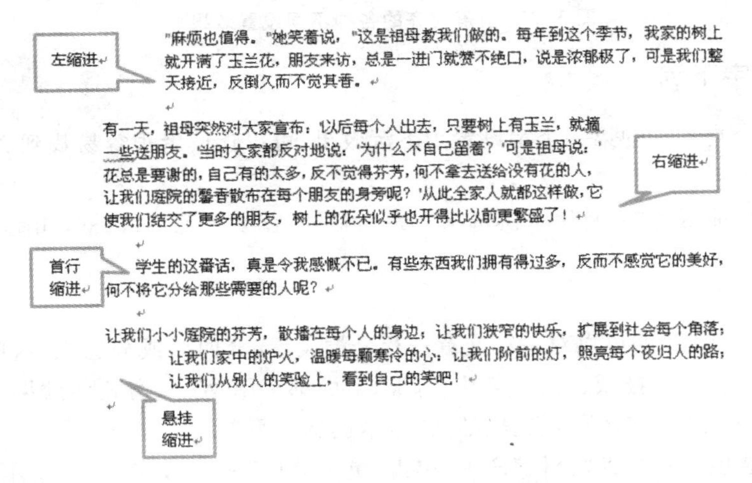

图 3-16 段落缩进的各种不同设置效果

3. 段落对齐：段落文本在页面水平方向上的对齐方式。

(1) 左对齐：段中所有行的左边对齐，右边允许不对齐，主要用于英文文档；

(2) 右对齐：段中所有行的右边对齐，左边允许不对齐，主要用于文档结尾时的签名和日期等；

(3) 居中对齐：文本居中对齐，一般用于文档标题；

(4) 两端对齐：每行首尾对齐，但未输满的行保持左对齐；

(5) 分散对齐：每行首尾对齐，未输满的行自动调整字符间距，保持首尾对齐。

图 3-17 所示的是段落对齐的各种不同设置效果。

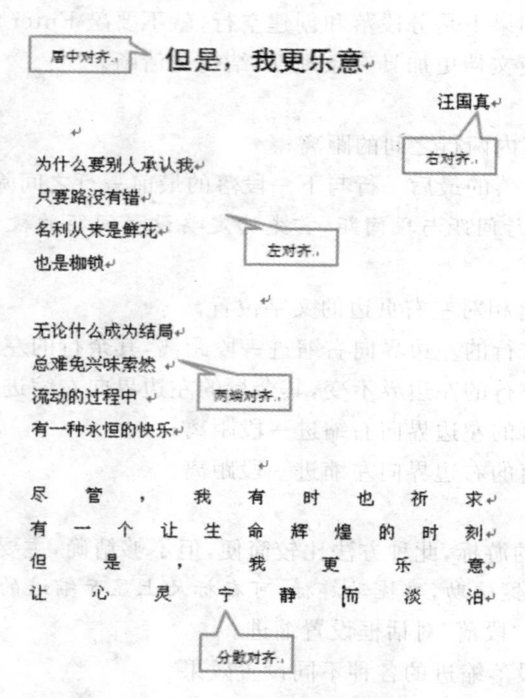

图 3-17　段落对齐的各种不同设置效果

3.3.2　首字下沉

将文档第一个自然段的第一个字设置为下沉效果，可以让读者很容易找到文章的开始处，起到醒目的视觉效果。

执行"插入"功能区下的"首字下沉选项"命令，打开"首字下沉"对话框，如图 3-18 所示。

3.3.3　分栏

在 Word 2010 中，我们可以对一篇文章进行分栏设置，分两栏或分三栏，这些都可以自己设置。像我们平常看到的报纸、公告、卡片、海报，上面都有用 Word 分栏的效果。

选定要设置分栏或要修改分栏选项的文本，本例选择第二段；

"页面布局"选项卡中找到"分栏"命令，单击"更多分栏"命令，如图 3-19 所示；

在"预设"选项区中选择所需栏数，最多可以将文档分为 11 栏，可在"栏数"数字调控框中选择或输入所需栏数，本例选择两栏；

勾选"分割线"复选框；

在"预览"区可看到效果，单击"确定"按钮。

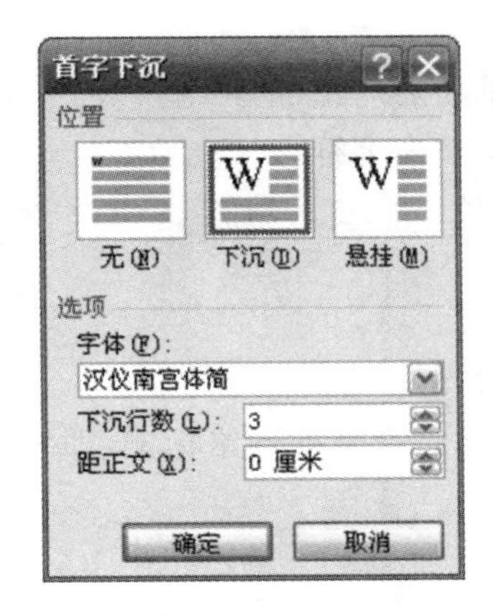

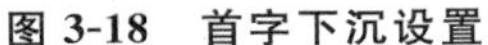
图 3-18　首字下沉设置

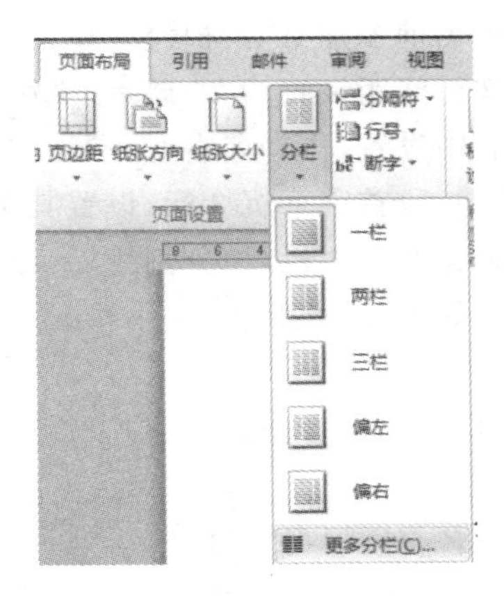

图 3-19　分栏设置

3.3.4　插入符号

我们有时需要在排版中为文章加上一些装饰的小图，如果都插入外部的图，文件体积就会变得很大，那么现在就要用到这里的插入符号了。

如在本文档中作者名前面插入书写符号“✍”，操作过程如下：

1. 先将光标定位在“钱”字前面；

2. 在“插入”选项卡中找到“符号”命令，单击“其他符号”命令，打开“符号”对话框，在“字体”下拉列表中选择“wingdings”，找到所需的符号，插入即可，如图 3-20 所示。

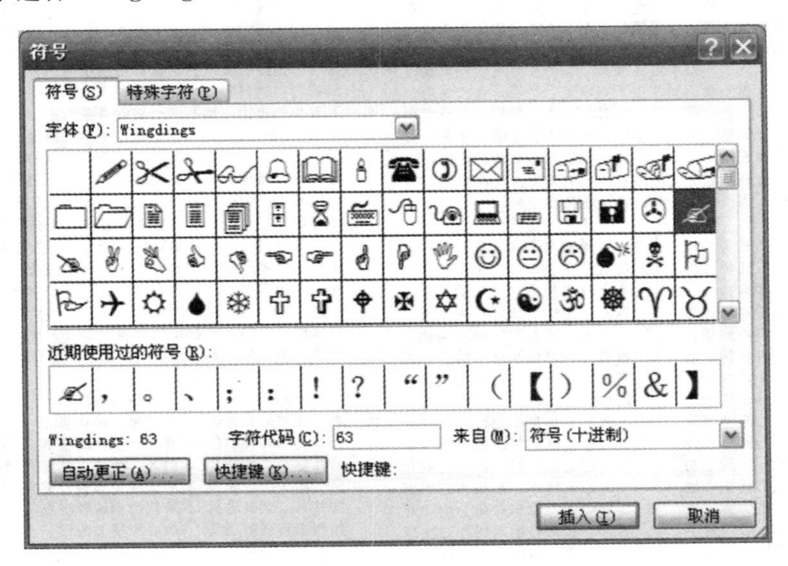

图 3-20　插入书写符号

【应用探索】

实训一

1. 打开本案例源文档“论快乐源文件. doc”，将全文的网络标记，即手动换行符 ，替换为段落标记。

2. 在作者名前添加书写符号。

3. 将全文行间距设置为 24 磅，正文第一段段前段后间距都为 1 行。

4. 标题居中设置，作者名右对齐，正文首行缩进 2 个字符。

5. 正文第一段首字下沉 3 行，设置其字体及颜色。

6. 正文第二段分两栏，加分割线。

最终结果如图 3-21 所示。

实训二

1. 打开本案例源文档“读书的艺术源文件. doc”，将全文的网络标记，即手动换行符，替换为段落标记。

2. 在作者名前添加书本符号。

3. 将全文行间距设置为 26 磅，正文第一段段后间距都为 0.5 行，其余不变。

4. 标题居中设置，作者名右对齐，正文首行缩进 2 个字符。

5. 正文第一段首字下沉 3 行，设置其字体。

6. 正文第二段分两栏，加分割线。

最终结果如图 3-22 所示。

论快乐

✍钱钟书

快乐在人生里，好比引诱小孩子吃药的方糖，更像跑狗场里引诱狗赛跑的电兔子。几分钟或者几天的快乐赚我们活了一世，忍受着许多痛苦。我们希望它来，希望它留，希望它再来——这三句话概括了整个人类努力的历史。在我们追求和等候的时候，生命又不知不觉地偷度过去。也许我们只是时间消费的筹码，活了一世不过是为那一世的岁月充当殉葬品，根本不会想到快乐。但是我们到死也不明白是上了当，我们还理想死后有个天堂，在那里——谢上帝，也有这一天！我们终于享受到永远的快乐。你看，快乐的引诱，不仅像电兔子和方糖，使我们忍受了人生，而且彷佛钓钩上的鱼饵，竟使我们甘心去死。这样说来，人生虽痛苦，却不悲观，因为它终抱着快乐的希望；现在的账，我们预支了将来去付。为了快活，我们甚至于愿意慢死。

穆勒曾把“痛苦的苏格拉底”和“快乐的猪”比较。假使猪真知道快活，那么猪和苏格拉底也相去无几了。猪是否能快乐得像人，我们不知道；但是人会容易满足得像猪，我们是常看见的。把快乐分肉体的和精神的两种，这是最糊涂的分析。一切快乐的享受都属于精神的，尽管快乐的原因是肉体上的物质刺激。小孩子初生了下来，吃饱了奶就乖乖地睡，并不知道什么是快活，虽然它身体感觉舒服。缘故是小孩子时的精神和肉体还没有分化，只是混沌的星云状态。洗一个澡，看一朵花，吃一顿饭，假使你觉得快活，并非全因为澡洗得干净，花开得好，或者菜合你口味，主要因为你心上没有挂碍，轻松的灵魂可以专注肉体的感觉，来欣赏，来审定。要是你精神不痛快，像将离别时的宴席，随它怎样烹调得好，吃来只是土气息，泥滋味。那时刻的灵魂，彷佛害病的眼怕见阳光，撕去皮的伤口怕接触空气，虽然空气和阳光都是好东西。快乐时的你一定心无愧怍。假如你犯罪而真觉快乐，你那时候一定和有道德、有修养的人同样心安理得。有最洁白的良心，跟全没有良心或有最漆黑的良心，效果是相等的。

图 3-21　最终效果图

读书的艺术

📖林语堂

读书或书籍的享受素来被视为有修养的生活上的一种雅事，而在一些不大有机会享受这种权利的人们看来，这是一种值得尊重和妒忌的事。当我们把一个不读书者和一个读书者的生活上的差异比较一下，这一点便很容易明白。那个没有养成读书习惯的人，以时间和空间而言，是受着他眼前的世界所禁锢的。他的生活是机械化的，刻板的；他只跟几个朋友和相识者接触谈话，他只看见他周遭所发生的事情。他在这个监狱里是逃不出去的。可是当他拿起一本书的时候，他立刻走进一个不同的世界；如果那是一本好书，他便立刻接触到世界上一个最健谈的人。这个谈话者引导他前进，带他到一个不同的国度或不同的时代，或者对他发泄一些私人的悔恨，或者跟他讨论一些他从来不知道的学问或生活问题。一个古代的作家使读者随一个久远的死者交通；当他读下去的时候，他开始想象那个古代的作家相貌如何，是哪一类的人。孟子和中国最伟大的历史家司马迁都表现过同样的观念。一个人在十二小时之中，能够在一个不同的世界里生活二小时，完全忘怀眼前的现实环境：这当然是那些禁锢在他们的身体监狱里的人所妒羡的权利。这么一种环境的改变，由心理上的影响说来，是和旅行一样的。

不但如此。读者往往被书籍带进一个思想和反省的境界里去。纵使那是一本关于现实事情的书，亲眼看见那些事情或亲历其境，和在书中读到那些事情，其间也有不同的地方，因为在书本里所叙述的事情往往变成一片景象，而读者也变成一个冷眼旁观的人。所以，最好的读物是那种能够带我们到这种沉思的心境里去的读物，而不是那种仅在报告事情的始末的读物。我认为人们花费大量的时间去阅读报纸，并不是读书，因为一般阅报者大抵只注意到事件发生或经过的情形的报告，完全没有沉思默想的价值。

图 3-22　最终效果图

3.4 杂志排版——页面

【任务目标】

1. 边框底纹；
2. 页面背景；
3. 页眉页脚；
4. 项目符号。

【职业引导】

如图 3-23 所示，使用 Word 程序进行文档编辑的第三步就是对整体页面的编辑，包括文字、段落和页面背景的设计，以及一些常用的小功能，比如项目符号和编号的使用、页眉页脚等等。

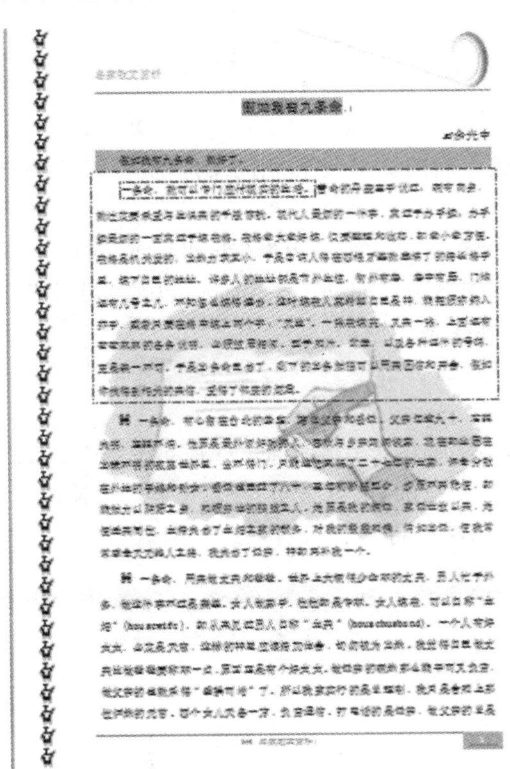
假如我有九条命

图 3-23 最终效果图

【知识技能】

1. 边框底纹

边框是将段落或一部分文字包围起来，段落中的每一个文字都可以添加边框线，整个段落可以设置段落四周的任一条边框线。

底纹是为选中的文字或段落添加的“背景”。

如图 3-24 展示的是给文字和段落添加边框的不同效果对比。整个段落与文章第一句各添加边框效果。

本案例操作步骤如下：

选中第二自然段第一句，执行“页面布局”→“页面边框”命令，打开“边框与底纹”对话框，选择“边框”选项卡，设置为“方框”，并选择线型和颜色，将“应用于”选择为“文字”，如图 3-25 所示；同样的做法设置第二自然段效果，唯一不同的是将“应用于”选择为“段落”。

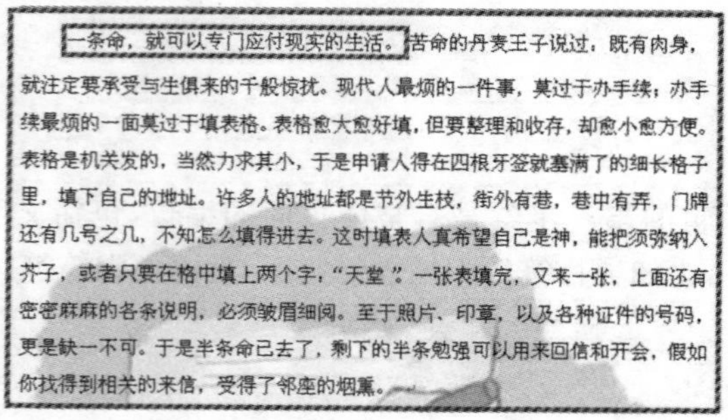

一条命，就可以专门应付现实的生活。苦命的丹麦王子说过：既有肉身，就注定要承受与生俱来的千般惊扰。现代人最烦的一件事，莫过于办手续；办手续最烦的一面莫过于填表格。表格愈大愈好填，但要整理和收存，却愈小愈方便。表格是机关发的，当然力求其小，于是申请人得在四根牙签就塞满了的细长格子里，填下自己的地址。许多人的地址都是节外生枝，街外有巷，巷中有弄，门牌还有几号之几，不知怎么填得进去。这时填表人真希望自己是神，能把须弥纳入芥子，或者只要在格中填上两个字，“天堂”。一张表填完，又来一张，上面还有密密麻麻的各条说明，必须皱眉细阅。至于照片、印章，以及各种证件的号码，更是缺一不可。于是半条命已去了，剩下的半条勉强可以用来回信和开会，假如你找得到相关的来信，受得了邻座的烟熏。……

图 3-24 文字和段落分别添加边框的不同效果对比

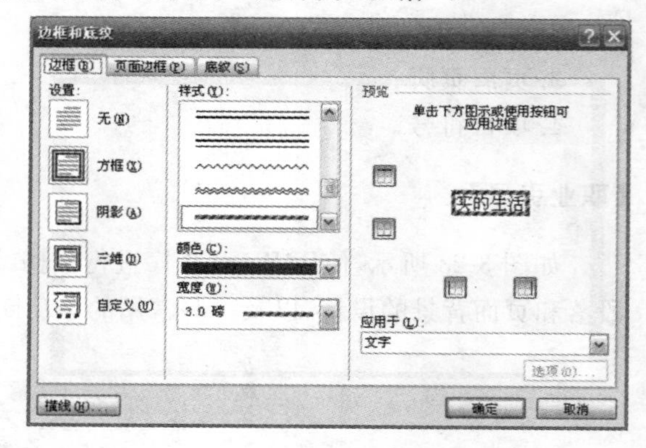

图 3-25 “边框和底纹”对话框设置

给页面添加边框能形成生动的页面效果，用于制作贺卡等类型的文档。

本案例操作步骤如下：

选择“页面布局”→“页面边框”命令，打开“边框和底纹”对话框，单击“页面边框”选项卡。

“设置”：有 5 个选项，分别表示边框的类型(本例选用“自定义”)；

“线型”：提供可选的各种线条类型；

“颜色”：选择边框线的颜色；

“宽度”：边框线的粗细；

“艺术型”：以整齐排列的实物图形代替边框线型(参考图 3-26)；

“应用于”：边框设置的应用范围，可以是对“整篇文档”、“本节”、“本节-只有首页”，也可以是对“本节-除首页外所有页”(本例将上、下、右三边取消)。

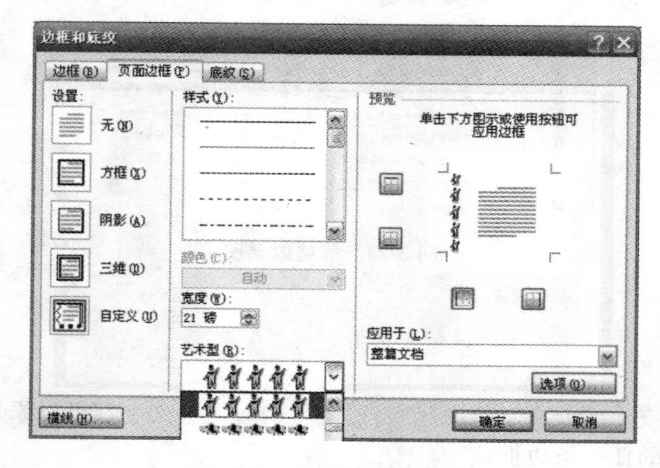

图 3-26 页面边框的设置

【提示】 在设置边框时，可根据需要，灵活设置文字边框、段落边框和页面边框，注意方法，不要混淆。

2. 页面背景

在 Word 2010 中，页面背景分为 2 个部分：水印和页面颜色。

(1) 页面颜色

① 单色背景

选择“页面布局”→“页面颜色”命令→选择一种颜色。

② “填充效果”背景

选择“页面布局”→“页面颜色”命令→选择“填充效果”，打开“填充效果”对话框；

“渐变”选项卡：设置颜色的渐变效果填充；

“纹理”选项卡：以纹理效果填充；

“图案”选项卡：以设置了前景色和背景色的图案效果填充；

“图片”选项卡：利用“导入”按钮导入系统中图片填充。

【技巧】 以上两种页面背景只是一种显示效果，不能获得正确的打印效果(打印预览)，这些效果往往不能满足我们的要求。

(2) 水印

选择“页面布局”→“水印”命令，打开“水印”对话框。

“图片水印”：利用“选择图片”按钮导入图片作水印效果，并可设置其“显示比例”和“冲蚀”效果，如本例使用了图片“写作”并设置其大小为 150%；

“文字水印”：选择或录入文字，设置其字体、尺寸、颜色、是否半透明及版式。

3. 页眉页脚

页眉页脚是在文档每一页的顶端(称为页眉)或底端(称为页脚)的文字，这些文字可以是页码、章节名称、作者名字、创建时间等信息。

本案例中页眉是特殊的艺术效果，页脚显示页码和书名信息。具体操作如下：

(1) 选择“插入”功能区→“页眉”命令下拉菜单，此时会出现各种页眉效果，本例选择的是“现代型(奇数页)”，输入文字，同时勾选“奇偶页不同”复选框，在第二页选择“现代型(偶数页)”。

(2) 在“页眉和页脚”工具栏上单击“转至页脚”命令，则出现“页脚”编辑区，选择“朴素型(奇数页)”，输入文字和符号，再给偶数页第二页添加“朴素型(偶数页)”的页脚样式。

最终效果如图 3-23 所示。

4. 项目符号和编号

项目符号和编号可使文档条理清楚和重点突出，提高文档编辑速度，非常方便快捷。

如本文档中第三、四、五自然段前面统一加入了符号“⌘”，操作过程如下：

选择需要编号的 3 个段落，“开始”→“段落”命令区单击项目符号命令的下拉列表，选择“定义新项目符号”，打开“定义新项目符号”对话框，如图 3-27 所示。

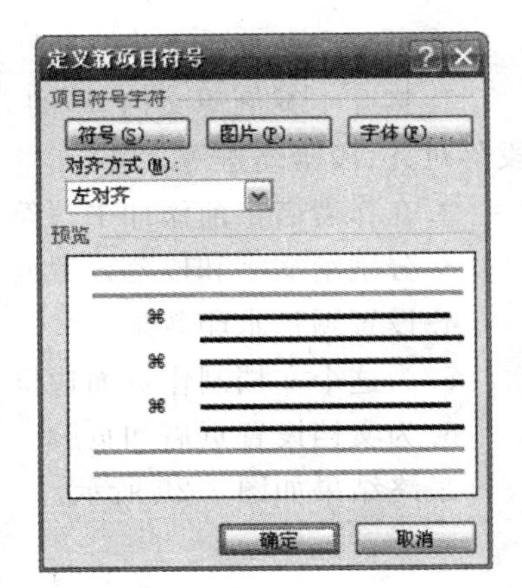

图 3-27　“定义新项目符号”对话框

单击“符号”按钮，在“字体”下拉列表中选择“wingdings”，找到“⌘”，确定的即可。

调整这三个段落的缩进为首行缩进 2 个字符，即可得到图 3-28 所示的效果。

【应用探索】

实训一

1. 打开本案例源文档“假如我有九条命源文件. doc”，将全文的文字、段落格式设置好，包括字号、段落对齐、段落缩进等。

2. 在作者名前添加书写符号。

3. 分别给文字和段落设置底纹和边框，效果依照图 3-28 所示。

4. 设置图片水印效果。

5. 为这个文档制作页面边框，只保留左侧边框效果。

6. 为文档(共三页)设置奇偶页不同效果的页眉和页脚。

最终结果如图 3-28 所示。

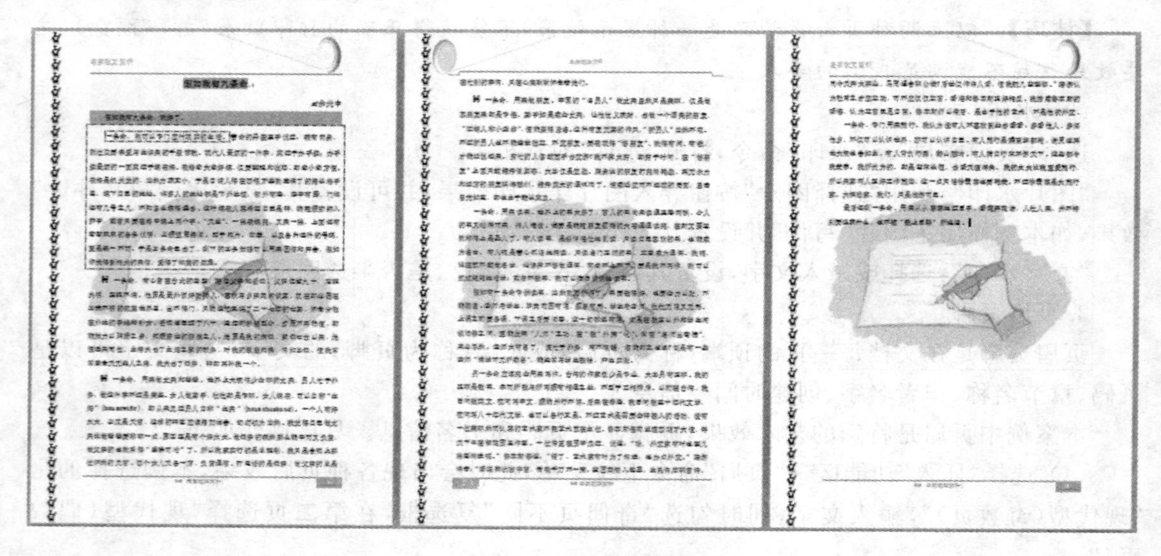

图 3-28　最终效果图

实训二

1. 打开本案例源文档“鸟的天堂源文件. doc”，将全文的文字、段落格式设置好，包括字号、段落对齐、段落缩进等。

2. 在作者名字前添加书写符号。

3. 分别给文字和段落设置底纹和边框，效果依照图 3-29 所示。

4. 设置图片水印效果。

5. 为这个文档制作页面边框，只保留左侧边框效果。

6. 为文档设置页眉和页脚。

最终结果如图 3-29 所示。

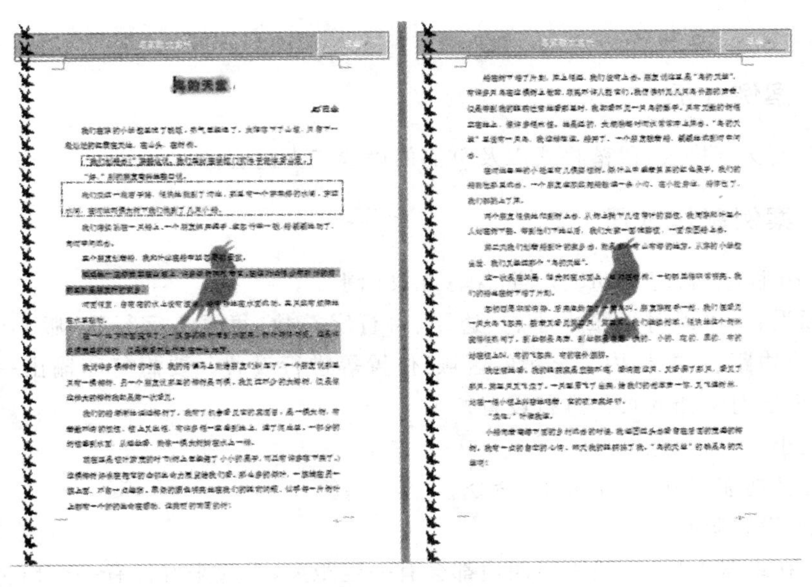

图 3-29 最终效果图

3.5 制作杂志小报

【任务目标】

1. 文字格式设置；
2. 段落格式设置；
3. 页面设置。

【职业引导】

如图 3-30 所示，使用 Word 程序进行文档编辑，如制作杂志小报等，需要综合运用前面所学，对文字、段落、页面等进行全面设置，完成简单的杂志小报制作。

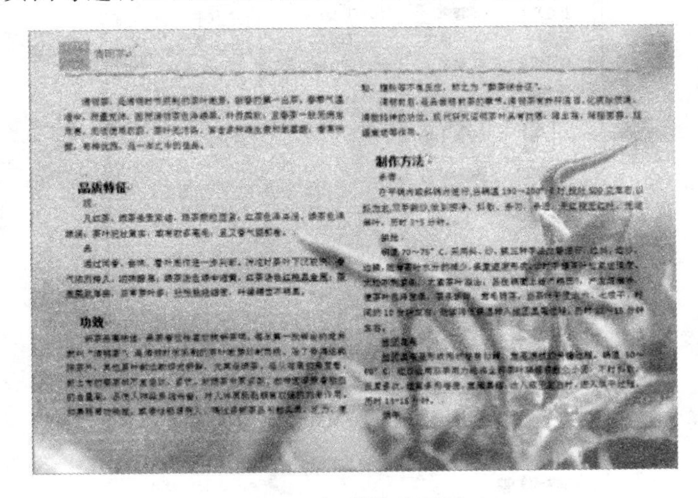

图 3-30 最终效果图

【案例详解】

3.5.1 案例分析

本案例涉及文字格式、段落格式以及页面的设置三大内容。

3.5.2 案例制作过程

启动 Word 程序，新建 Word 文档，保存在桌面上。

利用页面设置，可以对纸张大小、页边距、每行字符数、每页文字行数、版心（页面上除去上、下、左、右页边距后，文档内容显示的区域）位置等进行设置。要想打印输出一份标准且清晰的文档，就需要对文档的页面进行设置。

1. 纸张大小

“页面布局”功能区→“纸张大小”命令。

2. 页边距：设置版心

文档打印在纸张上后，一般距离四边都会有一定距离，看起来好像有一个白色的“边框”围住了文档内容。我们把文档内容所占的矩形区域称为页面版心，而对版心的大小和位置的管理实际上就是调整纸张的四边边距。

3. 纸张方向

在“纸张方向”选区中设置页面的方向。

3.5.3 案例操作过程

(1) 页边距修改

① 单击“页面布局”功能区中的“页边距”按钮；

② 设置上下左右边距，如图 3-31 所示。

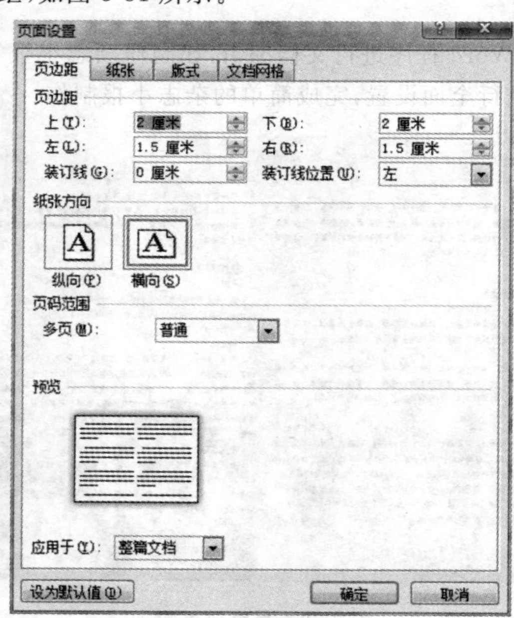

图 3-31 页边距设置

（2）页面方向

在“纸张方向“选区中设置页面的方向。本例选择的是“横向”。

（3）图片水印

单击“页面布局”功能区中的“水印”，单击“自定义水印”命令，打开对话框，选择“图片水印”，单击“选择图片”按钮，找到需要的图片文件，取消勾选“冲蚀”，点击“确定”即可。具体设置如图 3-32所示。调整图片大小即可。

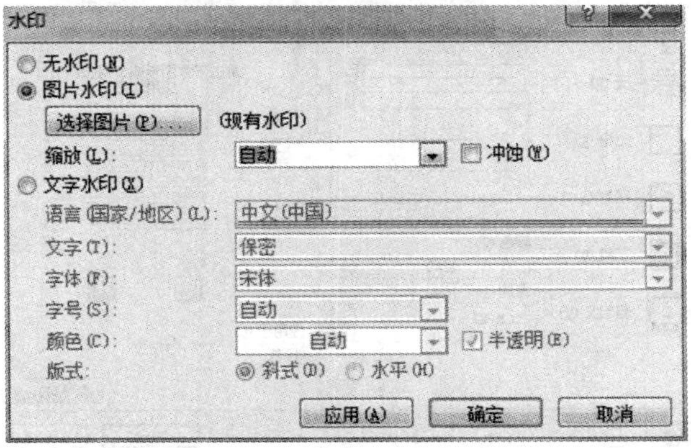

图 3-32　设置图片水印

4. 文字格式设置

全选所有文字，设置字体为“宋体”、“小四号”字。

选择各标题文字，如本例中的“品质特征”、“功效”、“制作方法”，设置字体大小为“小三号”文字，加粗。

5. 段落格式设置

设置首行缩进 2 个字符，以及行间距 20 磅的大小。

6. 分栏

全选所有文字，打开“页面布局”功能区中的“分栏”下的“更多分栏”命令，设置如图 3-33所示。

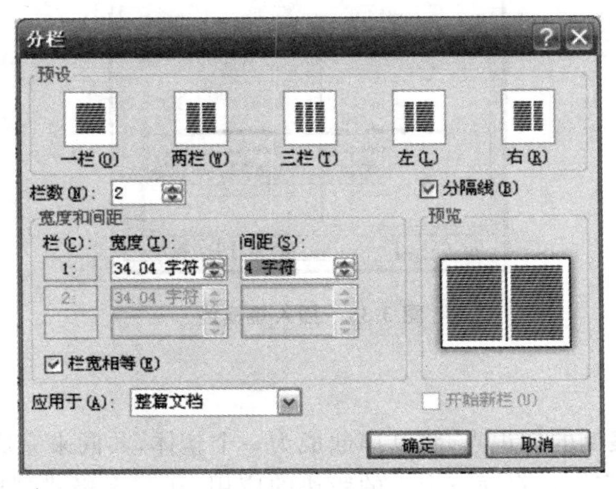

图 3-33　分栏

7. 页眉设置

打开“插入”功能区中的“页眉”命令下的“拼版型”页眉效果，在页眉编辑窗口中输入“清明茶”文字。

删除默认的页眉线，改成短横线样式。

选中页眉处的回车标志，打开“边框和底纹”对话框，取消下边框线即可，如图 3-34 所示。

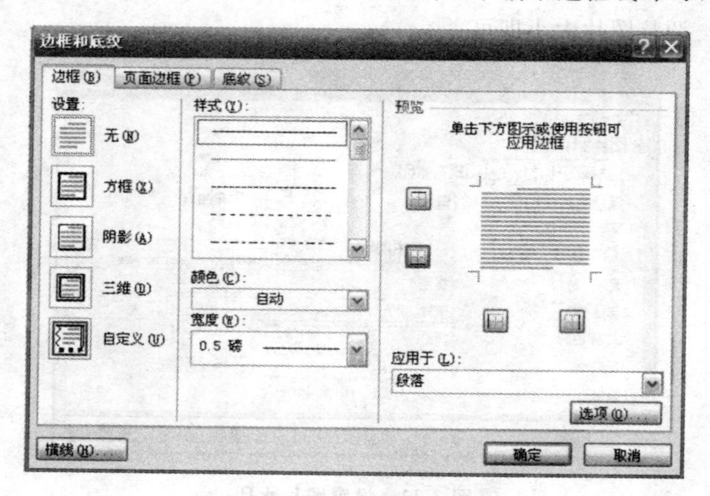

图 3-34　取消页眉处的直线

同样的，单击“边框和底纹”对话框中的“横线”按钮，在打开的横线对话框中找到对应的短横线就可以了，如图 3-35 所示。

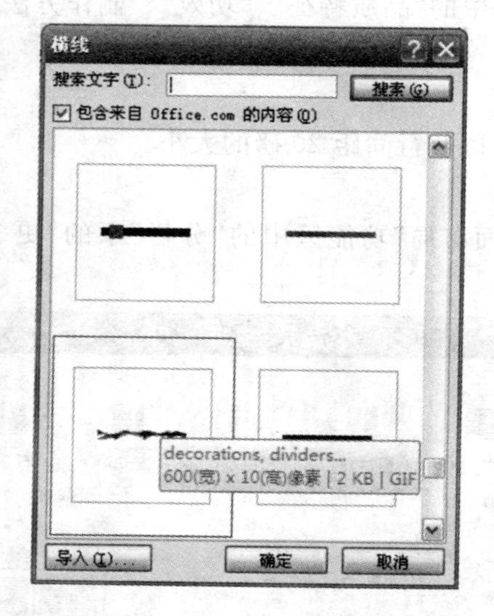

图 3-35　插入短横线

【案例总结】

本案例综合前面案例的知识点，将其串起成为一个整体，共同来完成一个简单的杂志小报的排版制作，总共涉及字、段、页面三个大的版块的应用，从文字格式到段落格式，再到页面的设置，包括页眉页脚、水印、边框、分栏等等常用的基础编辑。

【应用探索】

1. 全文所有文字格式设置(字号);
2. 全文所有段落格式设置(如首行缩进,行间距等的设置);
3. 全文分3栏;
4. 制作蓝色页面边框;
5. 制作文字水印(水印文字为"水中的蓝天",华文行楷字体,蓝色);
6. 制作页脚效果(页脚显示"第1页")。

最终结果如图3-36所示。

图3-36 最终效果图

3.6 宣传海报的图片处理

【任务目标】

1. 插入图片和剪贴画;
2. 剪贴画编辑;
3. 图片格式设置。

【职业引导】

如图 3-37 所示，使用 Word 程序进行丰富的文档编辑，如制作宣传海报等等，需要在 Word 文档中加入图片，并对其进行格式编辑处理，以达到美观的图文混排效果。

图 3-37　最终效果图

【知识技能】

3.6.1　剪贴画的插入

Word 系统自带了一部分图形图片，即剪贴画。

首先将光标置于要插入剪贴画的位置；

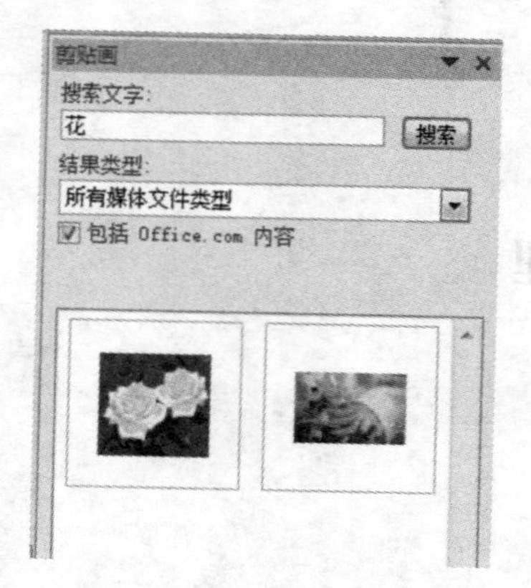

图 3-38　剪贴画搜索“花”

单击“插入”功能区中的“剪贴画”按钮，在窗口右侧会打开“剪贴画”任务窗格；

在“搜索文字”框中录入所需素材的关键字或者名称；

搜索完成后，在任务窗格中会出现搜索结果。单击相应的图片，该图片即会插入光标所在的位置；

如在输入框中输入关键字“花”，单击搜索，即可出现所有剪贴画中有“花”这个关键字的图片来，如图 3-38 所示。

【操作提示】 当前剪贴画的文字环绕方式是“嵌入型”，右击该图片，在快捷菜单中选择“设置图片格式”，打开对话框，可以对图片与文本的环绕方式进行设置。

3.6.2　插入图片

Word 自带的剪贴画的内容比较少，而且不一定是用户所需要的图片。若用户所需图片已以文件方式储存，则要在文档中插入图片文件。

操作步骤：

(1) 将光标置于要插入图片的位置；

(2) 单击“插入”功能区→“图片”命令，打开“插入图片”对话框；

(3) 打开“查找范围”下拉列表框，选择所需图片文件所在位置；

(4) 选定所需图片文件的文件名；

(5) 单击“插入”按钮即可。

3.6.3　图片格式编辑

Word 2010 中对图片的处理比之前的版本要丰富美观得多，通过使用图片格式编辑设置，能实现很多艺术化的视觉效果。

图片格式编辑主要分为四大类，分别是调整、图片样式、排列和大小。选中图片后，在功能区会显示如下的 4 个编辑区域，如图 3-39 所示。

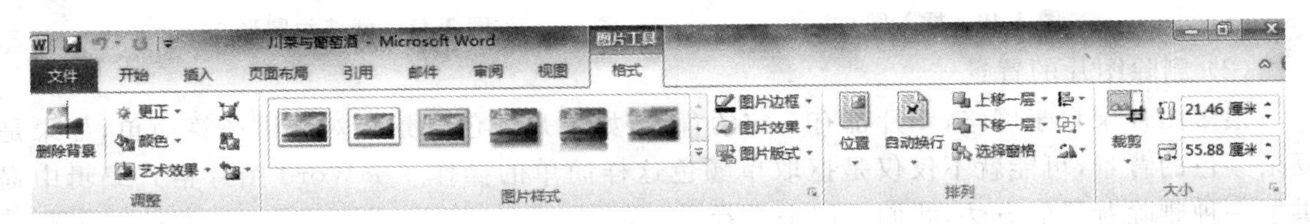

图 3-39　图片工具格式设置

1. 调整区

调整区包括了删除背景、色彩调整和艺术化处理等常用的命令。

2. 图片样式区

图片样式区用来修改图片的边框、阴影、发光、立体效果等样式，使其不单调。

3. 排列区

可以实现对图片进行位置与层次的排列，包括图片与文本之间混排的方式，图片之间对齐的方式，图片的角度旋转等方面的排列设置。

4. 大小区

可以实现对图片进行各种形状的裁剪、大小的更改设置。

我们针对常用的图片格式编辑来做一些讲解介绍。

(1) 调整图形的大小和形状

方法一：鼠标调整法。选中图片，这时候图形周边会显示控制点，将鼠标光标放在合适的控制点上，拖动鼠标来调整即可。

方法二：功能区设置。选中图片，在“图片工具-格式”的选项卡“大小”组中，设置“高度”和“宽度”，输入合适的值即可。

在“图片工具-格式”选项卡“大小”区，单击“剪裁”，然后调整图片大小，可以进行手动剪裁、剪裁为形状、纵横比、填充、调整等操作。

例如本例中的红辣椒圆盘图，插入进来后效果如图 3-40 所示，由于图片素材来自于网络，一般这样的图片在角落会有一些不需要的 logo 或者是标记，我们只需要中间红辣椒的圆形区域，这可以使用裁剪为椭圆形来实现。

操作步骤如下：

选中图片，单击“图片工具-格式”选项卡“大小”区中的“剪裁”，选择“裁剪为形状”，在出现的形状中选择“椭圆形”，则出现图 3-41 所示的结果。

图 3-40 插入图片

图 3-41 裁剪为圆形

(2) 删除图片的背景

很多图片来自于网络，图片都有一定的背景，如果是纯色背景相对来讲还算简单，如果是复杂颜色的背景，可能就不仅仅是抠取单颜色这样简单的操作了。Word 图片格式编辑中提供了一种删除背景的方法，我们一起来看看。

① 抠除单一颜色背景

选中图片，单击“图片工具-格式”选项卡“调整”区中的“颜色”按钮下的“设置透明色”，如刚刚例子中的红辣椒图片下背景为灰色，则可以用吸管吸取灰色，即在灰色区域点击即可。抠除灰色背景后的效果与原图对比如下图 3-42 所示。

图 3-42 设置“灰色”为透明色前后对比

② 抠除复杂背景

删除复杂背景必须用到调整区域的“删除背景”命令。以本例中的酒杯图片为例，操作步骤如下：

插入酒杯图片，选中图片，单击“图片工具-格式”选项卡“调整”区中的“删除背景”，如图 3-43所示，图中的品红色即为当前选定的需要删除的背景范围。

很明显，当前品红色区域并不准确，比如左上角杯口区域删除背景后缺了一块，还有杯子右下角区域又多出了一小块背景图，因此，需要对这些区域进行保留或者删除的再编辑。这种再编辑需要使用“背景消除”下的“标记要保留的区域”和“标记要删除的区域”这 2 个工具来实现，如图 3-44 所示。

图 3-43 “删除背景”命令默认效果

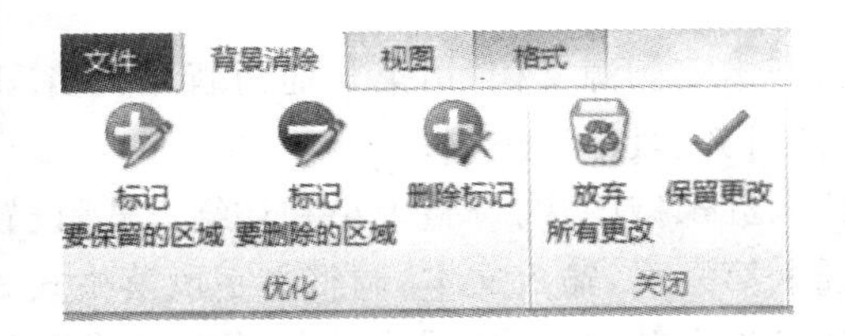

图 3-44 “背景消除”选项卡

操作步骤如下：

单击“标记要保留的区域”命令，单击图 3-43 中杯子左上角区域，即可出现图 3-45 所示的结果。刚刚点击的区域出现了一个圆形的加号，则表示这是需要保留的区域。

同理把杯子底部也保留下来。

最后还有需要删除的区域，单击“标记要删除的区域”，在杯子右下角不需要的区域单击，在刚刚点击的区域出现了一个圆形的减号，表示这是需要删除的区域。完成编辑后的效果如图 3-46 所示。

图 3-45 标记杯子左上角为要保留的区域

图 3-46 标记杯子右下角为删除的区域

确认无误后单击“保留更改”按钮即可。完成之后的结果如图 3-47 所示。

(3) 图文环绕方式

图文混排：就是将文字与图片混合排列，文字可在图片的四周，可嵌入图片下面，列浮于图片上方等。

第 1 步，选中需要设置文字环绕的图片。

第 2 步，在打开的“图片工具”功能区的“格式”选项卡中，单击“排列”分组中的“位置”按钮，则在打开的预设位置列表中选择

图 3-47 完成背景删除后

合适的文字环绕方式。这些文字环绕方式包括“顶端居左，四周型文字环绕”、“顶端居中，四周型文字环绕”、“顶端居右，四周型文字环绕”、“中间居左，四周型文字环绕”、“中间居中，四周型文字环绕”、“中间居右，四周型文字环绕”、“底端居左，四周型文字环绕”、“底端居中，四周型文字环绕”、“底端居右，四周型文字环绕”九种方式。

如果用户希望在 Word 2010 文档中设置更丰富的文字环绕方式，可以在“排列”分组中单击“自动换行”按钮，在打开的菜单中选择合适的文字环绕方式即可。

本案例使用的是“浮于文字上方”的环绕方式。

【应用探索】

1. 打开本案例源文档“川菜与葡萄酒源文档. doc”，将全文的文字、段落格式设置好，包括字号、段落对齐、段落缩进等；

2. 插入红辣椒图片，调整大小和环绕方式，设置背景色为透明；

3. 插入第一页，输入文本，调整文字段落格式。

4. 插入单个辣椒图片，调整大小、角度以及环绕方式，设置背景色为透明，复制多个，调整位置，形成一个酒瓶的形状。

5. 插入葡萄图片，调整大小、角度以及环绕方式，删除背景。

6. 插入酒杯图片，调整大小、角度以及环绕方式，删除背景。

最终结果如图 3-48 所示。

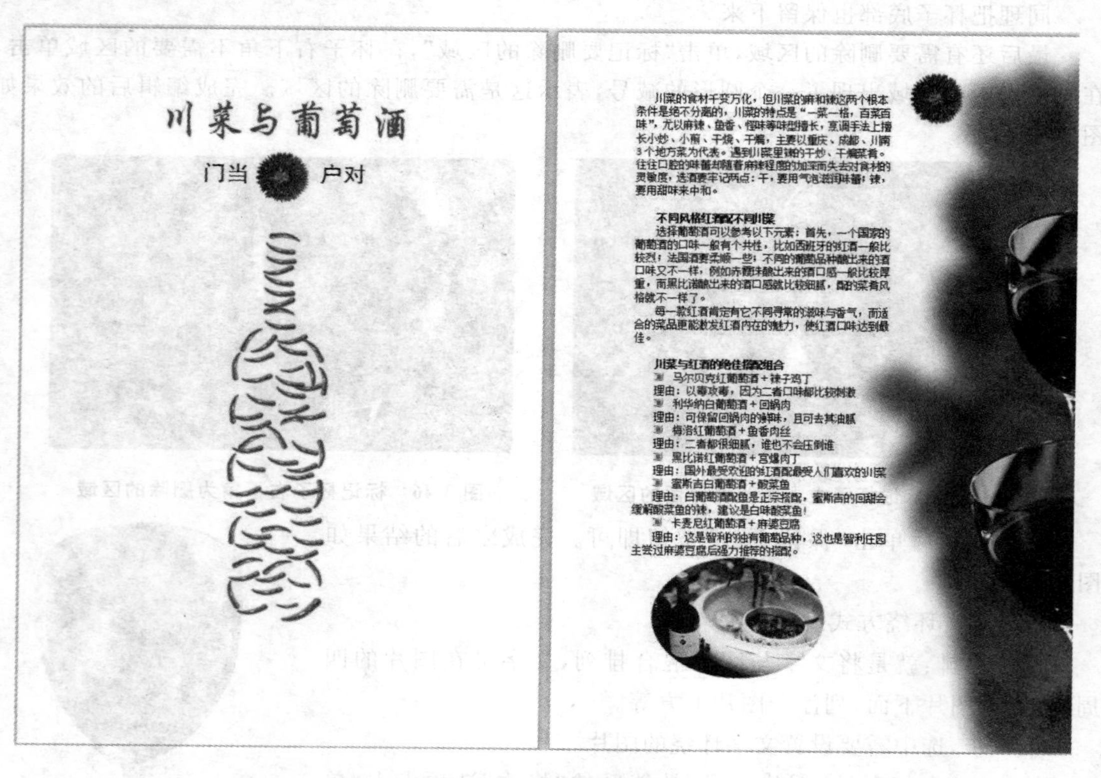

图 3-48　最终效果图

3.7　艺术化文字和图形

【任务目标】

1. 艺术字的创建；
2. 艺术字格式编辑；
3. 图形绘制；
4. 图形编辑。

【职业引导】

如图 3-49 所示，使用 Word 程序进行特殊的文档编辑，如制作海报、黑板报等，需要应用各种图形和美观的文字对文档进行装饰。

图 3-49　最终效果图

【知识技能】

3.7.1　绘图工具

Word 2010 中的自选图形是指用户自行绘制的线条和形状，用户还可以直接使用

Word 2010提供的线条、矩形、基本形状、箭头、公式形状、流程图、星与旗帜和标注等类别的形状，如图 3-50 所示。

3.7.2 绘制形状

打开 Word 2010 文档窗口，切换到“插入”功能区。在“插图”分组中单击“形状”按钮，并在打开的形状面板中单击需要绘制的形状（例如选中“矩形”区域的“圆角矩形”选项），如图 3-51所示。

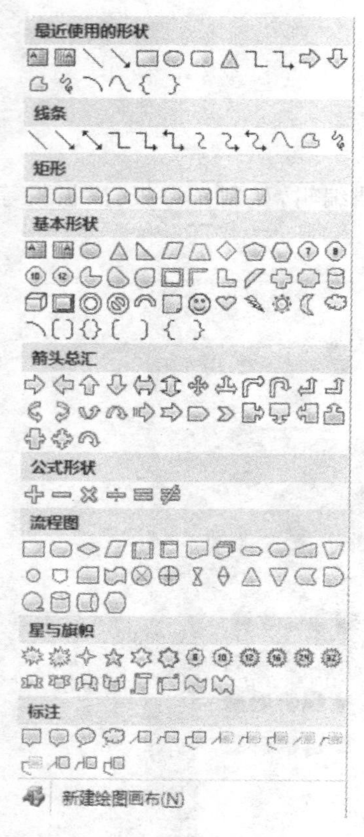

图 3-50 图形类别

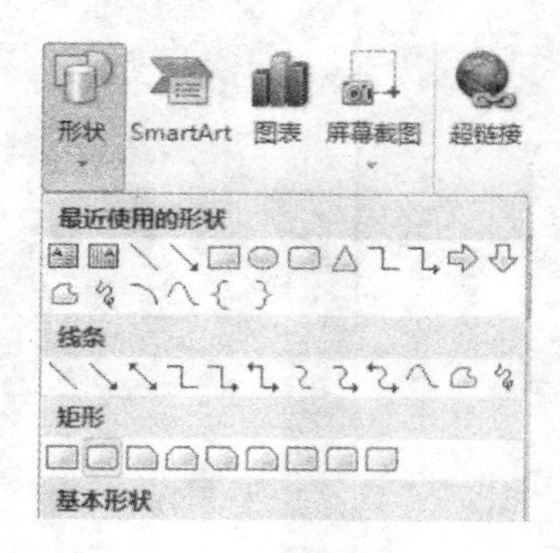

图 3-51 绘制圆角矩形

3.7.3 图形格式编辑

1. 添加自选图形

在功能区上点击“插入”选项卡，然后找到“插图”组，点击“形状”，弹出含有多个类别多个形状的菜单，选择其中一种你要绘制的形状，待鼠标指针变成十字形后，即可在文档中绘制出此形状。

2. 删除自选图形

在文档中选择要删除的自选图形，按键盘上的 Delete 键。

3. 重调自选图形的形状

(1) 选取自选图形，如果形状包含黄色的调整控点，则可重调该形状。某些形状没有调整控点，因而只能调整大小。

（2）将鼠标指针置于黄色的调整控点上，按住鼠标按键，然后拖动控点以更改形状。

4. 更改自选图形

选取要更改的形状，这时功能区会自动显示“绘图工具”。在“绘图工具”中点击“格式”选项卡，在“形状样式”组中选择“更改形状”，然后选择其中一种形状即可更改。

如本例“蒲公英”中页面上部的圆角矩形采用了一定的阴影样式，选中圆角矩形后，点右键，选择“设置形状格式”命令，进行“阴影”样式的设置，如图 3-52 所示。

再如，图 3-49 上部的圆角矩形外圈还有一条圆角矩形细线，则是通过将填充色调整为透明，用比较粗的线条完成的。同样地，绘制一个比刚刚稍微大一点的圆角矩形，打开“设置形状格式”对话框，设置“填充”为“无填充”，“线条”粗细为“2. 25 磅”，设置“三维格式”效果，如图 3-52所示。

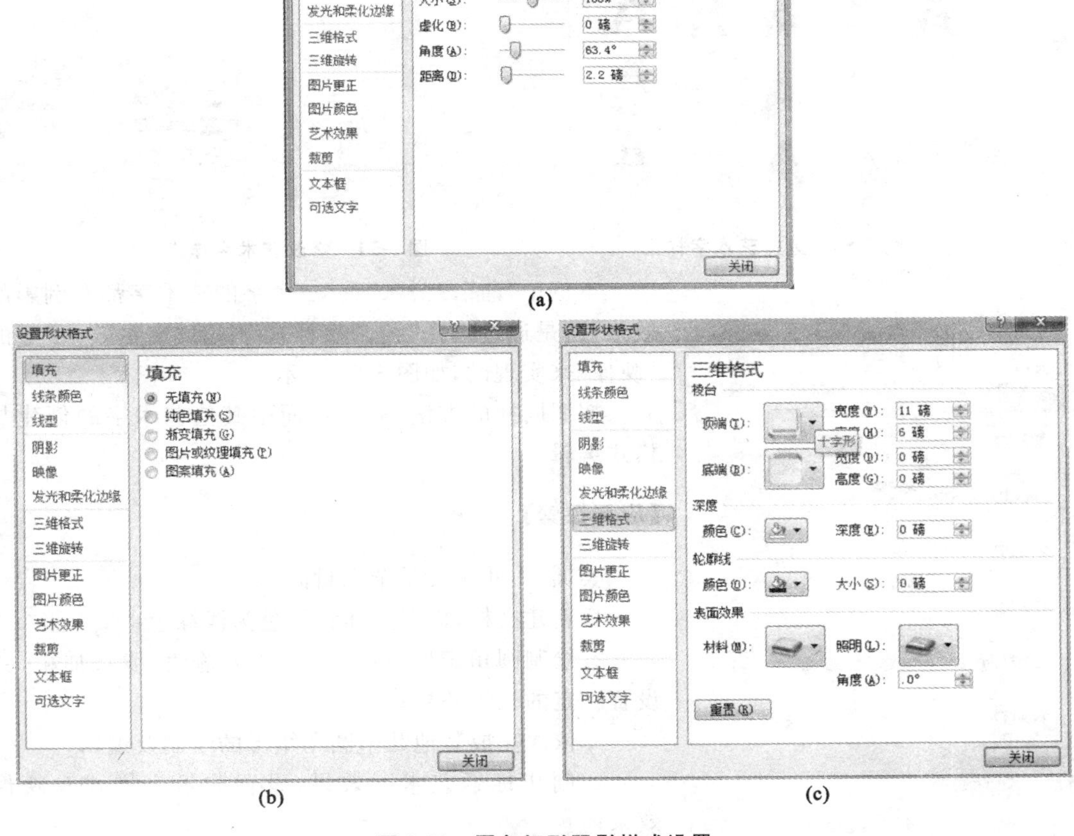

图 3-52　圆角矩形阴影样式设置

3.7.4　艺术字

艺术字是一种特殊的图形，它以图形的方式来展示文字，弥补了纯图形的不足，增强了图形的可读性，渲染了图形的表现效果。在 Word 2010 中，通过使用“插入”功能区上的“艺术字”命令，可以插入装饰文字。用户可以创建带阴影的、扭曲的、旋转的和拉伸的文字，也可以按预定的形状创建文字。因为特殊文字效果是图形对象，所以还可以使用“绘图”工具栏上的其他按钮来改变效果。

创建艺术字步骤如下：

“插入”功能区→单击“艺术字”命令三角形，选择一种艺术字样式，在输入文本区域输入“蒲”，如图 3-53 所示。

设置艺术字的形状样式，如图 3-54 所示。

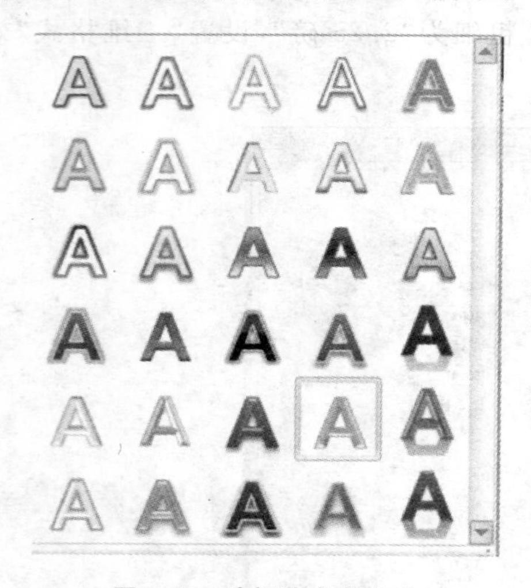

图 3-53　选择艺术字样式

图 3-54　修改艺术字样式

本例中“蒲”、“公”、“英”三个字的艺术字都有倒影的效果，这是通过选择“艺术字样式”中的“文本效果”下的“映像”来实现的，如图 3-55 所示。

按照同样的方法，完成页面中其他艺术字的创建与格式编辑。

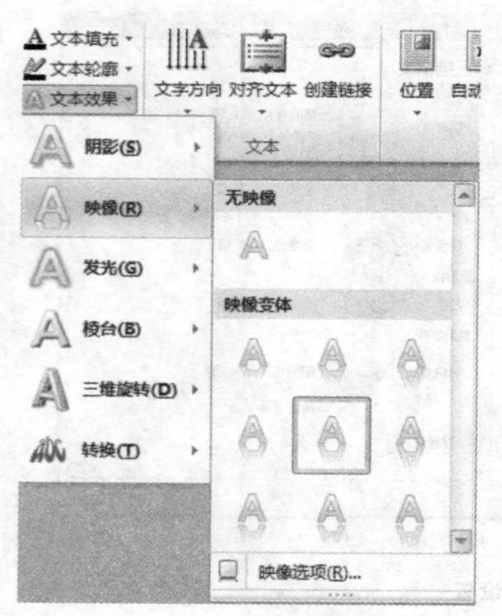

图 3-55　设置倒影效果

【应用探索】

实训一：儿童文学杂志封面

1. 新建文档，设置页面背景色为浅绿色；

2. 绘制圆角矩形，设置填充色为透明，线条加粗，并设置一定的三维效果；

3. 依次完成其他几个圆角矩形的绘制及编辑；

4. 制作标题艺术字效果，设置艺术字样式和映像效果；

5. 插入蒲公英图片和月亮图片，删除背景；

6. 绘制五角星，选择不同的颜色和发光效果。

最终结果如图 3-49 所示。

实训二:月夜

1.设置页面背景色为深蓝到蓝色的渐变效果;

2.使用绘图工具完成页面各部分图形的绘制及修改。

最终结果如图 3-56 所示。

图 3-56 最终效果图

3.8 文本框布局

【任务目标】

1.文本框的创建;

2.文本框链接;

3.文本框格式编辑。

【职业引导】

如图 3-57 所示,使用 Word 程序进行特殊的文档编辑,如制作海报、黑板报等,需要重新对页面进行布局,调整图片、图形与文字的排版方式。本案例介绍文本框工具,重新进行页面的布局以实现图文混排的效果。

【知识技能】

3.8.1 绘制文本框

通过使用 Word 2010 文本框,用户可以将 Word 文本很方便地放置到 Word 2010 文档页面的指定位置,且不受到段落格式、页面设置等因素的影响。Word 2010 中有多种样式的文本框供用户选择使用,在 Word 2010 文档中插入文本框的步骤如下所述。

首先,我们在 Word 文档中创建至少两个空白文本框。单击"插入"→"文本"→"文本框"按钮,在弹出的下拉框中选择一种文本框类型,这里我们选择"简单文本框",如图 3-58 所示。

当所插入的文本框处于编辑状态时,直接输入用户的文本内容即可。

图 3-57 最终效果图

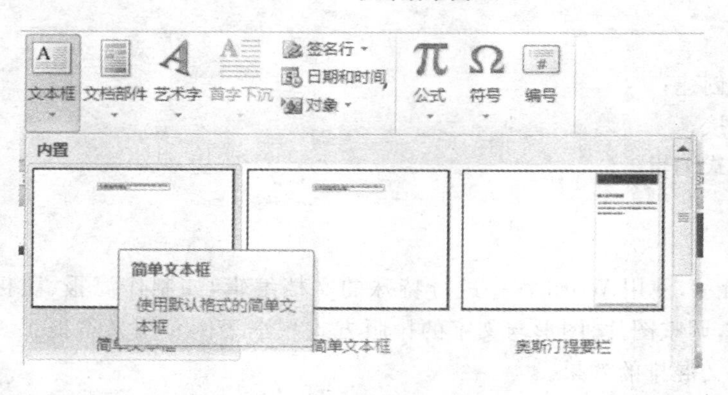

图 3-58 绘制文本框

3.8.2 文本框编辑

1. 文本框大小位置

用户可以设置文本框的大小，使其符合用户的实际需要。用户既可以在“布局”对话框中设置文本框大小，也可以在“绘图工具/格式”功能区中设置文本框大小。

在 Word 2010 文档窗口中插入文本框或绘制文本框后，会自动打开“格式”功能区。在“大小”分组中可以设置文本框的高度和宽度。

(1) 调整大小：拖动尺寸调控点；

(2) 调整位置：在文本框的边框上拖动鼠标左键(不是尺寸调控点)。

2. 文本框格式

边框和底纹、填充效果、阴影和透明度的设置与设置图形的相关操作一样，在如图 3-59所示区域进行设置。

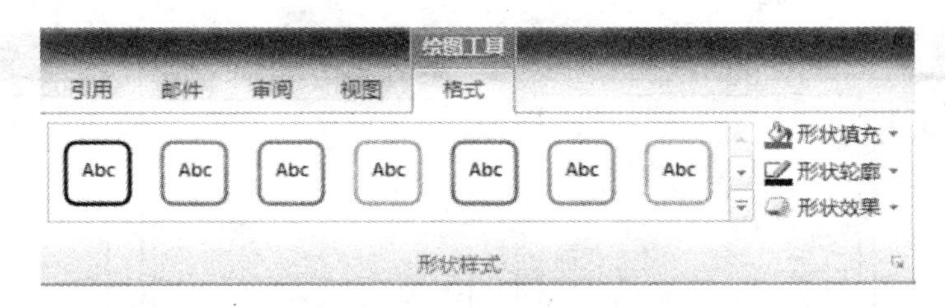

图 3-59　文本框格式设置

3.8.3　文本框链接

在使用 Word 2010 制作手抄报、宣传册等文档时，往往会通过使用多个文本框进行版式设计。通过在多个 Word 2010 文本框之间创建链接，可以在当前文本框中输满文字后自动转入所链接的下一个文本框中继续输入文字。在 Word 2010 中链接多个文本框的步骤如下所述：

第 1 步，打开 Word 2010 文档窗口，并插入多个文本框。调整文本框的位置和尺寸，并单击选中第一个文本框。

第 2 步，在打开的“格式”功能区中，单击“文本”分组中的“创建链接”按钮，如图 3-60 所示。

第 3 步，鼠标指针变成水杯形状，将水杯状的鼠标指针移动到准备链接的下一个文本框内部，鼠标指针变成倾斜的水杯形状，单击鼠标左键即可创建链接，如图 3-61 所示。

图 3-60　文本框链接　　　　图 3-61　鼠标形状

【提示】 被链接的文本框必须是空白文本框，如果被链接的文本框为非空文本框将无法创建链接。

第 4 步，重复上述步骤可以将第 2 个文本框链接到第 3 个文本框，依此类推，可以在多个文本框之间创建链接。

【提示】 如果需要创建链接的两个文本框应用了不同的文字方向设置，系统会提示用户后面的文本框应与前面的文本框保持一致的文字方向。并且如果前面的文本框尚未输满文字，则后面的文本框将无法直接输入文字。

本例“儿童电影杂志排版”中整个页面由 6 个文本框组成，如图 3-57 所示，大体分为左右两个部分，两个部分的文本框须均为上面 2 个、下面 1 个，每个区域有图片和文字。那么我们需要使用 6 个文本框，对其进行布局。

首先，更改页面方向为横向；通过“形状”中的“曲线”来完成页面上部红色不规则图形的绘制，设置填充色为红色，无线条颜色；创建艺术字，分别输入“M”和“ovie-电影”，设置填充色为黑色，无线条颜色，调整艺术字与红色图形的位置；绘制红色细线，将页面进行粗略布局；绘制6个文本框，大致调整好位置和大小，如图 3-62 所示。

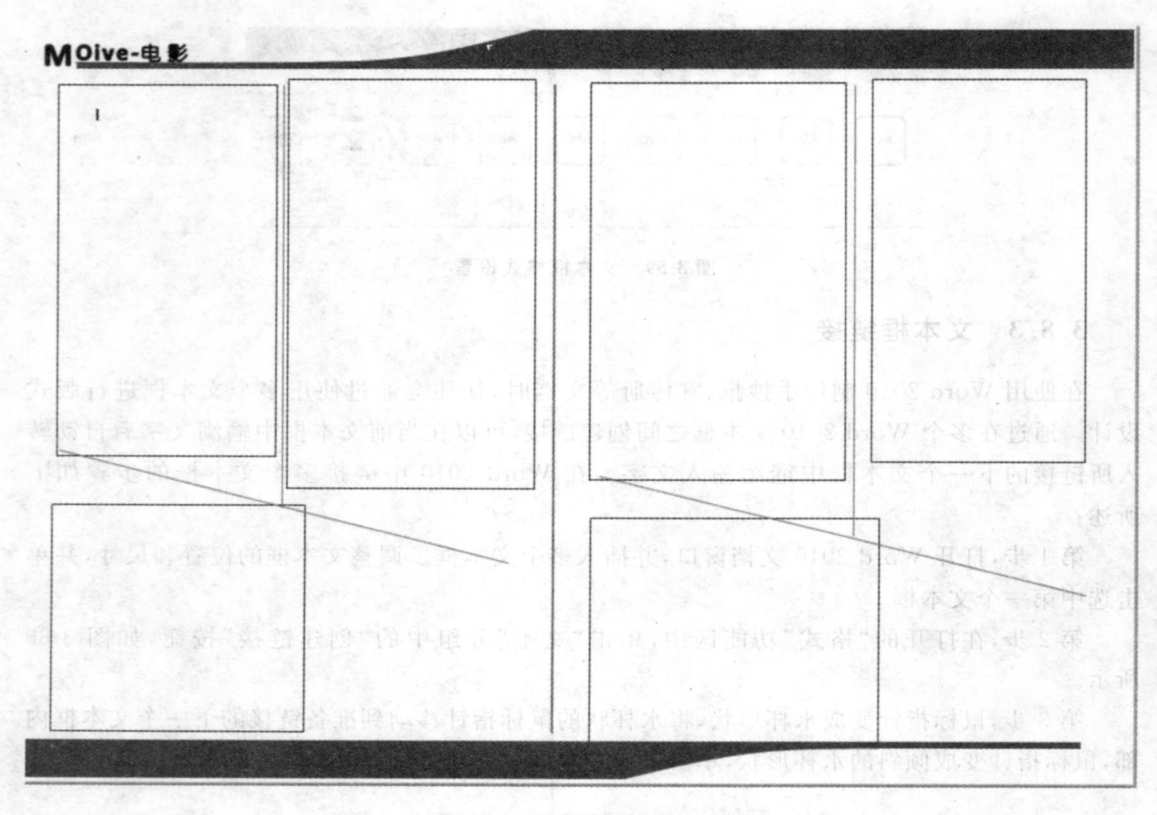

图 3-62　线条和文本框布局

将源文件里的文字进行基本格式设置，段落设置首行缩进 2 个字符，标题加粗即可；复制粘贴到第一个文本框中光标处，单击“创建链接”，点击第二个文本框，再选中第二个文本框，单击“创建链接”，点击第三个文本框，依次往后进行链接，完成 6 个文本框的链接；在每个文本框中插入对应的图片，调整大小，下方的两个图片是不规则图形，需要使用曲线工具，画成斜角的四边形，再填充图片；完成后效果如图 3-57 所示。

现在细致调整好 6 个文本框和图片的大小与位置，保证每个电影的文本介绍都在各自的文本框中；最后将 6 个文本框的线条设置为“无线条颜色”即可。

【应用探索】

儿童电影杂志封面

1. 新建文档，设置页面方向为横向；

2. 使用曲线工具绘制顶部红色图形，复制一份，水平翻转，再垂直翻转，移动到底部；

3. 依次完成 6 个文本框的绘制及编辑；

4. 设置文本格式，复制粘贴到文本框中；

5. 创建文本框链接，将文本内容分布到每个文本框中；

6. 插入图片，绘制四边形填充图片，将对应的图片放进相应的位置。

最终结果如图 3-63 所示。

图 3-63　初步完成文本框布局

3.9　图文混排综合实训

【任务目标】

1. 图形的创建与编辑；
2. 文本框的创建与链接；
3. 艺术字的创建与格式编辑。

【职业引导】

如图 3-64 所示，使用 Word 程序进行文档编辑，如制作海报、黑板报等，需要综合利用文本格式编辑、图形图片格式设置等手段，重新对页面进行布局，设计图形与文字的排版方式。本案例综合前面所学知识点，融合文本格式设置、页面格式设置、文本框、艺术字、图形等，重新进行页面的布局设计，以实现图文混排的效果。

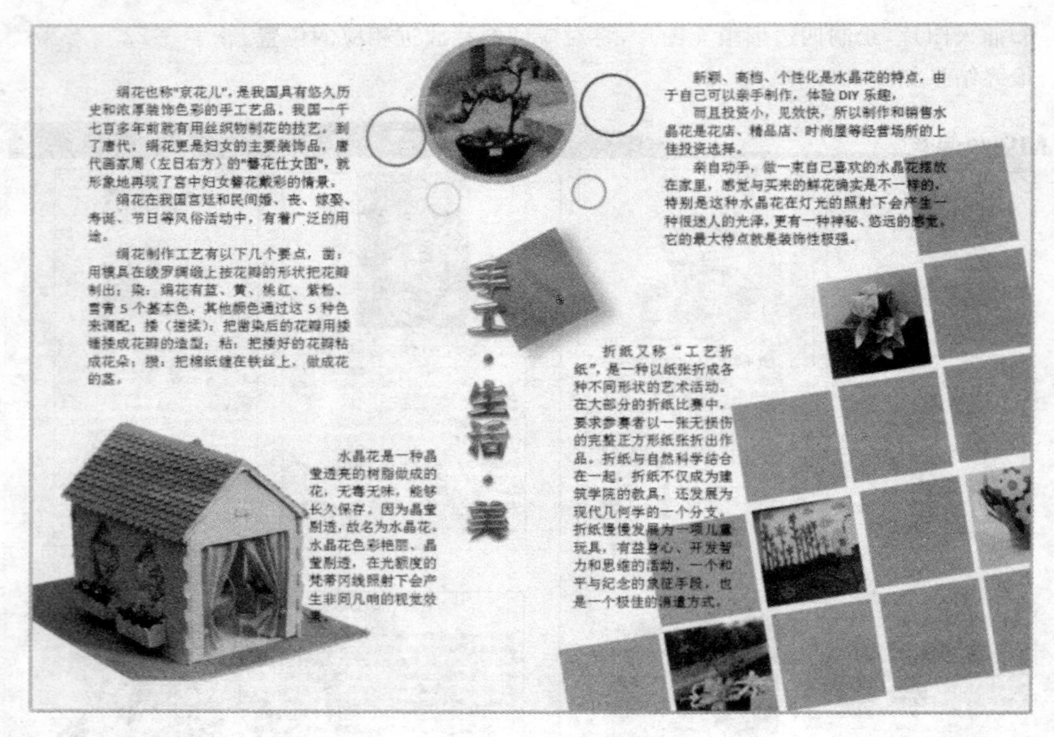

图 3-64　最终效果图

【知识技能】

3.9.1　页面设置

新建 Word 文档，设置页面方向为横向，设置页面背景色为浅黄色，如图 3-64 所示。

3.9.2　艺术字标题

创建艺术字，输入“手工・生活・美”，设置字体为“剪纸体”，缩短横向距离，使其变成竖排效果，每个词分别设置不同的颜色，如图 3-64 所示。

3.9.3　文本格式编辑

将源文档全文选中，设置字体大小为宋体小四号字，段落首行缩进 2 个字符。

3.9.4　文本框链接

在页面适当的位置创建 4 个文本框。调整文本框的位置和尺寸，并单击选中第 1 个文框；将文本全部复制粘贴到第一个文本框中光标处，单击“创建链接”，点击第二个文本框，再选中第二个文本框，单击“创建链接”，点击第三个文本框，依次往后进行链接，将 4 个文本框全部链接完成；完成后如图 3-64 所示。

现在细致调整好 4 个文本框和图片的大小与位置，保证每个段落的文本介绍都在各自的文本框中；最后将 4 个文本框的线条设置为“无线条颜色”即可。

3.9.5 图形的绘制

本案例中使用了很多橘色的正方形作为装饰，使用矩形工具，按住 Shift 键画正方形，设置填充色为橘色，无线条颜色，个别的正方形填充为图片，将所有图形组合后，旋转一定角度，如图 3-65 所示。

图 3-65 右侧装饰图形

3.9.6 图片编辑

插入图片，单击“删除背景”按钮，调整矩形框如图 3-66 所示。

单击“标记要删除的区域”按钮，将左下角和右下角的草地区域也删除，得到如图 3-67 所示效果，确定即可。

图 3-66 调整背景范围

图 3-67 完成背景删除

【应用探索】

手工作品排版

1. 新建文档，设置页面方向为横向；

2. 插入艺术字，并设置艺术字的样式效果；

3. 矩形工具绘制多个正方形图形，设置填充色为橘色，调整图片大小和位置并使其组合成一个整体，旋转一定角度；

4. 编辑全文文本格式为小四号字，首行缩进 2 个字符；

5. 创建文本框链接，将文本内容分布在每个文本框中；

6. 插入图片，设置图片与文本的环绕方式，将图片背景删除。

最终结果如图 3-64 所示。

3.10 古诗词制作

【任务目标】

1. 页面设置；
2. 绘图工具；
3. 艺术字；
4. 脚注尾注。

【职业引导】

如图 3-68 所示，使用 Word 程序进行特殊的文档编辑，如制作古诗词等，需要应用页面纸张方向的设置、使用绘图工具和艺术字，为古诗词添加必要的注释等。

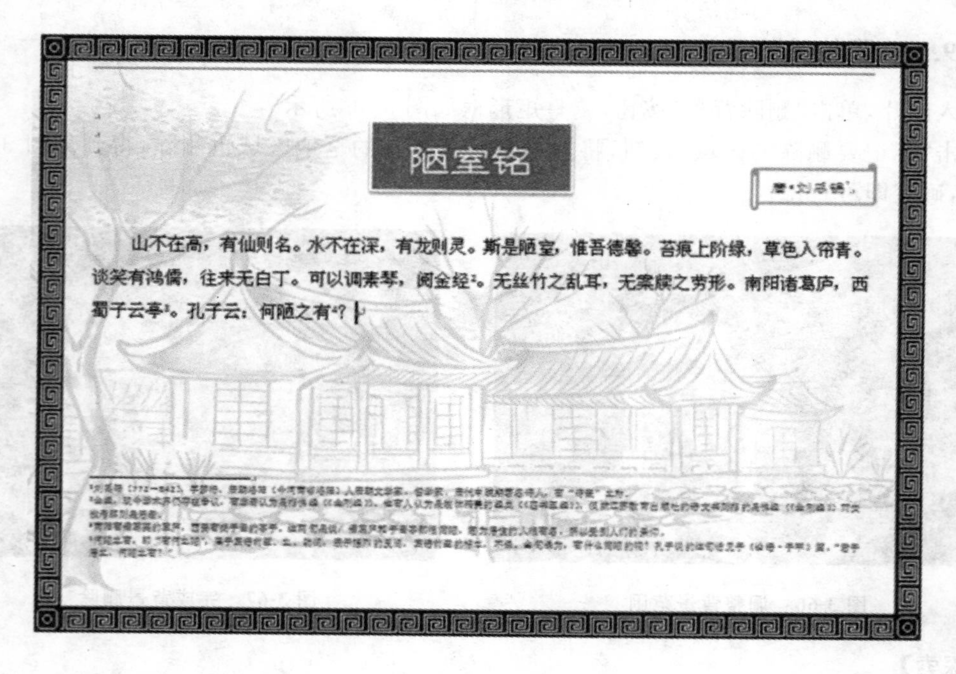

图 3-68　最终效果图

【知识技能】

3.10.1 绘图工具

Word 2010 中的自选图形是指用户自行绘制的线条和形状，用户还可以直接使用 Word 2010 提供的线条、箭头、流程图、星星等形状组合成更加复杂的形状。绘制自选图形的步骤如下所述。

第 1 步，打开 Word 2010 文档窗口，切换到“插入”功能区。在“插图”分组中单击“形状”按钮，并在打开的形状面板中单击需要绘制的形状（例如选中“星与旗帜”区域的“横卷形”选项），如图 3-69 所示。

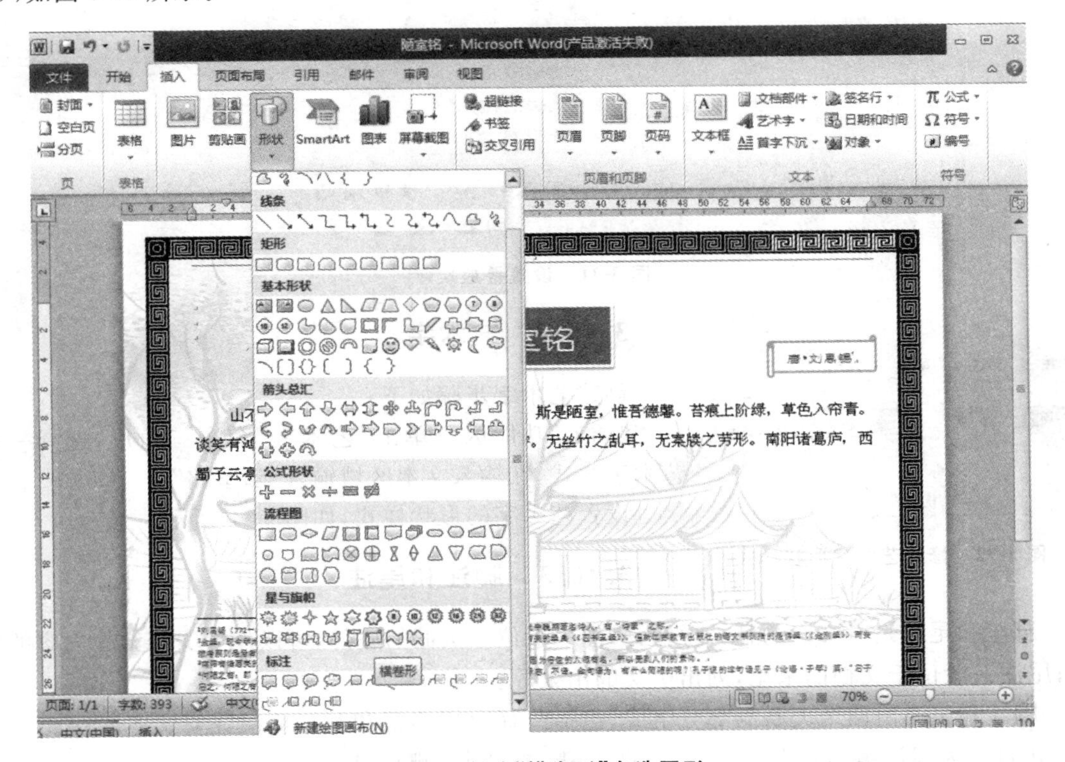

图 3-69　创建“横卷形”自选图形

第 2 步，将创建的图形选中，设置其形状样式为第一种，如图 3-70 所示。

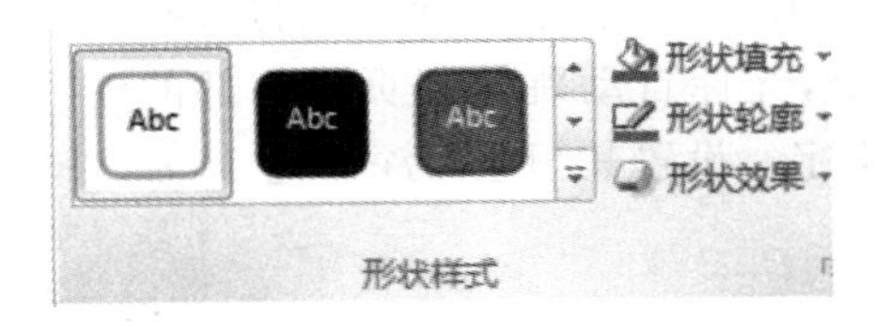

图 3-70　设置形状样式

第 3 步，将图形的叠放次序设置为“置于底层”，如图 3-71 所示，这样文字“唐 · 刘禹锡”就不会被遮挡了。

【提示】 除了这种改变叠放次序的方法以外，也可以将横卷形的填充色由默认的白色改为透明，也可以露出文字。

图 3-71 设置叠放次序

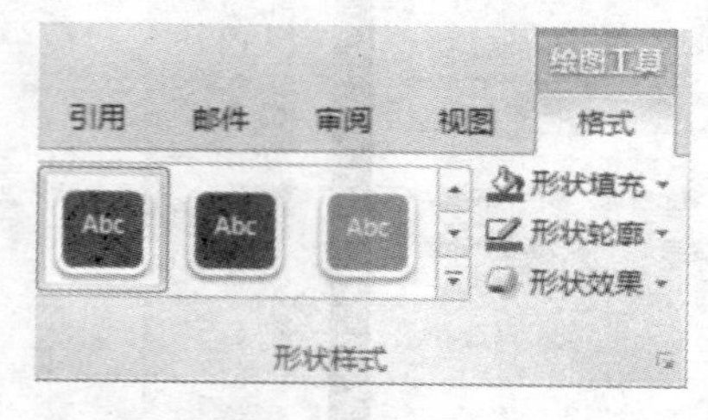

图 3-72 修改艺术字形状样式

3.10.2 艺术字

创建艺术字步骤如下：

“插入”功能区→单击“艺术字”命令三角形，选择一种艺术字样式，在输入文本区域输入“陋室铭”。

设置艺术字的形状样式，如图 3-72 所示。

3.10.3 脚注和尾注

脚注和尾注是对文本的补充说明：脚注一般位于页面的底部，可以作为文档某处内容的注释；尾注一般位于文档的末尾，列出引文的出处等。

脚注和尾注由两个关联的部分组成，包括注释引用标记和其对应的注释文本。用户可让 Word 自动为标记编号或创建自定义的标记。在添加、删除或移动自动编号的注释时，Word 将对注释引用标记重新编号。

脚注的制作：如图 3-73 所示，将光标定位在作者名后→“引用”功能区→“插入脚注”命令，光标自动跳转到页码底部的注释区，在脚注注释部分输入文字。设置其颜色为深蓝色。

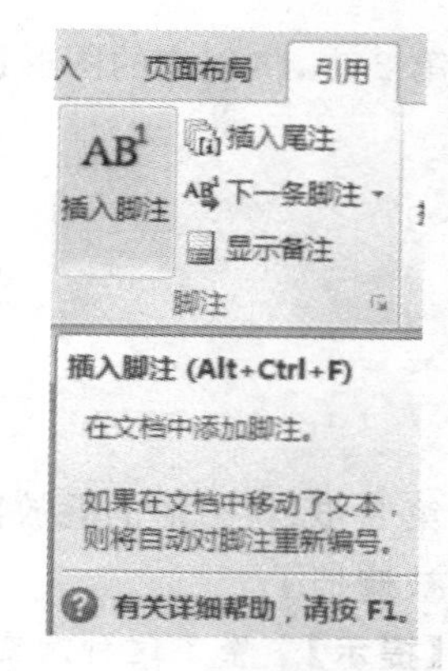

图 3-73 插入脚注

【应用探索】

1. 打开本案例源文档“陋室铭源文件. doc”，将全文的文字、段落格式设置好，包括字号、段落对齐、段落缩进等。

2. 将纸张方向设置为横向。

3. 给文档添加页面边框和图片水印效果，如图 3-68 所示。

4. 标题制作艺术字效果。

5. 使用绘图工具完成对作者名的装饰美化。

6. 文档中有 4 处脚注制作，用于注释和理解。

最终结果如图 3-68 所示。

3.11　表格制作

【任务目标】

1. 创建表格；
2. 表格格式设置；
3. 常用公式计算。

【职业引导】

如图 3-74 所示，使用 Word 程序也可以进行简单的表格应用，如对表格进行格式设置，使用斜线表头制作复杂的表格，对表格数据进行简单的计算，如求和和求平均值。

科目 / 姓名	大学语文	高等数学	大学英语	体育	思想政治	计算机	总分	平均分
李四	69	99	79	97	74	90	508	84.67
王五	85	84	83	85	88	70	495	82.5
陈二	95	78	77	82	85	73	490	81.67
赵六	77	79	93	68	59	84	460	76.67
张三	68	76	87	79	75	75	460	76.67
刘一	86	56	40	71	74	84	411	68.5
总分	480	472	459	482	455	476	2824	470.67

图 3-74　最终效果图

【知识技能】

3.11.1　创建表格

表格是一种简明、概要的表意方式。一张简单的表格，往往可以代替长篇的文字叙述，具有更直接地表达意图的效果。

如果要创建规则表格，可以使用“插入”功能区的“表格”命令来绘制表格。如图 3-75 所示，创建一个 6 列 7 行的表格。

如果要创建不规则表格，或者要创建一个格式更加自由的表格，可以使用“绘制表格”命令来创建表格。

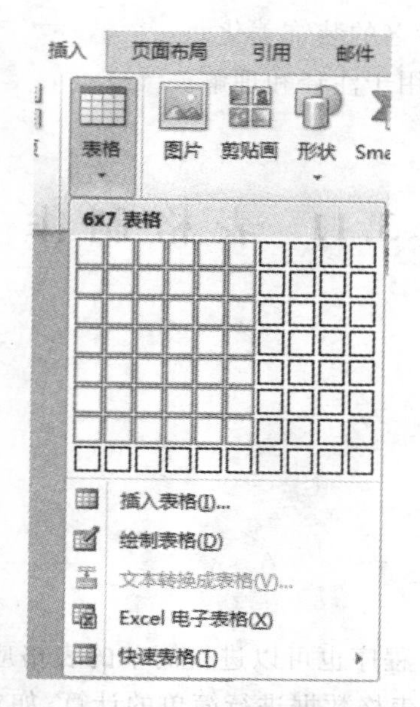

图 3-75　创建 6×7 表格

3.11.2　表格格式设置

1. 修改表格样式

在“表格样式”功能区单击下拉列表框，选择样式为“等深浅网格 3→强调文字颜色 1”，如图 3-76 所示。

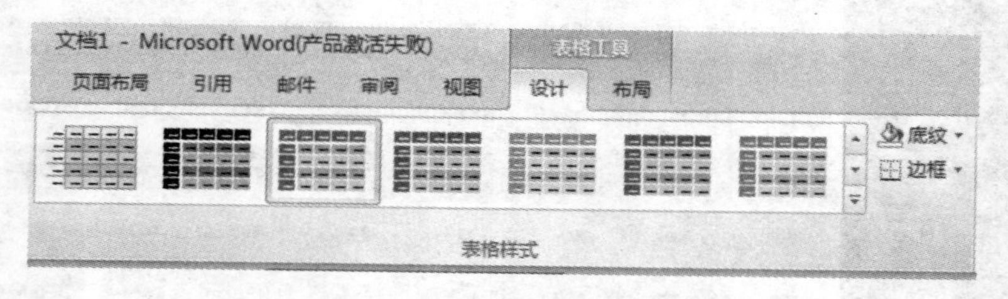

图 3-76　修改表格样式

2. 修改表头

在“插入”功能区单击形状命令，找到直线工具，在表格的第一个单元绘制 2 条直线。再插入 3 个文本框，输入文字，得到如图 3-77 所示效果。

3. 表格布局

由于表头内容较多，故将第一列列宽加大，其他列的列宽再平均分布。

操作如下：鼠标移动到第一二列之间的竖线上时，鼠标形状会变成两条竖线，并出现一条垂直虚线，按住鼠标不放向右拖动，如图 3-78 所示。

图 3-77　表头效果图

图 3-78　调整第一列列宽

选择其他所有列，单击“布局”功能区的“分布列”，如图 3-79 所示。

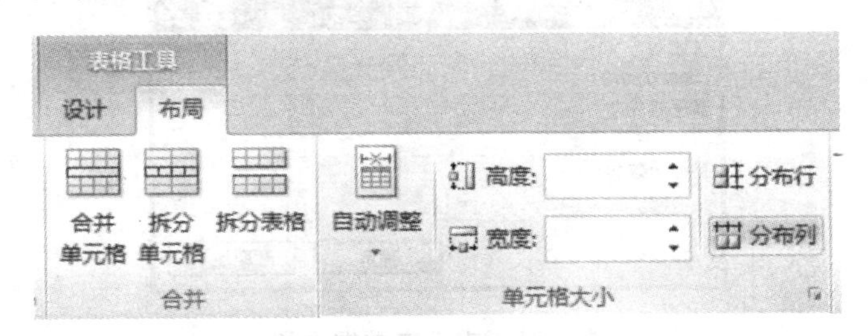

图 3-79　平均分布列

3.11.3　常用公式计算

表格有时也涉及一些计算，比如统计学生成绩的表格并按总分进行排序，要求统计出平均值。

在进行计算前，我们先来了解一些参数。

行：以数字 1、2、3…表示；

列：以英文字母 A、B、C…表示；

A1：表示第 1 列第 1 行的单元格；

B3：表示第 2 列第 3 行的单元格；

A1：B2：表示 A1、A2、B1、B2 组成的单元格区域；

B：B：表示第 2 列。

1. 求总分

操作步骤：

将光标置于要存放结果的单元格中，如本例针对第一个学生要计算总分，则放在“H2”单元格；单击“表格工具”中的“布局”功能区，单击“公式”命令，打开对话框；在“公式”编辑框中显示“＝SUM( )”，在括号中输入“B2：G2”，表示对左侧的 5 个数据求总和，如图 3-80 所示；单击“确定”按钮；同理完成其他总分的计算。

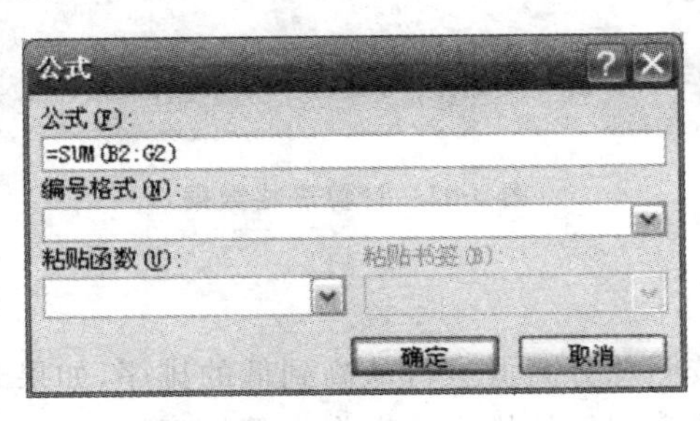

图 3-80　求和公式

【操作技巧】　由于所需计算的是光标所在单元格左侧的数据，所以也可以在括号中输入“left”，表示计算该单元格以左的单元格数据之和。

同样的，要计算每一门功课所有学生的总分也可用类似的方法，这里我们使用技巧来做。

将光标置于要存放结果的单元格中，如本例针对“大学语文”这一科目要计算总分，则放在 B8 单元格；单击“表格工具”中的“布局”功能区，单击“公式”命令，打开对话框；在“公式”编辑框中显示“＝SUM( )”，在括号中输入“above”，表示对上方的数据求总和，如图 3-81 所示。

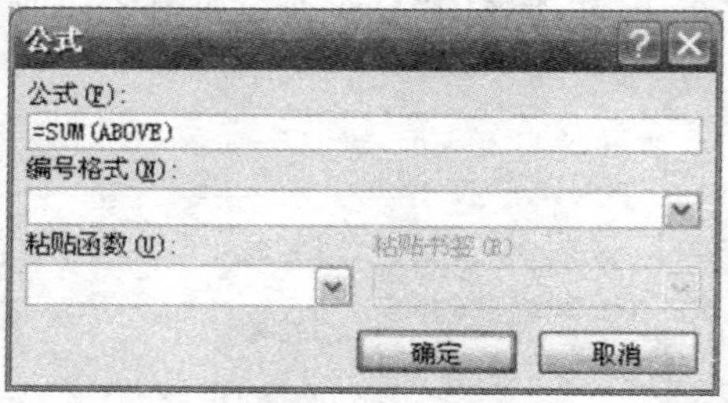

图 3-81　求上方数据之和

2. 求平均分

操作步骤：

将光标置于要存放结果的单元格中；单击“表格工具”中的“布局”面板下的“公式”命令，打开对话框；打开“粘贴函数”下拉列表框，选择所需函数，选中“AVERAGE”，“公式”编辑框中显示“＝AVERAGE（）”，在括号中输入“B2:G2”，表示对左侧的 5 项数据求平均值；单击“确定”按钮；同理完成其他平均分的计算。

完成所有计算后，如图 3-82 所示。

科目 成绩 姓名	大学语文	高等数学	大学英语	体育	思想政治	计算机	总分	平均分
刘一	86	56	40	71	74	84	411	68.5
陈二	95	78	77	82	85	73	490	81.67
张三	68	76	87	79	75	75	460	76.67
李四	69	99	79	97	74	90	508	84.67
王五	85	84	83	85	88	70	495	82.5
赵六	77	79	93	68	59	84	460	76.67
总分	480	472	459	482	455	476	2824	470.67

图 3-82　计算表格数据

3.11.4　排序

对计算后的所有数据按照总分高低进行从高到低的排序，如果遇到总分相等的情况，则按照“大学语文”的分数进行从高到低的排序。操作步骤如下：

选择 B2:H7 范围内的所有数据（即六名同学的所有课程分数及总分），在“表格工具”中的“布局”面板中单击“排序”按钮，打开对话框，进行设置，主要关键字为“列 8”即“总分”，次要关键字为“列 2”即“大学语文”分数，如图 3-83 所示。

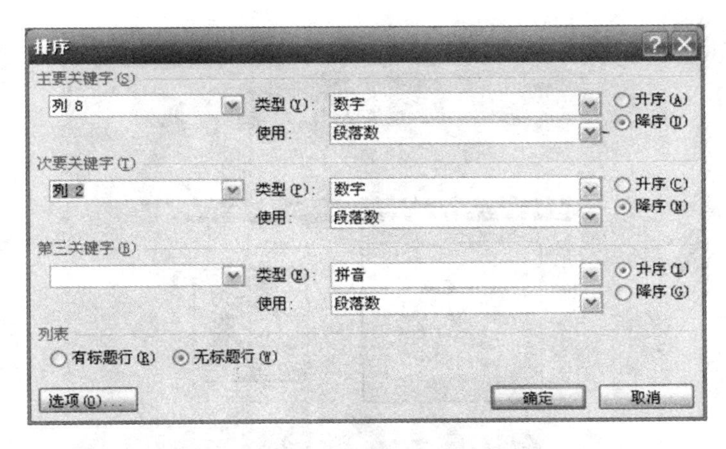

图 3-83　排序设置

【应用探索】

1. 创建一个 8 行 9 列的表格，将表头制作成如图 3-74 所示。

2. 修改表格样式。

3. 计算总分及平均分。

4. 按总分从高到低进行排序，如遇总分相等，则按“大学语文”分数从高到低排序。

最终结果如图 3-74 所示。

3.12　制作宣传海报

【任务目标】

1. 文本框；

2. 图片。

【职业引导】

如图 3-84 所示，使用 Word 程序进行特殊的文档编辑，如制作宣传海报等，需要使用图片和文字加以说明，也就是需要应用文本框与图片。

【案例详解】

本案例的排版与之前的稍有不同，它的整个布局不是默认的样式，而是将预防措施分为 5 个区域，每个区域都有相应的文字说明，并配有图片。

本案例用文本框来对页面进行布局。

1. 创建文本框

(1) 单击“插入”功能区中的“文本框”按钮；

(2) 在文档中像绘制基本图形一样绘制文本框，到适当大小后松开鼠标即可；

(3) 在文本框中输入文字，或者插入图片等。

图 3-84　最终效果图

2. 更改文字方向

可以在文本框中更改文字的方向，当然，如果只是要竖排文字，只需插入竖排文本框即可。

如本案例使用的就是 4 个竖排文本框以及最下方的横排文本框，如图 3-85 和图 3-86 所示不同的文字方向。

图 3-85　竖排文本框

图 3-86　横排文本框

3. 设置文本框格式

在文本框中处理文字就像在一般页面中处理文字一样，还可以在文本框设置页边距，同时也可以设置文本框的文字环绕方式、大小等。

如本案例总共使用了5个文本框，每一个文本框填充效果都不同，以第一个为例。设置效果如图3-87和图3-88所示。

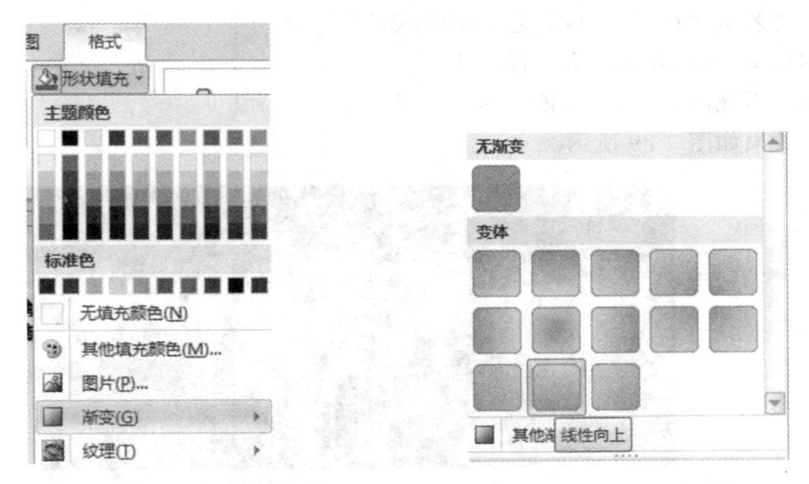

图3-87　设置文本框填充效果为“渐变”　　图3-88　使用“线性向上”渐变

4. 文本框的链接

创建一个以上的文本框，注意不要在文本框中输入内容。

选中第一个文本框，其中内容可以为空，也可以不为空。

单击“文本框”工具栏中的“创建文本框链接”按钮。

此时鼠标变成Word文本框形状，把鼠标移到空文本框上面单击鼠标左键即可创建链接。

如果要继续创建链接，移到空的文本框上面单击左键即可。

按Esc键即可结束链接的创建。

5. 图片

在Word中，使用“插入→图片”命令将要处理的图片插入到Word文档中，可用“设置图片格式”命令修饰图片，如调整图片的亮度、对比度、大小，改变图片颜色，去除图片多余部分(裁剪图片)等。

如本例最上方的“小鸡”图片，在原图片基础上做了裁剪和删除背景等修改，再调整其环绕方式为“浮于文字上方”。

【应用探索】

实训一

1. 给文档添加页面背景效果，如图3-84所示；

2. 标题制作艺术字效果；

3. 使用文本框对文档进行布局，分别添加图片与文字；

4. 对标题处的图片加以修改。

最终结果如图3-84所示。

实训二

1. 安装字体“汉仪燕翎简体”；

2. 设置页面边距和页面背景；
3. 设置字体段落格式；
4. 插入图片，设置图片艺术化效果，进行图片的裁剪和大小调整；
5. 创建艺术字标题，并设置艺术字样式；
6. 创建文本框，并完成文本框链接；
7. 绘制不规则四边形，并填充图片效果。

最终效果如图 3-89 所示。

图 3-89　最终效果图

4 电子表格处理——Excel 2010 应用

4.1 制作幼儿园食谱表

【任务目标】

1. 掌握 Excel 的启动、界面组成、保存、退出等基础操作；
2. 掌握 Excel 数据录入与编辑；
3. 表格编辑；
4. 页面设置。

【职业引导】

Microsoft Excel 2010 是 Microsoft 公司推出的一款数据分析处理软件，是 Microsoft Office 2010 的核心组件之一，如图 4-1 所示，使用 Excel 可以对各种数据进行处理，大大提高了数据处理效率，给使用者带来方便。

星星幼儿园小班3月份食谱表					
星期 时间	星期一	星期二	星期三	星期四	星期五
早餐 7:50-8:20	大米粥	面 条	蒸鸡蛋羹 馒 头	小馄饨	百合粥
加餐 10:10-10:30	牛 奶	牛 奶	牛 奶	牛 奶	牛 奶
午餐 11:30-12:00	米 饭 油爆三丝	米 饭 鸡丁黄瓜	面 条	米 饭 日本豆腐	米 饭 土豆丝
午 休					
加餐 14:30-14:50	苹 果	香 蕉	梨	桔子	苹果
晚餐 16:30-17:00	三鲜饼 小米粥	包 子 大米粥	米 饭 素炒白菜	饼 绿豆粥	肉 包 玉米粥

图 4-1 “星星幼儿园小班 3 月份食谱”表

【知识技能】

4.1.1 Excel 2010 基本功能

Excel 2010 是 Microsoft 公司于 2009 年底发售的一款专业化电子表格处理软件，相对于之前的版本，不仅界面更加干净整洁，改进的功能区使操作更直观、更快捷，实现了质的飞跃，而且还提供了更为出色的运算功能，其增强后的功能可以使 Excel 更快地分析复杂的专业数据，使用户可以轻松、高效地完成工作，尤其在面对大的数据量工作表的时候，能够发挥其更大的威力，快速提高办公效率。

Excel 可以通过比以往更多的方法分析、管理和共享信息，从而做出更好、更明智的决策。

全新的分析和可视化工具可跟踪和突出显示重要的数据趋势。无论是要生成财务报表还是管理个人支出，使用 Excel 2010 都能够更高效、更灵活地实现目标。

4.1.2 Excel 2010 的启动和退出

1. 启动

启动 Excel 2010 的方法有两种

(1) 单击“开始”菜单→选择“所有程序”选项→Micorsoft Office→Micorsoft Excel 2010 选项，即可启动。

(2) 通过快捷方式启动。

双击 Windows 7 桌面上的 Excel 2010 图标快捷方式的图标，即可启动。

2. 退出

(1) 选择“文件”菜单→单击“退出”选项即可。

(2) 单击标题栏右端 Excel 窗口的“关闭”按钮即可。

(3) 多次按【Alt+F4】组合键，可关闭文档窗口，直到退出。

4.1.3 Excel 2010 的窗口界面

启动 Excel 2010，可以发现其用户界面较之前版本发生了很大变化，主要由应用程序窗口和工作簿窗口两部分构成，如图 4-2 所示。

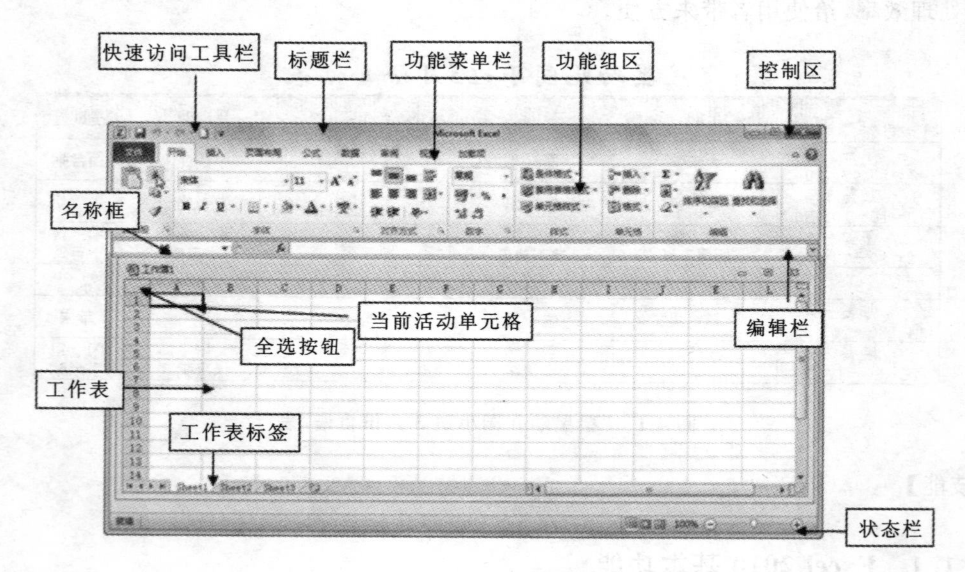

图 4-2 Excel 2010 工作界面

1. Excel 2010 应用程序窗口

(1) 标题栏

主要用来显示当前应用程序名称，它位于窗口最顶部，从左到右依次显示“程序”图标、“保存”图标、“撤销”图标、“恢复”图标、新建文档图标，右边分别是“最小化”、“最大化”、“关闭”按钮。

(2) 功能菜单栏

Excel 2010 抛弃了以往的下拉菜单,做成了直观的标签式菜单,功能区是菜单和工具栏的主要功能的替代控件,主要用来放置各种常用的菜单选项卡,在每个选项卡中,根据功能不同,又分组放置了相应的操作按钮。

(3) 名称框

它位于功能区下方左侧。名称框中显示的是被激活单元格的地址或者选定单元格的名字、范围或对象。

(4) 编辑栏

它位于名称框右侧,显示的是当前单元格中的数据或者公式,也可供用户对表格中的数据进行输入、删除、修改等操作。

(5) 状态栏

状态栏位于窗口底部,用来显示当前 Excel 的一些工作状态信息。

2. 工作簿窗口

Excel 工作窗口中还有一个小窗口如图 4-2 所示,称为工作簿窗口,它主要由标题栏、全选按钮、行号和列号、工作表、工作表标签、单元格、滚动按钮、水平窗口分隔条和垂直窗口分隔条等组成。

(1) 工作簿

工作簿是指在 Excel 中用来保存表格内容的文件。通常说的 Excel 文档就是工作簿文档,一个工作簿中可包含若干个工作表,每张工作表都用一个标签来标识,称为工作表名,显示在工作表下方,默认情况下包含三张工作表,分别以 Sheet1、Sheet2、Sheet3 命名,在工作簿文档中只有一个工作表处于工作状态,称为活动工作表。

(2) 工作表

工作表由行和列交叉的单元格组成。Excel 工作表行号由阿拉伯数字表示,列标用英文字母标识。

【提示】 Ctrl 和上下左右 4 个方向键分别组合使用,可以查看行号和列标号的起始编号和结尾编号。

(3) 单元格

工作表中行与列相交形成的长方形区域,称为单元格,是 Excel 用来存储数据和公式进行运算的基本单位。在工作表中,有一个黑色方框包围的单元格,称为当前活动单元格,在活动单元格右下方有一个黑色小方块,称为填充柄,通过拖动填充柄可以自动填充单元格内的数据。

在默认情况下,Excel 用列标和行号来表示某个单元格位置,称为单元格地址。地址由该单元格所处位置的行号和列标组成,列标在前,行号在后。例如,A1 代表第 A 列第一行的单元格。如果要表示一个连续单元格区域,可用“该区域左上角的一个单元格地址+‘:’+该区域右下角的一个单元格地址”来表示,例如,A2:C5 表示从 A2 单元格到 C5 单元格整个矩形区域。

(4) 标题栏

标题栏位于工作簿窗口上端,用来显示当前工作簿名称,当工作簿窗口最大化时,工作簿窗口和 Excel 程序窗口合二为一。原工作簿窗口标题将合并到 Excel 窗口标题栏。

（5）全选按钮

选中该按钮即可以选中当前工作表中的所有单元格。

（6）滚动标签按钮

当工作表标签很多时，单击该按钮可以滚动标签，定位到用户需要的工作表名处，然后单击该标签将工作表显示在工作窗口。

4.1.4 创建工作簿

常用的方法有两种：

1. 打开 Excel 界面，系统会自动生成一个工作簿，默认文件名为“工作簿 1”。
2. 选择“文件”→“新建”→“空白工作簿”。

4.1.5 根据模板创建工作簿

选择“文件”→“新建”→“样本模板”命令，从中找到适合的模板打开即可，如图 4-3 所示。

【提示】“office. com”模板需在连网状态下才能应用。

图 4-3 “样本模板”

4.1.6 基本数据输入

输入数据是以单元格为单位进行的。首先需要选定单元格，然后再向其中输入数据，所输入的数据将会显示在编辑栏和单元格中。每输入完一个单元格内容时即可输入下一个单元格内容。在 Excel 工作表中每个单元格内数据类型不同，所采用的输入方法也有区别。

本案例输入方法如下：

1. 选择“文件”菜单→“新建”按钮→选中“空白工作簿”即可创建一个新的工作簿。
2. 选中 A1 单元格，输入标题文字“星星幼儿园小班 3 月份食谱表”，按 Enter 键即可。
3. 在 B2 单元格中输入“星期一”，将鼠标指针定位在 B2 单元格的右下角的填充柄上，待鼠标指针变为“＋”字形时，按住鼠标左键向右拖动到 F2 单元格松开即可，出现智能标记选项,从下拉菜单中选择“填充序列”,这样编号就自动填充好,如图 4-4 所示。

	A	B	C	D	E	F	G	H
1	星星幼儿园小班3月份食谱表							
2		星期一	星期二	星期三	星期四	星期五		
3								
4								
5								
6								
7								
8								
9								
10								
11								

复制单元格(C)
填充序列(S)
仅填充格式(F)
不带格式填充(O)
以天数填充(D)
以工作日填充(W)

图 4-4　“填充柄”内容设置

4. 在单元格 A3 中输入“早餐”,然后将鼠标指针放到该单元格“餐”字后面,按住 Alt 键敲一下 Enter 键(可输入多行文字),显示换行光标闪动,即可输入“7:50—8:20”,这样两行文字内容都在同一个单元格中显示出来,其他操作类似。

4.1.7　编辑表格

1. 标题居中对齐设置

选中 A1:F1 区域,单击“开始”→“对齐方式”功能区→“合并后居中”按钮即可。

2. 工作表添加边框线

选中 A2:F8 区域,在选定内容上方单击鼠标右键→选择“设置单元格格式”命令→“边框”选项卡,在弹出的对话框中设置表格边框线,如图 4-5 所示。

本例中,外框用的“双线”,内框横的为“实线”,竖的为“虚线”。

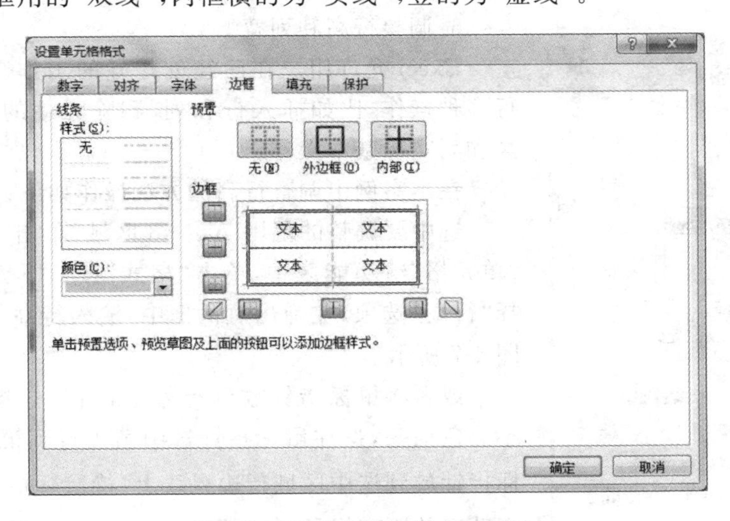

图 4-5　“设置单元格格式”对话框

3. 单元格内容对齐方式

选中 A2:F8 区域,在选定内容上方单击鼠标右键→选择“设置单元格格式”命令→“居中”选项卡,文本对齐方式设为“水平居中”,垂直对齐为“居中”。

4. 斜线表头制作

选中 A2 单元格,右键在弹出的快捷菜单中选择“设置单元格格式”命令,打开“边框”选项卡,在“线条”样式中选择“右下角斜线”按钮,即可查看到添加斜线效果。

在 A2 单元格中输入两行文字"星期"和"时间",设置单元格为"左对齐"方式,将鼠标指针放到"星"字前面,按"空格键"调整合适的位置。

5. 单元格区域添加底纹

选中 A2:F2 区域,右键在弹出的快捷菜单中选择"设置单元格格式"命令,打开"填充"选项卡,选中"橙色"(最后一列,上面数第 2 个),图案样式为"6.25%灰色",如图 4-6 所示。

用同样方法为 A3:A5 区域、A7:A8 区域填充背景色。

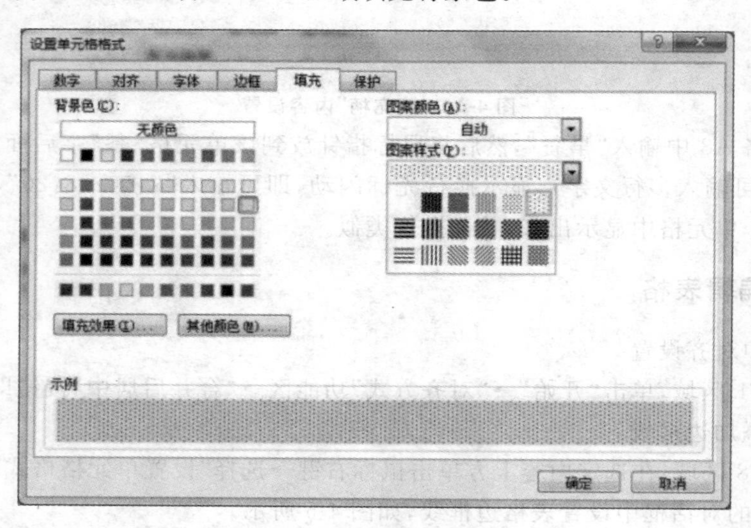

图 4-6 "填充"格式

6. 调整行高和列宽

Excel 允许用户在已经创建好的工作表中对行和列进行多种操作,比如插入行和列、删除无用的行和列、调整行高和列宽等基本操作。

在本案例中调整行高的方法操作如下:

选中要调整的范围 A1:A8 区域,单击"开始"选项卡→"单元格"组功能区中,单击"格式"按钮下方三角箭头→选择"行高"选项,在弹出对话框中,输入行高值为"32.25",如图 4-7 所示。

或者将鼠标指针放到行号上,当鼠标指针变为向右的小黑色箭头,按住鼠标指针选中第 1 行到第 8 行,然后将鼠标指针放到选中区域行边界线上,待鼠标指针变为"✛"时,拖动出的距离提示"信息"就是整体行调整的高度值。

由于本案例单元格数据内容大小不一样,因而需自动调整列宽。

将鼠标指针放到需要调整单元格的列宽线上,待鼠标指针变成"✛"时,按住鼠标左键不放拖动到合适位置松开即可。

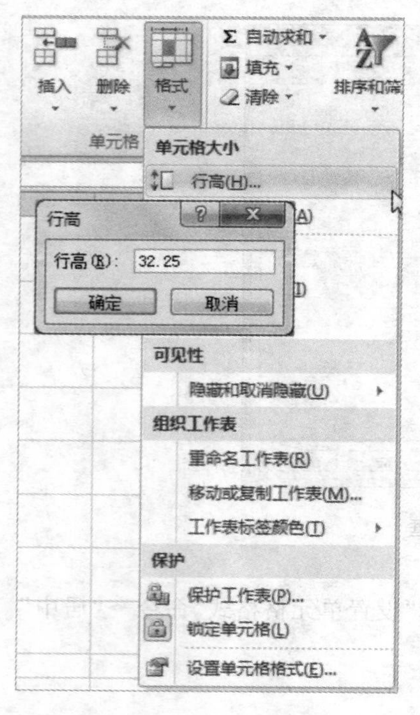

图 4-7 "行高"对话框

整体调整列宽的方法同上。

7. 字体、字号、样式设置

选中 A1:F1 区域，单击“开始”选项卡→选中“华文新魏”、“20 号”效果。然后将 A2:F8 区域设置为“宋体”、“11”。

4.1.8　工作簿保存

创建工作簿文件并操作完成数据后，需要将文件保存在磁盘上。

单击快捷访问工具栏上的“保存”按钮或“文件”菜单→选择“保存”命令，保存文件如图 4-8所示。

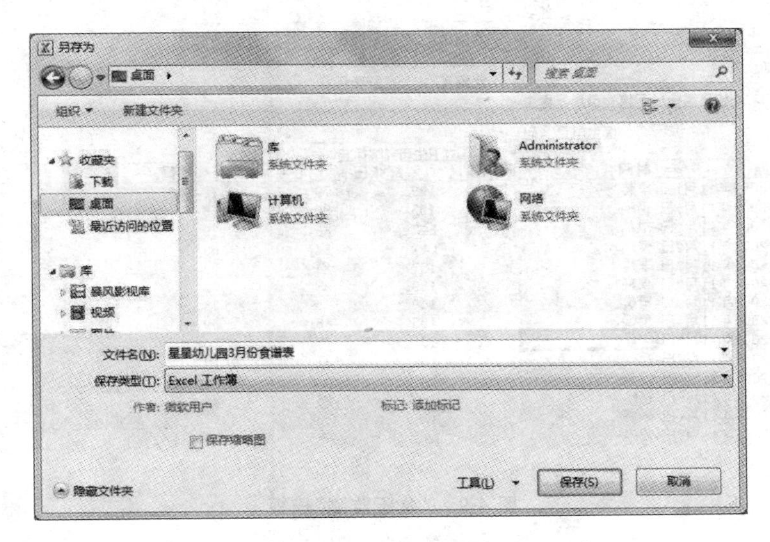

图 4-8　“保存”对话框

1. 选择好文件的“保存位置”。

2. 在“文件名”文本框中输入“星星幼儿园 3 月份食谱表”工作簿名称，文件保存的类型从右侧三角形下拉列表框中选择“Excel 工作簿”。

3. 单击“保存”按钮，保存后的文件会在标题栏上显示出该工作簿的名称。

保存好的文件后缀名为“. xlsx”。

【案例小结】

本案例主要介绍了一些 Excel 中基础操作知识点，通过案例制作熟悉 Excel 工作界面，掌握数据录入、表格美化、文件保存等常规设置方法。在日常生活中，也可以利用系统自带的模板进行修改和编辑。

【应用探索】

1. 熟悉掌握 Excel 工作界面。

2. 掌握 Excel 文档创建、保存、数据编辑等基础操作。

3. 完成“班级课程表”的制作。

(1) 标题设置(自定义)；

(2) 数据录入(字体、字号、字体样式,填充柄);

(3) 表格美化编辑(边框、填充颜色、斜线表头、对齐方式、行高和列宽);

(4) 斜线表头设置。

4. 根据模板创建文件

单击“文件”→“新建”命令→“可用模板”→“样本模板”,选择所需要的模板“血压监测”模板,单击“创建”按钮即可,如图 4-9 所示,完成内容编辑。

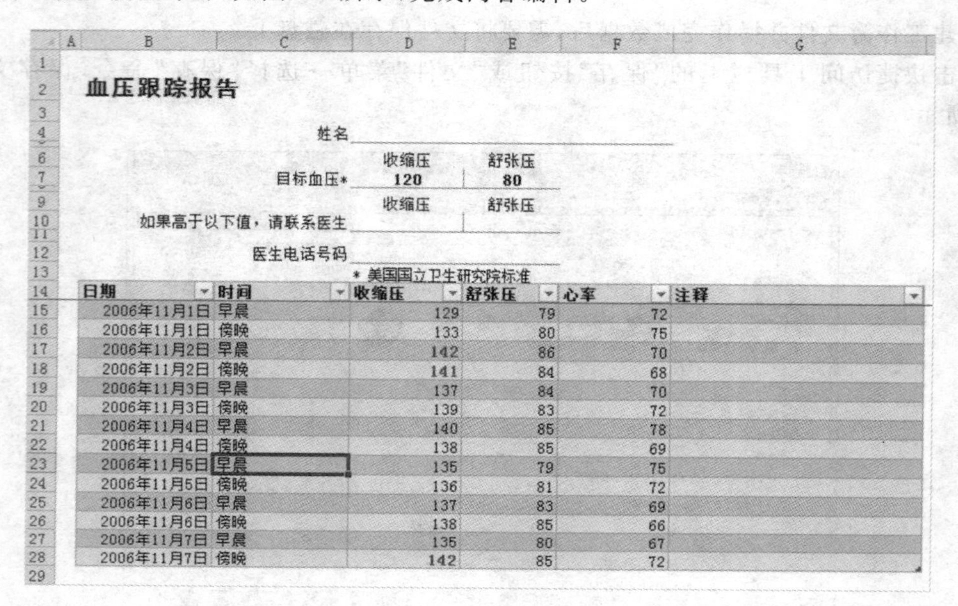

血压跟踪报告

姓名

	收缩压	舒张压
目标血压*	120	80

	收缩压	舒张压
如果高于以下值，请联系医生		

医生电话号码

* 美国国立卫生研究院标准

日期	时间	收缩压	舒张压	心率	注释
2006年11月1日	早晨	129	79	72	
2006年11月1日	傍晚	133	80	75	
2006年11月2日	早晨	142	86	70	
2006年11月2日	傍晚	141	84	68	
2006年11月3日	早晨	137	84	70	
2006年11月3日	傍晚	139	83	72	
2006年11月4日	早晨	140	85	78	
2006年11月4日	傍晚	138	85	69	
2006年11月5日	早晨	135	79	75	
2006年11月5日	傍晚	136	81	72	
2006年11月6日	早晨	137	83	69	
2006年11月6日	傍晚	138	85	66	
2006年11月7日	早晨	135	80	67	
2006年11月7日	傍晚	142	85	72	

图 4-9 “血压监测”模板

4.2 学生党员信息表

【任务目标】

1. 掌握基本数据输入;
2. 设置文本和单元格格式的方法;
3. 表格编辑;
4. 数据保护;
5. 工作表中插入图片、艺术字、剪贴画。

【职业引导】

如图 4-10 所示,在日常工作中,我们常常要统计各种类型的数据信息,那么在 Excel 的单元格中可以输入多种类型的数据,如文本、数值、日期、时间等。下面简单介绍单元格数据类型的设置方法,以方便快速处理电子表格的数据,提高工作效率。

12学前6班学生党员信息表

序号	姓名	性别	年龄	出生年月	生源地	职务	身份证号码	入党时间	联系方式
1	马悦晨	女	19	19960405	黑龙江	宣传部长	230604199604054424	2014年	13972926135
2	郭月兰	女	21	19930512	湖　北		422826199305125540	2014年	0718－6363627
3	马　宇	男	21	19940107	河　南	组织委员	412921199401071 51X	2014年	0371－7633733
4	金　梦	女	20	19950625	湖　北		429005199506253422	2014年	13972926123
5	熊　洁	女	20	19950101	湖　北	副班长	421003198701010549	2014年	13874346678
6	岳娟娟	女	21	19930708	湖　北		429005199307088269	2014年	0721－654543
7	董舒洁	女	20	1995/6/9	山　东		371102199506093517	2014年	0633－876567
8	刘　浩	男	20	19950304	黑龙江	总寝室长	230604199503044424	2014年	0457－7656565
9	陈　鑫	女	20	19950189	河　南		410728199501897163	2014年	13756676130

图 4-10　"12 学前 6 班学生党员信息表"

【知识技能】

4.2.1　页面设置

选择"文件"菜单→"新建"按钮→选中"空白工作簿"即可创建一个新的工作簿。

打开"页面布局"选项卡→"纸张方向"→"横向"。

打开"页面设置"对话框→"页边距"选项卡，设上、下、左、右各为 2 cm，页眉/页脚为 1 cm，居中方式为"水平"。

4.2.2　基本数据输入

用 Excel 处理数据时，有时需要输入各种格式的数据，比如普通的文字、数字、日期和时间等数据，还有逻辑值和错误值，每种数据都有它特定的格式和输入方法，为了使用户对输入数据有一个明确的认识，下面结合本案例介绍一下在 Excel 中输入各种类型数据的方法。

Excel 单元格中的文本包括任何中英文文字或字母以及数字、空格和非数字字符的组合，每个单元格中最多可容纳 32000 个字符数。

1. 在 A1 单元格中输入标题。

2. 在 A2、B2…J2 中分别输入"序号"、"姓名"、"性别"、"年龄"、"出生年月"、"生源地"、"职务"、"身份证号码"、"入党时间"、"联系方式"等。

3. 在单元格 A3 中输入"1"，然后选定单元格 A3，将鼠标指针放到该单元格右下角小黑块上方，待鼠标指针变成"＋"字形，拖动填充柄至 A12，出现智能标记选项，从下拉菜单中选择"填充序列"，这样编号就自动填充好。

4. 在 C3 中输入"女"，然后使用填充柄方式复制，"男"的方法类似。

5. "身份证号码"数据输入方法：先选中 H3：H11，点击鼠标右键，选择"设置单元格格式"菜单或者点击"开始"功能区中→数字组区中右侧小箭头，在弹出的对话框中选择"数字"选项卡→"文本"类型，单击确定后，即可输入身份证号码，如图 4-11 所示。

【提示】　当单元格中输入的字符大于 11 位时，将以"数学计数法"显示。身份证号码是以数字形式显示，但身份证号码并不是数值型字符，而是字符串，且超过了 11 位，因而在输入身份证号码前需将相应单元格类型设置为"文本"类型。

6. "出生日期"数据输入方法：Excel 是将日期和时间视为数字处理的，它能够识别出大部分用普通表示方法输入的日期和时间格式。用户可以用多种格式来输入一个日期，可以用反

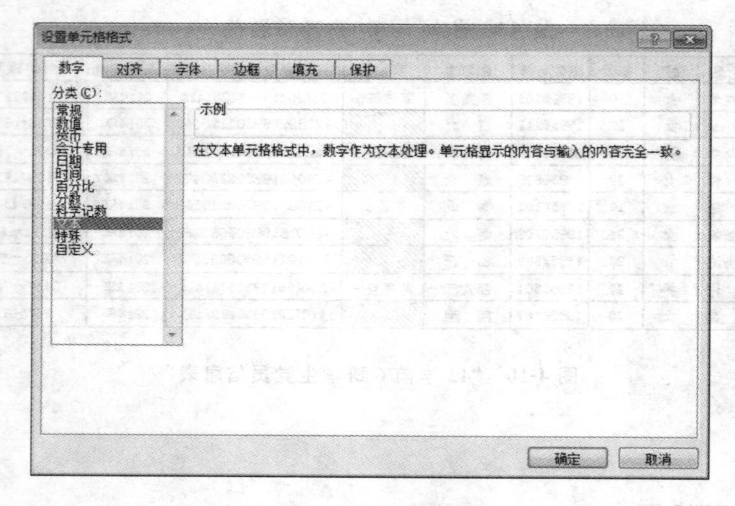

图 4-11 “设置文本”格式

斜杠“/”或者“-”来分隔日期中的年、月、日部分，例如，本例中的输入为“1996/04/05”。

或者采用从“身份证号码”数据列中导出也可，方法如下：

单击 E3 单元格，输入函数“＝MID(H3,7,8)”，按 Enter 键，用填充柄方式完成剩下日期录入。MID 函数表示从指定单元格中的第几位开始连续提取若干位数据，这里指从 H3 单元格数据中第 7 位开始提取，之后依次取 8 位数字。

【提示】 如果要在单元格中插入当前日期，可以按键盘上的【Ctrl＋;】组合键。

7. 输入时间：一般由时、分、秒三个部分构成，在输入时间时以“:”号分隔开。系统默认按 24 小时制输入，如果要按 12 小时制输入，就在时间的后面输入一个空格，上午时间要以字母“AM”或“A”结尾，下午时间要以“PM”或“P”结尾。

可以根据需要来设置不同日期和时间的格式：

“开始”选项卡→“数字”组区中的按钮，打开“设置单元格格式”对话框，在“数字”选项卡的“分类”列表框中选择一种日期格式，在“区域设置(国家/地区)”下拉列表框中选择区域，完成后单击“确定”按钮即可，如图 4-12 所示。时间格式更改方法类似。

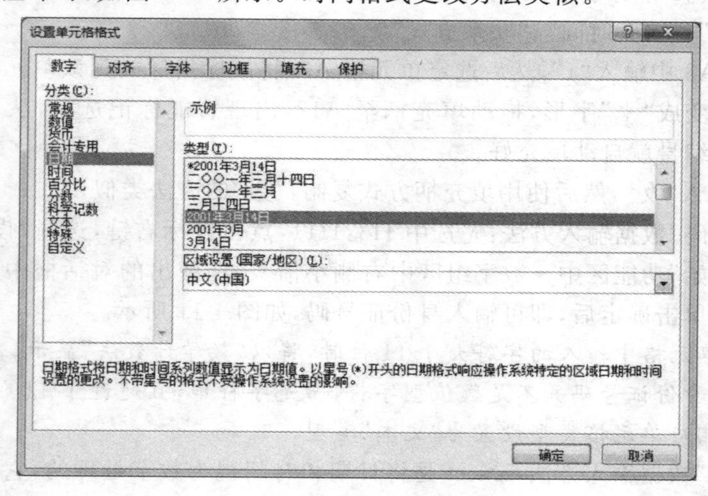

图 4-12 设置日期格式

【提示】 若要输入系统当前时间,可以按下【Ctrl+Shift+;】组合键。可以在同一单元格内输入日期和时间,但二者之间必须以空格隔开。

7."入党时间"字段,可以采用填充柄方式完成输入。

8.其他列数据按正常字符数据输入即可。

4.2.3 美化表格

1.工作表添加边框线

选中A2:J11区域,在选定内容上方单击鼠标右键→选择"设置单元格格式"命令→"边框"选项卡,在弹出的对话框中设置表格边框线。

2.单元格区域添加底纹

选中A2:J2区域,单击"开始"选项卡→选中"填充颜色"按钮,打开颜色列表框,选择"茶色,背景2,深色25%",让列标题更加突出显示。

职务列G2、G4、G6、G7、G9的单元格底纹设置为突出显示。选中G2单元格,用Ctrl键加鼠标左键点选不连续的单元格,在选定内容上方单击鼠标右键→选择"设置单元格格式"命令→"填充"选项卡中,设置背景色选"深蓝"色,图案颜色"细,对角线,条纹"。

3.调整行高和列宽

在本案例中调整行高方法如下:

行高设置:选中要调整的范围A2:A11区域,单击"开始"选项卡→"单元格"组功能区中,单击"格式"按钮下方三角箭头→选择"行高"选项,在弹出的对话框中,输入行高值为"25"。

由于本案例单元格数据内容大小不一样,因而需自动调整列宽。

将鼠标指针放到需要调整单元格的列宽线上,待鼠标指针变成"水平双向箭头"时,按住鼠标左键不放拖动到合适位置松开即可。

自动调整行高的方法同上。

4.单元格对齐方式

选中A2:J11区域,选择"开始"选项卡→单击"对齐方式"分组中的"居中"按钮和"垂直居中"按钮。

5.字体、字号、样式设置(任选样式)

6.隐藏行/列

日常我们使用Excel制作表格时,有时不想让工作表中的某行或某列打印出来,但又不想删除,这时我们可以将其隐藏。

要隐藏"入党时间"字段,可以选中"I"列,单击右键,在弹出快捷菜单中选择"隐藏"即可(多行的隐藏方法同样适用)。

取消隐藏操作方法类似。

7.冻结行/列

在某些行业中经常会用到excel工作表,工作表的数据量较大,而且需要筛选数据中重要的信息;数据表格中首行和首列一般是标题栏,较为重要,如果表格往右拉就看不到这些信息表示的意思,必须拉回去才能看得清楚,所以我们用固定行和列来锁定标题栏,方便审核及查找信息。

本案例方法如下:

选中“C3”单元格，选择“视图”→“窗口”→“冻结窗格”→“冻结拆分窗格”命令，即可看到被冻结的行和列。

取消冻结的原理类似。

4.2.4 向工作表中添加艺术字、剪贴画、图片

1. 添加艺术字

(1) 选中 A1:J1 区域，单击“开始”选项卡→“合并后居中”按钮→“合并后居中”选项。

(2) 选择“插入”选项卡→“艺术字”按钮，在弹出菜单中任选一种样式即可，然后输入“学生党员”内容，放到合适的位置上，设置为文本效果中的“发光”样式(橄榄色 5 pt 发光，强调文字颜色 3)。

2. 插入图片

选择“插入”选项卡→“图片”按钮→找到对应“党徽”图片插入即可。

【提示】 插入图片后，单击“删除背景”按钮，进入编辑状态，拖动图片上的选择框，把需要的内容放到框里，框外面的是删除部分，分别点选“标记要保留的区域”和“标记要删除的区域”，然后单击“保留更改”按钮完成。

如果感觉设置好的图片对象四周有留空，可以采用“裁剪”命令，把多余的空间去除，只保留对象自己的范围。

3. 插入剪贴画

选择“插入”选项卡→“剪贴画”按钮，在弹出的搜索框里输入关键字进行图片搜索，找到后点击“插入”即可。

4.2.5 套用表格样式

Excel 提供了表格自动格式化的功能，它可以根据预设的格式，将我们制作的表格格式化，产生视觉美观的表格，也就是表格的自动套用。这种自动格式化的功能，可以节省使用者格式化表格所需要的许多时间，而制作出的表格却很美观。

如果需要快速为指定的表格设置具有专业水准的样式，可以使用系统提供的套用表格样式功能来快速完成。

1. 表格样式自动套用步骤

复制单元格区域“A1:J11”内容到“A13:J23”区域。

(1) 选取要格式化的范围“A13:J23”，选用“开始”菜单→“样式”工作组中“自动套用格式”命令。出现如图 4-13 所示的“自动套用格式”对话框。

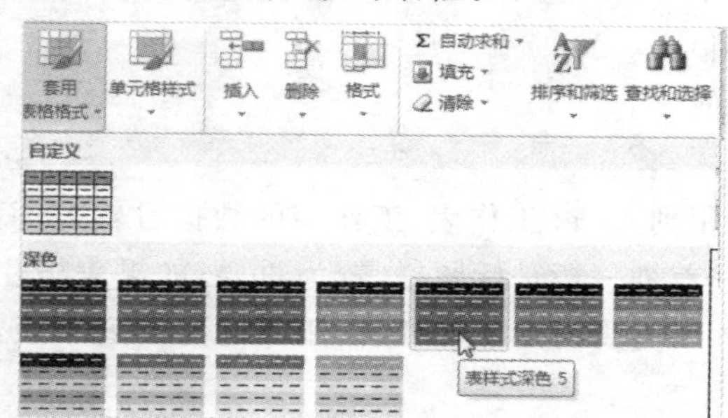

图 4-13 “自动套用格式”对话框

(2) 在“套用表格格式”下拉列表框中选择“深色”栏中“表样式深色 5”，效果如图 4-14 所示。

12学前6班 [illegible] 信息表

序号	姓 名	性别	年龄	出生年月	生源地	职 务	身份证号码	入党时间	联系方式
1	马悦晨	女	19	19960405	黑龙江	宣传部长	230604199604054424	2014年	13972926135
2	郭月兰	女	21	19930512	湖 北		422826199305125540	2014年	0718－6363627
3	马 宇	男	21	19940107	河 南	组织委员	41292119940107151X	2014年	0371－7633733
4	金 梦	女	20	19950625	湖 北		429005199506253422	2014年	13972926123
5	熊 洁	女	20	19950101	湖 北	副班长	421003198701010549	2014年	13874346678
6	岳娟娟	女	21	19930708	湖 北		429005199307088269	2014年	0721－654543
7	董舒洁	女	20	1995/6/9	山 东		371102199506093517	2014年	0633－876567
8	刘 浩	男	20	19950304	黑龙江	总寝室长	230604199503044424	2014年	0457－7656565
9	陈 鑫	女	20	19950189	河 南		410728199501897163	2014年	13756676130

12学前6班 [illegible] 信息表

序号	姓 名	性别	年龄	出生年月	生源地	职 务	身份证号码	入党时间	联系方式
1	马悦晨	女	19	19960405	黑龙江	宣传部长	230604199604054424	2014年	13972926135
2	郭月兰	女	21	19930512	湖 北		422826199305125540	2014年	0718－6363627
3	马 宇	男	21	19940107	河 南	组织委员	41292119940107151X	2014年	0371－7633733
4	金 梦	女	20	19950625	湖 北		429005199506253422	2014年	13972926123
5	熊 洁	女	20	19950101	湖 北	副班长	421003198701010549	2014年	13874346678
6	岳娟娟	女	21	19930708	湖 北		429005199307088269	2014年	0721－654543
7	董舒洁	女	20	1995/6/9	山 东		371102199506093517	2014年	0633－876567
8	刘 浩	男	20	19950304	黑龙江	总寝室长	230604199503044424	2014年	0457－7656565
9	陈 鑫	女	20	19950189	河 南		410728199501897163	2014年	13756676130

图 4-14 “套用表格格式”设置

这样，在我们所选定的范围内，会以选定的格式对表格进行格式化。如果对格式化的结果不满意，可以使用“编辑”菜单中的“撤销”命令或按下【Ctrl＋Z】键。

套用表格样式后，有时数据会显示筛选状态，这时如果想要退出来，可以选定好区域，单击“数据”→“排序和筛选”→“筛选”选项，即取消筛选效果。

2. 新建表样式

自动格式化时，格式化的项目包含数字、边框、字体、图案、对齐、列宽/行高。在使用中我们可以根据实际情况设定其中的某些项目，而没有必要对每一项都设置。

选中“开始”菜单→“样式”工作组中“自动套用格式”命令→“新建表样式”，如图 4-15 所示。

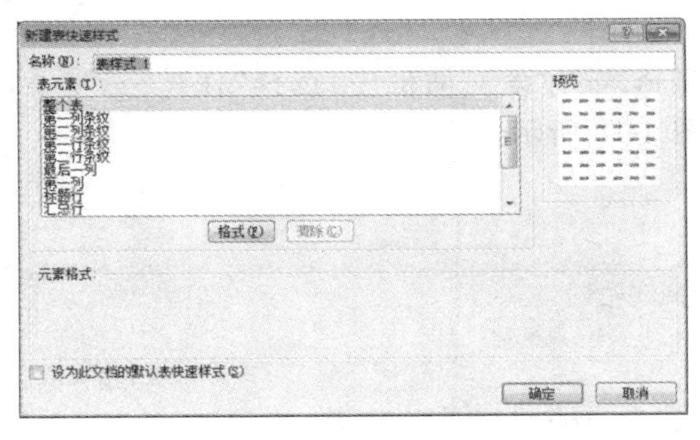

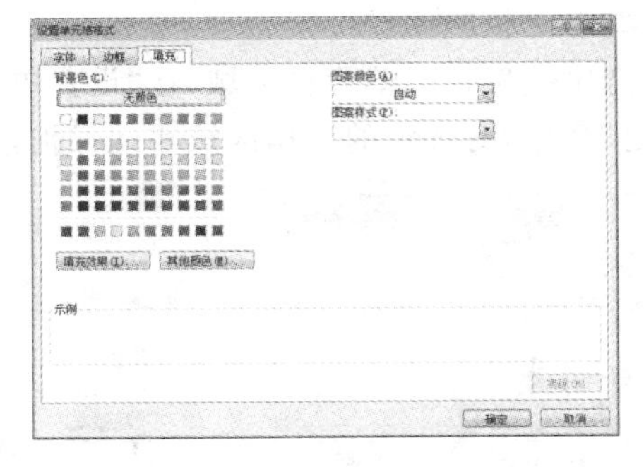

图 4-15 “新建表快速样式”

(1) 在“名称”栏中给表格样式命名为“信息表样式 1”。

(2) 选中“表元素”栏中→标题行→“格式”按钮→“填充”选项卡，背景色选择“水绿色 强调文字颜色 5”(倒数第 2 列第 1 个),“字体”选项卡中选择“加粗”效果。

(3) 选中“表元素”栏中→第 1 列→“格式”按钮→“填充”选项卡,背景色选择“水绿色 强调文字颜色 5”(倒数第 2 列第 1 个)。

(4) 选中“表元素”栏中→整个表→“格式”按钮→“边框”选项卡,为表格添加外边框,内边框线。

(5) 选中“表元素”栏中→第二行条纹→“格式”按钮→“填充”选项卡,背景色选择“橙色”。

设置完成后,当鼠标指针选中“自动套用格式”命令后,在“自定义”区可以快速找到刚才所创建的样式“信息表样式 1”,如图 4-16 所示。如果应用后不满意,可以在选定样式右键,在弹出的快捷菜单中,进行“修改”、“删除”等操作,如图 4-16 所示。

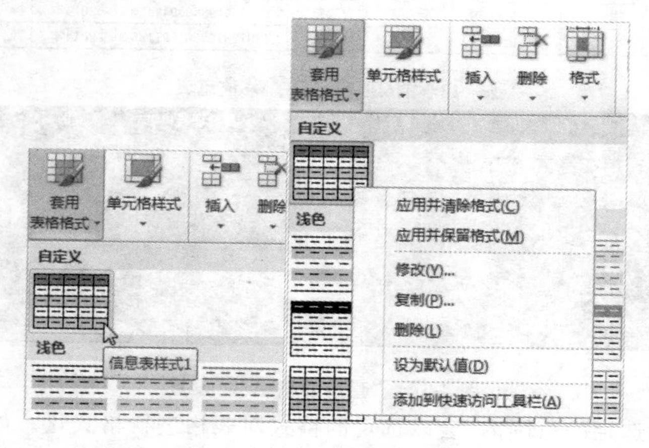

图 4-16 “信息表样式 1”

4.2.6 数据保护

Excel 表格在数据处理过程中使用得很多,有时为了防止数据被篡改,需要对表格进行密码保护,那如何对 EXCEL 表格数据进行保护并使用检索工具呢?

1. 工作簿/工作表的保护

单击“审阅”→“更改”功能区→“保护工作簿”按钮/“保护工作表”按钮,在打开的窗口中输入密码,按“确定”键,如图 4-17 所示。

2. 单元格的保护

选中要保护的单元格区域,在“设置单元格格式”命令对话框中,选择“保护”选项卡,选中“锁定”命令,对选定的数据区域实现保护,如图 4-18 所示。

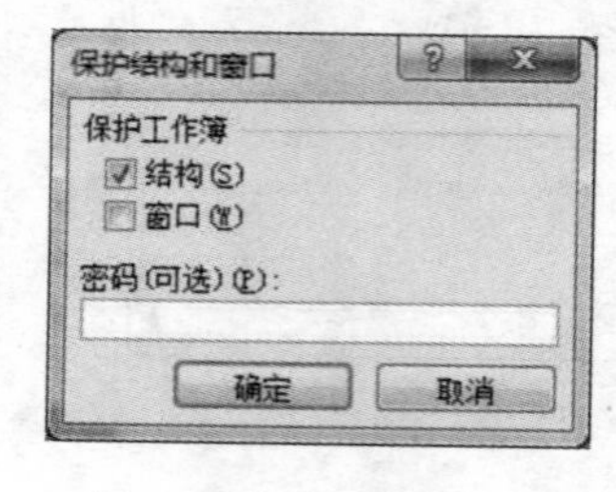

图 4-17 “保护工作簿”

图 4-18 “保护单元格”

【提示】 单元格保护功能,必须在设置工作表保护后实现。

2. 拼音检索

打开表格，点击“审阅”按钮→“校对”→“拼写检查”，系统自动检查出拼写有误的信息，如有问题点击更改，继续下一处检索，直到完成所有的检查任务。

3. 简繁转换

打开“中文简体繁体转换”对话框，选中要进行简体转繁体的单元格区域，然后切换到“审阅”选项卡，再单击“中文简繁转换”选项组中的“简繁转换”按钮，如图 4-19 所示。

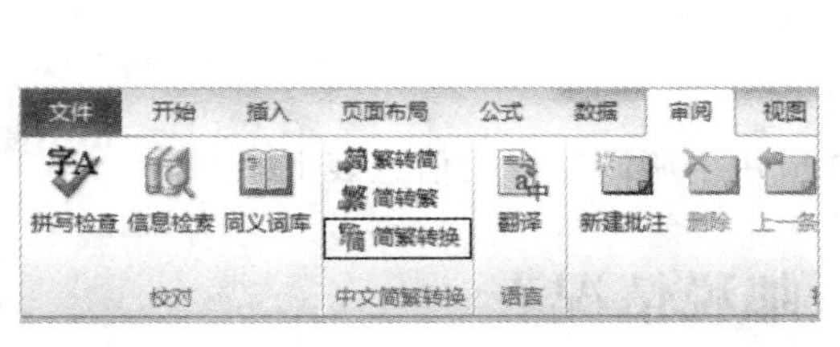

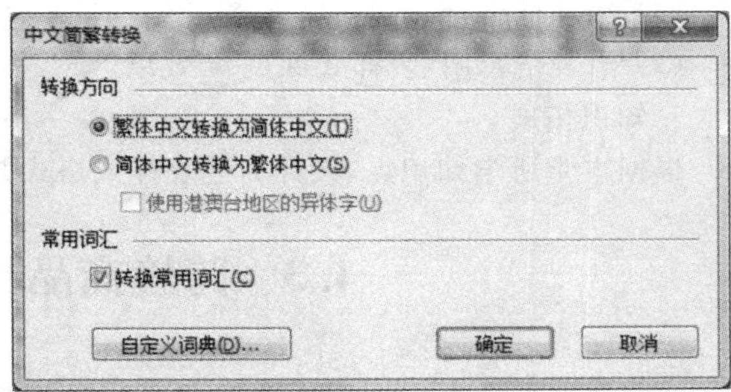

图 4-19　“中文简繁转换”对话框

【案例小结】

本案例主要涉及日常工作中常用的基础操作，如页面设置、基本数据录入、表格美化及表格样式套用，向工作表中添加艺术字或图片、冰冻窗格等操作，这些都是非常重要的知识点，需掌握好操作技巧。

【应用探索】

1. 熟悉基本数据输入。
2. 美化表格。
3. 熟悉行/列冻结、隐藏、保护工作表等操作。
4. 完成“学生信息表”的制作，最终效果如图 4-20 所示。

学生信息表

学号	姓名	性别	出生日期	班级	身份证号码	寝室号
001301	王天一	女	1998/2/3	13英语	421127199802031534	5530
001302	刘　涛	男	1999/10/6	13初教	420323199910067218	5326
~~001303~~	~~李晓春~~	男	~~2000/1/9~~	~~13初教~~	~~4203222000010955784~~	~~5511~~
001304	张　雪	女	1998年3月28日	13初教	420683199803283724	5514
001305	邹家华	男	1997年4月4日	13学前2	420683199704042145	4104
001306	周　阳	女	1998年3月9日	13动漫1	420683199803092123	4122
001307	李　蕾	女	2000/4/5	13学前1	420684200004056527	4129
001308	郭　红	女	1998/2/4	13学前2	420684199802045669	5516
001309	张　刚	男	1997/4/7	13学前3	42011619970407372x	5503

图 4-20　“学生信息表”

（1）标题设为繁体字，正文的字体、字号、样式自定义设置。

（2）输入至少 9 个人的信息，包括学号、姓名、性别、出生日期、身份证号码、寝室号 7 个字段。

（3）在工作表中插入剪贴画。

（4）美化工作表，给工作表设置表格边框线、底纹效果，添加“删除线”。

（5）隐藏“身份证号码”字段。

（6）冻结标题行。

（7）给表格套用“表样式深色 4”效果。

5. 知识拓展

根据本堂所学知识点，设计新建表样式格式并应用于所制作好的信息表上。

4.3 跨境商品行邮税情况表

【任务目标】

1. 掌握各种数据类型格式的设置；
2. 掌握公式的运算、相对引用和绝对引用的使用方法；
3. 给单元格区域设置数据有效范围及限制条件；
4. 自选图形的使用。

【职业引导】

如图 4-21 所示，Excel 的主要功能是数据运算，其中单元格数据类型的设置及公式运算是基础操作，需要用户操作熟练。公式是在工作表中对数据进行分析与计算的等式，使用它可以对工作表进行各种运算，大大方便了电子表格的处理。

2016跨境商品行邮税情况表

序号	商品名称	属性	单价（元）	购买数量	所需总额（元）	邮税	税额（元）	共付（元）
1	格力空格	国产	¥240.00	6	¥1,440.00	11.90%		¥1,440.00
2	贝亲奶瓶	进口	¥150.00	2	¥300.00		¥35.70	¥335.70
3	爱他美奶粉	进口	¥280.00	4	¥1,120.00		¥133.28	¥1,253.28
4	婴儿尿布	进口	¥90.00	2	¥180.00		¥21.42	¥201.42
5	创维电视	国产	¥4,000.00	1	¥4,000.00			¥4,000.00
6	五常大米	国产	¥90.00	3	¥270.00			¥270.00
7	LV皮包	进口	¥15,000.00	2	¥30,000.00		¥3,570.00	¥33,570.00
8	日本电饭煲	进口	¥2,000.00	5	¥10,000.00		¥1,190.00	¥11,190.00
9	资生堂面霜	进口	¥5,200.00	1	¥5,200.00	47.00%	¥2,444.00	¥7,644.00
10	欧米伽手表	进口	¥23,000.00	2	¥46,000.00		¥21,620.00	¥67,620.00
总计金额数：							¥29,014.40	¥127,524.40

图 4-21 “2016 跨境商品行邮税情况表”

【知识技能】

4.3.1 各种数据类型的输入

1. 数值型数据输入

(1) 输入负数时，必须在数字前面加一个“－”或给数字加上圆括号。

例如，输入“(9)”或“－9”，在单元格中都显示“－9”。

(2) 输入分数时，几乎在所有的文档中，分数格式通常用斜杠来分界分子与分母，其格式为“分子/分母”，在 Excel 中日期的输入方法也是用斜杠来区分年月日的，比如在单元格中输入“1/2”，按 Enter 键则显示“1 月 2 日”，为了避免将输入的分数与日期混淆，我们在单元格中输入分数时，要在分数前输入“0”(零)以示区别，并且在“0”和分子之间要有一个空格隔开，比如我们在输入“1/2”时，则应该输入“0 1/2”。

如果数字大于 1，例如，要输入“$2\frac{1}{2}$”，在该单元格中应先输入 2 和一个空格，再输入分数 1/2，则在单元格中方显示。

(3) 输入百分数时，要在一个数后面加上一个“%”，表示百分数。

(4) 输入小数时，用户可以向平常一样使用小数点，还可以利用逗号分隔千位、百万位等，当输入带有逗号的数字时，在编辑栏中并不显示出来，而只在单元格中显示。当你需要输入大量带有固定小数位的数字或带有固定位数的以“0”字符串结尾的数字时，可以采用下面的方法：

选择“开始”→“对齐方式”→“设置单元格格式”对话框，单击“数字”标签，选中“自动设置小数点”复选框，并在“位数”微调框中输入或选择要显示在小数点右面的位数。

操作如下：

① 在 A2:I2 单元格区域中分别输入指定的列标题；

② 设定 A2:A12 区域数据类型为文本格式，然后在单元格 A2 中输入“1”，再将鼠标指针单击“A2”单元格(鼠标指针放到单元格右下角)，拖动填充柄至“A12”，这样“序号”填充完毕；

③ 选中 D3:D12 区域，打开“设置单元格格式”对话框，选中“数字”选项卡→“货币”，小数位数为“2”，选择一个货币符号。

其他区域方方法类似。

2. 设置货币格式

Excel 默认情况下，单元格格式一般为常规格式。除此之外还提供了多种格式，如数值、货币、日期格式、会计专用和自定义等。

本案例中设置货币格式操作如下：

选中 F3:F12 区域，单击“开始”选项卡→“数字”组区中按钮→单击“中文(中国)”货币符号选项，然后再输入对应的数值即可生成。

如图 4-22 所示，“数字”组区中图标按钮从左到右功能分别为“货币样式”、“百分比样式”、“千位分隔样式”、“增加小数位样式”、“减少小数位样式”。

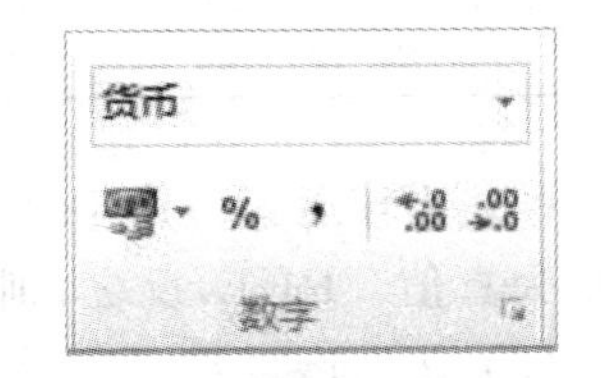

图 4-22 设置“数字”组区按钮

3.“数字”选项卡的应用

用户根据需要可以相应设置所需的数据格式，功能如表4-1所示。

表4-1 “数字”格式分类说明

分类	功能
常规	不包含特定的数字格式
数值	用于一般数字的表示
货币	用于货币值的表示
会计专用	与货币一样，小数或货币符号是对齐的
日期	日期和时间序列数值显示为日期值
时间	日期和时间序列数值显示为时间值
百分比	将单元格值乘以100并以百分数显示
分数	以分数显示数值中的小数
科学记数	以科学计数法显示数字
文本	在文本单元格中，数字作为文本处理
特殊	用于跟踪数据列表及数据库的值
自定义	创建自定义数字格式

4.3.2 公式的输入

Excel主要核心功能是计算，为处理工作表中的数据工作提高效率。

1.公式的运算符

运算用于对公式中的元素进行特定类型的运算，Excel包含四种类型的运算符：

(1) 算术运算符：可以完成基本的数学运算，如加、减、乘、除等它们能够连接数字产生计算结果，如表4-2所示。

表4-2 算术运算符和比较运算符及其含义

算术运算符	含义	比较运算符	含义
＋（加号）	加	＝（等号）	相等
－（减号）	减	＞（大于号）	大于
*（乘号）	乘	＜（小于号）	小于
/（除号）	除	＞＝（大于等于号）	大于等于
%（百分号）	百分比	＜＝（小于等于号）	小于等于
^（乘幂号）	乘方	＜＞（不等号）	不相等

(2) 比较运算符：比较两个数值大小关系，并产生逻辑值TRUE或FALSE，如果条件相等则为真值TRUE，反之，则产生假值FALSE。

(3) 文本运算符：“&”符号将两个文本连接起来合并成一个文本。

(4) 引用运算符：“，”可以将单元格区域合并计算，运算符功能如表4-3所示。

表 4-3 引用运算符及其含义

引用运算符	含义	示例
:(冒号)	区域运算符,对两个引用之间,包括两个引用在内的单元格进行引用	SUM(A1:A4)
,(逗号)	联合运算符,将多个引用合并成一个引用	SUM(A1,A4,B2,B7)
(空格)	交叉运算符,表示几个单元格区域所重叠的单元格进行引用	SUM(A1:C3 B2:D4)

2.公式中运算符优先级

在 Excel 中使用公式计算时,若公式中有多个运算符,即计算时按运算符的优先级顺序进行。表 4-4 列出了各种运算符的优先级。

表 4-4 公式中运算符优先级

运算符	说明	优先级
区域(冒号),联合(逗号),交叉(空格)	引用运算符	1
—	负号	2
%	百分号	3
^	乘幂号	4
* 和/	乘号和除号	5
＋和－	加号和减号	6
&	文本运算符	7
＝,＜,＞,＞＝,＜＝,＜＞	比较运算符	8

【说明】 对于不同优先级的运算,则按照优先级顺序进行计算;对于同一优先级运算,则按照从左到右顺序进行,若要改变公式运算顺序,可以使用圆括号将公式中要优先计算的表达式括起来。

3.公式的输入

Excel 识别公式的办法是检查单元格中的数据是否以符号"＝"开头,如果数据以"＝"开始,则视为公式,进而根据运算顺序计算。在工作表中输入公式后,单元格自动显示公式计算的结果,当选中该单元格后,编辑栏中将显示公式本身。

输入方法如下:

(1) 单击要输入公式的单元格。

(2) 在单元格中输入"＝"号和公式。

(3) 按 Enter 键即可。

【提示】 选中单元格后,也可以在编辑栏中输入公式。

本案例中若要计算"格力空调"所需总额,则公式操作如下:

选中 F3 单元格,在 F3 中先输入"＝"号,然后再输入"D3 * E3"(被选中的单元格四周会出现彩色框线),再按 Enter 键即可,如图 4-23 所示。

计算"总计金额":选中 I13 单元格,先输入"＝"号,然后接着输入"I3＋I4＋I5＋I6＋I7＋I8＋I9＋I10＋I11＋I12",按 Enter 键即可。

序号	商品名称	属性	单价（元）	购买数量	所需总额（元）
1	格力空调	国产	¥240.00	6	=D3*E3
2	贝亲奶瓶	进口	¥150.00	2	

图 4-23　F3 单元格中输入公式

4.3.3　公式的相对引用和绝对引用

1. 相对引用

单元格相对引用：指公式所在的单元格与公式中引用的单元格之间的相对位置的单元格地址引用。

相对地址：即把一个含有单元格地址的公式复制到一个新的位置或者用一个公式填充一个单元格区域时，公式中的单元格地址会随之变化，相对引用将自动调整计算结果。

在本案例中相对引用操作如下(计算各种商品所需总额)：

选中 F3 单元格，然后把鼠标指针移动到该单元格右下角，使用填充柄方式拖动至 F12 松开即可(实质上就是把 F3 单元格的公式复制到 F4:F12 区域)。也就是说公式从 F3 复制到 F12，即单元格的行号发生了变化，列号没变。公式引用范围为 D3 * E3…D12 * E12，如图 4-24所示。

【提示】 双击 F3:F12 区域任意一个单元格，就可检验是否正确。按 Esc 键即可取消单元格周围框线。

2016跨境商品行邮税情况表

序号	商品名称	属性	单价（元）	购买数量	所需总额（元）	邮税	税额（元）	共付（元）
1	格力空调	国产	¥240.00	6	¥1,440.00	11.90%		
2	贝亲奶瓶	进口	¥150.00	2	¥300.00			
3	爱他美奶粉	进口	¥280.00	4	¥1,120.00			
4	婴儿尿布	进口	¥90.00	2	¥180.00			
5	创维电视	国产	¥4,000.00	1	¥4,000.00			
6	五常大米	国产	¥90.00	3	¥270.00			
7	LV皮包	进口	¥15,000.00	2	¥30,000.00			
8	日本电饭煲	进口	¥2,000.00	5	¥10,000.00			
9	资生堂面霜	进口	¥5,200.00	1	¥5,200.00			
10	欧米伽手表	进口	¥23,000.00	2	¥46,000.00	47.00%		
总计金额数：								

复制单元格(C)
仅填充格式(F)
不带格式填充(O)

图 4-24　相对引用

2. 绝对引用

绝对引用是指被引用单元格与公式所在单元格的位置是绝对的，公式记录着引用单元格的实际地址。

一般在单元格地址的列标和行号前面加上符号“＄”。表示该地址是绝对引用，它的位置不会随着位置公式的引用而发生改变。例如，“＄G＄3”表示单元格 G3 绝对引用。

相对引用和绝对引用区别：公式中使用相对引用，则单元格地址会自动随着移动位置相对变化；公式中使用绝对引用，则单元格地址不会发生改变。

本案例中绝对引用操作如下(计算各种商品的税额):

(1) 由于税率 G3 所在单元格内容是不会发生改变的,位置不会发生变化,因而将 G3 单元格设置为绝对引用,即“$G$3”。

(2) 选中 H4 单元格,在 H4 单元格中输入“=H4 * $G$3”,按 Enter 键即可,如图 4-25 所示。

SUM　=F4*$G$3

	A	B	C	D	E	F	G	H
1	2016跨境商品行邮税情况表							
2	序号	商品名称	属性	单价（元）	购买数量	所需总额（元）	邮税	税额（元）
3	1	格力空调	国产	¥240.00	6	¥1,440.00		
4	2	贝亲奶瓶	进口	¥150.00	2	¥300.00		=F4*$G$3

图 4-25　单元格绝对引用

(3) 选中 H4 单元格内容,通过填充柄填充 H4～H12 单元格的值。

【提示】 国产商品不收税,填充的内容清除即可。

3. 混合引用

行或列中有一个是相对引用,另一个是绝对引用。

4.3.4 数据有效性

在工作表中输入数据是为了获得正确的计算和结果,通过设置数据的有效性可以将数据限制在某个范围,使用列表限制选择或者确保只输入正数。

本案例设置数据有效性方法如下:

1. 选定 C3:C12 区域,单击“数据”选项卡→“数据工具”组区中→单击“数据有效性”按钮,打开“数据有效性”对话框。

2. 选择“设置”选项卡,在“允许”下拉列表框中选择“序列”选项,“来源”文本框中输入“出口,国产”,单击“确定”按钮即可,如图 4-26 所示。

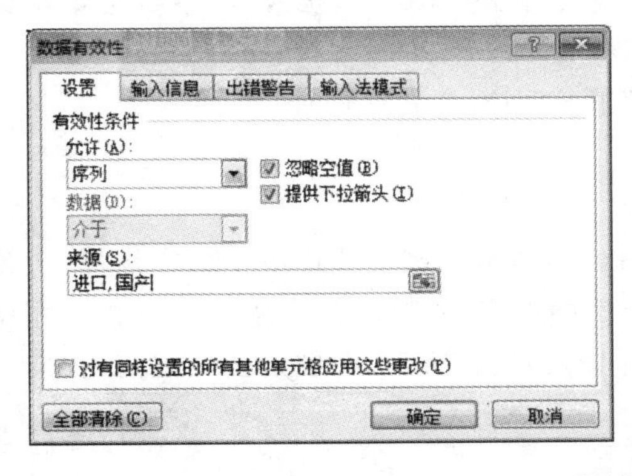

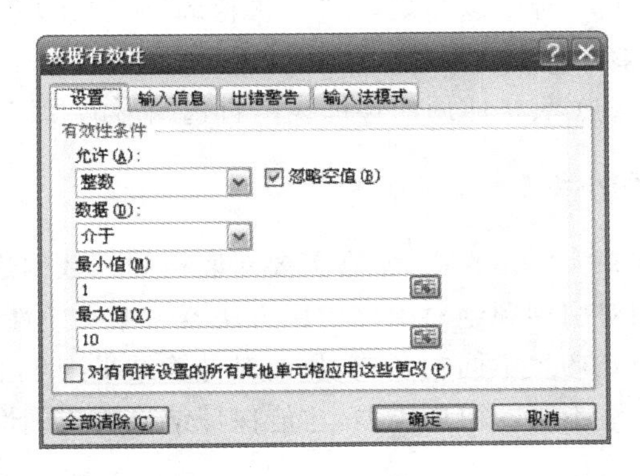

图 4-26　“数据有效性”对话框

3. 单元格有效性范围提示信息。

在“输入信息”卡或“出错警告”卡中则可以设置一些数据提示信息或输入信息错误提示。

选择 E3:E12 区域,打开“数据有效性”对话框→选择“输入信息”选项卡→在“标题”栏中输入“日期”;输入信息栏中输入“请输入 10 以下的数字”,如图 4-27 所示。

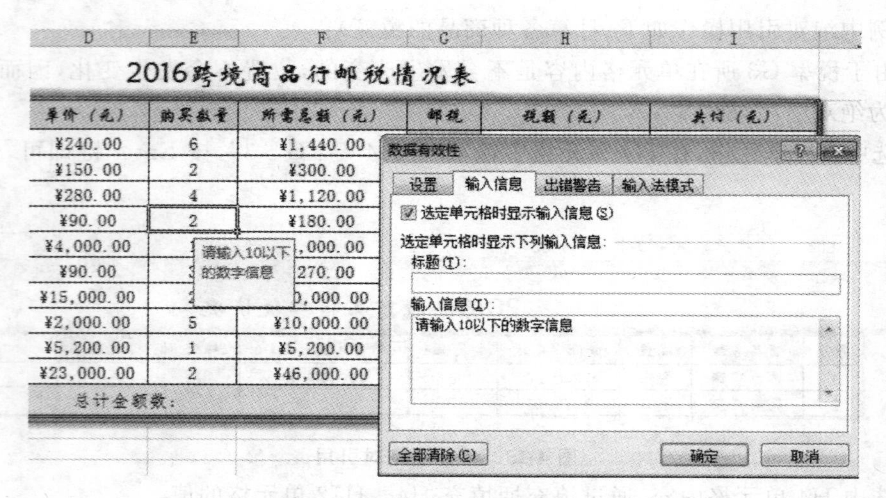

图 4-27　给单元格区域设置提示信息

再次，选择“设置”选项卡→在“有效性条件”栏目中“允许”选择“整数”；数据栏中选择“介于”，最小值栏中输入 “1”，最大值栏中输入“10”，如图 4-26 所示。

【提示】 如果单元格数据范围做成下拉箭头菜单时，则在“数据有效性”对话框中的“设置”选项卡中，“允许”下列拉表框中选择“序列”选项，“来源”文本框中输入数据内容(数据之间用英文逗号分隔开)。

4.3.5　添加“自选图形”效果

1. 给工作表添加边框和底纹效果(略)。

2. 设置“总计金额”左侧的图标样式。

(1) 单击“插入”选项卡→“流程图”组区→“对照”图案；

(2) 待鼠标指针变成“＋”字形，按住鼠标左键进行拖动，拖动大小合适的图案样式；

(3) 选中该图案，在“形状轮廓”下拉菜单中设置“红色”，在“形状效果”下拉菜单中设置“阴影内部上方”；

(4) 表格四周的边框线由自选图形的“线条”组合而成(样式任选)。

【案例小结】

在实际工作中，常常需要对表格中的数据进行运算，本案例主要讲解了数据运算符、公式的相对引用和绝对引用使用方法及数据有效性范围的设定，从中可以了解到，不同的引用将会对公式产生不同的影响，从而对计算结果产生不同的影响。所以，在创建公式之前，我们必须要弄清不同的引用类型，才能保证结果的正确性。

【应用探索】

1. 完成“2016 跨境商品行邮税情况表”的制作。

2. 完成制作“商店食品销售表”，要求如下：

(1) 录入图 4-28 所示数据，完成格式设置；

(2) 利用公式的相对引用计算各种商品的“销售额”；

商店食品销售表

序号	名称	保质期	单价	销售量	销售额	税率	税额	库存
001	康师傅方便面		¥3	10				1/2
002	冰红茶		¥4	20				1/2
003	王老吉		¥5	25				1/2
004	维维豆奶		¥18	6		5%		
005	白云边白酒		¥165	5				
006	暖瓶		¥13	3				
007	玻璃杯		¥8	8				
008	面包		¥7	9				3%
009	一品鲜酱油		¥9	12				
010	料酒		¥12	10				
011	鸡精		¥5	20				
012	山西老陈醋		¥8	15				
总计								

图 4-28 “商店食品销售表”

(3) 利用公式的绝对引用计算各种商品的“税额”；

(4) 利用公式计算“销售量”、“销售额”、“税额”总和；

(5) “保质期”C3:C14 区域设置数据有效性，数据有效的内容为下拉列表框，内容为“一年”和“半年”；

(6) 将 E3:E14 区域销售量限定在 30 以内，数据有效性提示信息为“销售数量不超过30”。

3. 最终效果如图 4-29 所示。

商店食品销售表

序号	名称	保质期	单价	销售量	销售额	税率	税额	库存
001	康师傅方便面	一年	¥3	10	¥30		¥1.50	1/2
002	冰红茶	半年	¥4	20	¥80		¥4.00	1/2
003	王老吉		¥5	25	¥125		¥6.25	1/2
004	维维豆奶	一年 半年	¥18	6	¥108	5%	¥5.40	
005	白云边白酒		¥165	5	¥825		¥41.25	
006	暖瓶		¥13	3	¥39		¥1.95	
007	玻璃杯		¥8	8	¥64		¥3.20	
008	面包		¥7	9	¥63		¥3.15	3%
009	一品鲜酱油		¥9	12	¥108		¥5.40	
010	料酒		¥12	10	¥120		¥6.00	
011	鸡精		¥5	20	¥100		¥5.00	
012	山西老陈醋		¥8	15	¥120		¥6.00	
总计				143	¥1,782		¥89.10	

图 4-29 最终效果图

4.4 学生成绩表的统计

【任务目标】

1. 掌握常用函数使用方法及函数的编辑格式；
2. 掌握工作表编辑(工作表复制、重命名、移动、删除)；
3. 插入批注；
4. 条件格式应用。

【职业引导】

Excel 电子表格处理数据，最核心的内容是函数的应用，那么如何才能使用好函数呢？怎样完成同一个工作簿中不同工作表中单元格数据间的运算？这就要学习下面案例中所包含的内容，如图 4-30 所示。

15级学前6班第一学期（下）期末成绩表

学 号	姓 名	乐理	舞蹈	钢琴	计算机	语文	英语	体育	总 分
2015001	熊 洁	89	78	86	80	90.5	88	70	581.5
2015002	岳娟娟	60	78	67	77	92	87	88	549
2015003	董舒诘	95	85	88	83	86	82	72	591
2015004	刘 倩	87	93	90.5	86	78	89.5	60	584
2015005	陈 鑫	98	78	89	90	88	90	65	598
2015006	冯雪平	54	65.5	65	88	40	78.5	71	462
2015007	马悦晨	40	60	45	76	97	89	74	481
2015008	郭月兰	47	79	98	93	90	90.5	48	545.5
2015009	庞 甜	78.5	76	34	88	78	56	68	478.5
2015010	金 梦	66	78	90	80	68	66	98	546
2015011	王娅丽	78	90	50	79	77	79	75	528
2015012	赵成慧	90	43	90	78	76	89	90	556
平均分		73.54	75.29	74.38	83.17	80.04	82.04	73.25	
最高分		98	93	98	93	97	90.5	98	
最低分		40	43	34	76	40	56	48	
优秀率		41.67%	25.00%	58.33%	66.67%	50.00%	66.67%	25.00%	
及格率		75.00%	91.67%	75.00%	100.00%	91.67%	91.67%	91.67%	

15级学前6班第一学期（下）学科活动成绩表

学 号	姓 名	普通话	声乐	合唱	手工	钢琴	日语	书法	总分
2015001	熊 洁				89				89
2015002	岳娟娟	92							92
2015003	董舒诘		78						78
2015004	刘 倩			87					87
2015005	陈 鑫				90				90
2015006	冯雪平		89						89
2015007	马悦晨	76							76
2015008	郭月兰			88					88
2015009	庞 甜				78				78
2015010	金 梦					56			56
2015011	王娅丽							88	88
2015012	赵成慧						54		54

15级学前6班第一学期（下）总成绩表

学 号	姓 名	总分	排 名
2015001	熊 洁	670.5	3
2015002	岳娟娟	641	5
2015003	董舒诘	669	4
2015004	刘 倩	671	2
2015005	陈 鑫	688	1
2015006	冯雪平	551	12
2015007	马悦晨	557	10
2015008	郭月兰	633.5	6
2015009	庞 甜	556.5	11
2015010	金 梦	602	9
2015011	王娅丽	616	7
2015012	赵成慧	610	8

图 4-30 “15 级学前 6 班成绩表”

【知识技能】

4.4.1 函数的使用

Excel 函数一共有 11 类，分别是数据库函数、日期与时间函数、工程函数、财务函数、信息函数、逻辑函数、查询和引用函数、数学和三角函数、统计函数、文本函数以及用户自定义函数。

函数是按照特定顺序进行运算的，这个特定的运算顺序就是语法。函数的语法是以函数的名称开始的，在函数名之后是左圆括号，右圆括号代表着该函数的结束，在两个圆括号之间是函数的参数。

函数与公式的区别在于公式是以等号开始的，当函数名称前加上一个等号时，函数就当成公式使用。

函数右边括号中的部分称为参数，假如一个函数可以使用多个参数，那么参数与参数之间使用半角逗号进行分隔。

参数可以是常量（数字和文本）、逻辑值（例如 TRUE 或 FALSE）、数组、错误值（例如 #N/A）或单元格引用（例如 E1:H1），甚至可以是另一个或几个函数等。参数的类型和位置必须满足函数语法的要求，否则将返回错误信息。

1. 利用快捷按钮输入函数

对于一些常用函数，例如，求和函数（SUM）、求平均值函数（AVERAGE）、最大值函数（MAX）、最小值函数（MIN）、计数函数（COUNT）、条件函数（IF），可以利用图标分类方式快速找到，如图 4-31 所示。

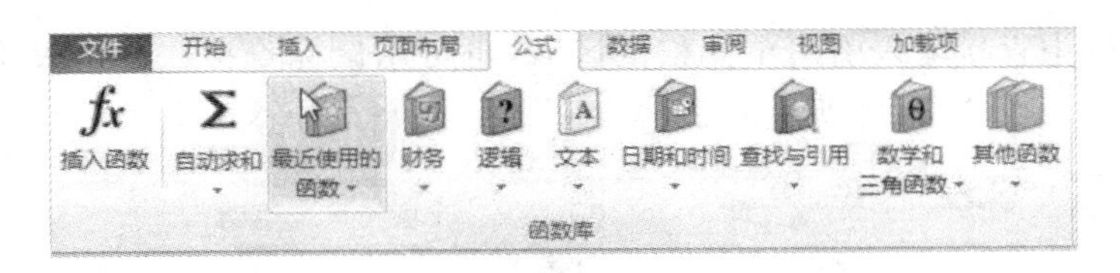

图 4-31 函数分类图标

本案例操作“求和”函数，操作如下：

选定要输入函数的单元格 J3，单击“自动求和”按钮，此时单元格会自动出现求和函数 SUM 以及求和数据区域，如果区域范围不是所需的，则重新选择新的数据区域即可完成运算。

2. 输入函数

用户可以直接在单元格中输入函数。以“15 级学前 6 班第一学期(下)期末成绩表”为例，求每名学生所有科目的“总分”。

第一种方法：手动输入函数(需要知道函数的名称)

(1) 在使用函数之前，先把工作表中学生每个科目成绩数值按单元格位置录入好。

(2) 单击 J3 单元格，先在 J3 单元格中输入一个“=”号。

(3) 再输入函数名称“SUM”和左括号“(”。

(4) 输入要引用的单元格区域，即“C3:I3”，再输入右括号“)”，然后按 Enter 键，完成函数输入。

【提示】 当输入一个函数的时候，Excel 一般可以把函数名转换成大写，因此在录入函数时，完全可以使用小写。

第二种方法：鼠标点选函数

(1) 单击要输入函数的单元格 J3，在单元格中输入“=”号。

(2) 单击“公式”选项卡→“函数库”组区→“插入函数 fx”选项或者点选编辑栏左侧的“fx 函数”，打开“插入函数”对话框，如图 4-32 所示。在“选择类别”下拉列表框里选“常用函数”选项，在“选择函数”列表框里选“SUM”。

或者选择在“搜索函数”文本框中输入函数名，单击转到按钮；或者在“或选择类别”下拉列表框中选择 “常用函数”找到所需要的函数 SUM，然后按“确定”，打开“函数参数”对话框。

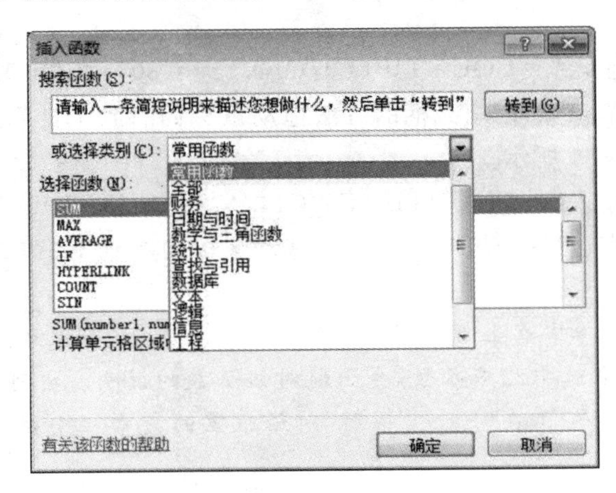

图 4-32 “插入函数”对话框

(3) 在文本框中直接输入引用单元格的区域,也可用鼠标直接在工作表中选取单元格区域,然后单击“确定”,如图 4-33 所示。

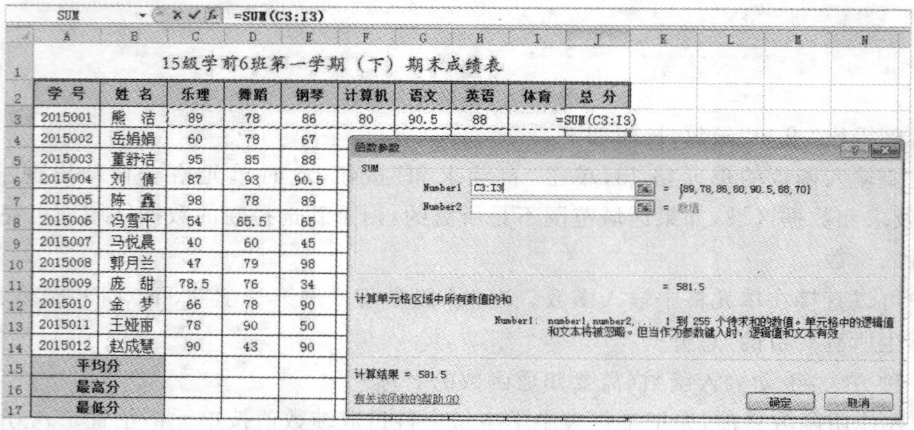

SUM =SUM(C3:I3)

15级学前6班第一学期(下)期末成绩表

学号	姓名	乐理	舞蹈	钢琴	计算机	语文	英语	体育	总分
2015001	熊 洁	89	78	86	80	90.5	88		=SUM(C3:I3)
2015002	岳娟娟	60	78	67					
2015003	董舒洁	95	85	88					
2015004	刘 倩	87	93	90.5					
2015005	陈 鑫	98	78	89					
2015006	冯雪平	54	65.5	65					
2015007	马悦晨	40	60	45					
2015008	郭月兰	47	79	98					
2015009	庞 甜	78.5	76	34					
2015010	金 梦	66	78	90					
2015011	王娅丽	78	90	50					
2015012	赵成慧	90	43	90					
平均分									
最高分									
最低分									

函数参数

SUM

Number1 C3:I3 = {89,78,86,80,90.5,88,70}

Number2 = 数值

= 581.5

计算单元格区域中所有数值的和

Number1: number1,number2,... 1 到 255 个待求和的数值。单元格中的逻辑值和文本将被忽略。但当作为参数键入时,逻辑值和文本有效

计算结果 = 581.5

有关该函数的帮助(H)

确定 取消

图 4-33 “函数参数”对话框

(4) 第一名学生“总分”数值求出后,可以使用函数“相对引用”方式,计算剩余学生的“总分”成绩。即选中 J3 单元格,使用“填充柄”拖至 J14 单元格位置松开,即可求出所有学生的总分。

以此方法类推,分别运用 MAX()、MIN()、AVERAGE()函数求出科目最高分、最低分、平均分。

(5) 计算“优秀率”和“及格率”,需要用到 COUNT 函数和 COUNT IF 函数。

COUNT 函数:计算机区域中数字单元格的个数。

COUNT IF 函数:计算区域中满足给定条件的单元格个数。语法:COUNT IF(Range, Criteria)。Range 为需要计算其中满足条件的单元格数目的单元格区域。Criteria 为确定哪些单元格将被计算在内的条件,其形式可以是数字、表达式或文本。

优秀率=优秀的个体(分子)÷总体(分母)×100%。

及格率=考试成绩达到规定的最低标准(60 分)的人数占总体的比率。

方法如下:

选中 C18 单元格,输入“=COUNTIF(C3:C14,‘>=80’)/COUNT(C3:C14)”,然后按 Enter 键即可求出优秀率,然后用填充柄的方法拖动鼠标向右到 I18 单元格松开,依次即可求出各科目优秀率,如图 4-34 所示。

选中 C19 单元格,输入“=COUNTIF(C3:C14,‘>=60’)/COUNT(C3:C14)”,然后按 Enter 键即可求出及格率,然后用填充柄的方法拖动鼠标向右到 I19 单元格松开,依次即可求出各科目及格率。

【提示】 Excel 函数库中有上百种函数,要学会举一反三,如果遇到不明白的函数,可以在“函数参数”对话框下方选中相应函数,会出现对该函数的说明。也可以采用帮助信息(点选“插入函数”对话框右侧的“?”,在“Excel 帮助”对话框里的搜索栏中输入要查找的函数)进行查看,如图 4-35 所示。

15级学前6班第一学期（下）期末成绩表

学 号	姓 名	乐理	舞蹈	钢琴	计算机	语文	英语	体育	总 分
2015001	熊 洁	89	78	86	80	90.5	88	70	
2015002	岳娟娟	60	78	67	77	92	87	88	
2015003	董舒洁	95	85	88	83	86	82	72	
2015004	刘 倩	87	93	90.5	86	78	89.5	60	
2015005	陈 鑫	98	78	89	90	88	90	65	
2015006	冯雪平	54	65.5	65	88	40	78.5	71	
2015007	马悦晨	40	60	45	76	97	89	74	
2015008	郭月兰	47	79	98	93	90	90.5	48	
2015009	庞 甜	78.5	76	34	88	78	56	68	
2015010	金 梦	66	78	90	80	68	66	98	
2015011	王娅丽	78	90	50	79	77	79	75	
2015012	赵成慧	90	43	90	78	76	89	90	
平均分		73.5417	75.2917	74.375	83.1667	80.0417	82.0417	73.25	
最高分		98	93	98	93	97	90.5	98	
最低分		40	43	34	76	40	56	48	
=COUNTIF(C3:C14,">=80")/COUNT(C3:C14)									
及格率									

图 4-34 “优秀率”计算方式

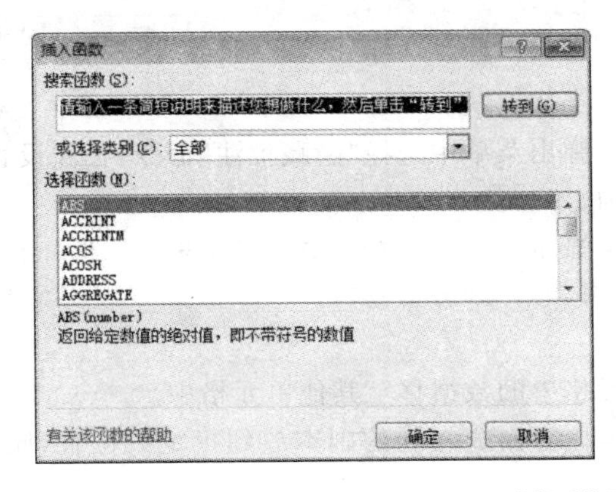

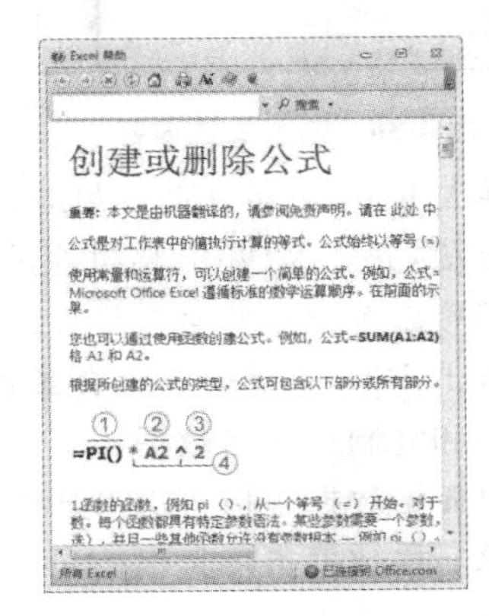

图 4-35 “帮助”函数

4.4.2 工作表的编辑

1. 工作表重命名

选中“Sheet1”工作表标签，单击鼠标右键，在弹出的快捷菜单中，选择“重命名”命令或者双击“Sheet1”工作表标签，这时标签底纹呈黑色显示，此时标签处于可编辑状态，在标签上输入新的名称“期末成绩表”，然后按 Enter 键即可。

2. 给工作表中的单元格添加批注

批注在单元格中起到解释说明的作用。

（1）插入批注

选择“期末成绩表”工作表，选中 B3 单元格，单击“审阅”选项卡→“批注”组区→“新建批注”命令或者在选定单元格上方右键，在弹出的快捷菜单中选择“插入批注”命令。于是在该单元格右方出现一个批注框，在弹出的批注框中输入批注内容，如图 4-36 所示。

（2）编辑批注

选中 B3 单元格，单击鼠标右键→“编辑批注”，即可编辑数据内容。

(3) 设置批注格式

选中批注单元格,鼠标右键→"显示批注"命令,弹出批注文本框,单击批注框边框线,单击鼠标右键→"设置批注格式"命令,即可对批注框中的数据内容进行相应设置,如图4-37所示。

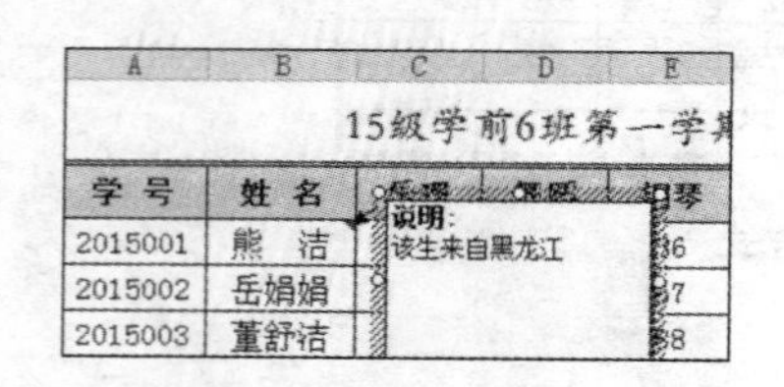

图4-36 输入批注内容

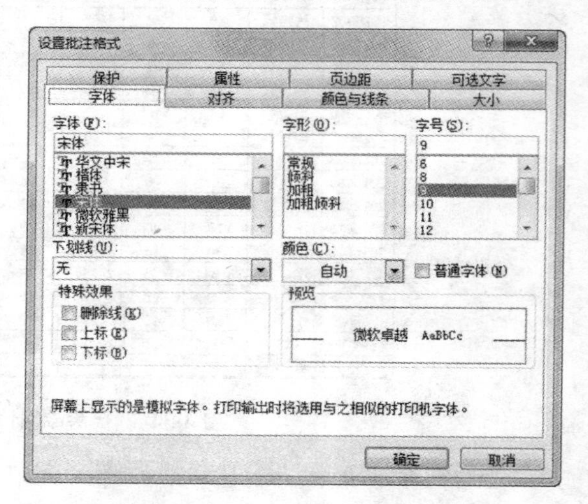

图4-37 "设置批注格式"对话框

(4) 再次单击B3单元格,鼠标右击从弹出菜单中选择"隐藏批注"命令,批注设置完成。

以此方法,完成B9单元格批注的添加。

【提示】 添加批注的单元格右上角会显示一个红色的小三角形,当鼠标指针移动到添加批注单元格上方时,批注信息就会显示出来,移开时自动隐藏。

3.移动和复制单元格数据

移动单元格数据是指将输入某些单元格中的数据移至其他单元格中。

复制单元格数据指将某个单元格数据内容制成相同的副本放到指定的位置,原数据内容和位置不会发生改变。

本案例操作如下:

借助工作表"期末成绩表"创建"学科活动成绩表"和"总成绩表"。

(1) 选中"期末成绩表"工作标签,在该标签上方单击鼠标右键→选择"移动或复制"命令,弹出"移动或复制工作表"对话框,如图4-38所示。

"将选定工作表移至工作簿":该框用于选择工作簿名称。

"下列选定工作表之前":该框用于选择将工作表复制到其他位置。

"建立副本":选中该选项表示复制工作表命令,不选则不执行。

(2) 将创建好的副本"期末成绩表(2) ",重命名为"学科活动成绩表"(将工作表中单元格原有科目和分数值删除,再重新输入科目及分数)。

以此方法类推,再创建"学期总成绩表"。

(3) 更改工作表标签颜色:选中任一个工作表标签,单击鼠标右键在弹出的菜单中选择"工作表标签颜色"命令即可选择所需设置色彩,如图4-39所示。

将"期末成绩表"、"学科活动成绩表"、"学期总成绩表"工作表的标签名颜色依次设置为"红色"、"黄色"、"蓝色"。

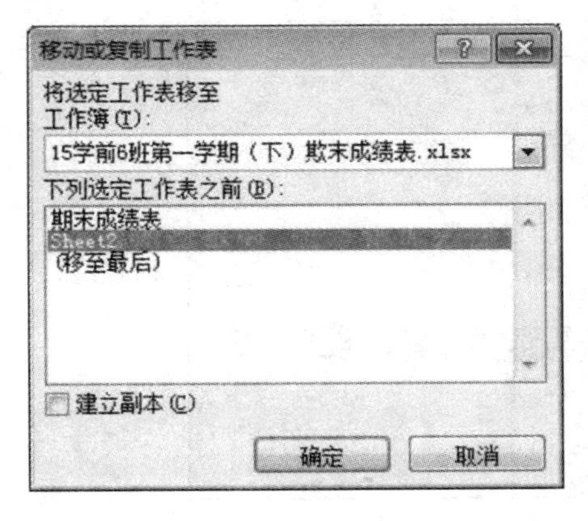

图 4-38 “移动或复制工作表”对话框

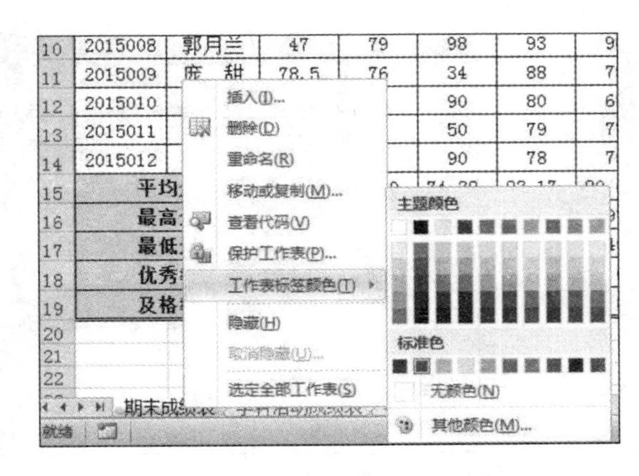

图 4-39 设置工作表标签颜色

4. 删除工作表

选择任一工作表标签名，在标签名上方单击鼠标右键，在弹出的快捷菜单中选择“删除”命令即可。

5. 隐藏工作表

选择任一工作表标签名，在标签名上方单击鼠标右键，在弹出的快捷菜单中选择“隐藏”命令即可。如果再次显示出来，在工作表标签名上方右键菜单中选择“取消隐藏”命令，在弹出的对话框中，找到所要显示的工作表名，点“确定”即可。

4.4.3 同一工作簿中不同工作表间单元格数据引用

如果在某工作表中的单元格需要与同一工作簿中其他工作表中的单元格进行计算，则可以通过在单元格引用的前面加上工作表的名称和感叹号“!”来引用其他工作表上的单元格。

本案例中要求每名学生“期末成绩表”科目成绩总分加上“学科活动成绩表”中科目成绩的分数的总和放到“学期总成绩”工作表中。具体操作如下：

1. 选择“学期总成绩表”工作表中的 C3 单元格。

2. 在该单元格中先输入一个“＝”号，再单击“公式”选项卡→“插入函数”命令→“SUM”函数，弹出“函数参数”对话框。

3. 在“函数参数”对话框中，单击“Number1”文本框清除里面的内容，使光标处于闪动状态。

4. 用鼠标单击“期末成绩表”工作表中的 J3 单元格，然后文本框中就会显示“期末成绩表！J3”，然后输入一个“＋”号，光标定位到“＋”号后面，再一次用鼠标点击“学科活动成绩表”工作表中的 J3 单元格，按“确定”按钮即可完成运算，如图 4-40 所示。

5. 剩余单元格数据的计算则可以采用“函数的相对引用”来完成。

选中“学期总成绩表”工作表中的 C3 单元格，使用“填充柄”方式复制公式至 C14 单元格。以此种方法类推，完成 C3:C14 单元格内容计算。

【提示】 在计算数据时如果引用其他工作簿中工作表的单元格，一般格式为：“工作簿存储地址[工作簿名称]工作表名称！单元格地址”。

函数参数

SUM

Number1 §表!J3+学科活动成绩表!J3 = 670.5

Number2 = 数值

= 670.5

计算单元格区域中所有数值的和

Number1: number1,number2,... 1 到 255 个待求和的数值。单元格中的逻辑值和文本将被忽略。但当作为参数键入时，逻辑值和文本有效

计算结果 = 670.5

有关该函数的帮助(H) 确定 取消

函数参数

期末成绩表!J3+学科活动成绩表!J3

图 4-40　同一工作簿不同工作表中单元格的运算

4.4.4　排序函数的使用

为了能快速查看出数值大小的顺序，可用排序函数操作。

本案例，在“学期总成绩表”工作表中按学生总分数进行排名，操作如下：

1. 选中 J3 单元格，在该单元格先输入一个“＝”号。

2. 选中“公式”选项卡→“插入函数”按钮→在弹出“插入函数”对话框中，搜索“RANK”函数，按“转到”按钮，找到“RANK”函数打开。

3. 在“RANK 函数参数”对话框中，输入数据如图 4-41 所示，各参数含义如下：

Number：是参与排名的第一个单元格地址；

Ref：参与排名的区域地址（一般区域采用绝对地址）；

Order：排名次序，主要有两个参数（0：降序；1：升序）。

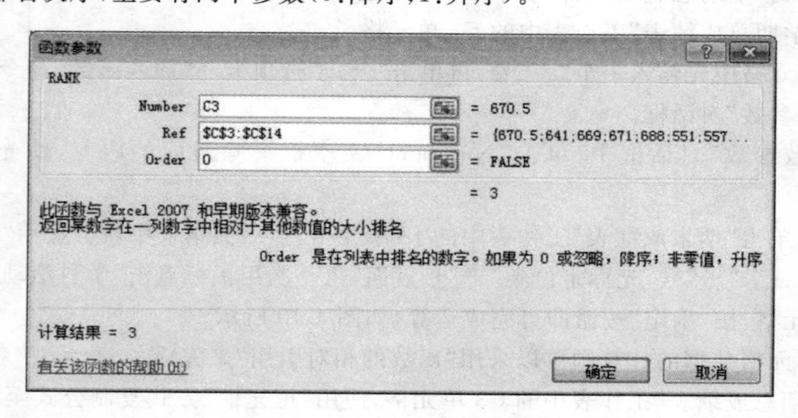

图 4-41　“RANK”函数参数设置

4. 单击“确定”按钮。

4.4.5　条件格式的使用

条件格式功能是指如果单元格中数据满足了特定条件，那么 Excel 会自动将设置好的格

式应用到该单元格上。

本案例将“期末成绩表”工作表中的分数小于60的单元格设置为“灰色底纹”效果。具体操作如下：

(1) 选中“期末成绩表”工作表中的C3:I14区域。

(2) 单击“开始”选项卡→“样式”组区中→“条件格式”按钮→“新建规则”命令，如图4-42所示。

(3) 在“选择规则类型”中选择“只为包含以下内容的单元格设置格式”。

“编辑规则说明”中设置“单元格值小于60”，再单击“格式”按钮设置单元格满足要求时所显示的样式，如图4-43所示。

(4) 单击“确定”按钮即可。

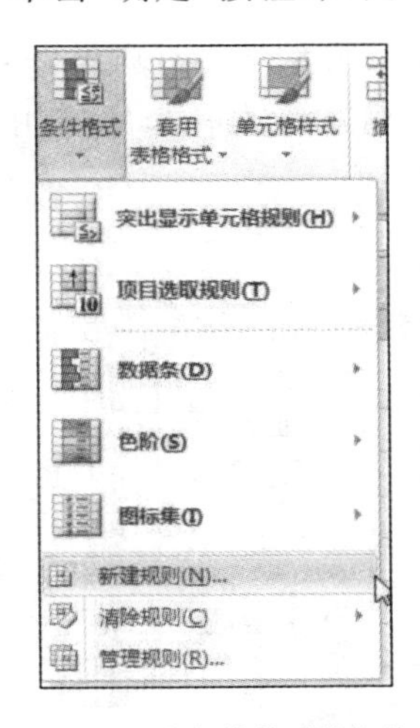

图4-42 “条件格式”菜单

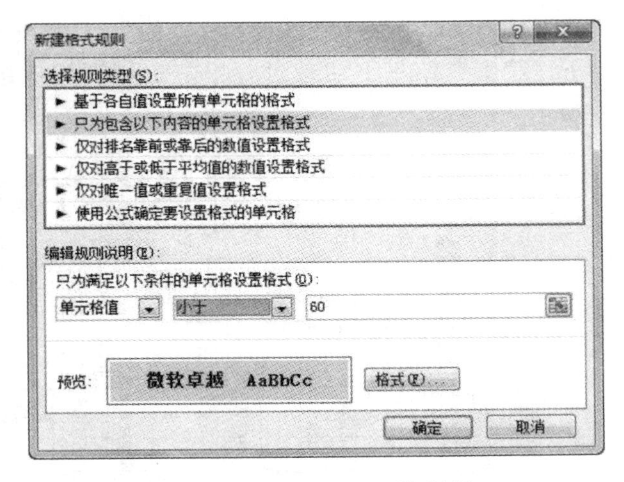

图4-43 “新建格式规则”对话框

【案例小结】

本案例主要讲述了常用函数的使用方法及格式设定，并且能对工作表进行复制、删除、重命名等操作，根据任务的不同实现跨工作表的公式引用，能用条件格式来限定特定单元格数据的内容，从而快速完成所需工作表的运算效果。

【应用探索】

打开“学生成绩表”工作簿，完成以下操作：

1. 在“期末成绩”工作表中计算每名学生的科目的“总分”、“最高分”、“最低分”和“平均分”、“优秀率”、“及格率”。

2. 在“学科活动成绩”工作表中计算每名学生的科目的“总分”。

3. 利用条件格式命令，标注出工作表中数值不及格的分数。

4. 在“总成绩表”工作表中计算“总分”和“排名”。

5. 利用批注为不及格的学生添加说明性文字“下学期补考”。

6. 美化表格样式：三张工作表。

7. 为工作表命名并设置标签颜色。

4.5 "声乐技能大比拼"成绩评定表

【任务目标】

1. 掌握函数嵌套使用方法；
2. 根据实际情况选择不同的函数嵌套；
3. 函数和公式的结合应用。

【职业引导】

为进一步提高学生的专业技能和实践能力，需要开展活动来展示学生对所学课程的接受能力。下面就来介绍一下活动过程中"声乐"课程成绩评定所需函数嵌套的使用方法，如图 4-44所示。

声乐技能大比拼活动初赛成绩评定

序号	课程	班级	姓名	汇报曲目	评分1	评分2	评分3	评分4	评分5	评分6	得分	排名	结 果
1	声乐	12学 5	王　沙	《美丽之路》	89.5	90.5	83.5	92	90.5	91	90.38	2	晋级
2	声乐	12学 3	李　香	《江河万古流》	80.5	87	82	90	85	87	85.25	6	晋级
3	声乐	12学10	任香格	《幸福万年长》	90	96	90.5	86		80	88.83	3	晋级
4	声乐	12学 5	陈梦宇	《妈妈，您快留步》	70	87	75	87.5	82	81	81.25	8	晋级
5	声乐	12学11	杜雨田	《女儿情》	60	68	78	70	77	80	73.25	12	淘汰
6	声乐	13学 8	李　思	《桃花谣》	85.5		90	91	87	88.5	88.5	4	晋级
7	声乐	13学 1	陈胡梦	《梅花引》	90	91	89.5	92	93	95	91.5	1	晋级
8	声乐	13学 6	邓秋芬	《越来越好》	86	87.5	88		90	94	88.5	4	晋级
9	声乐	13学 9	杨　莹	《我的深情为你守候》	50	57	70	61	64	47	58	14	淘汰
10	声乐	13学16	李　晓	《映山红》	88	78.5	86	76	75	82.5	80.75	9	晋级
11	声乐	13学13	刘冬香	《愉快的梦》	50	60	65.5	40	58	57.5	56.38	15	淘汰
12	声乐	14学 5	王　涵	《康美之恋》	78	69		80	84	82.5	80.17	10	晋级
13	声乐	14学 9	田　露	《人间大爱》	89	88	86	78	76	88	85	7	晋级
14	声乐	14学13	王美婷	《跟你走》	64	62	60	58.5	66	71	63	13	淘汰
15	声乐	14学 8	李丹青	《妻子》	88	70	79	76	66	80	76.25	11	淘汰

声乐技能大比拼活动决赛成绩评定

序号	课程	班级	姓名	汇报曲目	评分1	评分2	评分3	评分4	评分5	评分6	得分	等 级
1	声乐	12学 5	王　沙	《美丽之路》	80	90.5	70	92	82	86	84.63	良好
2	声乐	12学 3	李　香	《江河万古流》	80.5	87	82	90	85	87	85.25	良好
3	声乐	12学10	任香格	《幸福万年长》	70	69	60	64	63	61	64.25	合格
4	声乐	12学 5	陈梦宇	《妈妈，您快留步》	70	87	75	87.5	82	81	81.25	良好
5	声乐	13学 8	李　思	《桃花谣》	85.5	91	90	91	87	88.5	89.13	良好
6	声乐	13学 1	陈胡梦	《梅花引》	90	91	89.5	92	93	95	91.5	优秀
7	声乐	13学 6	邓秋芬	《越来越好》	86	87.5	88	93	90	94	89.63	良好
8	声乐	13学16	李　晓	《映山红》	67	78.5	86	76	75	82.5	78	合格
9	声乐	14学 5	王　涵	《康美之恋》	78	69	68	80	65	82.5	73.75	合格
10	声乐	14学 9	田　露	《人间大爱》	89	88	86	78	76	88	85	良好

声乐技能大比拼活动获奖成绩评定

序号	课程	班级	姓名	汇报曲目	名 次	奖 项
1	声乐	12学 5	王　沙	《美丽之路》	6	第三名
2	声乐	12学 3	李　香	《江河万古流》	4	第三名
3	声乐	12学10	任香格	《幸福万年长》	10	优秀奖
4	声乐	12学 5	陈梦宇	《妈妈，您快留步》	7	优秀奖
5	声乐	13学 8	李　思	《桃花谣》	3	第二名
6	声乐	13学 1	陈胡梦	《梅花引》	1	第一名
7	声乐	13学 6	邓秋芬	《越来越好》	2	第二名
8	声乐	13学16	李　晓	《映山红》	8	优秀奖
9	声乐	14学 5	王　涵	《康美之恋》	9	优秀奖
10	声乐	14学 9	田　露	《人间大爱》	5	第三名

图 4-44 "'声乐技能大比拼'活动评定表"

【知识技能】

4.5.1 嵌套函数定义

Excel中常常使用到函数，因为我们要统计不同的数据。而Excel中的函数有这么两种使用方法，即单独使用某个函数和嵌套使用多个函数。所谓的嵌套使用函数，指的是多个函数同时使用，其目的就是实现某种复杂的统计功能。

嵌套函数，是指在某些情况下，用户可能需要将某函数作为另一函数的参数使用，它返回的数值类型必须与参数使用的数值类型相同。在处理复杂问题时，一个或两个函数的单独使用无法有效解决问题，甚至无法解决，那么，通过嵌套函数的使用就能方便解决问题。下面，通过实例介绍嵌套函数的运用。

4.5.2 多个函数嵌套运用

1.“初赛”工作表的制作

(1) 选中A1单元格，输入“声乐技能大比拼活动初赛成绩评定”，然后将A1:N1区域合并并居中显示。

(2) 选中A2:N2区域，依次输入对应的标题栏目。

(3) 选中A3单元格，输入“1”，然后用填充柄的方式拖动到A17单元格松开即可填好“1，2，…，15”。

(3) B2:K17区域依次输入如图所需要的内容即可。

(4) 行高设置：同时选中第2行到第17行，单击“开始”→“单元格”→“格式”→“行高”命令，在弹出的对话框中输入“13.5”。

(5) 列宽同理(可自行调整宽度以适应内容)。

2.表格美化

(1) 选中A1:N1区域，设置字体为“华文行楷”，字号为“18”。

(2) 选中A2:N17区域，打开“设置单元格格式”对话框，单击“边框”选项卡，设外框线为“双线”，内框线为“实线”。

(3) 选中A2:N2区域，设置单元格底纹填充为“灰色”。

(4) 选中A2:N17区域，设置单元格内容水平对齐方式为“居中”，垂直对齐方式为“居中”。内容字体为“宋体”，字号为“11”。

3.工作表命名

选中“Sheet1”工作表标签，单击鼠标右键，在快捷菜单里选中“重命令”选项，输入“初赛”即可。

4.计算“得分”字段(以6个评委为例)

评分思路：计算所有评委的总分和，然后减去一个最高评分和一个最低评分所得的结果，再除以评委人数减2即可。

以求“王沙”学生“得分”为例，方法分析如下：

(1) 计算总分：“=SUM(F3:K3)”；

(2) 计算最高分：“=MAX(F3:K3)”；

(3) 计算最低分:“=MIN(F3:K3)”;

(4) 计算评委个数:“=COUNT(F3:K3)-2”。

根据“计算思路”,综合以上四个函数得到的公式为:“=(SUM(F3:K3)-MAX(F3:K3)-MIN(F3:K3))/ (COUNT(F3:K3)-2)”。

但在实际操作过程中,根据公式所得到的数值小数位数可能比较多,为了更精确位数,可以添加一个进行四舍五入的函数 Round 来解决问题,因而公式修改为如下:“=ROUND((SUM(F3:K3)-MAX(F3:K3)-MIN(F3:K3))/(COUNT(F3:K3)-2),“2”)”,如图 4-45 所示。

ROUND　=ROUND((SUM(F3:K3)-MAX(F3:K3)-MIN(F3:K3))/(COUNT(F3:K3)-2),"2")

声乐技能大比拼活动初赛成绩评定													
序号	课程	班级	姓名	汇报曲目	评分1	评分2	评分3	评分4	评分5	评分6	得分	排名	结 果
1	声乐	12学 5	王 沙	《美丽之路》	89.5	=ROUND((SUM(F3:K3)-MAX(F3:K3)-MIN(F3:K3))/(COUNT(F3:K3)-2),"2")							
2	声乐	12学 3	李 香	《江河万古流》	80.5	87	ROUND(number, num_digits)			87			

图 4-45 “函数综合应用”公式

这样鼠标选中 L3 单元格,在“编辑栏”中输入(或直接在单元格中输入)“=ROUND((SUM(F3:K3)-MAX(F3:K3)-MIN(F3:K3))/(COUNT(F3:K3)-2),“2”)”即可求出“得分”结果。

然后用相对引用的方式,光标定位 L3 单元格,通过填充柄方式将公式复制到 L4:L17 区域内即可求出所有学生的得分结果。

【提示】 Excel 中 ROUND 函数是指返回按指定位数取整的数字。具体格式:ROUND(number,digits)。Number:需要进行四舍五入的数字。digits:指定的位数,按此位数进行四舍五入。

5. 计算“排名”字段

运用 RANK 函数。

本案例操作如下:

选中单元格 M3,在编辑栏中输入“=RANK(L3,$L$3:$L$17,0)”,按 Enter 键即可求在指定区域所排的名次,剩下的学生名次可以用填充柄的方式完成,如图 4-46所示。

声乐技能大比拼活动初赛成绩评定													
序号	课程	班级	姓名	汇报曲目	评分1	评分2	评分3	评分4	评分5	评分6	得分	排名	结 果
1	声乐	12学 5	王 沙	《美丽之路》	89.5	90.5	83.5	92	90.5	91	=RANK(L3,$L$3:$L$17,0)		
2	声乐	12学 3	李 香	《江河万古流》	80.5	87	82	90	85	87	RANK(number, ref, [order])		
3	声乐	12学10	任香格	《幸福万年长》	90	96	90.5	86		80	88.83		

图 4-46 “排序”函数

说明:第一个参数 L3 单元格是第 1 名学生的得分,第二个参数 $L$3:$L$17 是指定要参与排序的固定单元格区域,第三个参数 0 表示降序。

4.5.3 IF 函数运用

IF 函数用于执行真假值判断后,根据逻辑测试的真假值返回不同的结果,因此 IF 函数也称之为条件函数。它的应用很广泛,可以使用函数 IF 对数值和公式进行条件检测。

语法格式:IF(logical,true,false)

其中 logical 表示计算结果为 TRUE 或 FALSE 的任意值或表达式。

可理解为：如果第一个参数 logical 返回的结果为真的话，则执行第二个参数 true 的结果，否则执行第三个参数 false 的结果。

IF 函数可以嵌套七层，可以构造复杂的检测条件。

IF 这样一个函数运用好则是能量非常大的一个函数。我们可以根据 IF 函数使用方法把 IF 函数写成"＝IF(逻辑判断，判断正确值，判断错误值)"，这样来看就非常容易理解了，就把它分为 3 个大部分就可以，然后再进行细致分析。下面运用这个复杂的 IF 函数进行解析。

1. 简单使用(计算"结果"字段)

前提要求：初赛采取淘汰制，晋级 10 名学生参加复赛选拔。

选中 N3 单元格，在编辑栏中输入"＝IF($M$3: $M$17<＝10,"晋级","淘汰")，按 Enter 键完成结果显示，如图 4-47 所示。

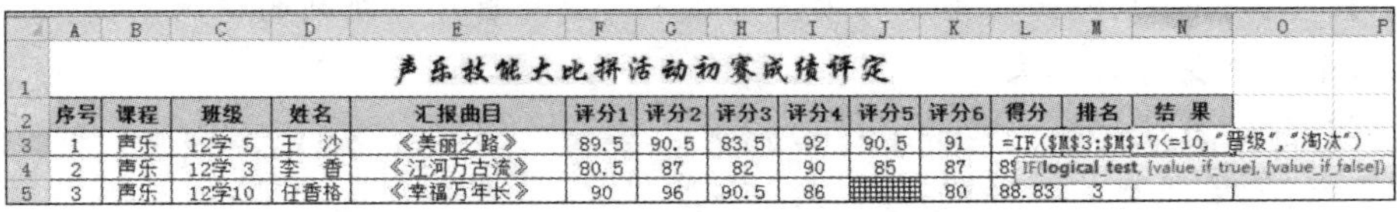

声乐技能大比拼活动初赛成绩评定

序号	课程	班级	姓名	汇报曲目	评分1	评分2	评分3	评分4	评分5	评分6	得分	排名	结果
1	声乐	12学 5	王　沙	《美丽之路》	89.5	90.5	83.5	92	90.5	91	=IF($M$3:$M$17<=10,"晋级","淘汰")		
2	声乐	12学 3	李　香	《江河万古流》	80.5	87	82	90	85	87	8[illegible] IF(logical_test, [value_if_true], [value_if_false])		
3	声乐	12学10	任香格	《幸福万年长》	90	96	90.5	86		80	88.83	3	

图 4-47 "等级"设置

然后将公式套用到 N4:N17 单元格区域。

说明：第一个参数"$M$3: $M$17<＝10"是指在绝对区域单元格里数值满足小于等于 10 的条件，第二参数表示当"$M$3: $M$17<＝10"成立时在单元格中输出"晋级"，当条件"$M$3: $M$17<＝10"不成立时，则输出"淘汰"。

2. IF 嵌套(计算"决赛"工作表中"等级"字段)

"决赛"工作表制作：选中"初赛"工作表标签，单击右键在快捷菜单中选择"移动或复制"命令，创建"初赛"工作表副本，并把它命令为"决赛"工作表标签名。同时，删除被"淘汰"的学生记录信息，保留剩下的 10 名选手行记录。并将评委给分信息补充完整，运用上述方法计算出"得分"字段内容。

比赛要求为：对"得分"成绩进行判断，100～90 分之间为优秀，90～80 分之间为良好，80～60 分之间为合格，60 分以下为不及格。

计算"等级"字段方法如下：

选中 M3 单元格，在编辑栏中输入"＝IF(L3>＝90,"优秀",IF(L3>＝80,"良好",IF(L3>＝60,"合格","不合格")))" 按 Enter 键完成结果显示，如图 4-48 所示。

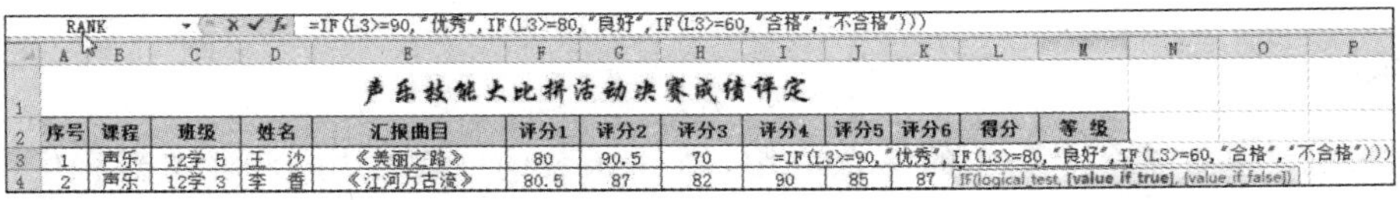

RANK　=IF(L3>=90,"优秀",IF(L3>=80,"良好",IF(L3>=60,"合格","不合格")))

声乐技能大比拼活动决赛成绩评定

序号	课程	班级	姓名	汇报曲目	评分1	评分2	评分3	评分4	评分5	评分6	得分	等级
1	声乐	12学 5	王　沙	《美丽之路》	80	90.5	70	=IF(L3>=90,"优秀",IF(L3>=80,"良好",IF(L3>=60,"合格","不合格")))				
2	声乐	12学 3	李　香	《江河万古流》	80.5	87	82	90	85	87	IF(logical_test, [value_if_true], [value_if_false])	

图 4-48 "等级"设置

说明："L3>＝90"是逻辑表达式，当满足条件时为优秀，不满足时为"IF(L3>＝80,"良好",IF(L3>＝60"合格","不合格")))"这样一个表达式，再对这个表达式进行剖析，其实是一样的道理。注意每一个条件必须是互斥的，如最里面的表达式"IF(L3>＝60,"合格","不合格")"这里"L3>＝60"的意思是 L3 大于等于 60 并且小于 80。

4.5.4　排名奖项设置

1.“获奖排名”工作表的制作

选中“决赛”工作表，单击鼠标右键→“移动或复制”，为“决赛”工作表创建副本，并重新命名为“获奖排名”。

2.删除 F 列到 K 列。

3.将“得分”和“等级”标题，修改为“名次”和“奖项”。

4.计算“名次”方法（根据决赛获取）

选中 F3 单元格，在编辑栏中输入“＝RANK(决赛！L3,决赛！ $L$3:$L$12,0)”，敲 Enter 键，然后使用填充柄方式完成 F4～F12 单元格的填充，得到所需要的排名次序。

【提示】 运用 RANK 函数排序的方法是在不改变原有序号排列的情况下，按总分在名次列中标出每个人所获得的名次。

5.计算“奖项”方法

前提要求：如果比赛奖项设置数据为：一等奖 1 名，二等奖 2 名，三等奖 3 名，优秀奖 4 名，那么可以根据“排名”来获取“奖项”。

选中 G3 单元格，在编辑栏中输入“＝IF(F3＜＝1,“第一名”,IF(F3＜＝3,“第二名”,IF(F3＜＝6,“第三名”,“优秀奖”)))”，敲 Enter 键，然后使用填充柄方式完成 G4～G12 单元格的填充，得到所需要的奖项，如图 4-49 所示。

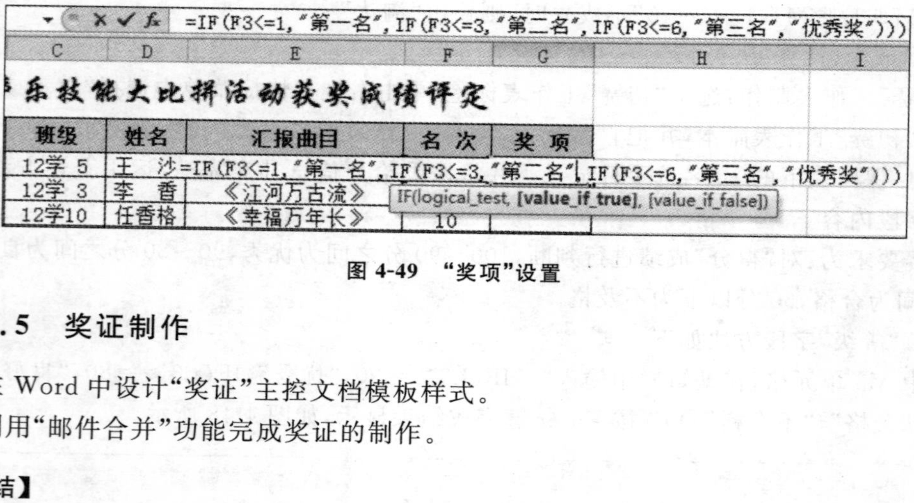

图 4-49　“奖项”设置

4.5.5　奖证制作

1.在 Word 中设计“奖证”主控文档模板样式。

2.利用“邮件合并”功能完成奖证的制作。

【案例小结】

本案例主要讲解了多个函数的综合应用，用 if 函数的嵌套使用，来解决现实生活中的实际问题，同时在了解函数嵌套格式的基础上，分析出问题的操作步骤，从而找到所需的合适函数，来得到满意的结果。

【应用探索】

1.打开“声乐技能大比拼活动成绩评定”工作簿。

2.美化三个工作表。

3. 在“初赛”工作表中计算每名学生的科目的“得分”、“排名”、“结果”。
4. 在“决赛”工作表中计算每名学生的科目的“得分”、“等级”。
5. 在“获奖排名”工作表中计算“名次”和“奖项”。
6. 利用 Word 中“邮件合并”功能设计打印“奖证”。

4.6 中百超市员工工资统计表

【任务目标】

1. 建立数据清单、使用记录单管理数据；
2. 数据排序；
3. 自动筛选、条件筛选、高级筛选的应用；
4. 分类汇总应用。

【职业引导】

Excel 在数据库管理方面与其他的数据库管理软件一样，不仅能够通过记录单来增加、删除、移动数据等操作来管理数据，还在排序、筛选、汇总和分级显示等方面具有较强的管理能力。本案例使用如图 4-50 中的数据进行处理。

	A	B	C	D	E	F	G	H	I	J	K
1	中百超市员工工资统计表										
2	编号	姓名	性别	部门	基本工资（元）	奖金（元）	出差补贴（元）	迟到（次）	事假（次）	旷工（次）	工资总额
3	A1001	张　岩	男	生产部	¥1,590	¥898	¥400	0	0	0	¥2,888
4	A1002	李　松	男	财务部	¥1,320	¥832	¥300	0	0	0	¥2,452
5	A1003	夏　静	女	销售部	¥1,433	¥754	¥250	0	1	0	¥2,437
6	A1004	李　强	男	生产部	¥1,689	¥537	¥100	0	0	0	¥2,326
7	A1005	白　洋	男	销售部	¥1,004	¥420	¥350	0	0	0	¥1,774
8	A1006	魏天森	男	财务部	¥1,243	¥310	¥200	0	0	1	¥1,753
9	A1007	邹　华	女	销售部	¥980	¥280	¥400	0	0	0	¥1,660
10	A1008	吴　树	男	生产部	¥889	¥763	¥500	1	0	0	¥2,152
11	A1009	张莉莉	女	财务部	¥765	¥200	¥300	0	0	0	¥1,265
12	A1010	王　红	女	生产部	¥1,243	¥300	¥200	0	0	0	¥1,743

图 4-50 “中百超市员工工资统计表”

【知识技能】

4.6.1 数据清单

数据库是一种相关信息的集合，是一种数据清单。数据清单中的数据可以按照行和列进行划分，每一列中的数据是具有相同属性数据的集合，相当于数据库中的字段，每一行相当于数据库中的一条记录。

在 Excel 中，可以创建数据清单管理数据。数据清单中的行相当于 Excel 中的记录，行标题相当于记录名；数据清单中的列相当于字段，列标题相当于数据库的字段名。在工作表中输入字段和记录后，可以方便地添加、修改和删除记录，下面将根据“要求”分别讲解。

本案例中的操作要求为：参照本案例创建一个数据清单，并使用记录单添加“王红”工资信息，查找“李强”工资信息，并将“白洋”的基本工资修改为“1800 元”。

1. 创建记录单。

(1) 新建一个空工作簿，在“Sheet1”工作表中的第一行，合并单元格区域 A1:K1，输入列标题“中百超市员工工资统计表”，并居中对齐。

(2) 在 A2:K2 区域分别输入各字段列名称，如图 4-47 所示。

(3) 选择“文件”菜单→“选项”命令→打开“选项”对话框，单击“快速访问工具栏”，然后在右侧窗格中单击“从下列位置选择命令”下拉列表框右侧的下三角按钮，选择“不在功能区中的命令”选项，接着从下面的列表中选择“记录单”选项，单击“添加”按钮，如图 4-51 所示。

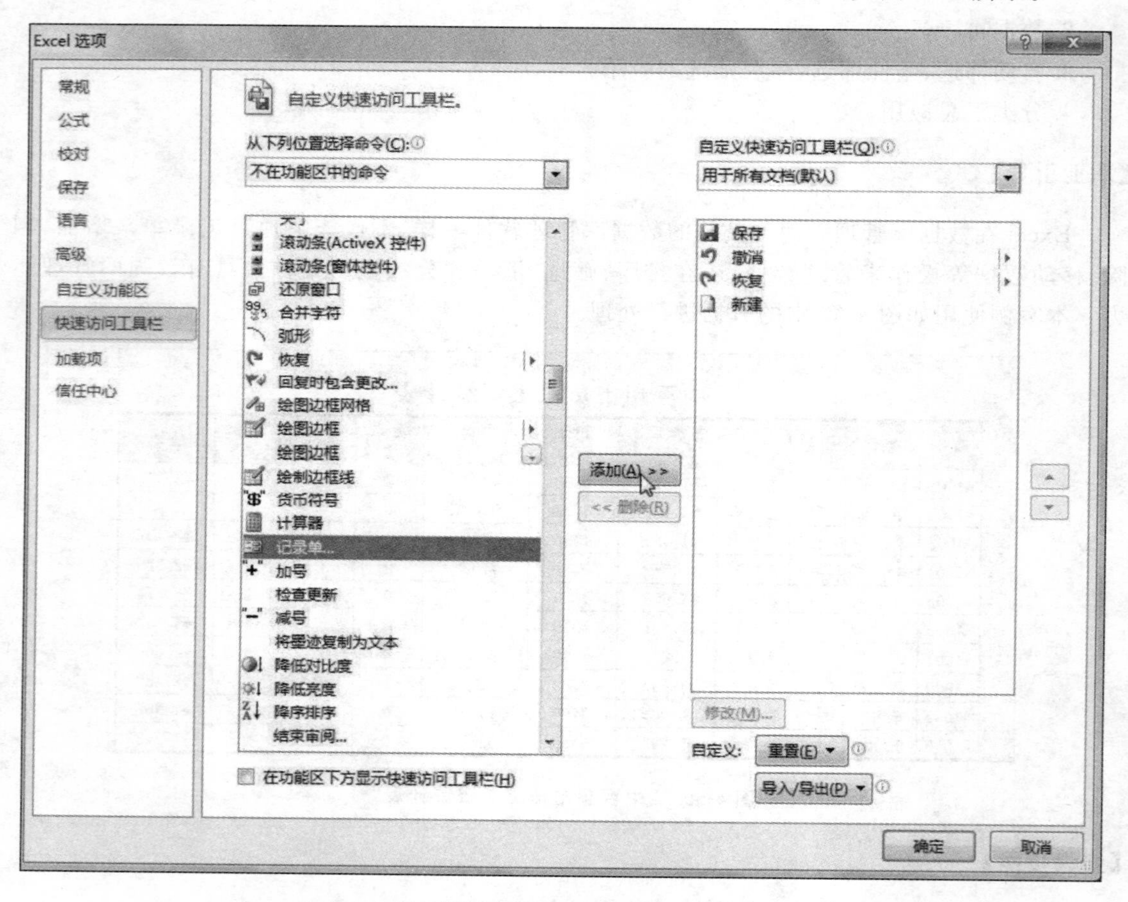

图 4-51　添加“记录单”到“自定义快速访问工具栏”

(4) 然后单击“确定”按钮，“记录单”就被添加到“快速访问工具栏”中，如图 4-52 所示。

(5) 选择 A2:K2 区域，单击“自定义快速访问工具栏”中的“记录单”选项，弹出如图 4-53 所示的对话框，并输入第一行记录信息。

(6) 单击“新建”按钮，记录单自动新建一条记录，如果有则继续输入，没有则单击“关闭”按钮，返回到工作表。以此方法完成剩余记录 A2:K11 的添加。

图 4-52 “记录单”添加到快速访问工具栏

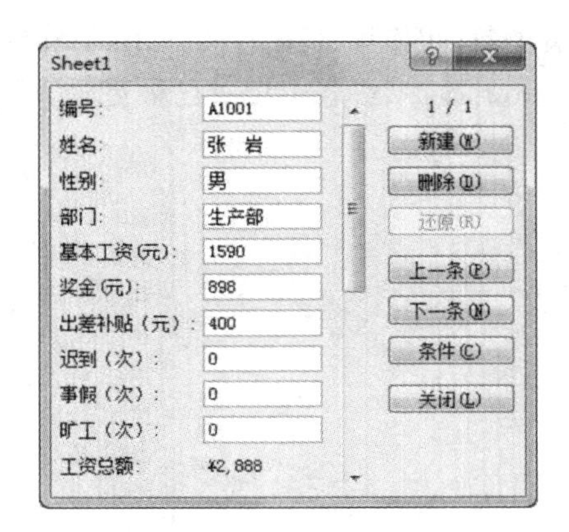

图 4-53 “记录单”对话框

【提示】 除用“记录单”添加数据方法外，也可先在工作表 Sheet1 A2:K11 区域中先录入好数据信息，然后再单击“记录单”命令自动生成数据清单。

2. 增加记录

选中 A2:K11 区域，打开“记录单”对话框，单击“新建”按钮，在对应的列字段文本框中，添加“王红”行记录信息。

【提示】 新添加的记录默认在当前数据清单最后一条记录的下方。

3. 查找记录

选择 A2:K12 区域，单击“记录单”选项，打开对话框，单击“条件”按钮，输入要查找的条件信息，即编号文本框中输入“A1004”，如图 4-54 所示，然后按 Enter 键，对话框会自动查找符合条件的记录并显示出来。(单击“表单”按钮，将返回记录单对话框。)

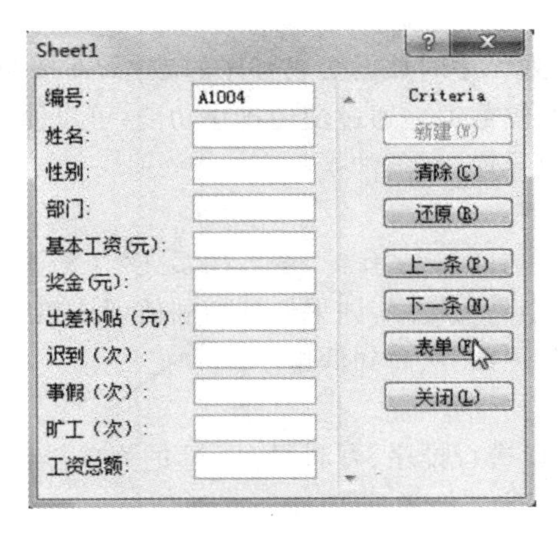

图 4-54 查找“记录”

【提示】 利用记录单查找记录，输入的查找条件越多，查找到符合条件的记录越少。当然，输入记录中没有重复的条件，查找到的就只有一条记录。

4. 修改记录

要修改记录中的数据，除了在工作表中直接修改外，还可以使用记录单对数据进行修改，方法如下：

在工作表中选择 A2:K12 区域，单击“记录单”选项，打开“记录单”对话框，拖动对话框中的滚动条，切换第 5 条记录，如图 4-55 所示，将“基本工资”文本框由“1004”改为“1800”，然后按 Enter 键，工作表中记录已被更改，单击“关闭”按钮，关闭记录单对话框。

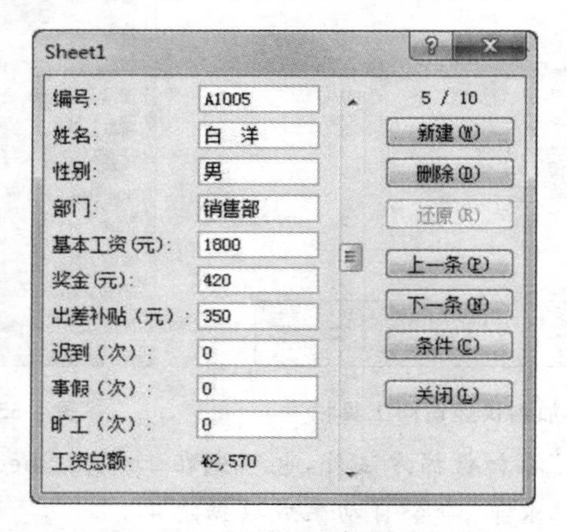

图 4-55 “修改记录”对话框

5. 删除记录

打开工作表，选中 A2:K12 区域，单击“记录单”选项，打开对话框，通过“上一条”和“下一条”按钮找到所需要的记录，也可通过滚动条找到要删除的记录，然后单击“删除”按钮将该记录删除。

【提示】 如果一张工作表中的数据很多，也可以手动删除需要删除的记录。其中在记录单中所做的删除操作是不能撤销的。

4.6.2 数据排序

数据排序是把一列或多列无序的数据变成有序的数据，即按照一定顺序对数据重新进行整理和排列，这样能方便地管理数据。通过使用排序功能，可以使数据清单的管理更加具有条理性，通常方法可以分为简单排序、多条件排序。

本案例中的要求操作如下：

打开“中百超市员工工资统计表”工作簿：统计出员工“工资总额”，并由高到低排列；统计出中百超市员工“部门”并从小到大排序，如果遇到相同值则按照“基本工资”从高到低排序，如果再遇到相同值则按照“出差补贴”从高到低排序。

1. 简单排序

若对工作表中的某一字段进行排序，可利用 Excel 的简单排序功能。

(1) 选中排序区域中的任意一个单元格 K2。

(2) 单击“数据”选项卡→“排序和筛选”组→“排序”按钮。

(3) 弹出“排序”对话框，在“主要关键字”下拉列表框中选择“工资总额”选项，在次序列表框中选择“降序”，如图 4-56 所示。

(4) 单击“确定”按钮，完成排序操作，如图 4-57 所示。

【提示】 “主要关键字”条件是在排序时作为第一顺序，所以务必要将最具代表性数据作为“主要关键字”。

图 4-56 “排序”对话框

	A	B	C	D	E	F	G	H	I	J	K
1	中百超市员工工资表										
2	编号	姓名	性别	部门	基本工资（元）	奖金（元）	出差补贴（元）	迟到（次）	事假（次）	旷工（次）	工资总额（元）
3	A1001	张　岩	男	生产部	¥1,590	¥898	¥400	0	0	0	¥2,888
4	A1002	李　松	男	财务部	¥1,320	¥832	¥300	0	0	0	¥2,452
5	A1003	夏　静	女	销售部	¥1,433	¥754	¥250	0	1	0	¥2,437
6	A1004	李　强	男	生产部	¥1,689	¥537	¥100	0	0	0	¥2,326
7	A1008	吴　树	男	生产部	¥889	¥763	¥500	1	0	0	¥2,152
8	A1005	白　洋	男	销售部	¥1,004	¥420	¥350	0	0	0	¥1,774
9	A1006	魏天淼	男	财务部	¥1,243	¥310	¥200	0	0	1	¥1,753
10	A1010	王　红	女	生产部	¥1,243	¥300	¥200	0	0	0	¥1,743
11	A1007	郝　华	女	销售部	¥980	¥280	¥400	0	0	0	¥1,660
12	A1009	张莉莉	女	财务部	¥765	¥200	¥300	0	0	0	¥1,265

图 4-57 按照“工资总额”降序排列

2. 多条件排序

即指按照多个条件进行排序，针对使用单一条件排序后仍有相同数据的情况进行的排序方式。本案例操作如下：

(1) 选中排序区域中的任意一个单元格 A2。

(2) 按照上面的方法打开“排序”对话框，连续单击“添加条件”按钮两次，在“主要关键字”下面会出现两行“次要关键字”文本框。

(3) 在“主要关键字”和“次要关键字”栏中分别输入如图 4-58 所示数据信息。

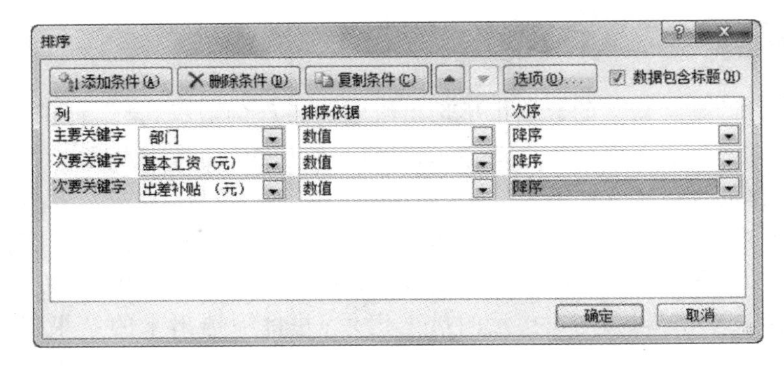

图 4-58 “多条件排序”对话框

【提示】 “次要关键字”条件是在排序时，作为第2顺序，仅次于“主要关键字”条件，其他条件以此类推。而每单击一次“添加条件”按钮就会增加一个关键字，单击“删除条件”按钮可以减少一个关键字。

(4) 其中在选择“主要关键字”中的“部门”列时，由于数据是文本类型，因而需要单选击上方的“选项”按钮，弹出“排序选项”对话框，在“方法”选项组中选择“笔画排序”命令，如图4-59所示。

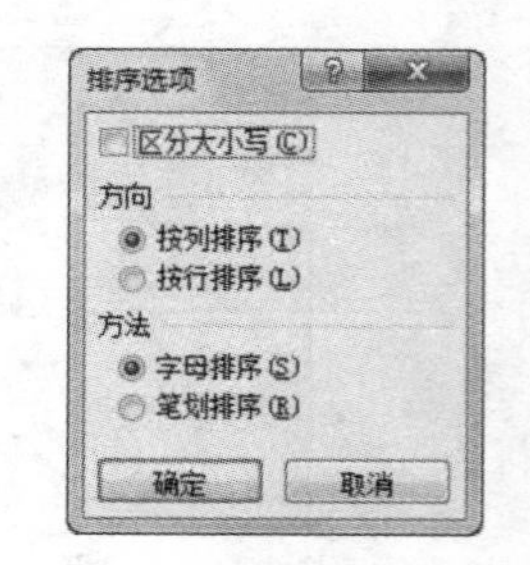

图4-59 “排序选项”对话框

【提示】 通常数据是根据列进行排序的，有时需要按行排序，在“选项”对话框中的“方向”组中选择“按行排序”单选按钮即可达到目的。

(5) 单击“确定”按钮，最后显示的效果如图4-60所示。

	A	B	C	D	E	F	G	H	I	J	K
1	中百超市员工工资表										
2	编号	姓名	性别	部门	基本工资(元)	奖金(元)	出差补贴(元)	迟到(次)	事假(次)	旷工(次)	工资总额(元)
3	A1003	夏 静	女	销售部	¥1,433	¥754	¥250	0	1	0	¥2,437
4	A1005	白 洋	男	销售部	¥1,004	¥420	¥350	0	0	0	¥1,774
5	A1007	郝 华	女	销售部	¥980	¥280	¥400	0	0	0	¥1,660
6	A1004	李 强	男	生产部	¥1,689	¥537	¥100	0	0	0	¥2,326
7	A1001	张 岩	男	生产部	¥1,590	¥898	¥400	0	0	0	¥2,888
8	A1010	王 红	女	生产部	¥1,243	¥300	¥200	0	0	0	¥1,743
9	A1008	吴 树	男	生产部	¥889	¥763	¥500	1	0	0	¥2,152
10	A1002	李 松	男	财务部	¥1,320	¥832	¥300	0	0	0	¥2,452
11	A1006	魏天森	男	财务部	¥1,243	¥310	¥200	0	0	1	¥1,753
12	A1009	张莉莉	女	财务部	¥765	¥200	¥300	0	0	0	¥1,265

图4-60 “多条件排序”最终效果图

【提示】 对数据进行排序时，Excel会遵循以下原则：

如果按某一列来排序，那么在该列上的完全相同的行将保持它们的原始次序；

在排序列中有空白单元格的行会被放置在排序的数据清单最后；

隐藏行不会被排序；

排序选项中如包含选定的列、顺序(升序或降序)等，则在最后一次排序后会被保存下来，直到修改它们或修改选定区域或列标记为止；

如果按一个以上的列进行排序，主要列中有完全相同项的行会根据指定的第二列作排序，第二列中有完全相同项的行会根据指定的第三列进行排序。

4.6.3 数据筛选

筛选数据的目的是从众多的数据中挑选出给定的条件的数据，是一种用于查找数据清单中的数据的快速方法。它可以分为自动筛选、自定义筛选、高级筛选方法。

本案例中操作的具体要求如下：

打开“中百超市员工工资统计表”工作簿；筛选出中百超市所有在“财务部”工作的员工记录；筛选出“奖金(元)”金额在400元到900元之间的员工记录；筛选出“工资总额”在2000元以上并且“基本工资(元)”小于1500元的员工记录；并将筛选出来的结果显示在A15:K18区域。

1. 自动筛选

自动筛选就是按选定的内容进行筛选，适用于简单的筛选数据。通常在一个数据列表的一个列中，都有多个相同值，自动筛选将为用户提供在具有大量数据记录的数据列表中快速查找符合条件记录的功能。

（1）选中要筛选数据清单（A2：K12）中的任意一个单元格。

（2）选择“数据”选项卡→“排序与筛选”组→单击“筛选”按钮，将进入自动筛选状态，此时每个字段名的右侧将出现一个下拉箭头，如图 4-61 所示。

	A	B	C	D	E	F	G	H	I	J	K
1	中百超市员工工资表										
2	编号	姓名	性别	部门	基本工资（元）	奖金（元）	出差补贴（元）	迟到（次）	事假（次）	旷工（次）	工资总额（元）
3	A1001	张　岩	男	生产部	¥1,590	¥898	¥400	0	0	0	¥2,888
4	A1002	李　松	男	财务部	¥1,320	¥832	¥300	0	0	0	¥2,452
5	A1003	夏　静	女	销售部	¥1,433	¥754	¥250	0	1	0	¥2,437
6	A1004	李　强	男	生产部	¥1,689	¥537	¥100	0	0	0	¥2,326
7	A1005	白　洋	男	销售部	¥1,004	¥420	¥350	0	0	0	¥1,774
8	A1006	魏天淼	男	财务部	¥1,243	¥310	¥200	0	0	1	¥1,753
9	A1007	郝　华	女	销售部	¥980	¥280	¥400	0	0	0	¥1,660
10	A1008	吴　树	男	生产部	¥889	¥763	¥500	1	0	0	¥2,152
11	A1009	张莉莉	女	财务部	¥765	¥200	¥300	0	0	0	¥1,265
12	A1010	王　红	女	生产部	¥1,243	¥300	¥200	0	0	0	¥1,743

图 4-61　“自动筛选”状态的数据清单

（3）单击要筛选的字段名“部门”右边的下三角按钮，会出现一个如图 4-62 所示的下拉列表。

图 4-62　“部门”下列拉表框

（4）单击下拉列表中的“全选”按钮（清除所有选项），再选中“财务部”按钮，最后单击“确定”按钮，即可筛选出符合条件的记录，如图 4-63 所示。

【提示】 完成筛选后，符合条件的行的行标为蓝色，并且是不连续的，也就是说自动筛选功能其实就是将不符合条件的数据行隐藏起来了。进行了筛选的列，在字段名右侧的下拉按钮上出现了一个“漏斗”符号，这是筛选标志，将鼠标指向该标志，会显示出相应的筛选条件。

	A	B	C	D	E	F	G	H	I	J	K
1	中百超市员工工资表										
2	编号	姓名	性别	部门	基本工资（元）	奖金（元）	出差补贴（元）	迟到（次）	事假（次	旷工（次）	工资总额（元）
4	A1002	李 松	男	财务部	¥1,320	¥832	¥300	0	0	0	¥2,452
8	A1006	魏天森	男	财务部	¥1,243	¥310	¥200	0	0	1	¥1,753
11	A1009	张莉莉	女	财务部	¥765	¥200	¥300	0	0	0	¥1,265

图 4-63 筛选后的结果

要清除筛选结果，恢复全部数据，通常采用两种方法：

① 单击进行了筛选操作列标题右侧的下拉按钮，在该列表中选择从“××”中清除筛选按钮即可。

② 选中进行了筛选操作列中的任意一个单元格，切换到“数据”选项卡→单击“排序和筛选”组中的“清除”按钮即可恢复所有数据。如果要去掉所有“字段名”右侧的筛选按钮，只需单击“筛选”命令即可清除。

2. 自定义筛选

自定义筛选在筛选数据时有很大的灵活性，可以进行复杂的筛选功能。

(1) 选中要筛选数据清单(A2:K12)中的任意一个单元格。

(2) 选择“数据”选项卡→“排序与筛选”组→单击“筛选”按钮，将进入自动筛选状态。

(3) 单击字段名“奖金(元)”的向下箭头，在下拉列表框中选择“数字筛选” →“自定义筛选”命令，打开自定义筛选对话框。

(4) 在“显示行”第一行的下拉列表框中选择条件为“大于或等于”，输入数值为“400”，第二行的下拉列表框中选择条件为“小于或等于”，输入数值为“900”。由于筛选结果是两行条件之间的区域，因而通过“与”运算符相连接，如果不是则用“或”运算符连接，如图 4-64 所示。

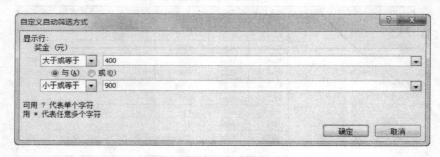

图 4-64 “自定义自动筛选方式”对话框

(5) 单击“确定”按钮后，显示结果的记录如图 4-65 所示。

	A	B	C	D	E	F	G	H	I	J	K
1	中百超市员工工资表										
2	编号	姓名	性别	部门	基本工资（元）	奖金（元）	出差补贴（元）	迟到（次）	事假（次	旷工（次）	工资总额（元）
3	A1001	张 岩	男	生产部	¥1,590	¥898	¥400	0	0	0	¥2,888
4	A1002	李 松	男	财务部	¥1,320	¥832	¥300	0	0	0	¥2,452
5	A1003	夏 静	女	销售部	¥1,433	¥754	¥250	0	1	0	¥2,437
6	A1004	李 强	男	生产部	¥1,689	¥537	¥100	0	0	0	¥2,326
7	A1005	白 洋	男	销售部	¥1,004	¥420	¥350	0	0	0	¥1,774
10	A1008	吴 树	男	生产部	¥889	¥763	¥500	1	0	0	¥2,152

图 4-65 “自定义筛选”结果

3. 高级筛选

如果需要进行筛选的数据列表中的字段比较多，筛选条件又复杂，则使用自动筛选就显得很麻烦，这时如果用高级筛选来完成，就可以简化筛选工作，提高效率。

(1) 使用高级筛选必须先建立一个条件区域，用来指定筛选满足的条件。条件区域允许设置复杂的筛选条件，但不能和数据表连在一起，必须用一个空记录将其隔开，并且一个条件区域通常要包含两行，第一行的单元格中输入指定的字段名称，第二行单元格中输入对应字段的筛选条件。

设置筛选条件：选定单元格区域 M2:N3 为条件区域，在单元格 M2 和 N2 中分别输入字段名"基本工资(元)"和"工资总额"；在单元格 M3 和 N3 中分别输入条件值"＜1500"和"＞2000"，如图 4-66 所示。

	A	B	C	D	E	F	G	H	I	J	K	L	M	N
1	中百超市员工工资表													
2	编号	姓名	性别	部门	基本工资(元)	奖金(元)	出差补贴(元)	迟到(次)	事假(次)	旷工(次)	工资总额(元)		基本工资(元)	工资总额(元)
3	A1001	张 岩	男	生产部	¥1,590	¥898	¥400	0	0	0	¥2,888		<1500	>2000
4	A1002	李 松	男	财务部	¥1,320	¥832	¥300	0	0	0	¥2,452			
5	A1003	夏 静	女	销售部	¥1,433	¥754	¥250	0	1	0	¥2,437			
6	A1004	李 强	男	生产部	¥1,689	¥537	¥100	0	0	0	¥2,326			
7	A1005	白 洋	男	销售部	¥1,004	¥420	¥350	0	0	0	¥1,774			
8	A1006	魏天淼	男	财务部	¥1,243	¥310	¥200	0	0	1	¥1,753			
9	A1007	邹 华	女	销售部	¥980	¥280	¥400	0	0	0	¥1,660			
10	A1008	吴 树	男	生产部	¥889	¥763	¥500	1	0	0	¥2,152			
11	A1009	张莉莉	女	财务部	¥765	¥200	¥300	0	0	0	¥1,265			
12	A1010	王 红	女	生产部	¥1,243	¥300	¥200	0	0	0	¥1,743			

图 4-66 "高级筛选"条件设置

【提示】 建立条件区域的数据表必须要有标题行，设置条件的"字段名"必须与要筛选的数据清单中的"字段名"一致，否则筛选不出结果来。

(2) 选中区域 A2:K12，单击"数据"选项卡→"排序与筛选"组→单击"高级"按钮，将打开"高级筛选"对话框。选中该对话框"方式"下面的"将筛选结果复制到其他位置"选项，然后在"条件区域"右侧方框中输入或用鼠标点选刚才设置的条件区域(M2:N3)，并在"复制到"右侧方框中输入要保存筛选后数据单元格区域的第一个单元格地址"A15"，如图 4-67 所示。

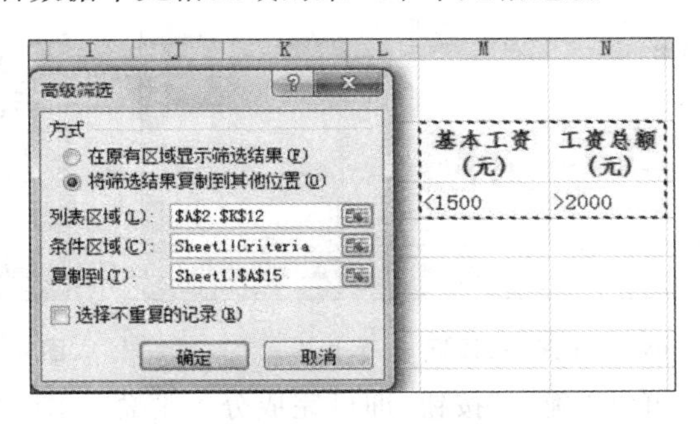

图 4-67 "高级筛选"对话框

(3) 全部设置完成后，单击"确定"按钮即可，筛选结果如图 4-68 所示。

15	编号	姓名	性别	部门	基本工资(元)	奖金(元)	出差补贴(元)	迟到(次)	事假(次)	旷工(次)	工资总额(元)
16	A1002	李 松	男	财务部	¥1,320	¥832	¥300	0	0	0	¥2,452
17	A1003	夏 静	女	销售部	¥1,433	¥754	¥250	0	1	0	¥2,437
18	A1008	吴 树	男	生产部	¥889	¥763	¥500	1	0	0	¥2,152

图 4-68 "高级筛选"结果

【提示】 高级筛选与自动筛选的一个最主要的区别就是在进行高级筛选操作的同时，可以直接将筛选后的数据复制到其他单元格区域。如果要设置的是交叉条件“与”，则在条件区域中需将条件数据存放同一行中；如果要设置的是并列条件“或”，则在条件区域中需将条件数据存放在不同行中。如果要在结果中排除相同行，可选择“高级筛选”对话框中的“选择不重复的记录”复选框。

4.6.4 数据分类汇总

分类汇总是对数据清单进行数据分析的一种方法，分类汇总对数据库中指定的字段进行分类，然后统计同一类记录的有关信息。

要正确使用分类汇总功能，必须对作为汇总条件列的数据进行排序，然后才能依据数值列中的分类项目，对指定的数据进行分类汇总。当对数据进行了分类汇总后，Excel 将分级显示列表以方便为每个分类汇总显示和隐藏明细数据行。

本案例中的操作要求如下：

打开“中百超市员工工资表”工作簿，汇总各部门工资总额。

1. 创建分类汇总

Excel 是根据字段名来进行分类汇总的，要对数据列表进行分类汇总时，要求数据列表中的每一个字段都有字段名，即数据列表的每一列都要列标题。

(1) 单击“部门”列中的任意一个单元格，将其按升序排列，如图 4-69 所示。

(2) 选中数据区域任意一个单元格，单击“数据”选项卡→“分级显示”组→单击“分类汇总”按钮，将打开“分类汇总”对话框，然后在“分类字段”下拉列表框中选择“部门”选项，在“汇总方式”下拉列表中，选择“求和”命令，在“选定汇总项”列表框中选择“工资总额”复选框，如图 4-70所示。

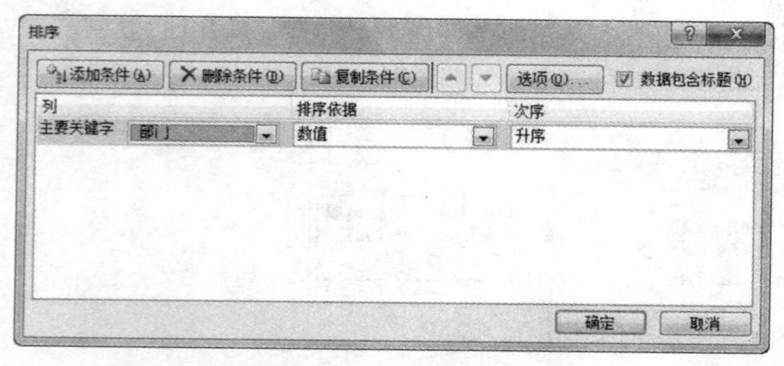

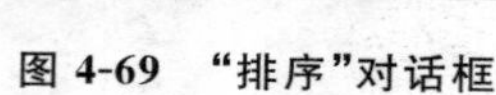

图 4-69 “排序”对话框

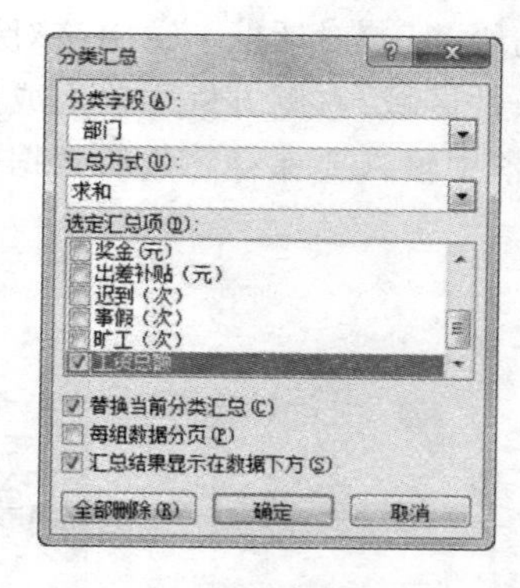

图 4-70 “分类汇总”对话框

(3) 全部设置完成后，单击“确定”按钮，即可完成分类汇总，如图 4-71 所示。

【提示】 同时选中“选定汇总项”中的多个复选框，可以对多列进行分类汇总。如果选中“每组数据分页”复选框，Excel 则把每类数据分页显示。“分类汇总”数据清单左侧的“+”表示隐藏相应级别的数据，“−”号表示展开隐藏的部分数据；左上角的 1 2 3 按钮中的某一个按钮可以快速隐藏或显示数据。

	A	B	C	D	E	F	G	H	I	J	K
1	中百超市员工工资表										
2	编号	姓名	性别	部门	基本工资（元）	奖金（元）	出差补贴（元）	迟到（次）	事假（次）	旷工（次）	工资总额（元）
3	A1002	李 松	男	财务部	¥1,320	¥832	¥300	0	0	0	¥2,452
4	A1006	魏天淼	男	财务部	¥1,243	¥310	¥200	0	0	1	¥1,753
5	A1009	张莉莉	女	财务部	¥765	¥200	¥300	0	0	0	¥1,265
6				财务部 汇总							¥5,470
7	A1001	张 岩	男	生产部	¥1,590	¥898	¥400	0	0	0	¥2,888
8	A1004	李 强	男	生产部	¥1,689	¥537	¥100	0	0	0	¥2,326
9	A1008	吴 树	男	生产部	¥889	¥763	¥500	1	0	0	¥2,152
10	A1010	王 红	女	生产部	¥1,243	¥300	¥200	0	0	0	¥1,743
11				生产部 汇总							¥9,109
12	A1003	夏 静	女	销售部	¥1,433	¥754	¥250	0	1	0	¥2,437
13	A1005	白 洋	男	销售部	¥1,004	¥420	¥350	0	0	0	¥1,774
14	A1007	郝 华	女	销售部	¥980	¥280	¥400	0	0	0	¥1,660
15				销售部 汇总							¥5,871
16				总计							¥20,450

图 4-71　“分类汇总”显示结果

2. 删除分类汇总

运行分类汇总后，如果要清除分类汇总，可将分类汇总删除而不影响表格中的数据。

（1）在数据清单中任意选一个单元格。

（2）按照上面方法打开“分类汇总”对话框，单击对话框左下角的“全部删除”按钮即可。

【案例小结】

日常工作中 Excel 数据的排序、筛选、分类汇总等是经常用到的知识点，它们可以快速解决数据处理问题。本案例通过具体的实例讲解，来让用户更好地掌握相关知识点的操作。

【应用探索】

1. 将“记录单”命令添加到“快速访问工具栏”中。

2. 创建“员工工资表”数据清单，并另存为“中百超市员工工资表”工作簿，打开“中百超市员工工资表”工作簿，操作要求如下：

（1）按主要关键字“工资总额”是“升序”、“部门”是“降序”排列。

（2）筛选操作。

① “奖金”小于“600 元”的记录；

② “出差补贴”介于 300 元到 500 元之间的数据；

③ 筛选出“工资总额”在 2000 元以上并且在“销售部”工作的记录。

3. 按“性别”汇总“基本工资”数据记录。

4.7　创建数据透视表

【任务目标】

1. 创建数据透视表、编辑数据透视表中的数据；

2. 设置数据透视表的格式；

3. 创建数据透视图。

【职业引导】

在 Excel 中，针对数据信息的处理有多种方法，但如果需要一个详细的报表，尤其是在要合并较大的列表并对每个数字进行多种比较时，则可以使用数据透视表或数据透视图来查看更多明细的数据或计算不同的汇总值，如图 4-72 所示。

	A	B	C	D	E
1					
2					
3	行标签	平均值项:2010年	求和项:2011年	求和项:2012年	求和项:总计
4	⊟冰箱	3066.67	10030	11440	30670
5	汉口分店	3400.00	3800	4300	11500
6	潜江分店	3000.00	3200	3880	10080
7	武昌分店	2800.00	3030	3260	9090
8	⊟电饭煲	409.33	1279	1500	4007
9	汉口分店	400.00	489	600	1489
10	潜江分店	378.00	390	400	1168
11	武昌分店	450.00	400	500	1350
12	⊟电视机	3440.00	12010	13900	36230
13	汉口分店	3800.00	4200	4800	12800
14	潜江分店	3500.00	4010	4500	12010
15	武昌分店	3020.00	3800	4600	11420
16	⊟空调	3566.67	12000	13250	35950
17	汉口分店	3400.00	3800	4300	11500
18	潜江分店	4000.00	4500	4900	13400
19	武昌分店	3300.00	3700	4050	11050
20	⊟洗衣机	2376.67	8150	8800	24080
21	汉口分店	2000.00	2320	2500	6820
22	潜江分店	2500.00	2800	3100	8400
23	武昌分店	2630.00	3030	3200	8860
24	总计	2571.87	43469	48890	130937

图 4-72 “中百超市家电销售情况统计表”数据透视图

【知识技能】

4.7.1 数据透视表简介

数据透视表是一种可以快速汇总大量数据的交互式数据报表，可以快速合并和比较数据，同时可以选择其中的页、行和列中的不同数据元素，以快速查看源数据的不同统计结果，并能随意显示和打印出所需的区域明细数据。

数据透视表的用途是方便用户查询大量数据、对数值数据进行分类汇总和聚合，查看感兴趣的区域数据明细，它主要包含以下元素：报表筛选标签、列标签、行标签和数值标签等。

4.7.2 创建数据透视表

本案例中要创建数据透视表，具体操作要求如下：

为“中百超市家电销售情况统计表”工作簿创建一个数据透视表，调整数据透视表中的各个字段格式设置。

1. 打开“中百超市家电销售情况统计表”工作簿。

2. 单击“插入”选项卡→“表格”组中的“数据透视表”按钮右下角的三角按钮，从下拉菜单中选择“数据透视表”命令，如图 4-73 所示。

3. 选中“选择一个表或区域”，单击“表/区域”方框后的折叠按钮，在工作表中用鼠标选择好数据区域 A2:F17，如图 4-74 所示，返回对话框。

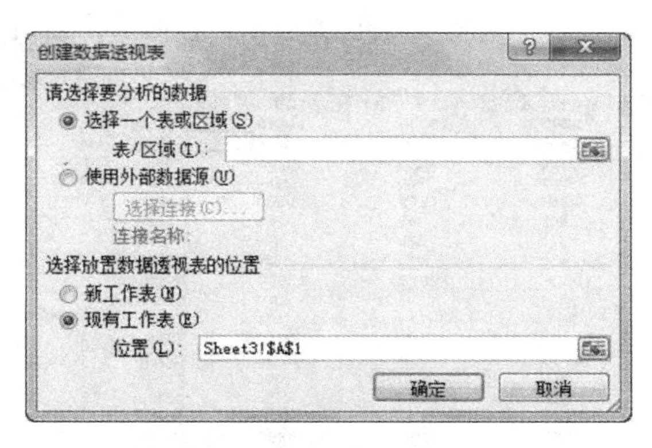

图 4-73　"创建数据透视表"对话框

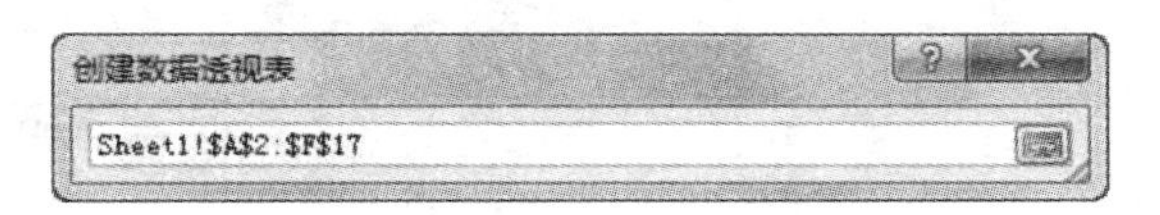

图 4-74　"创建数据透视表"浮动框

4. 在"选择放置数据透视表的位置"栏中根据需要选择，本例中选择"新工作表"选项，设置完成后，单击"确定"按钮，在新的工作表中将显示数据透视表的结构以及"数据透视表字段列表"任务窗格，如图 4-75 所示。

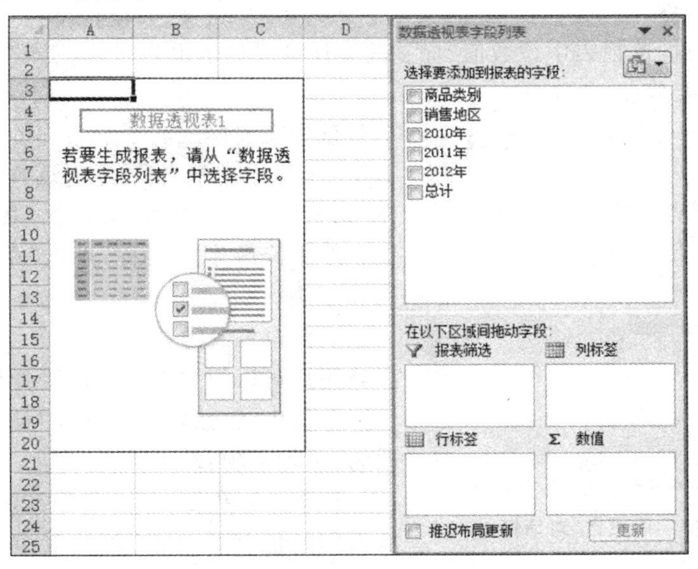

图 4-75　"数据透视表字段列表"任务窗格

5. 在"数据透视表字段列表"任务窗格中，选择要添加到报表中的字段，然后根据数据统计需要，将相应的字段拖动到下面的"报表筛选"、"列标签"、"行标签"、"数值"框中即可。

本例中将"商品类别"和"销售地区"拖动到"行标签"；"2010 年"、"2011 年"、"2012 年"、"总计"4 个字段拖动到"数值"标签，即可在工作表中显示如图 4-76 所示的结构。

【提示】 "数据透视表字段列表"任务窗格可自由拖动到工作表中任意位置，当鼠标点击除数据区域之外的单元格时，即被隐藏。

	A	B	C	D	E
1					
2					
3	行标签	求和项:2010年	求和项:2011年	求和项:2012年	求和项:总计
4	⊟冰箱	9200	10030	11440	30670
5	汉口分店	3400	3800	4300	11500
6	潜江分店	3000	3200	3880	10080
7	武昌分店	2800	3030	3260	9090
8	⊟电饭煲	1228	1279	1500	4007
9	汉口分店	400	489	600	1489
10	潜江分店	378	390	400	1168
11	武昌分店	450	400	500	1350
12	⊟电视机	10320	12010	13900	36230
13	汉口分店	3800	4200	4800	12800
14	潜江分店	3500	4010	4500	12010
15	武昌分店	3020	3800	4600	11420
16	⊟空调	10700	12000	13250	35950
17	汉口分店	3400	3800	4300	11500
18	潜江分店	4000	4500	4900	13400
19	武昌分店	3300	3700	4050	11050
20	⊟洗衣机	7130	8150	8800	24080
21	汉口分店	2000	2320	2500	6820
22	潜江分店	2500	2800	3100	8400
23	武昌分店	2630	3030	3200	8860
24	总计	38578	43469	48890	130937
25					
26					
27					

图 4-76 创建完成的数据透视表

4.7.3 编辑数据透视表

创建数据透视表后，可以对其进行编辑操作。

1.修改字段名称

在创建好的数据透视表中，“数值”标签的统计结果显示出列标题，通常被加上“求和项”等字符，因而有时需要修改。

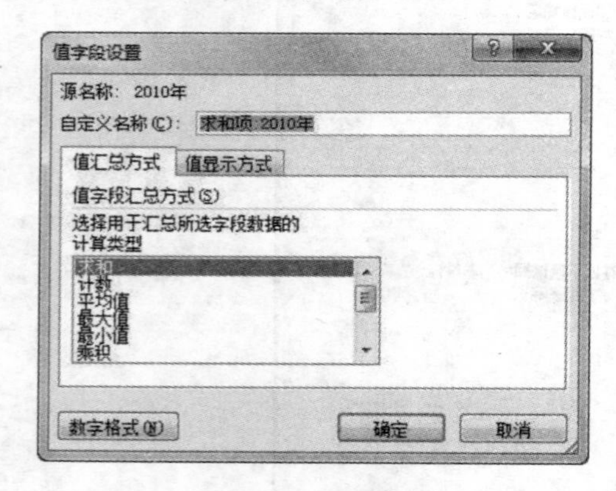

图 4-77 “值字段设置”对话框

选中需要修改的字段名称的单元格，单击鼠标右键，在弹出的快捷菜单中选择“值字段设置”命令，出现“值字段设置”对话框，在“自定义名称”后的方框中修改字段名称，单击“确定”按钮即可，如图 4-77 所示。

2.修改汇总方式

用户可以根据需要来设置分类汇总的方式。

本例中，将数据透视表中“求和项:2010 年”更改为“平均值项:2010 年”。

选中 B3 单元格(求和项:2010 年)，按如上方法，打开“值字段设置”对话框，在“计算类型”列表中，选择“平均值”的汇总方式，单击“确定”。

3.设置数字格式

在数据透视表中，数据区域中的数据格式有时根据需要进行修改。

本例中，将“平均值项:2010 年”字段的格式设置为“保留两位小数”。

选中“平均值项:2010 年”单元格，单击鼠标右键，在弹出的快捷菜单中，选择“数字格式”命令，打开“设置单元格格式”对话框，再选择“数字”选项卡→“数值”，在“小数位数”文本框中输入“2”，单击“确定”即可，最终结果如图 4-78 所示。

	A	B	C	D	E
1					
2					
3	行标签	平均值项:2010年	求和项:2011年	求和项:2012年	求和项:总计
4	⊟冰箱	3066.67	10030	11440	30670
5	汉口分店	3400.00	3800	4300	11500
6	潜江分店	3000.00	3200	3880	10080
7	武昌分店	2800.00	3030	3260	9090
8	⊟电饭煲	409.33	1279	1500	4007
9	汉口分店	400.00	489	600	1489
10	潜江分店	378.00	390	400	1168
11	武昌分店	450.00	400	500	1350
12	⊟电视机	3440.00	12010	13900	36230
13	汉口分店	3800.00	4200	4800	12800
14	潜江分店	3500.00	4010	4500	12010
15	武昌分店	3020.00	3800	4600	11420
16	⊟空调	3566.67	12000	13250	35950
17	汉口分店	3400.00	3800	4300	11500
18	潜江分店	4000.00	4500	4900	13400
19	武昌分店	3300.00	3700	4050	11050
20	⊟洗衣机	2376.67	8150	8800	24080
21	汉口分店	2000.00	2320	2500	6820
22	潜江分店	2500.00	2800	3100	8400
23	武昌分店	2630.00	3030	3200	8860
24	总计	2571.87	43469	48890	130937

图 4-78 “设置数字格式”效果图

4. 修改数据源

在创建好的数据透视表中还可以根据实际需要修改数据透视表中的数据源，操作方法如下：

（1）选中数据透视表中的任一个单元格。

（2）单击“数据透视表工具”→“选项”选项卡→“数据”组→“更改数据源”按钮，如图 4-79 所示。

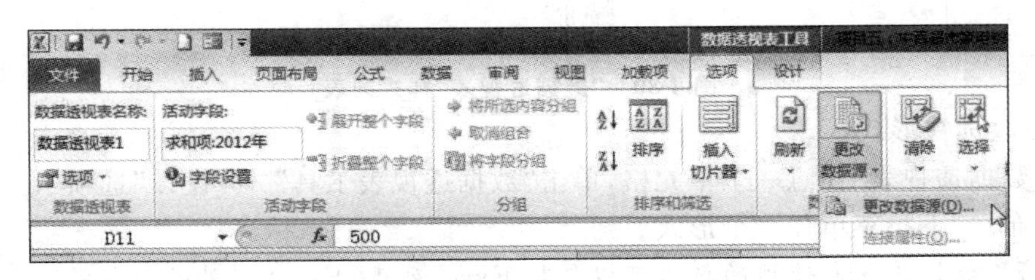

图 4-79 “更改数据源”位置

（3）在弹出的“更改数据源”对话框中，在“表/区域”文本框中输入所需要修改的区域即可。

【提示】 如果需要换区域，则可通过“使用外部数据源”导入一个新的文件。

5. 清除数据透视表

单击“数据透视表工具”→“选项”选项卡→“操作”组→“清除”按钮。

6. 删除数据透视表

单击“数据透视表工具”→“选项”选项卡→“操作”组→“选择”按钮，在随后出现的下拉列框中选择“整个数据透视表”，按下 Delete 键即可。

【提示】 删除数据透视表时，数据源并不会被删除。

7. 更改数据透视表的样式和数据透视形式

（1）更改样式

选中“数据透视表”中任意一个单元格，单击“数据透视表工具”→“设计”选项卡→“数据透视表样式”组中任意一个所需要的样式，如图 4-80 所示。

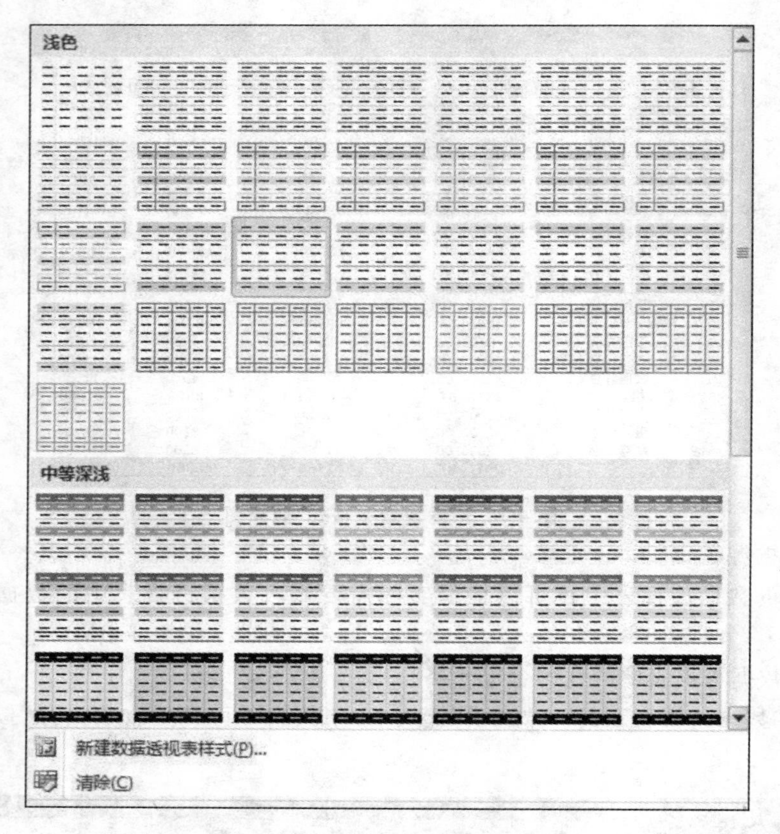

图 4-80 “数据透视表”样式列表

（2）更改透视形式

选中“数据透视表”任意一个单元格，单击“数据透视表工具” →“设计”选项卡→“布局”组中的“报表布局”下拉菜单任一个形式。

【提示】 数据透视表使用的数据可以包括 Excel 列表、Excel 以外的数据源。

Excel 使用户能从已经存在的数据透视表中创建另一个新的数据透视表。

4.7.4 创建数据透视图

上面介绍的数据透视表是一种数据报表，而数据透视图就是一个交互式图表，它可以用图的形式来表示数据透视表中的数据，使其更加容易被用户所理解。

创建数据透视图，可以通过两种方法实现：

本案例以“中百超市家电销售情况统计表”工作簿中的数据为例。

1. 创建数据透视表，同时创建数据透视图

（1）打开“中百超市家电销售情况统计表”工作簿，选中 A2:F17 区域。

（2）单击“插入”选项卡→ “表格”组中的“数据透视表”按钮右下角的三角按钮，从下拉菜单中选择“数据透视图”命令，如图 4-81 所示。

（3）单击“确定”按钮后，显示效果如图 4-82 所示。

（4）在“数据透视表字段列表”任务窗格中，将相应的字段拖到下面对应的方框中，Excel 创建数据报表的同时，也创建了数据透视图，如图 4-83 所示。

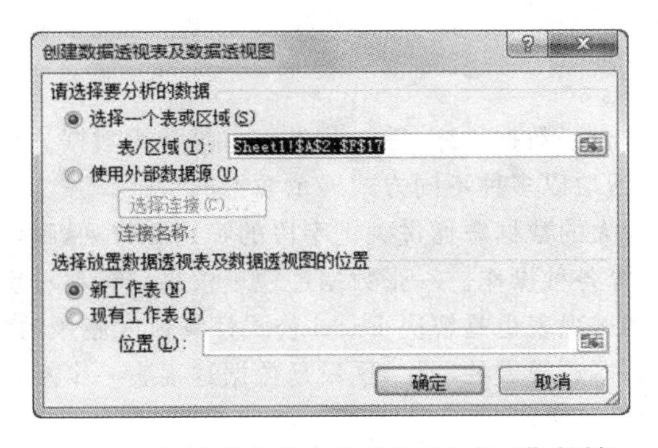

图 4-81 “创建数据透视表及数据透视图”对话框

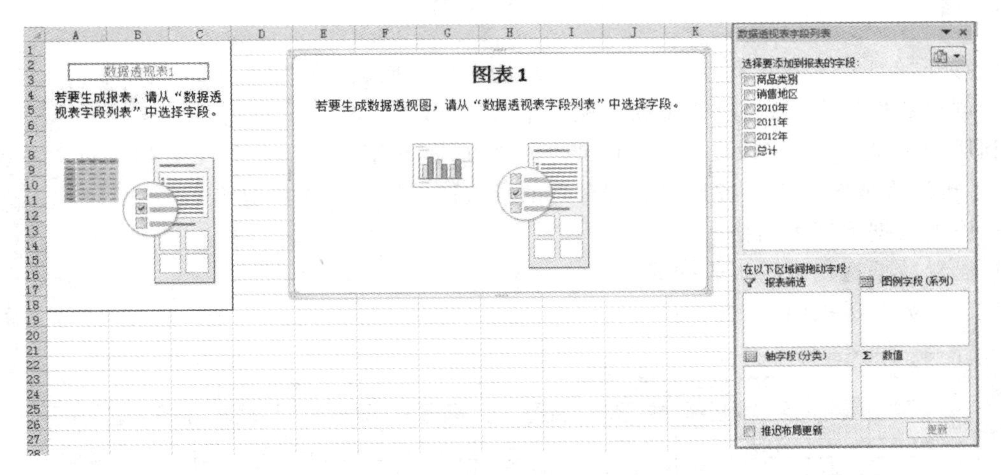

图 4-82 “数据透视图”格式

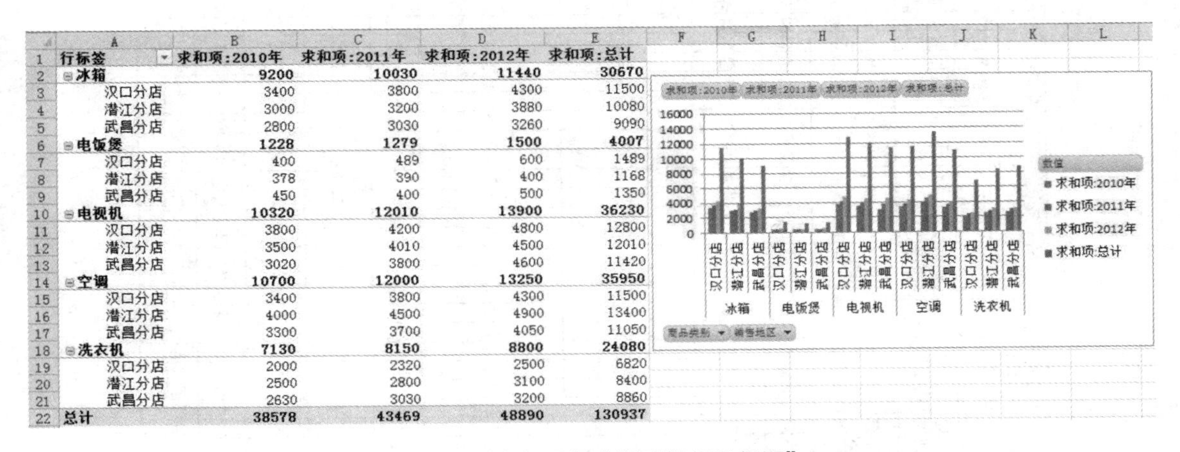

行标签	求和项:2010年	求和项:2011年	求和项:2012年	求和项:总计
⊟冰箱	9200	10030	11440	30670
汉口分店	3400	3800	4300	11500
潜江分店	3000	3200	3880	10080
武昌分店	2800	3030	3260	9090
⊟电饭煲	1228	1279	1500	4007
汉口分店	400	489	600	1489
潜江分店	378	390	400	1168
武昌分店	450	400	500	1350
⊟电视机	10320	12010	13900	36230
汉口分店	3800	4200	4800	12800
潜江分店	3500	4010	4500	12010
武昌分店	3020	3800	4600	11420
⊟空调	10700	12000	13250	35950
汉口分店	3400	3800	4300	11500
潜江分店	4000	4500	4900	13400
武昌分店	3300	3700	4050	11050
⊟洗衣机	7130	8150	8800	24080
汉口分店	2000	2320	2500	6820
潜江分店	2500	2800	3100	8400
武昌分店	2630	3030	3200	8860
总计	38578	43469	48890	130937

图 4-83 “数据透视表”和“数据透视图”

2.在现在数据透视表的基础上创建数据透视图

(1)打开数据透视表中的工作表。

(2)选中该数据透视表中的任意一个单元格，单击“数据透视工具”→“选项”选项卡→“工具”组→“数据透视图”按钮，将打开“插入图表”对话框，然后任选一种图表类型即可。

【案例小结】

数据透视表有机地综合了数据排序、筛选分类汇总等常用数据分析方法的优点，可方便地调整分类汇总的方式，灵活地以多种不同方式展示数据的特征。

数据透视表可以将庞大的数据源通过关键字段的筛选和排列，瞬间提取出你想要的数据，并对数据进行汇总、计数等各种操作。一张数据透视表仅靠鼠标移动字段位置，即可变换出各种类型的报表，同时，数据透视表也是解决 Excel 公式计算速度瓶颈的主要手段之一。

本案例简单介绍了数据透视表的制作，这只是数据透视表一个基本的功能，他还有非常多的延伸功能，需要你细细去品味。

【应用探索】

1. 打开“2015—2016(下)14 级 1 班—5 班期中抽考成绩表”，如图 4-84 所示。

2. 创建数据透视表、修改或添加透视表中的数据。

利用数据透视表“字段设置”中不同的汇总方式，对字段中的数值型数据进行汇总统计。统计“各班课程成绩”，求出各班级课程分数的最大值、最小值、平均值等。

3. 设置数据透视表的格式。

4. 设置数据透视表的报表样式。

5. 创建数据透视图。

	A	B	C	D	E	F	G	H	I	J	K	L
1	2015—2016（下）14级1班—5班期中抽考成绩表											
2	序 号	班 级	姓 名	英语	儿歌弹唱	幼儿游戏与指导	幼儿活动设计指导	手工	舞蹈	钢琴	体育	总分
3	1	14学1	赵红柳	77	69	85	68	72	72	82	74	599
4	2	14学1	敖兰敏	88	84	88	96	88	71	90	83	688
5	3	14学1	马淑婷	82	81	96	84	90	72	83	73	661
6	4	14学1	韦丽兰	60	76	91	86	88	90	93	81	665
7	5	14学1	张 翠	60	77	76	60	80	75	68	85	581
8	6	14学1	郭慧蓉	85	78	68	96	88	71	88	72	646
9	7	14学1	张小宇	60	85	86	84	91	72	90	85	653
10	8	14学2	赖田锋	60	60	89	60	73	80	77	77	576
11	9	14学2	汪 兰	75	80	87	78	77	74	84	83	638
12	10	14学2	向妮文	71	75	82	96	75	74	82	80	635
13	11	14学2	李泳生	74	73	67	76	90	86	85	81	632
14	12	14学2	陈红君	60	77	73	87	80	78	94	70	619
15	13	14学2	马 萍	60	78	92	76	91	70	78	75	620
16	14	14学2	刘 华	76	74	86	64	84	75	85	85	629
17	15	14学3	雷 鑫	60	75	91	64	86	74	94	88	632
18	16	14学3	密 灵	81	74	82	72	74	77	83	80	623
19	17	14学3	李 凯	77	76	67	94	69	70	83	71	607
20	18	14学3	闫 洁	63	77	88	78	90	75	88	72	631
21	19	14学3	支 浩	60	71	73	76	90	67	88	70	595
22	20	14学3	何 强	60	76	92	60	90	71	75	70	594
23	21	14学3	马 兰	67	63	82	70	73	78	83	68	584
24	22	14学4	刘 丹	68	70	86	64	85	69	74	76	592
25	23	14学4	赵爱玲	77	76	65	70	82	75	69	89	603
26	24	14学4	石 天	75	60	90	70	82	72	61	76	586
27	25	14学4	许 明	60	73	79	72	67	77	73	80	581
28	26	14学4	沈培喜	62	66	62	55	60	71	68	62	506
29	27	14学4	何 娟	77	86	92	86	84	89	96	85	695
30	28	14学4	张天虎	60	80	60	72	69	73	74	76	564
31	29	14学5	朱 琳	61	69	75	52	63	76	65	65	526
32	30	14学5	徐 娜	29	71	76	55	80	71	73	81	536
33	31	14学5	史永杰	34	67	74	40	60	84	87	88	534
34	32	14学5	施天梅	79	83	91	88	81	71	84	81	658
35	33	14学5	李 喜	32	63	85	56	66	73	60	95	530
36	34	14学5	李 岩	17	70	66	30	26	68	60	64	401
37	35	14学5	张远刚	80	65	78	90	87	67	87	93	647

图 4-84 “2015—2016(下)14 级 1 班—5 班期中抽考成绩表”效果图

4.8　创建图表

【任务目标】

1. 创建图表；
2. 编辑图表；
3. 设置图表类型及美化图表。

【职业引导】

Excel中的图表功能可以更直观地表示数据，使用户更加清晰地从大量的数据中获取需要的信息，可以让用户更容易了解数据之间的变化趋势，如图4-85所示。

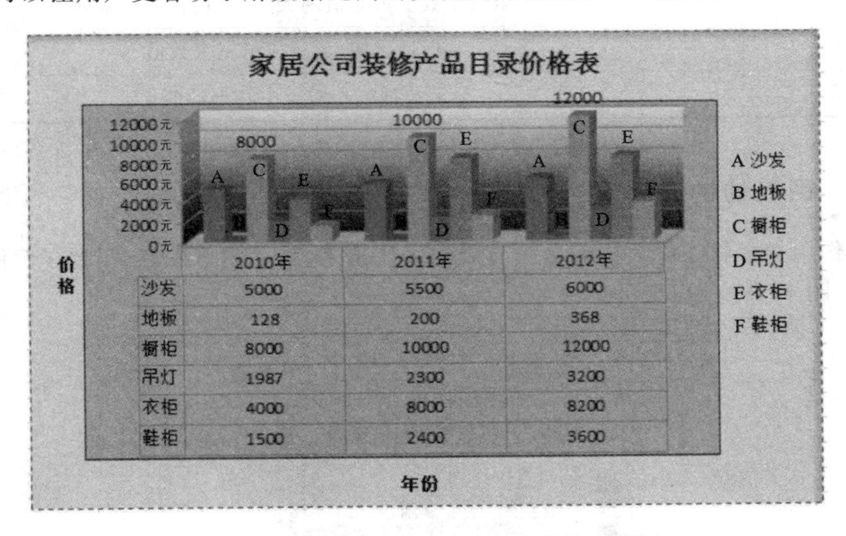

图4-85　“家居公司装修产品目录价格表”图表

【知识技能】

Excel 2010中有各种各样的图表，利用图表将工作表中的数据展现出来，可以快速有效地帮助用户分析理解数据，明确数据变化的趋势。

4.8.1　了解Excel的图表类型

要创建图表，首先要知道有哪些图表类型可供使用，有什么样的特点，这样才可以根据实际需要选出最适合的图表，更好地利用它们。

Excel 2010提供了多种图表功能，每种图表又包含若干个子图表类型，并且还有许多自定义的图表类型。表4-5为常见的图表类型及其用途。

表 4-5　图表的类型及其功能

图表类型	功　能
柱形图	用于比较相交于类别轴上的数值大小
拆线图	显示随时间变化的趋势
饼图	显示每个值占总值的比例
条形图	用于比较多个值的最佳图表类型
面积图	显示一段时间内几组数据间的差异
XY 散点图	用于比较成对的数值
股价图	显示股价的波动图
曲面图	显示数值的趋势线
圆环图	显示每个数值占总值的大小,可包含多个系列
气泡图	类似散点图,比较成组三个数值
雷达图	显示数据或相对于中心点的变化

4.8.2　图表的构成

图表的作用在于将工作表中的数据直观地表现出来,为了学好图表,需要了解图表中各部分的名称,如图 4-86 所示。

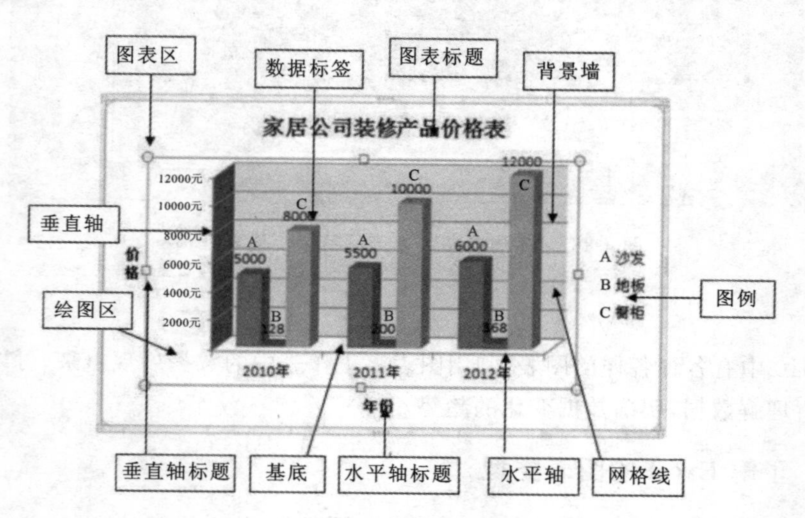

图 4-86　图表的构成

图表区域:整个图表以及图表中数据。

图例:标识图表中数据系列的颜色。

绘图区:在二维表中,以坐标轴为界并包含所有数据系列的区域。三维图中,此区域以坐标轴为界并包含数据系列、分类名称、刻度线标签和坐标轴标题。

数据系列:图表中绘制的相关数据点,这些数据源自表的行和列,每个数据系列具有唯一的颜色或图案,在图表的图例中显示。

数据标志:图表中的图形代表数据表单元格的数据点或值。

图表标题:图表标题的说明文本。

刻度线:类似于直尺分隔线的短度量线。

刻度线标签:表示图表上的分类、值或系列。

4.8.3　创建图表

1. 使用"F11"按键快速创建图表

该方法是在一个单独的图表工作表中快速创建图表的方法。

(1) 新建一个工作簿,然后输入如图 4-87 所示的数据。

	A	B	C	D	E
1	家居公司装修产品目录价格表				
2	编号	名称	2010年	2011年	2012年
3	CK1001	沙发	5000元	5500元	6000元
4	CK1002	地板	128元	200元	368元
5	CK1003	橱柜	8000元	10000元	12000元
6	CK1004	吊灯	1987元	2300元	3200元
7	CK1005	衣柜	4000元	8000元	8200元
8	CK1006	鞋柜	1500元	2400元	3600元

图 4-87　"家居公司装修产品目录价格表"

(2) 选取输入的数据区域,这里选择 A2:E8 单元格区域(包括行和列标题),然后按 F11 键,Excel 会根据选择的数据插入一个新的图表工作表,并命名为 Chart1,如图 4-88 所示。

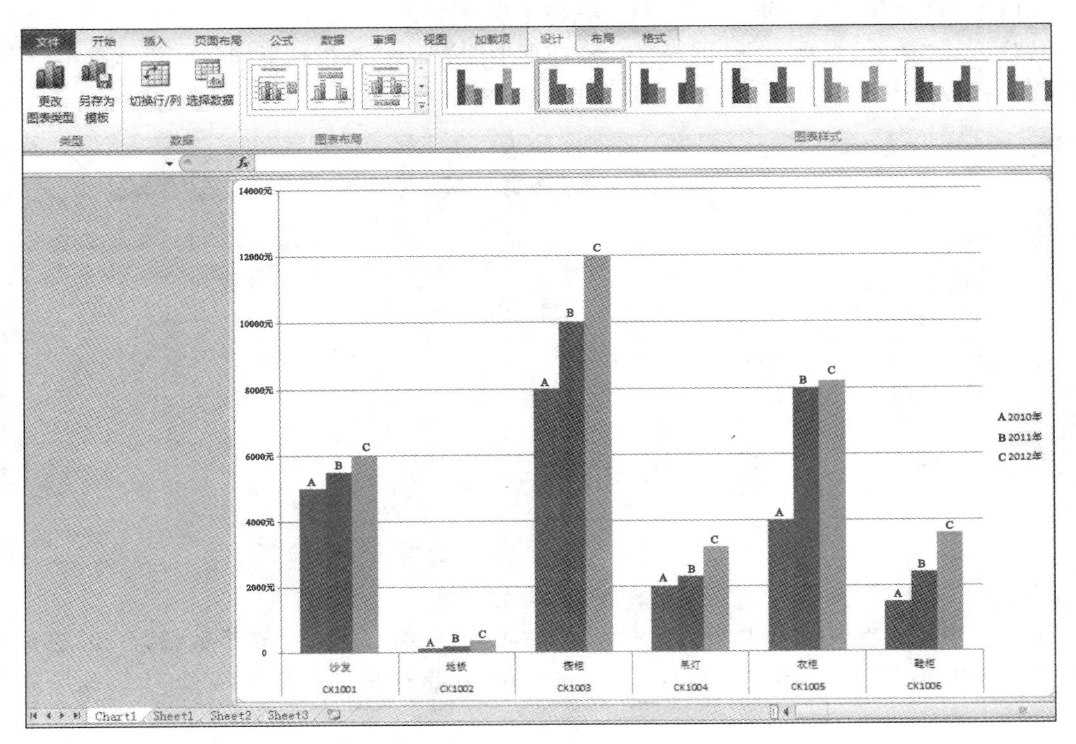

图 4-88　"家居公司装修产品目录价格表"图表

【提示】　Excel 使用默认设置创建它的默认图表类型(二维柱形图)。

2. 使用“图表”命令创建图表

在原工作表中创建如上图所示的图表，方法如下：

(1) 打开“家居公司装修产品目录价格表”工作簿，选择要包含在图表中的数据单元格，这里利用快捷按钮 Ctrl，同时选中 B2:B8 和 E2:E8 区域单元格。

(2) 单击“插入”选项卡→“图表”组→“条形图”按钮，出现条形图子类型列表，在其中选择“二维条形图”→“簇状条形图”按钮即可，创建的条形图如图 4-89 所示。

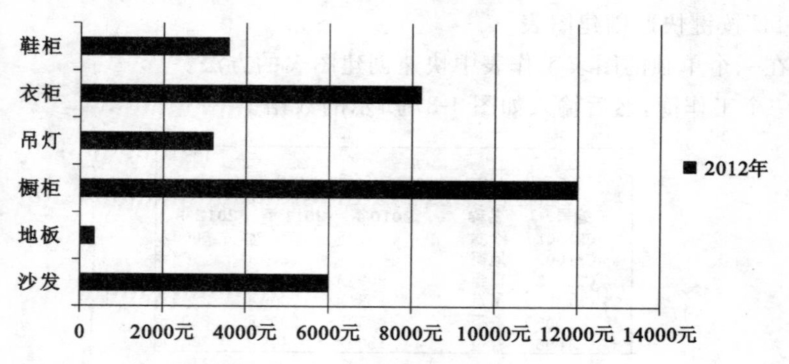

图 4-89 “装修产品”2012 年价格对比图表

3. 使用“图表向导”创建图表

在上面的讲解中，如果没有选择好数据区域，该如何创建呢？具体方法如下：

(1) 打开“家居公司装修产品目录价格表”工作簿。

(2) 单击“插入”选项卡→“图表”组→“柱形图”按钮→“三维柱形图”→“簇状柱形图”命令。在工作表中会出现如图 4-90 所示的绘图区域和设计菜单栏。

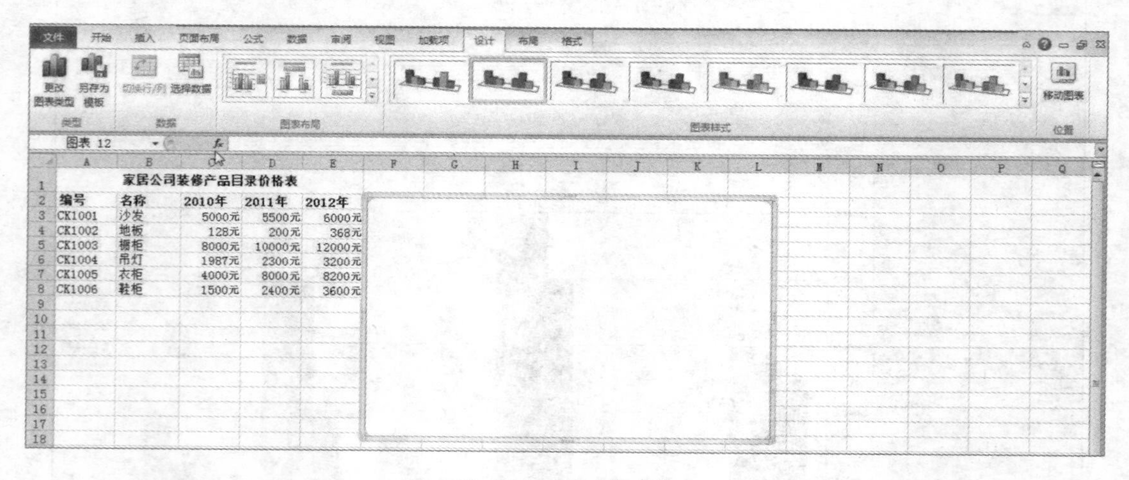

图 4-90 “空白”图表

(3) 选中工作表中的“空白”图表→“设计”选项卡→“数据”组→“选择数据”命令，会弹出“选择数据对话框”→在“图表数据区域”文本框中，用鼠标拖动数据区域 B2:E8，如图 4-91 所示。

(4) 单击“切换行/列”按钮(更改图例项和水平分类轴显示)，单击“确定”按钮即可，最终如图 4-92 所示。

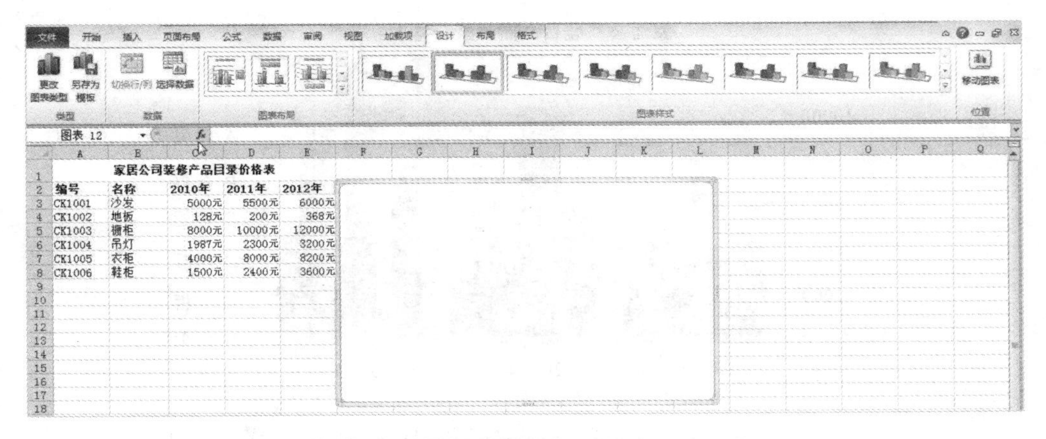

家居公司装修产品目录价格表

编号	名称	2010年	2011年	2012年
CK1001	沙发	5000元	5500元	6000元
CK1002	地板	128元	200元	368元
CK1003	橱柜	8000元	10000元	12000元
CK1004	吊灯	1987元	2300元	3200元
CK1005	衣柜	4000元	8000元	8200元
CK1006	鞋柜	1500元	2400元	3600元

图 4-91 “选择数据源”对话框

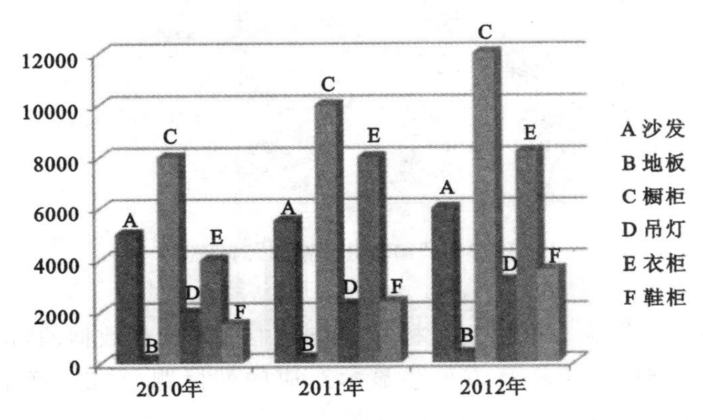

图 4-92 “家居公司装修产品目录价格表”图表

4.8.4 编辑图表

图表创建完毕后，为了使图表更加完善，还需要对图表进行编辑操作。

1. 添加标题

(1) 图表标题：选中“图表 4-89”，功能区将展开“图表工具”，并定位到“设计”选项卡，切换到“布局”选项卡，单击“标签”组中的“图表标题”按钮，选择一种显示方式“图表上方”，将光标定位到“图表标题”文本框中，输入“家居公司装修产品目录价格表”即可。

(2) 横/纵轴标题：按以上方法同样切换到“标签”组中的“坐标轴标题”按钮，在“主要横坐标轴标题”和“主要纵坐标轴标题”命令中录入所需要的标题内容，如图 4-93 所示。

2. 修改图表数据和图例名称

选中要修改数据的图表，切换到“图表工具”→“设计”选项卡→“数据”组→“选择数据”按钮，出现“选择数据源”对话框。

(1) 修改图例

单击“图例项”下面的“编辑”按钮，出现如图 4-94 所示的“编辑数据系列”对话框，在该对话框中的“系列名称”下面的方框中输入图例新名称即可。例如输入“真皮沙发”；“系列值”方框中输入工作表中指定的单元格区域。

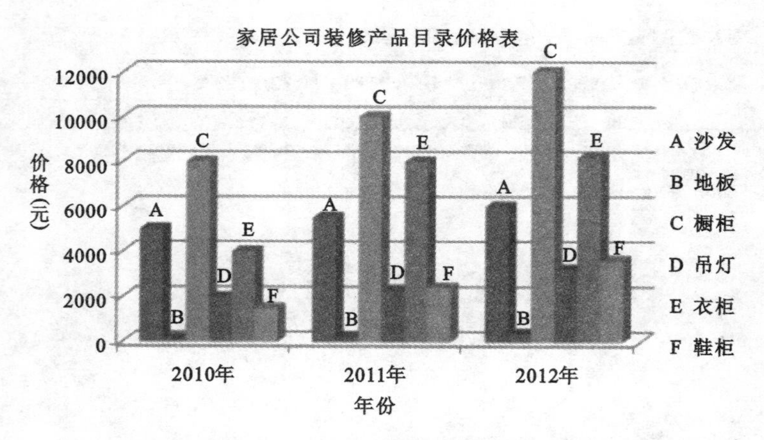

图 4-93　添加“图表标题”和“横/纵轴标题”

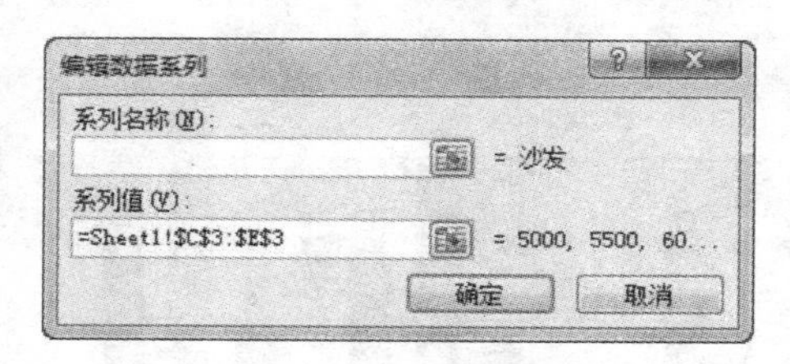

图 4-94　“编辑数据系列”对话框

(2) 修改数据

单击“图表数据区域”，在方框中用鼠标在工作表中重新选择数据源，例如选择 B2:D5 区域，然后“水平(分类)轴标签”栏下方就会显示对应的列标题，单击“确定”按钮，如图 4-95 所示。

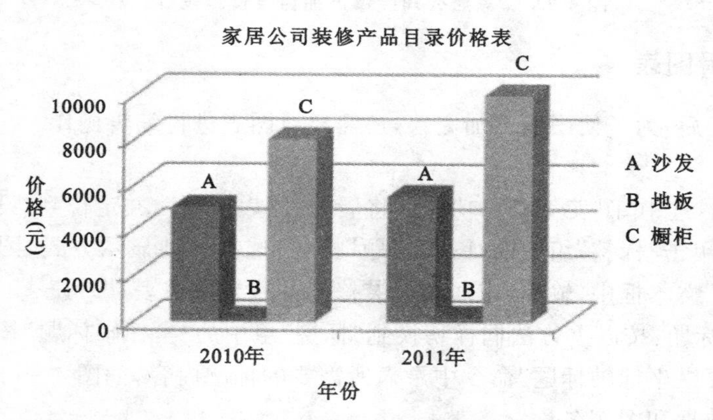

图 4-95　“修改数据”后的图表

(3) 删除图表中的数据

选择要删除的系列选项，单击“删除”按钮即可。

3. 修改网格线

坐标轴都有主、次网格线之分，网络线有助于用户弄清楚数值的大小。

选中需要修改的图表，单击“图表工具”→“布局”选项卡→“坐标轴”组→“网格线”命令，在弹出的下拉菜单中选择“主要网格线”和“次要网格线”的类型。

【提示】 主要网格线通过坐标轴的数据标志点，次要网格线位于主要网格线之间。

4. 移动图表位置

在工作表内移动图表，可以用鼠标来实现。选中要移动的图表，将鼠标移动到图表区，当鼠标变成为四个方向的十字箭头形状时，按下鼠标左键，进行拖动。

在工作表间移动图表，需要切换"图表工具"→"设计"选项卡→"位置"组→"移动图表"按钮来进行设置。

5. 调整图表大小

(1) 鼠标调整图表大小

选中要调整大小的图表，将鼠标移至图表边缘四周的中点位置或者四个拐角处，当鼠标指针变成双向的拖动箭头形状时，按住鼠标左键进行拖动即可。

(2) 利用对话框调整图表大小

选择"图表工具"→"格式"选项卡→"大小"组右下角的下拉按钮，将打开"大小和属性"对话框，从中输入需要调整的高度和宽度值即可。

6. 向图表中添加文本

选中需要添加文本的图表，单击"图表工具"→"布局"选项卡→"插入"组→"文本框"命令，选择"横排文本框"，在图表中要添加文本的位置用鼠标拖动出文本框大小，输入文本即可。

7. 显示模拟运算表

为了方便用户在使用图表时查看数据，可以在图标底部显示工作表中的数据。

选中图表，单击"图表工具"→"布局"选项卡→"标签"组→"模拟运算表"按钮，弹出下拉列表，在列表中选择"显示数据表"选项即可，如图 4-96 所示。

8. 显示数据标签

选中图表→"图表工具"→"布局"选项卡→"标签"组→"数据标签"选项，在下拉列表中选择"数据标签外"选项，如图 4-97 所示。

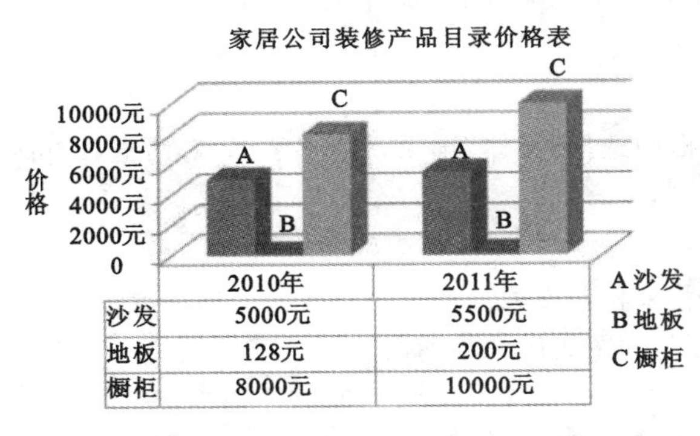

图 4-96 "显示模拟运算表"后的图表

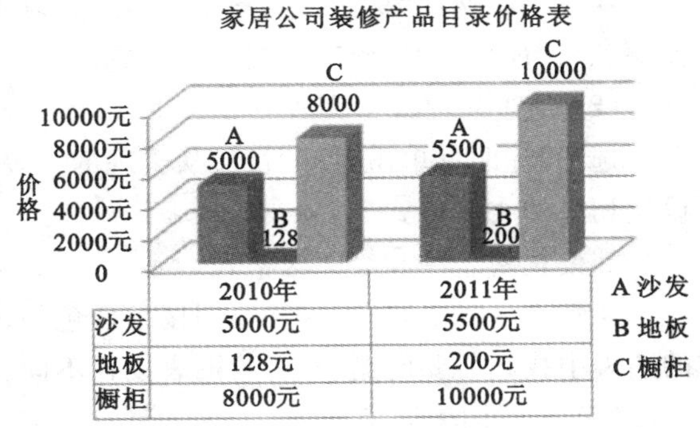

图 4-97 显示数据标签

9. 更改图表类型

有时创建好的图表不能直观表达工作表中的数据，需要更改它的图表类型。

图表在数据统计中用途非常重要，图表可以用来表现数据间的某种相对关系，在常规状态下我们一般运用柱形图比较数据间的多少关系，用折线图反应数据间的趋势关系，用饼形图表现数据间的比例分配关系等。

选中图表，功能区将展开"图表工具"，选择"设计"选项卡→"类型"组→"更改图表类型"命令,打开“更改图表类型”对话框,如图 4-98 所示。从中选中需要的图表类型和子类型,单击“确定”按钮即可。

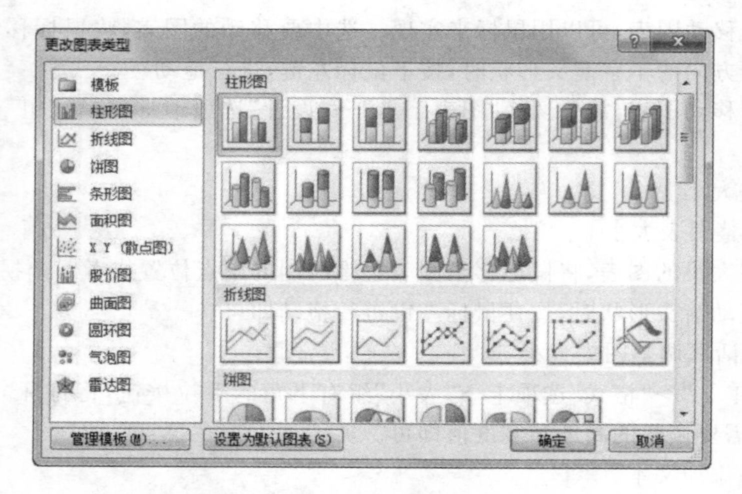

图 4-98 “更改图表类型”对话框

4.8.5 格式化图表

在 Excel 中,除了可以创建图表及各种编辑外,还可以对图表中图表元素的格式进行调整。

1. 设置标题格式

图表中的标题、图例名称、文本框都是文本格式字符,可以设置这些对象中的字体、字号、颜色。

(1) 通过菜单命令完成

在图表中选中“标题”框,单击“开始”选项卡,分别单击“字体”组中的“字体”、“字号”、“字体颜色”、“加粗”、“倾斜”等按钮,即可完成。

(2) 通过快捷菜单完成

选中“标题”,单击鼠标右键,从出现的列表框中选择“字体”选项,打开“字体”对话框,即可设置相应的文本格式。

2. 设置图表区和绘图区格式

在默认状态下,图表区和绘图区是白色的,看来相差不大。如果用户要快速地从数量众多的图表中找到需要的图表,可为图表设置不同颜色的图表区和绘图区。

(1) 设置图表区格式

图表区是指包含整个图表的区域,它包含了绘图区、坐标轴和图例。以图表 4-92 为例说明:

选中图表,单击“图表工具”→“格式”选项卡→“当前所选内容”组,可以看到“图表区”下拉列表框,如果下拉列表框不是“图表区”字样,单击下拉列表框右侧的下三角按钮,选择“图表区”选项,如图 4-99 所示。

接着在“当前所选内容”组中选择“设置所选内容格式”命令,打开“设置图表区格式”对话框,如图 4-100 所示,设置属性如下:

① 填充：纯色填充，水绿色；

② 边框颜色：实线，红色；

③ 边框样式：短划线类型，短线划；

④ 阴影：预设(内部右上角)，颜色(橙色)。

其余属性相似设置(略)。设置完成后效果如图 4-101 所示。

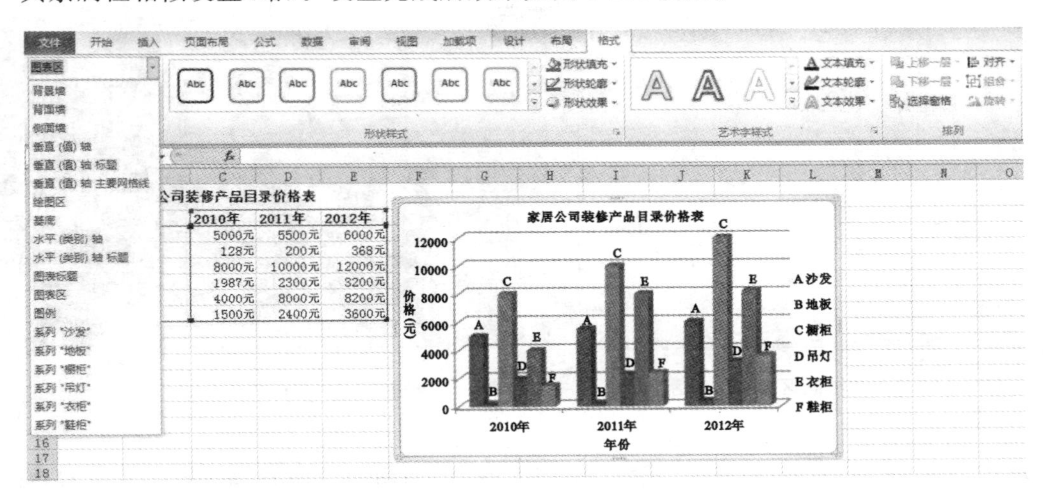

图 4-99 "图表区"位置

图 4-100 "设置图表区格式"对话框

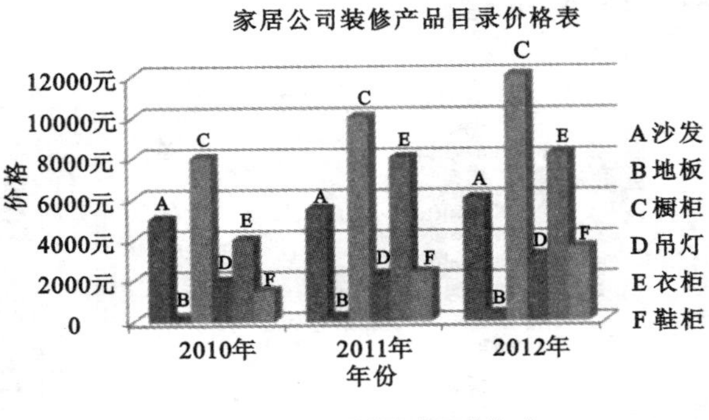

图 4-101 设置"图表区"格式

【提示】 在图表区的空白处双击，可以快速打开"设置图表区格式"对话框。

(2) 设置绘图区格式

绘图区是图表区域的核心，用来显示数据的图形。

选择图表，在"图表工具"下"格式"选项卡中，找到"当前所选内容"组，参考上面的查找方法，找到"绘图区"选项，用同样的方法，打开"设置绘图区格式"对话框，如图 4-102 所示。

同"图表区格式"设置方法相似，"设置绘图区"格式的完成效果如图 4-103 所示。

图 4-102 “设置绘图区格式”对话框

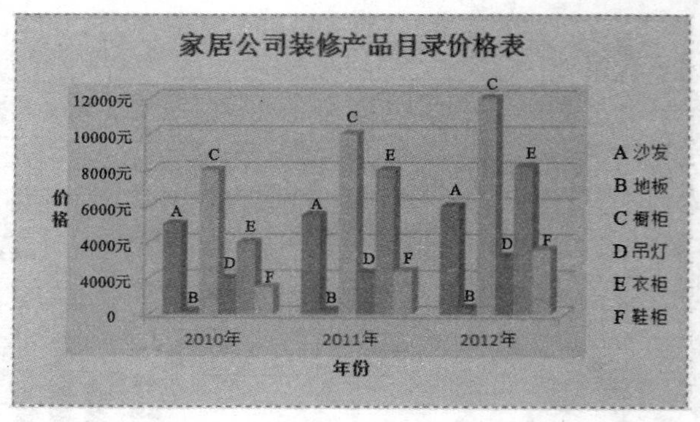

图 4-103 “设置绘图区”格式

3. 设置图表中坐标轴格式

选择图表，在“图表工具”下“格式”选项卡中，找到“当前所选内容”组，参考上面的查找方法，找到“水平(类别)轴”选项，同样的方法，打开“设置坐标轴格式”对话框，如图 4-104 所示，输入对应属性的内容。

4. 设置背景墙

选中图表，单击“图表工具”→“布局”选项卡→“背景”组→“图表背景墙”按钮→“其他背景墙”选项→填充→“渐变填充”→“预设颜色”→“熊熊火焰”即可，如图 4-105 所示。

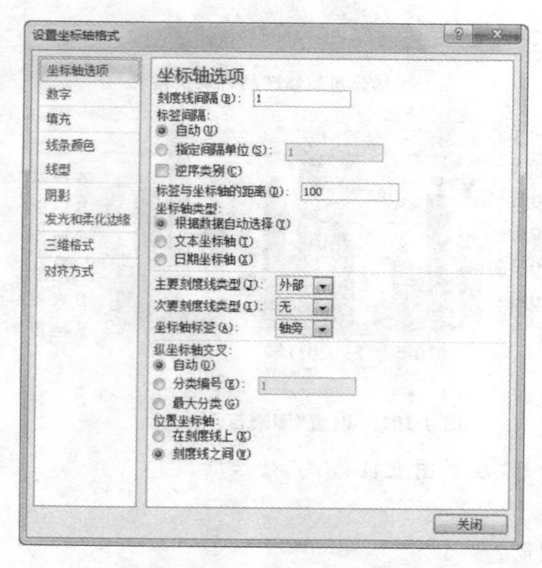

图 4-104 “设置坐标轴格式”对话框

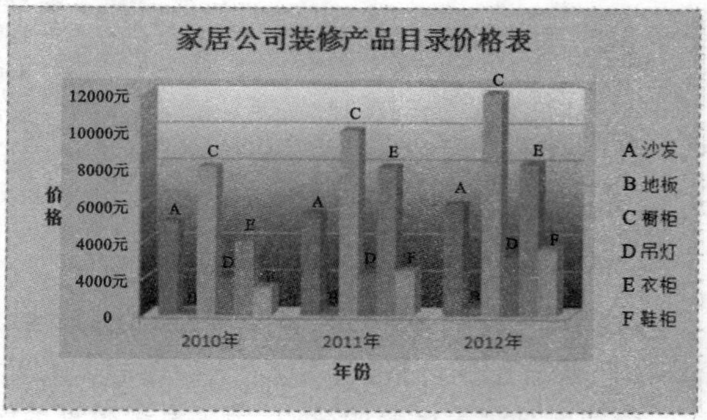

图 4-105 设置背景墙

【提示】 图表中每一个区域除了能在命令菜单中找到外，将鼠标移动到某区域上方，也可提示该区域的名称，鼠标双击该区域即可打开对应区域属性对话框的设置。

5. 设置定义好的图表布局和图表样式

(1) 设置定义好的图表布局

选中要设置布局的图表，单击“图表工具”→“设计”选项卡→“图表布局”组中右下角的三角按钮，出现如图 4-106 所示的下拉列表框，在该列表框中选择要使用的图表布局，即可更改图表的整体布局。

(2) 设置定义好的图表样式

选中要设置布局的图表，单击“图表工具”→“设计”选项卡→“图表样式”组中的下右下三角按钮，出现如图 4-107 所示的下拉列表框，在该列表框中选择要使用的图表布局，即可更改图表的整体布局。

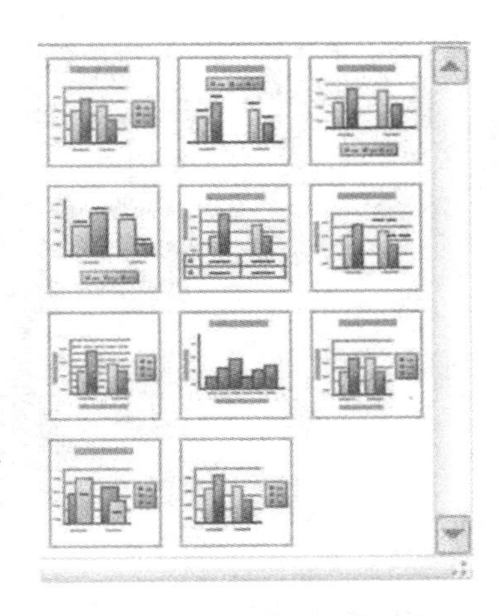

图 4-106 “图表布局”列表

【提示】 选择定义好的图表布局和图表样式是在创建好的图表上重新设置图表布局和图表样式。

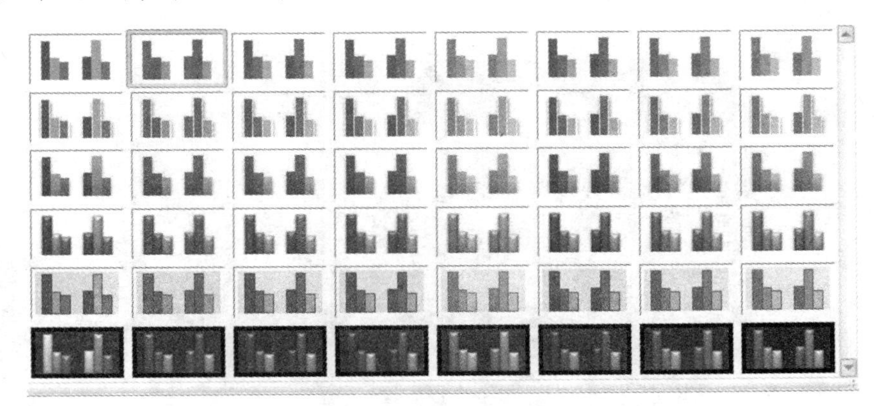

图 4-107 “图表样式”下拉列表

4.8.6 使用趋势线和误差线

Excel 在进行数据分析时常用到趋势线和误差线，趋势线能够以图形的方式显示某个系列中数据的变化趋势，而误差线则能以图形的方式表示出数据系列中每个数据标记的可能误差量。

1. 添加趋势线

趋势线作用于二维图，只能预测某一个特殊的数据系列而不是整张图表，因而在添加趋势线之前应首先选定要添加趋势线的数据系列。

以图表中的“橱柜”系列为例(创建二维图表)：

在二维图表上选定“橱柜”系列，单击“图表工具”→“布局”选项卡→“分析”组→“趋势线”按钮，在弹出的下拉列表中，选择符合需要的趋势线选项，

例如选择“线性趋势线”，返回 Excel 窗口即可，如图 4-108 所示。

2. 添加误差线

误差线表示图形上相对于数据系列中每个数据点或数据标记存在的误差量。

以图中的“沙发”系列为例(创建二维图表)：

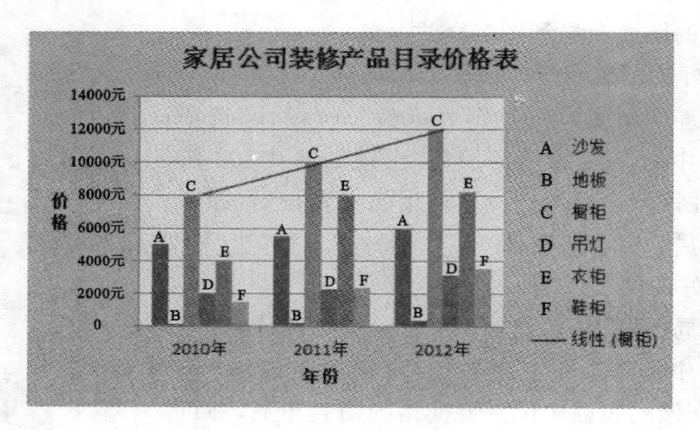

图 4-108　添加趋势线

在图表上选定“沙发”系列，单击“图表工具”→“布局”选项卡→“分析”组→“误差线”按钮，在弹出的下拉列表中，选择符合需要的误差线选项，例如选择“标准误差线”，返回 Excel 窗口即可，如图 4-109 所示。

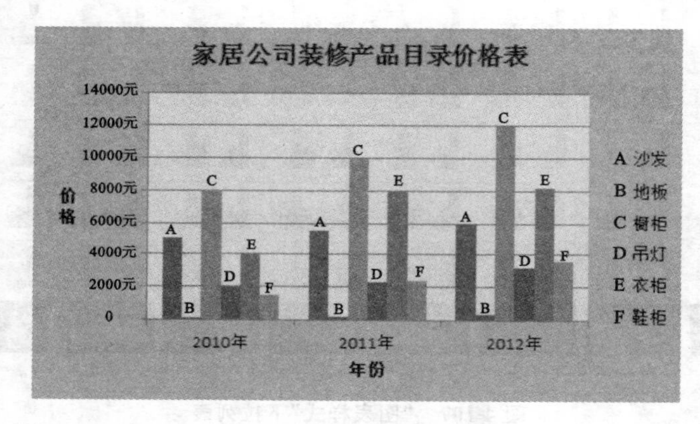

图 4-109　添加“误差线”

3. 更改趋势线和误差线

选定要设置的趋势线，单击“图表工具”→“布局”选项卡→“分析”组→“趋势线”按钮→“设置趋势线格式”对话框，在弹出的对话框中，根据需要对其中的各项设置进行修改，设置完成后单击“关闭”按钮即可。

更改误差线的方法同上。

【案例小结】

本案例主要介绍了图表的创建、编辑和美化等操作。图表可以将数据图形化，更直观地显示数据，使数据的比较或趋势变得一目了然，从而更容易表达我们的观点，在日常工作中可以灵活应用使数据处理显示得更清晰。

【应用探索】

1. 打开制作好的“中百超市员工销售业绩表”如图 4-110 所示，选中数据区域 A2:C12 和 E2:E12，创建“二维簇状条形图”。

	A	B	C	D	E
1	中百超市员工销售业绩表				
2	员工姓名	签单额	到账额	提成率	奖金
3	张　岩	¥15,000	¥14,000	10%	¥1,400
4	李　松	¥12,000	¥11,500	10%	¥1,150
5	夏　静	¥10,000	¥9,500	10%	¥950
6	李　强	¥9,800	¥9,000	10%	¥900
7	白　洋	¥13,500	¥13,000	10%	¥1,300
8	魏天森	¥9,750	¥9,000	10%	¥900
9	邹　华	¥11,300	¥10,000	10%	¥1,000
10	吴　树	¥8,722	¥8,500	10%	¥850
11	张莉莉	¥18,900	¥15,000	10%	¥1,500
12	王　红	¥10,035	¥8,000	10%	¥800

图 4-110 “中百超市员工销售业绩表”

2. 设置图表标题为“中百超市员工销售业绩表”，横坐标标题为“金额”，纵坐标标题为“员工姓名”。

3. 添加“主要黄网络线”。

4. 显示“数据标签”，显示方式为“数据标签外”。

5. 显示“模拟运算表”，调整图表大小到合适位置。

6. 设置坐标轴文字格式，选择“垂直轴”，将文字设置为“幼圆”、“10”、“蓝色”和“加粗”格式。

7. 设置“模拟运算表”格式，将文字设置为“华文中宋”、“8”、“红色”和“加粗”格式。

8. 设置图表区颜色，填充“图片或纹理填充”→“纸莎草纸”，边框颜色为“渐变线”→“预设颜色”→“熊熊火焰”，其他格式设置略。

9. 设置绘图区颜色，填充“纯色填充”→“水绿色”，边框颜色为“实线紫色”，边框样式→“短划线类型”→“短划线”，宽度为“2 磅”。完成后效果如图 4-111 所示。

10. 更换图表类型，将当前“二维簇状条形图”更换为“二维簇状柱形图”。

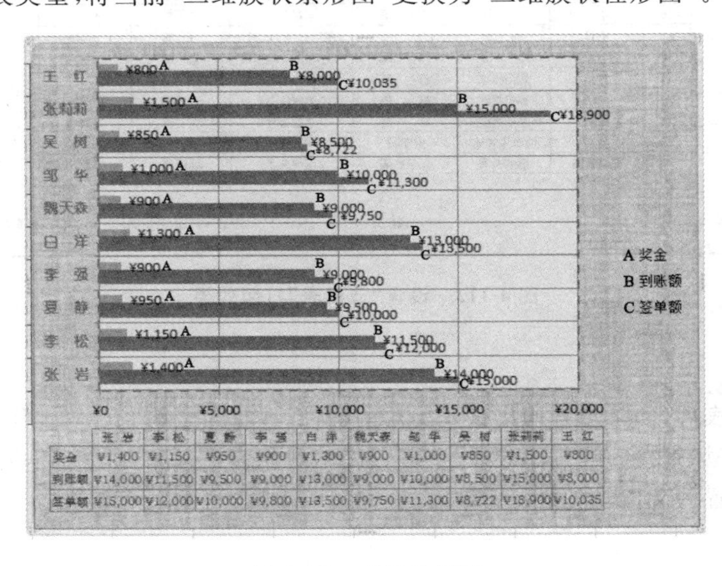

	张岩	李松	夏静	李强	白洋	魏天森	邹华	吴树	张莉莉	王红
奖金	¥1,400	¥1,150	¥950	¥900	¥1,300	¥900	¥1,000	¥850	¥1,500	¥800
到账额	¥14,000	¥11,500	¥9,500	¥9,000	¥13,000	¥9,000	¥10,000	¥8,500	¥15,000	¥8,000
签单额	¥15,000	¥12,000	¥10,000	¥9,800	¥13,500	¥9,750	¥11,300	¥8,722	¥18,900	¥10,035

图 4-111 最终效果图

4.9 打印节目表

【任务目标】

1. 设置页面、页边距、页眉页脚；
2. 设置工作表；
3. 使用分页符；
4. 设置打印范围。

【职业引导】

在 Excel 2010 中，数据输出的处理也是至关重要的，合理地输出数据是用户必须学习的内容之一，也是成为办公高手的基本要素，本案例完成的效果如图 4-112 所示。

江汉艺术职业学院

2015-2016（上）学科活动考核舞台类优秀节目

序号	类别	名称	节目形式	节目名称	姓名	班级
1	声乐	声乐表演	独　唱	《玛依拉变奏曲》	陈　辛	15音表2
2	声乐	声乐表演	独　唱	《狼图腾》	梁多吉	14音表1
3	声乐	声乐演唱	独　唱	《红旗颂》	闫　敏	14音表1
4	钢琴	钢　琴	钢琴独奏	《熊跳舞》	张　静	14学6
5	钢琴	钢　琴	钢琴独奏	《蓝精灵》	周可怡	15学2
6	声乐	声乐演唱	独　唱	《红旗颂》	闫　敏	14音表1
7	声乐	声乐表演	独　唱	《我爱你中国》	张亚茹	14音教2
8	声乐	声乐表演	小组唱	《民歌连唱》	刘玉会	15学12
9	语言	语言表达	合　诵	《中国的声音》	孙穆菲	15主播1
10	语言	话剧表演	小　品	《为爱而醉》	胡　玲	15学前3
11	语言	话剧表演	小　品	《嘿！留下来》	贺浠程	15音表
12	语言	口语加强	独　诵	《我的父亲》	赵　越	15主播1
13	语言	普通话	独　诵	《姥姥我想你了》	焦河阳	14学10
14	器乐	二胡表演	二胡齐奏	《拉二胡》	李晶花	14学11
15	器乐	扬　琴	扬琴重奏	《匆匆那年》	张洒洒	14音教2
16	钢琴	钢　琴	钢琴独奏	《革命》	雷周震	14音教2
17	钢琴	钢　琴	钢琴独奏	《车尔尼740NO.35》	罗仪婷	15学8
18	钢琴	钢　琴	自弹自唱	《小小的一粒沙》	温　敏	14学14
19	舞蹈	剧目排练	群　舞	《摆夷婧葩》	李心雨	1501班
20	舞蹈	剧目排练	群　舞	《百年情书》	陈思雨	1502班
21	舞蹈	15学前舞蹈队	群　舞	《水墨畅想》	彭　佩	15舞蹈
22	舞蹈	健美操表演	健美操	《青春啦啦操》	张清燕	15舞蹈
23	服装表演	服装表演	服装表演	《服装表演》	张博青	15服装

2016/4/17　　第1页，共1页　　制表人：XX

图 4-112　设置“节目表”打印效果

【知识技能】

当创建工作表后，如果想打印出格式美观的文件，在打印之前需要对工作表的页面进行设置，页面设置的好坏直接影响打印效果，下面就来学习如何设置和打印工作表。

选定需要设置的文件，本例中选择“2015—2016(上)学科活动考核舞台类优秀节目”表。

4.9.1 设置页面

1. 设置页面方式

(1) 选中“页面布局”选项卡，单击“页面设置”组中右下角的三角形按钮，将打开“页面设置”对话框，如图 4-113 所示。

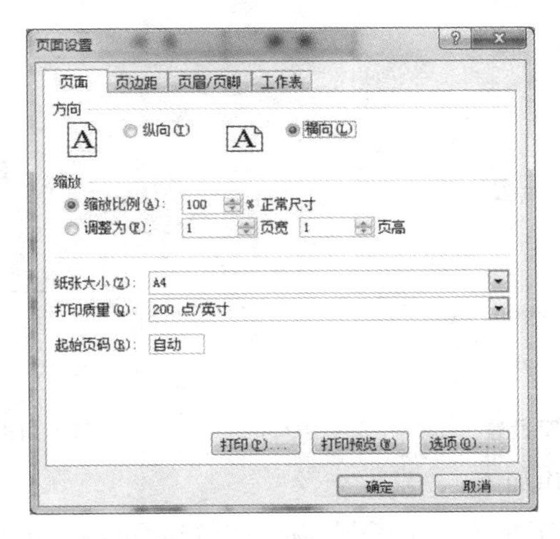

图 4-113 “页面设置”对话框

(2) 在“方向”选项组中，用户根据需要可选择“纵向”或“横向”打印工作表的内容。本例中选择“横向”。

(3) 在“缩放”选项组中，若选中“缩放比例”按钮，可以选择在文本框中输入要打印的百分比数值，工作表可被缩小到正常尺寸的 10%，也可被放大到 400%，默认的比例是 100%；若选中“调整为”按钮，则可手动输入设置页面高和宽的数值，或使用微调按钮来设置相应的数值。

(4) 在“纸张大小”选项组的下拉列表框中，选择一种适合的纸张类型，例如“A4”。

(5) 在“打印质量”下拉列表框中选择适合的一种需要选项即可。

(6) 在“起始页码”文本框中，默认值是“自动”，表示是从第一页开始打印，若希望从其他页码开始打印，只需要在文本框中输入相应的页码数即可。

【提示】 “纸张方向”和“纸张大小”也可通过“页面布局”选项卡中“页面设置”组中的相应按钮来实现。

2. 设置页边距

页边距是指页面打印区域的边界与纸张边沿的距离，用户可以根据需要来调整页面布局的大小。

打开“页面设置”对话框，选择“页边距”选项卡，选择“上”和“下”边距通过微调按钮分别设置“1.9”厘米，“左”和“右”各设置为“1.8” 厘米，“页眉”和“页脚”采用默认值“0.8”厘米。

在“居中方式”组中，可以根据需要设置打印文档内容是否“水平”(纸张水平方向上居中对齐)或“垂直”(纸张垂直方向上居中对齐)。本例中选择“水平”，如图 4-114 所示。

“页边距”选项卡下方三个按钮，分别为“打印”、“打印预览”和“选项”。

点选“打印预览”按钮，即可进入“预览视图”界面，如图 4-115 所示。

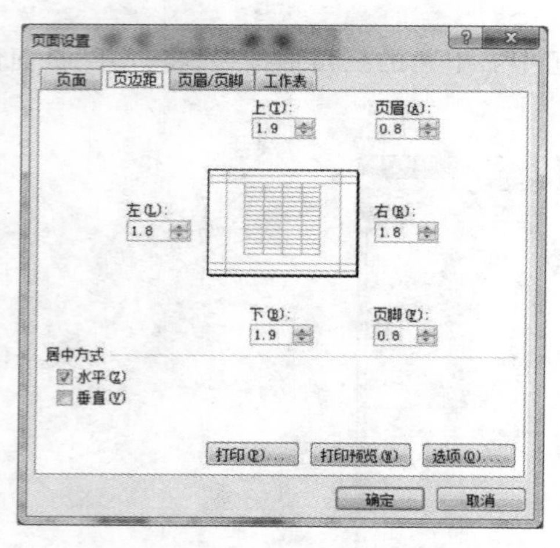

图 4-114　页边距设置

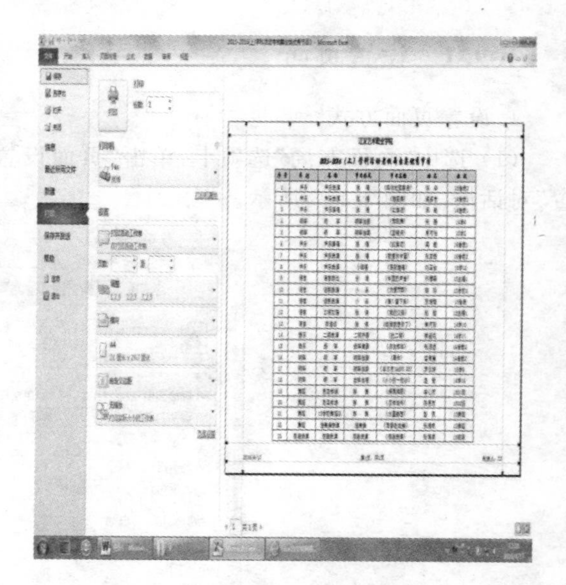

图 4-115　打印预览

在“预览视图”界面操作如下：

(1) 显示边距按钮(右下角第 1 个)：拖动调整线，可将边距拖至所需的高度和宽度来更改边距和页眉页脚位置，也可以通过拖动打印预览页顶部或底部的控点来更改列宽。

(2) 缩放按钮：要放大或者缩小预览打印页面的大小。

(3) 如果要预览下一页和上一页，在“打印预览”窗口的底部单击“下一页”和“上一页”箭头按钮 ◂ 1 共1页 ▸。

(4) 退出打印预览窗口：如果要退出打印预览并返回工作簿，单击预览窗口顶部功能区域任何其他选项卡即可。

【提示】 任意选择要打印的 Excel 表格，可以选择菜单功能区域中的“文件”菜单，然后选择“打印”，就可以看到要打印的表格预览情况。

3. 设置页眉页脚

页眉和页脚位于工作表中每个页面的顶部和底部，它们提供了关于工作表的重要背景信息，其中包括页码、日期、文件名、工作表名等。

(1) 设置页眉面脚格式

按照上面方法打开“页面设置”对话框，单击“页眉/页脚”选项卡，单击“页眉”右侧的下拉按钮，在出现的列表框中任选一种样式，本例选“2015—2016(上)学科活动考核舞台类优秀节目”；单击“页脚”右侧的下拉按钮，在下拉列表框中任选一种样式，本例中选“第 1 页”。如图 4-116 所示。

若选中“页眉/页脚”选项卡中的“首页不同”选项，则可单独设置首页的页眉。

若选中“页眉/页脚”选项卡中的“奇偶页不同”选项，则可单独设置奇数页和偶数页的页眉和页脚。

【提示】 如果要删除所选的页眉和页脚内容，可以在“页眉/页脚”下拉列表框中选择“无”选项，或者在“页眉/页脚”区域删除信息内容。

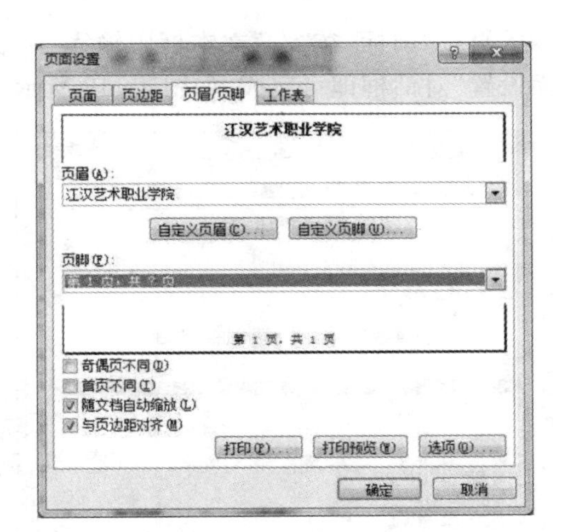

图 4-116 “页眉/页脚”选项卡

(2) 自定义页眉页脚

如果 Excel 内置的页眉和页脚的格式不能满足用户的需求，用户则可以自由设置所需要的格式。

选定要设置的工作表，按上面同样的方法，打开“页眉/页脚”选项卡，然后单击“自定义页眉”按钮，会弹出“页眉”对话框，如图 4-117 所示。

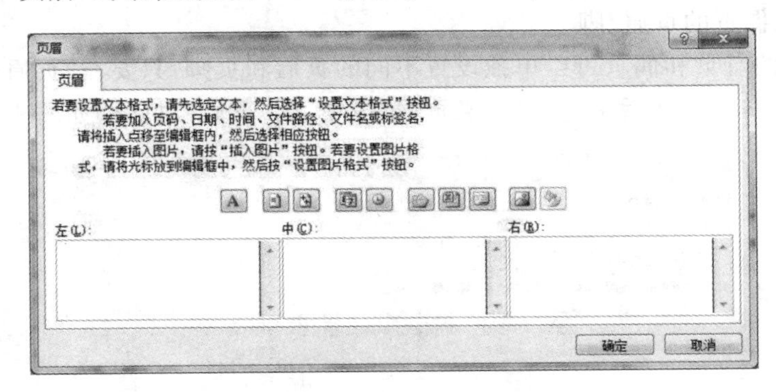

图 4-117 “页眉”对话框

该对话框中各选项的说明如下：

“左”文本框：输入的信息出现在页眉/页脚的左侧区域。

“中”文本框：输入的信息出现在页眉/页脚的中间区域。

“右”文本框：输入的信息出现在页眉/页脚的右侧区域。

图标说明：从左到右依次为“页眉页脚字体格式”、“插入页码”、“插入页数”、“插入日期”、“插入时间”、“插入文件路径”、“插入工作簿名称”、“插入工作表名称”、“插入图片”、“设置图片格式”等命令。

【提示】 当鼠标指针放到各图标上方时，会显示图标名称。

本例中，要求在“中”文本框中，输入文字内容“江汉艺术职业学院”。

“自定义页脚”的操作类似，在“左”文本框中插入日期，在“中”文本框，设置页码输出格式，在文本框中输入“第页，共页”，然后在“第页”两个字定位光标，单击“插入页码”图标，在“共页”

两个字间定位光标，单击“插入页数”图标，在“右”文本框中输入“制表人：××”，设置完成后，单击“确定”按钮，返回“页面设置”对话框即可完成，如图 4-118 所示。

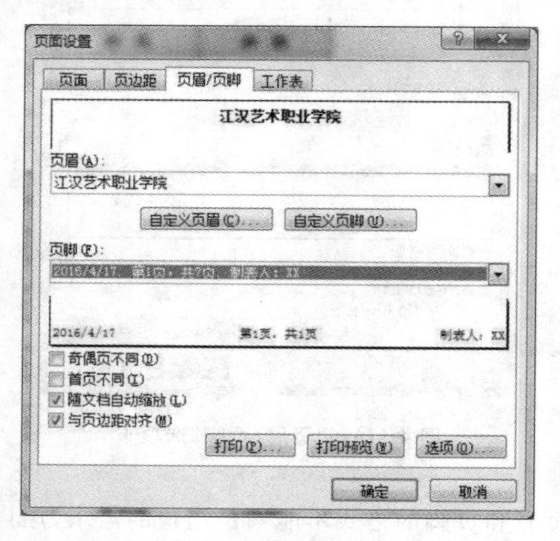

图 4-118　设置“自定义页眉/页脚”

【提示】　如果要删除自定义页眉/页脚，则单击“自定义页眉”和“自定义页脚”按钮，删除文本框中的数据。

(3) 设置奇、偶页的页眉/脚

一个文件中的奇页和偶页可以单独设置不同的页眉和页脚，只要在“页眉页脚”选项卡中，单击“奇偶页不同”选项，然后单击“自定义页眉”按钮，则“页眉”对话框如图 4-119 所示。

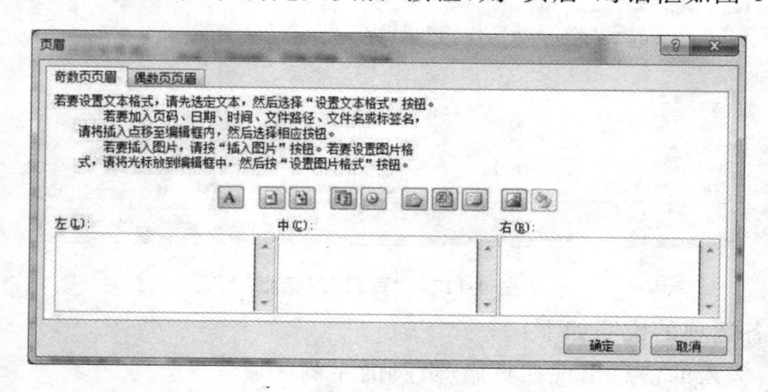

图 4-119　“页眉”对话框

于是在不同的选项卡中可分别设置“奇数页页眉”和“偶数页页眉”。

奇/偶页的页脚设置方法类似。

4. 设置工作表

打开“页面设置”中的“工作表”选项卡，可以对打印中的网格线和标题进行设置，也可以设置打印区域等格式。

(1) 选中要打印的工作表。

(2) 单击“页面布局”选项卡，然后单击“页面设置”组中的“打印标题”按钮，弹出如图 4-120 所示的对话框。也可按上述方法打开“工作表”选项卡。

(3) 在“工作表”选项卡中，用户根据打印工作表的需要对选项进行设置。

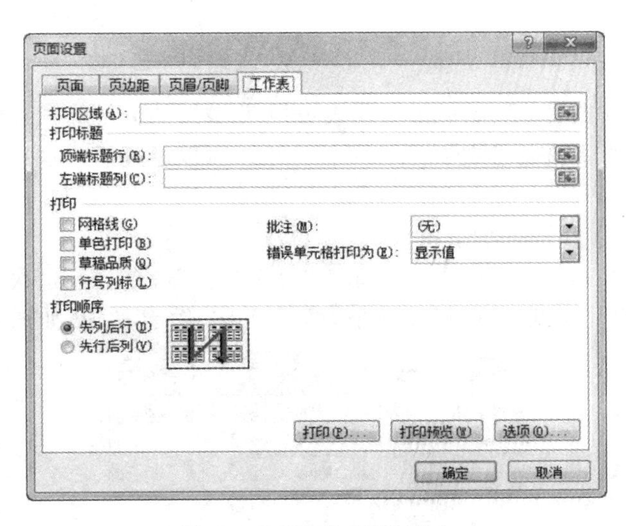

图 4-120　“工作表”选项卡

打印区域：鼠标点击右侧的折叠按钮，在工作表中用鼠标选取要打印的区域，再次单击折叠按钮返回“工作表”选项卡。

本例中，设置选择区域为 A1∶G25。

打印标题：当一个工作表中数据行较多时，为方便查看每页、每行、每列、各项所表示的含义，需要在每一页打印出行标题和列标题。“顶端标题行”和“左端标题列”文本框右侧的折叠按钮，用鼠标选取要打印的行标题和列标题。

本例中，设置“顶端标题行”为第 2 行。

打印：该选项可以根据用户需要打印出一些特殊效果。

“网络线”：打印时会自动为表格添加边框线。

“单色打印”：对工作表中的数据实现黑色打印。

“草稿品质”：简单打印输出，不包括表格进行的美化设置。

“行号列标”：打印时有行号和列标。

“批注”：是否打印批注。

“错误单元格打印为”：打印时输出默认的显示数据。

本例中，选择“行号列标”复选框。

打印顺序：与选择的打印区域有关，打印的区域大、页数多了就比较明显了。

“先列后行”：Excel 会按照先列后行的顺序打印，将较长和较宽的工作表进行拆分，会向下打印一组列中的所有行，直到到达工作表底部为止。然后，再回到顶部，横向移动，再向下打印下一组。依次类推，直到打完所有数据为止。

“先行后列”：和上面正相反。

本例中，选择“先列后行”选项。

【提示】　在设置打印区域时，要用 Ctrl 键，可选择多个区域，但每个区域是单独打印的。在“打印区域”文本框中输入区域时，可用逗号将每个区域引用分开，即可设置多个打印区域，若要将多个打印区域打印在一页上，可先将多个区域复制到同一个工作表中打印。

4.9.2 使用分页符

分页符是为了便于打印，而将一张工作表分隔为多页的分隔符。Excel 会根据文档内容的多少，实现自动分页，并在分页处插入分页符。用户可以通过插入水平或垂直分页符来改变页面上要打印的数量。

1. 打开需要设置的工作表文档。

2. 选中“视图”选项卡→“工作簿视图”组→“分页预览”命令，弹出“欢迎使用‘分页预览’视图”对话框，选中“不再显示此对话框”复选框，然后单击“确定”按钮，如图 4-121 所示。

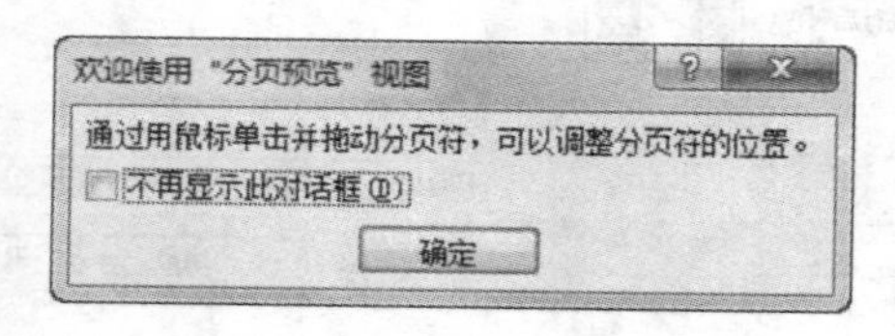

图 4-121 “提示框”

3. 进入“分页预览”视图窗口中，此时分页符显示为蓝色的粗线，手动插入的分页符以实线显示，虚线表示系统自动分页的位置。

4. 将鼠标移动到分页符附近，当鼠标指针变成双向箭头时，按住鼠标左键将分页符拖到需要调整的位置。本例中拖动的区域为 A1：G17，如图 4-122 所示。

	A	B	C	D	E	F	G
1	2015-2016（上）学科活动考核舞台表优秀节目						
2	序号	类别	名称	节目形式	节目名称	姓名	班级
3	1	声乐	声乐表演	独唱	《玛依拉变奏曲》	陈辛	15音表2
4	2	声乐	声乐表演	独唱	[illegible]	吴多吉	14音表1
5	3	声乐	声乐演唱	独唱	《红旗颂》	闫敏	14音表1
6	4	钢琴	钢琴	钢琴独奏	[illegible]	张静	14学6
7	5	钢琴	钢琴	钢琴独奏	[illegible]	周可怡	15学2
8	6	声乐	声乐演唱	独唱	《红旗颂》	闫敏	14音表1
9	7	声乐	声乐表演	独唱	《我爱你中国》	张亚茹	14音教2
10	8	声乐	声乐表演	小组唱	《民歌连唱》	刘亚会	15学12
11	9	语言	语言表达	合诵	《中国的声音》	孙馨菲	15主播1
12	10	语言	话剧表演	小品	《为爱而醉》	胡玲	15学前3
13	11	语言	话剧表演	小品	《喂！留下来》	贺晴	15音表
14	12	语言	口语加强	独诵	《我的父亲》	赵越	15主播1
15	13	语言	普通话	独诵	《姥姥我想你了》	[illegible]	14学10
16	14	器乐	二胡表演	二胡齐奏	《拉二胡》	李晶花	14学11
17	15	器乐	扬琴	扬琴重奏	《匆匆那年》	[illegible]	14音教2
18	16	钢琴	钢琴	钢琴独奏	《革命》	[illegible]	14音教2
19	17	钢琴	钢琴	钢琴独奏	《[illegible]740NO.35》	罗仪婷	15学3
20	18	钢琴	钢琴	自弹自唱	《小小的一粒沙》	[illegible]	14学14
21	19	舞蹈	剧目排练	群舞	[illegible]	李心雨	1501班
22	20	舞蹈	剧目排练	群舞	[illegible]	[illegible]	1502班

图 4-122 调整分页符

5. 若要手动插入分页符，则需要用鼠标先选择好要分隔的位置，然后点击右键选择“插入分页符”即可。

删除分页符：

(1) 删除手动分页符，只需将要删除的分页符移动到分页预览区域之外即可。

(2) 删除所有分页符，只需右键单击工作表中的某一个单元格，然后在列表中选择“重设所有分页符”命令即可。

4.9.3 打印工作簿或工作表

在设置完所有的打印选项后，就可以查看工作表打印输出效果了。

1. 打印预览

打印预览可以让用户看到所设置的打印选项的实际打印效果，并可对打印选项进行最后的修改和调整工作，有助于检查页面存在的小问题。

（1）选中要预览的工作表。

（2）单击“文件”菜单→“打印”选项，即可在当前窗口右侧看到当前文件的打印效果。如图 4-123 所示。也可通过“页面设置”对话框中的“打印预览”按钮进入。

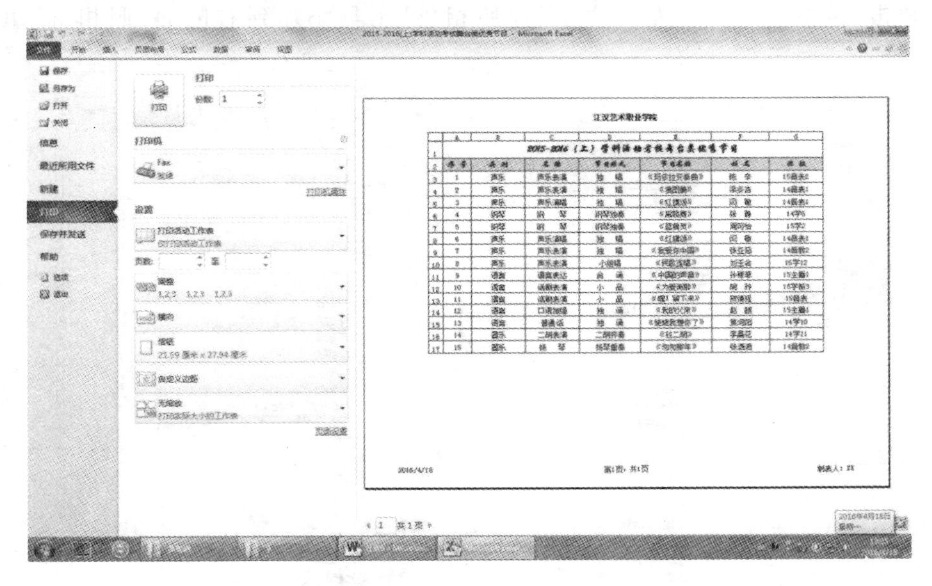

图 4-123 “打印预览”窗口

【提示】 若还需要更改页面设置，则在“打印预览”窗口，左侧属性右下方有“页面设置”命令，使用这个命令即可重新设置。在不进行打印区域设置的前提下，Excel 默认打印区域就是整个工作表。

2. 打印工作表

当完成前面对工作表的各项设置之后，在正式打印之前，还要对打印机的参数进行设置。

（1）打开“打印”窗口，如图 4-123 所示。

（2）在“打印份数”文本框中输入要打印份数的数值或单击微调按钮进行调整。

（3）在“打印机”下方右侧的下拉列表框中选择要使用的打印机名称。

（4）在“设置”栏中的下拉列表框中选择要打印的内容。

打印活动工作表：当前正在处理的工作表。

打印整个工作簿：整个工作簿中的工作表的内容全部打印。

打印选定区域：打印前面设置的部分区域内容。

（5）在“页数”栏中输入打印范围的起止页码数，然后接着设置“纸张方向”、“纸张大小”、“纸张边距”、“缩放比例”等属性。

（6）单击“打印”按钮即可完成打印。

3. 打印不连续区域

如果需要打印几个不同的区域，Excel 总是将这些区域分别打印在单独的页上。若要在一页上打印多个区域，可以将这些要打印的区域，同时复制到一页上，或者采用区域拍照链接的方式打印。

要将“照相机”功能添加到“快速访问工具栏”上，步骤如下：

(1) 单击“文件”菜单→“选项”命令，在弹出的“Excel 选项”对话框左侧中选择“自定义功能区”命令→从“从下列位置选择命令”下拉列表框中选择“不在功能区中的命令” →“照相机”选项。

(2) 在右侧“主选项卡”栏下，单击“新建组”命令，新建的组命名为“照相机”。

(3) 单击“照相机”组，将左侧栏中的“照相机”工具添加到右侧的“照相机”组中。如图 4-124 所示。

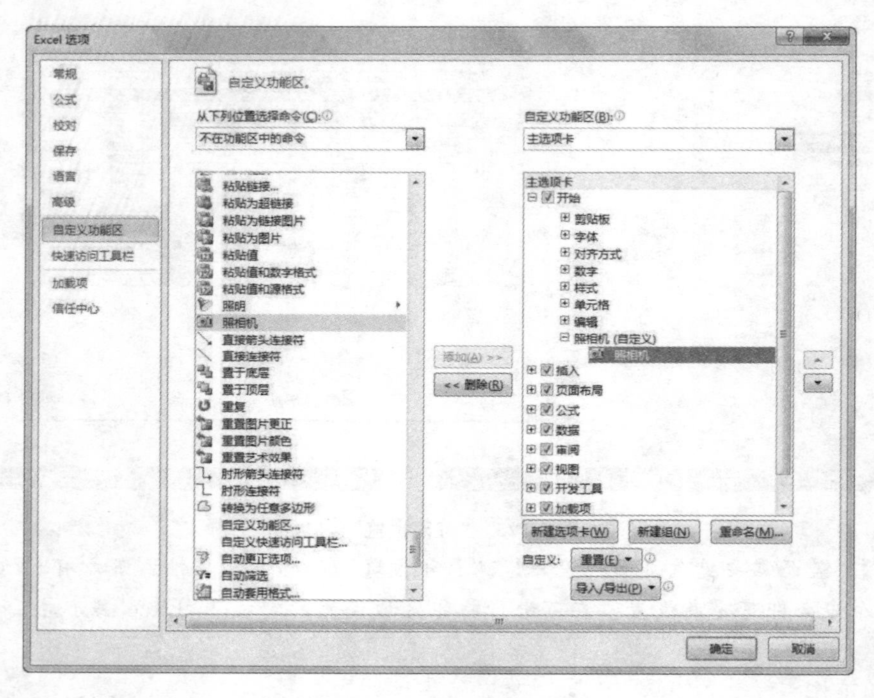

图 4-124　添加“照相机”

(4) 单击“确定”按钮即可返回 Excel 窗口。此时在“快速访问工具栏”上将添加“照相机”按钮。

利用“照相机”在同一页上打印多个区域，操作方法如下：

在当前工作表“Sheet1”中，选择一个数据区域，单击“快速访问工具栏”上的“照相机”按钮。

切换到工作表“Sheet2”中，单击鼠标来插入链接图片。

再返回到要打印区域的工作表，选择另一个数据区域继续采用相同的方法，用“照相机”按钮抓拍来插入链接，最终完成不连续区域的打印设置。

使用鼠标，根据打印格式需要排列好链接的图片即可。

【提示】 “照相机”能够创建区域的链接图片，因此，若被链接区域中的数据发生了变化，图片也会自动更新。

【案例小结】

日常工作中，我们都会使用Excel表制作各种表格，然后直接进行打印，往往发现，打印出来的表格会分在不同的张纸上进行输出，很多人就把表格设置得很小，并总感觉这个调整不方便。本案例则主要从表格最终打印效果出发，介绍如何调整合适的打印设置，方便用户工作。

【应用探索】

1. 制作完成“中百超市饮料入库清单”工作表，完成效果如图4-123所示。

2. 设置页面打印方向为“纵向”打印，缩放比例为“85%”，纸张为“A4”。

3. 设置上、下页边距各为“2 cm”，左、右页边距为“1 cm”，水平居中。

4. 自定义页眉和页脚，要求页眉“左”文本框中显示工作表名称，“右”文本框中显示“日期”；要求页脚“左”文本框中显示文件路径，“中”文本框中显示页码。

5. 设置工作表的打印区域为A1:E12，显示网格线。

6. 请使用“分页预览”方式预览打印前的效果，并在第10行位置添加分页符。

7. 打印此工作表。

8. 打印此工作表的区域B2∶B15和D2∶E15需在同一页面上(用“照相机”功能完成)。

	A	B	C	D	E
1	中百超市饮料入库清单				
2	产品编号	产品名称	入库时间	单件价格	入库数量
3	40002920	王老吉	2013/7/1	48元/箱	10箱
4	40002921	百事可乐	2013/5/8	48元/箱	8箱
5	40002922	芬达	2013/7/8	60元/箱	12箱
6	40002923	果粒橙	2012/12/30	68元/箱	30箱
7	40002924	康师傅冰红茶	2013/1/8	48元/箱	12箱
8	40002925	康师傅绿茶	2013/4/9	48元/箱	14箱
9	40002926	可口可乐	2012/12/20	53元/箱	16箱
10	40002927	雪碧	2013/6/9	60元/箱	10箱
11	40002928	美年华	2013/5/6	68元/箱	9箱
12	40002929	水晶葡萄	2013/5/7	60元/箱	8箱
13	40002930	椰奶	2013/7/8	80元/箱	11箱
14	40002931	酸梅汤	2013/5/9	48元/箱	5箱
15	40002932	酸酸乳	2013/5/10	80元/箱	10箱

图4-125 中百超市饮料入库清单

4.10 学生成绩单综合应用

【任务目标】

Excel中常用知识点的综合应用。

【职业引导】

通过前面的学习，相信大多数用户对Excel常用工具和命令的使用方法都已掌握，本节通过两个实例，巩固一下前面所学的知识点，以达到学已致用的目的，所需数据表如图 4-126 所示。

	A	B	C	D	E	F	G	H	I	J	K
1	15级期中抽考学生成绩表										
2	序号	班级	专业	姓名	性别	英语	语文	毛/特概论	体育	计算机基础	总分
3	1	15学1	学前教育	赵红柳	女	77	69	85	72	82	385
4	2	15学1	学前教育	敖兰敏	女	88	84	88	88	90	438
5	3	15学1	学前教育	马淑婷	女	82	81	96	90	83	432
6	4	15学1	学前教育	韦丽兰	女	60	76	91	88	93	408
7	5	15学1	学前教育	张　翠	女	60	77	76	80	68	361
8	6	15学1	学前教育	郭慧蓉	女	85	78	68	88	88	407
9	7	15学2	学前教育	张小宇	男	60	85	86	91	90	412
10	8	15学2	学前教育	赖田锋	女	60	60	89	73	77	359
11	9	15学2	学前教育	汪　兰	女	75	80	87	77	84	403
12	10	15学2	学前教育	向妮文	女	71	75	82	75	82	385
13	11	15学2	学前教育	李泳生	男	74	73	67	90	85	389
14	12	15舞蹈	舞　蹈	陈红君	男	60	77	73	80	94	384
15	13	15舞蹈	舞　蹈	马　萍	女	60	78	92	91	78	399
16	14	15舞蹈	舞　蹈	刘　华	女	76	74	86	84	85	405
17	15	15舞蹈	舞　蹈	雷　鑫	男	60	75	91	86	94	406
18	16	15舞蹈	舞　蹈	密　灵	女	81	74	82	74	83	394
19	17	15舞蹈	舞　蹈	李　凯	男	77	76	67	69	83	372
20	18	15舞蹈	舞　蹈	闫　洁	女	63	77	88	90	88	406
21	19	15舞蹈	舞　蹈	支　洁	女	60	71	73	90	88	382
22	20	15舞蹈	舞　蹈	何　强	男	60	76	92	90	75	393
23	21	15舞蹈	舞　蹈	马　兰	女	67	63	82	73	83	368
24	22	15舞蹈	舞　蹈	刘　丹	女	68	70	86	85	74	383
25	23	15初教	初等教育	赵爱玲	女	77	76	65	82	69	369
26	24	15初教	初等教育	石　天	女	75	60	90	82	61	368
27	25	15初教	初等教育	许　明	女	60	73	79	67	73	352
28	26	15初教	初等教育	沈培喜	女	62	66	62	60	68	318

第一题　第二题　第三题

图 4-126　“15 级期中抽考学生成绩表”

【知识技能】

4.10.1　第一题

题目：录入三个专业（学前教育、舞蹈、初等教育）33 名学生 5 门课程成绩（英语、语文、毛/特概论、体育、计算机基顾），进行下列操作：

输入文字信息：

选中 A1，输入“15 级期中抽考学生成绩表”，合并单元格并居中 A1:L1。

在 A2 至 L2 单元格，分别输入“序号”、“班级”、“专业”、“姓名”、“性别”、“英语”、“语文”、“毛/特概论”、“体育”、“计算机基础”、“总分”和“平均分”。

在 A3：J35 单元格区域，分别录入所需数据内容。

1. 求出学生的总分和平均分（注：各科成绩均为百分制）。

选中 K3 单元格，在编辑栏中输入“=SUM(F3：J3)”，按 Enter 键即可求出第一个学生的总分。其他学生总分运用“填充柄”复制格式，即可获取。

选中 L3 单元格，在编辑栏中输入“=AVERAGE(F3：J3)”，按 Enter 键即可求出第一个学生的平均分。其他学生平均分运用“填充柄”复制格式，即可获取。

2. 按专业不同排名，相同专业内按总成绩由高到低排名。

(1) 选中 A2：L35 区域（参与排序的范围），单击“数据”→“排序和筛选”→“排序”。

(2) 在排序对话框中，“主要关键字”下拉列表框选择“专业”，“排序依据”下拉列表框选择“数值”，“次序”下拉列表框选择“降序”。

(3) 单击“添加条件”按钮，添加一行“次要关键字”，下拉列表框选择“总分”，“排序依据”下拉列表框选择“数值”，“次序”下拉列表框选择“降序”，如图 4-127 所示。

(4) 单击“确定”。

图 4-127　“排序”对话框

3. 将“计算机基础”成绩按优(100～90)、良(90～80)、中(80～60)、差(60～0)划分等级。

(1) 在“平均分”列后新增加一列“计算机等级”字段。

(2) 选中 M3：M35 区域，在编辑栏中输入“＝IF(J3：J35＞＝90，“优”，IF(J3：J35＞＝80，“良”，IF(J3：J35＞＝60，“中”，“差”)))”，按【Ctrl＋Shift＋Enter】。一次性填充所有数据单元格，即可求出所得结果，如图 4-128 所示。

15级期中抽考学生成绩表

序号	班级	专业	姓名	性别	英语	语文	毛/特概论	体育	计算机基础	总分	平均分	计算机等级
2	15学1	学前教育	敖兰敏	女	88	84	88	88	90	438	87.60	优
3	15学1	学前教育	马淑婷	女	82	81	96	90	83	432	86.32	良
7	15学2	学前教育	张小宇	男	60	85	86	91	90	412	82.32	良
4	15学1	学前教育	韦丽兰	女	60	76	91	88	93	408	81.68	优
6	15学1	学前教育	郭慧蓉	女	85	78	68	88	88	407	81.40	良
9	15学2	学前教育	汪　兰	女	75	80	87	77	84	403	80.68	良
11	15学2	学前教育	李泳生	男	74	73	67	90	85	389	77.76	良
1	15学1	学前教育	赵红柳	女	77	69	85	72	82	385	77.08	良
10	15学2	学前教育	向妮文	女	71	75	82	75	82	385	77.00	良
5	15学1	学前教育	张　翠	女	60	77	76	80	68	361	72.20	中
8	15学2	学前教育	赖田锋	女	60	60	89	73	77	359	71.84	中
18	15舞蹈	舞　蹈	闫　洁	女	63	77	88	90	88	406	81.28	良
15	15舞蹈	舞　蹈	雷　鑫	男	60	75	91	86	94	406	81.12	优
14	15舞蹈	舞　蹈	刘　华	女	76	74	86	84	85	405	81.00	良
13	15舞蹈	舞　蹈	马　萍	女	60	78	92	91	78	399	79.76	中
16	15舞蹈	舞　蹈	密　灵	女	81	74	82	74	83	394	78.72	良
20	15舞蹈	舞　蹈	何　强	男	60	76	92	90	75	393	78.56	中
12	15舞蹈	舞　蹈	陈红君	男	60	77	73	80	94	384	76.88	优
22	15舞蹈	舞　蹈	刘　丹	女	68	70	86	85	74	383	76.52	中
19	15舞蹈	舞　蹈	支　浩	女	60	71	73	90	88	382	76.48	良
17	15舞蹈	舞　蹈	李　凯	男	77	76	67	69	83	372	74.36	良
21	15舞蹈	舞　蹈	马　兰	女	67	63	82	73	83	368	73.68	良
27	15初教	初等教育	何　娟	女	77	86	92	84	96	435	86.92	优
32	15初教	初等教育	箍天梅	女	79	83	91	81	84	418	83.60	良
23	15初教	初等教育	赵爱玲	女	77	76	65	82	69	369	73.76	中
24	15初教	初等教育	石　天	女	75	60	90	82	61	368	73.68	中
25	15初教	初等教育	许　明	女	60	73	79	67	73	352	70.36	中
28	15初教	初等教育	张天虎	女	60	80	60	69	74	343	68.52	中
29	15初教	初等教育	朱　琳	女	61	69	75	63	65	333	66.60	中
30	15初教	初等教育	徐　娜	女	29	71	76	80	73	329	65.72	中
31	15初教	初等教育	史永杰	女	34	67	74	60	87	322	64.36	良
26	15初教	初等教育	沈培喜	女	62	66	62	60	68	318	63.56	中

图 4-128　计算机“等级”

4. 统计所有专业男生和女生人数。

(1) 在“计算机等级”列后新增加两列“男生人数”和“女生人数”字段。

(2) 公式如下(如图 4-129 所示)。

男生人数：选定 N3 单元格，在编辑栏中输入公式“＝COUNFIT(E3：E35，“男”)”，按Enter键。

女生人数:选定 O3 单元格,在编辑栏中输入公式"=COUNFIT(B3:E35,"女")",按Enter键。

	A	B	C	D	E	F	G	H	I	J	K	L	M	N	O
1	15级期中抽考学生成绩表														
2	序号	班级	专业	姓名	性别	英语	语文	毛/特概论	体育	计算机基础	总分	平均分	计算机等级	男生人数	女生人数
3	2	15学1	学前教育	敖兰敏	女	88	84	88	88	90	438	87.60	优	6	27
4	3	15学1	学前教育	马淑婷	女	82	81	96	90	83	432	86.32	良		
5	7	15学2	学前教育	张小宇	男	60	85	86	91	90	412	82.32	良		

图 4-129 男/女生"人数"

5. 筛选出"学前教育"专业总分>400 的学生。

(1) 在 Q10、R10 单元格,分别输入"专业"和"总分",在 Q11、R11 单元格,分别输入"学前教育"和">400"

(2) 单击"数据"→"排序和筛选"→"高级"。

列表区域:第一题! \$A\$2:\$K\$35

条件区域:第一题! \$Q\$10:\$R\$11

复制到:第一题! \$Q\$12

(3) 单击"确定"按钮,即可显示所得结果,如图 4-130 所示。

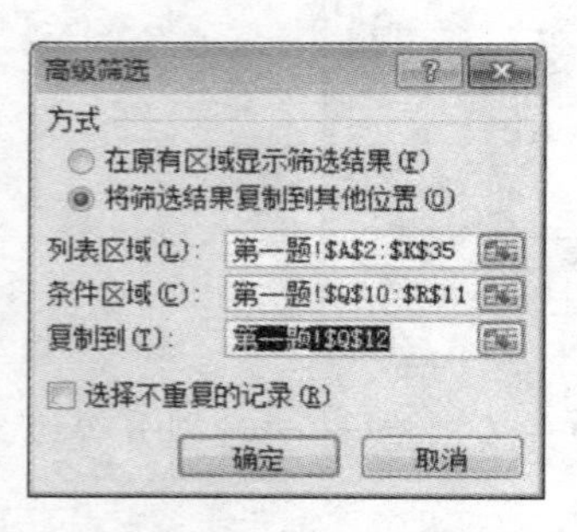

图 4-130 "高级筛选"对话框设置

【提示】 参与高级筛选的区域,不要涉及函数嵌套,否则结果会有误差。

6. 按专业对学生"英语"成绩求和进行分类汇总。

(1) 选中整个区域,先对"专业"字段排序,后汇总。

(2) 选中 C2 单元格,单击"数据"→"排序和筛选"→"排序"。

(3) 在排序对话框中,"主要关键字"下拉列表框选择"专业","排序依据"下拉列表框选择"数值","次序"下拉列表框选择"降序"。

(4) 单击"数据"→"分级显示"→"分类汇总",如图 4-131 所示。

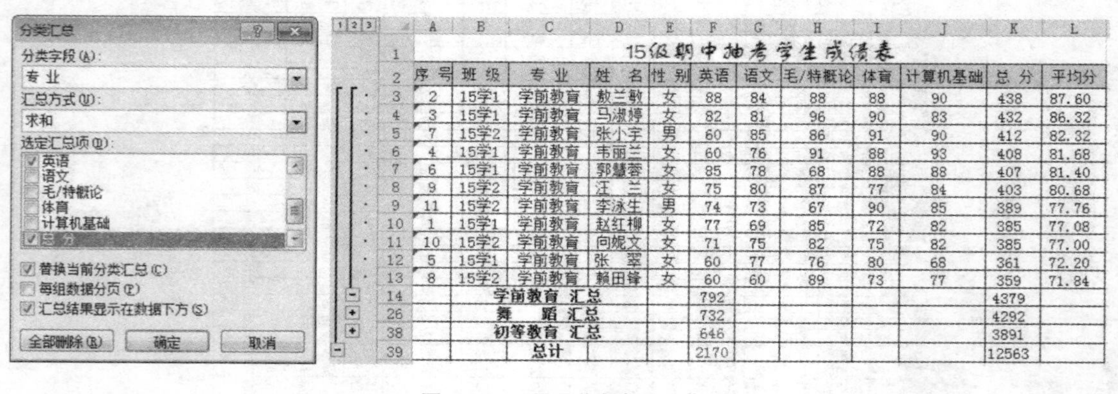

	A	B	C	D	E	F	G	H	I	J	K	L
1	15级期中抽考学生成绩表											
2	序号	班级	专业	姓名	性别	英语	语文	毛/特概论	体育	计算机基础	总分	平均分
3	2	15学1	学前教育	敖兰敏	女	88	84	88	88	90	438	87.60
4	3	15学1	学前教育	马淑婷	女	82	81	96	90	83	432	86.32
5	7	15学2	学前教育	张小宇	男	60	85	86	91	90	412	82.32
6	4	15学1	学前教育	韦丽兰	女	60	76	91	88	93	408	81.68
7	6	15学1	学前教育	郭慧蓉	女	85	78	68	88	88	407	81.40
8	9	15学2	学前教育	汪兰	女	75	80	87	77	84	403	80.68
9	11	15学2	学前教育	李泳生	男	74	73	67	90	85	389	77.76
10	1	15学1	学前教育	赵红柳	女	77	69	85	72	82	385	77.08
11	10	15学2	学前教育	向妮文	女	71	75	82	75	82	385	77.00
12	5	15学1	学前教育	张翠	女	60	77	76	80	68	361	72.20
13	8	15学2	学前教育	赖田锋	女	60	60	89	73	77	359	71.84
14		学前教育 汇总				792					4379	
26		舞蹈 汇总				732					4292	
38		初等教育 汇总				646					3891	
39			总计			2170					12563	

图 4-131 显示"分类汇总"

4.10.2 第二题

题目:在一个工作表中输入一个班的"语文"、"英语"、"钢琴"成绩单,要求操作如下:

1. 利用数据有效性,定义成绩的有效范围为"0～100","性别"字段在下拉菜单限定为"男"和"女",设置输入信息及出错警告。

(1) 选定 D3:F35 区域,选择"数据"→"数据有效性",打开对话框,"允许"下拉列表框中选择“整数”,介于最小值“0”和最大值“100”之间,单击“确定”按钮即可完成。

(2) 选定 C3∶C35 区域,选择“数据”→“数据有效性”,打开对话框,“允许”下拉列表框中选择“序列”,“来源”文本框中输入“男,女”单击“确定”按钮即可设置好。

(3) 出错警告,选择“数据”→“数据有效性”,打开对话框,点击“出错警告”选项卡,进行设置即可。

(4) 输入信息在“数据”→“数据有效性”,打开对话框,点击“输入信息”选项卡,进行设置即可。

2.统计三个科目及格与不及格人数,并圈释不及格的数据。

(1) 及格人数

选中 G3 单元格,在编辑栏中输入“=COUNTIF(D3∶F35,“>=60”)”,按 Enter 键。

(2) 不及格人数

选中 H3 单元格,在编辑栏中输入“=COUNTIF(D3∶F35,“<60”)”,按 Enter 键。

(3) 圈释不及格的数据

选中 D3∶F35 区域,选择“数据”→“数据有效性”,打开对话框,“允许”下拉列表框中选择“整数”,数据选“大于”,最小值“59”,单击“确定”按钮即可完成好。

选择“数据”→“数据有效性”下拉列表框→“圈释无效数据”,如图 4-132 所示。

	A	B	C	D	E	F	G	H
2	班级	姓名	性别	英语	语文	钢琴	及格人数	不及格人数
3	15学1	赵红柳	女	77	69	85	96	3
4	15学1	敖兰敏	女	88	84	88		
5	15学1	马淑婷	女	82	81	96		
6	15学1	韦丽兰	女	60	76	91		
7	15学1	张　翠	女	60	77	76		
8	15学1	郭慧蓉	女	85	78	68		
9	15学1	张小宇	男	60	85	86		
10	15学1	赖田锋	女	60	60	89		
11	15学1	汪　兰	女	75	80	87		
12	15学1	向妮文	女	71	75	82		
13	15学1	李泳生	男	74	73	67		
14	15学1	陈红君	男	60	77	73		
15	15学1	马　萍	女	60	78	92		
16	15学1	刘　华	女	76	74	86		
17	15学1	雷　鑫	男	60	75	91		
18	15学1	密　灵	女	81	74	82		
19	15学1	李　凯	男	77	76	67		
20	15学1	闫　洁	女	63	77	88		
21	15学1	支　浩	女	60	71	73		
22	15学1	何　强	男	60	76	92		
23	15学1	马　兰	女	67	63	82		
24	15学1	刘　丹	女	68	70	86		
25	15学1	赵爱玲	女	77	76	65		
26	15学1	石　天	女	75	60	90		
27	15学1	许　明	女	60	73	79		
28	15学1	沈培喜	女	62	66	62		
29	15学1	何　娟	女	77	86	92		
30	15学1	张天虎	女	60	80	60		
31	15学1	朱　琳	女	61	69	75		
32	15学1	徐　娜	女	29	71	76		
33	15学1	史永杰	女	34	67	74		
34	15学1	施天梅	女	79	83	91		
35	15学1	李　喜	女	32	63	85		

图 4-132　“圈释不及格”单元格

3.设置学号为 12 位的数。

(1) 在“姓名”字段前面插入一列“学号”。

(2) 选中 B3∶B35 区域,打开“设置单元格格式”对话框→“数字”选项卡→“文本”类型,按“确定”按钮即可。

(3) 在 B3 单元格中输入“000000000001”,剩下用填充柄完成即可。

4. 使用条件格式将成绩大于 90 分的学生用红色显示。

(1) 选中 E3：G35 区域，选中“开始”→“样式”→“条件格式”→“新建规则”命令，打开对话框设置如图 4-133 所示，按“确定”即可完成设置。

	A	B	C	D	E	F	G
2	班 级	学号	姓 名	性 别	英语	语文	钢琴
3	15学1	000000000001	赵红柳	女	77	69	85
4	15学1	000000000002	敖兰敏	女	88	84	88
5	15学1	000000000002	马淑婷	女	82	81	95
6	15学1	000000000002	韦丽兰	女	60	76	91
7	15学1	000000000005	张 翠	女	60	77	76
8	15学1	000000000006	郭慧蓉	女	85	78	68
9	15学1	000000000007	张小宇	男	60	85	86
10	15学1	000000000008	赖田锋	女	60	60	89
11	15学1	000000000009	汪 兰	女	75	80	87
12	15学1	000000000010	向妮文	女	71	75	82
13	15学1	000000000011	李泳生	男	74	73	67
14	15学1	000000000012	陈红君	男	60	77	73
15	15学1	000000000013	马 萍	女	60	78	92
16	15学1	000000000014	刘 华	女	76	74	86
17	15学1	000000000015	雷 鑫	男	60	75	91
18	15学1	000000000016	密 灵	女	81	74	82
19	15学1	000000000017	李 凯	男	77	76	67
20	15学1	000000000018	闫 洁	女	63	77	88
21	15学1	000000000019	支 浩	女	60	71	73
22	15学1	000000000020	何 强	男	60	76	92
23	15学1	000000000021	马 兰	女	67	63	82
24	15学1	000000000022	刘 丹	女	68	70	86
25	15学1	000000000023	赵爱玲	女	77	76	65
26	15学1	000000000024	石 天	女	75	60	90
27	15学1	000000000025	许 明	女	60	73	79
28	15学1	000000000026	沈培喜	女	62	66	62
29	15学1	000000000027	何 娟	女	77	86	92
30	15学1	000000000028	张天虎	女	60	80	60
31	15学1	000000000029	朱 琳	女	61	69	75
32	15学1	000000000030	徐 娜	女	29	71	76
33	15学1	000000000031	史永杰	女	34	67	74
34	15学1	000000000032	施天梅	女	79	83	91
35	15学1	000000000033	李 喜	女	32	63	85

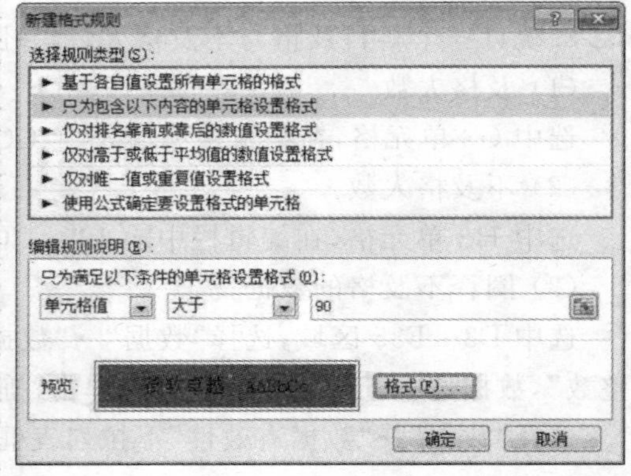

图 4-133 “条件格式”设置

5. 绘制“语文”课程前 15 名学生成绩图表。

(1) 选中 C2：C17 区域，按住 Ctrl 的同时选中 F2：F17 区域。

(2) 选择“插入”→“图表”→“柱形图”→“二维簇状柱形图”，如图 4-134 所示。

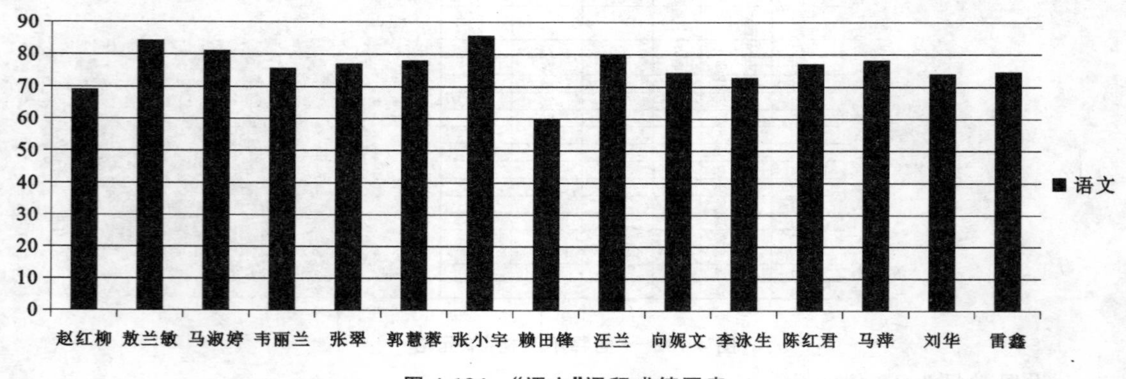

图 4-134 “语文”课程成绩图表

【案例小结】

本案例主要讲解了有关学生成绩表的各种计算方法，从而提高了工作效率。

【应用探索】

实训一

1.新建 Excel 文件,起名为“2014—2015 学年度学生成绩. xls”。

2.将“2014—2015 学年度学生成绩. xls”中的第一个工作表“Sheet1”重命名为“14 学前教育 1 班成绩”。

3.将图 4-135 数据录入到工作表“14 学前教育 1 班成绩”中。

	A	B	C	D	E	F	G
1	学号	姓名	儿歌弹唱	声乐	钢琴	体育	计算机基础
2	00001	闫洁	63	77	88	90	88
3	00002	雷鑫	60	75	91	86	94
4	00003	刘华	76	74	86	84	85
5	00004	马萍	60	78	92	91	78
6	00005	密灵	81	74	82	74	83
7	00006	何强	60	76	92	90	75
8	00007	陈红君	60	77	73	80	94
9	00008	刘丹	68	70	86	85	74
10	00009	支浩	60	71	73	90	88
11	00010	李凯	77	76	67	69	83
12	00011	马兰	67	63	82	73	83
13	00012	何娟	77	86	92	84	96
14	00013	施天梅	79	83	91	81	84
15	00014	赵爱玲	77	76	65	82	69
16	00015	石天	75	60	90	82	61
17	00016	许明	60	73	79	67	73
18	00017	张天虎	60	80	60	69	74
19	00018	朱琳	61	69	75	63	65
20	00019	徐娜	29	71	76	80	73
21	00020	史永杰	34	67	74	60	87
22	00021	沈培喜	62	66	62	60	68
23	00022	李喜	32	63	85	66	60

图 4-135 “学生成绩表”

4.将工作表“14 学前教育 1 班成绩”中的标题(第一行)的底纹设置成 25%的灰色。

5.在工作表“14 学前教育 1 班成绩”中第一行前插入一行,为数据设置标题“学前教育 成绩表”,合并居中显示(合并范围为 A1:G1),字号 18 号,字体方正舒体,蓝色。

6.为工作表“14 学前教育 1 班成绩”中的数据区域(A2:G24)加上细边框。

7.将小于 60 分的学生成绩以红色粗体显示出来。

8.筛选出“钢琴”课程成绩大于等于 85 分的学生的学号,将姓名及钢琴成绩三项信息复制到第二个工作表“Sheet2”中,并且将 sheet2 重命名为“钢琴成绩(优)”。

9.使用自动套用格式功能为工作表“钢琴成绩(优)”的数据区域加上边框,在自动套用格式中选择简单样式。

10.将工作表“14 学前教育 1 班成绩”中的数据复制到 sheet3 工作表中,并将 sheet3 命名为“学生成绩汇总”,并在该工作表中对每个学生计算总分、排出名次并统计本学期不及格门数。

11.在工作表“学生成绩汇总”中,统计每门课程的最高分、最低分、平均分、及格率、不及格人数和优秀率(85 分以上的学生人数)。

12.设置工作表“学生成绩汇总”的左、右边距为 2.5,页眉为“考试成绩汇总”(居左),“制表人:××(姓名)”(居右)。

实训二

1.制作如图 4-136 所示的表格,录入相关数据。

	A	B	C	D	E	F
1	学生成绩表					
2	序号	姓名	舞蹈	钢琴	美术	总分
3	1	李　霖	74	73	67	214
4	2	陈　君	60	77	73	210
5	3	马　萍	60	58	92	210
6	4	刘红华	76	74	86	236
7	5	雷　鑫	60	75	91	226
8	6	密艳霜	81	60	82	223
9	7	周　凯	77	76	67	220
10	8	赵小冷	77	69	85	231

图 4-136　“学生成绩表”

2. 选中表格中的部分数据(包括三门课程、前 6 位学生的成绩),将当前工作表 Sheet 1 重命名为“成绩表”,创建 B2：E8 二维簇状柱形图,图表标题为“学生成绩表”。

3. 对工作表“成绩表”创建的嵌入图表进行如下编辑操作：

(1) 将该图表移动放大到 A11：I27 区域。

(2) 图表中“钢琴”课程的数据系列删除,然后再将“舞蹈”与“美术”的数据系列次序对调。

(3) 为图表中“舞蹈”的数据系列增加以数值显示的数据标记。

(4) 为图表添加分类轴标题“姓名”。

4. 在工作表“成绩表”中创建的嵌入图表进行如下格式化操作：

(1) 对图表标题“学生成绩表”设置为“黑体”、“18 磅”。

(2) 将图表区的字体大小设置为“8 磅”,并选用最粗的圆角边框。

(3) 将图例边框改为带阴影边框,并将图例移到图表区的左下角。

(4) 将数值轴的主要刻度间距改为“20”。

(5) 调整绘图区的大小。

5. 对嵌入图表复制到 A29 单元格开始的区域,并改为折线图,对图形区背景、图例等进行格式化。

6. 为“舞蹈”课程的部分学生成绩创建独立的三维饼图,并且进行格式化、调整图形的大小及进行必要的编辑。

7. 将文件保存到磁盘,命名为“学生成绩表”,退出 Excel。

实训三

1. 复制“学生成绩”工作表中的数据,创建如图 4-137 所示表格。

	A	B	C	D	E	F	G
1	学生成绩表2						
2	序号	姓　名	性别	舞蹈	钢琴	美术	总分
3	1	李　霖	女	74	90	67	231
4	2	陈　君	男	60	50	73	183
5	3	马　萍	女	60	58	92	210
6	4	刘红华	女	76	74	86	236
7	5	雷　鑫	男	60	75	91	226
8	6	密艳霜	女	50	60	82	192
9	7	周　凯	男	77	76	67	220
10	8	赵小冷	男	95	69	85	249

图 4-137　“学生成绩表 2”

2. 将工作表命名为"学生成绩表 2",然后进行下列操作:

(1) "学生成绩表 2"中的数据选择"性别,升序排列"。

(2) 在工作表"学生成绩表 2"中筛选出总分大于 230 或小于 200 的女生记录,对总分筛选时选择自定义项,使用"或"逻辑运算符连接。

3. 将"学生成绩表 2"中的数据复制到 Sheet3 中,命名为"学生成绩表 3",然后对其中的数据进行下列分类汇总操作:

(1) 按性别分别求出男生和女生的各科平均成绩(不包括总分),平均成绩保留 1 位小数。

【提示】 对分类汇总,要对分类的字段先进行排序,然后进行分类汇总,否则分类汇总无意义。本例分类字段为性别、对三门课程的分数进行汇总、汇总的方式求平均值。

(2) 在原有分类汇总的基础上,再汇总出男生和女生的人数。

【提示】 在原有分类汇总的基础上再汇总,即嵌套分类汇总。这时只要在原汇总的基础上,再进行汇总,不选中"替换当前分类汇总"复选框。

(3) 分级显示及编辑汇总数据。

4. 以工作表"学生成绩表 2"中的数据为基础,在 Sheet4 工作表中建立透视表。

5. 在 Sheet4 工作表中对已建立的透视表产生透视图。

【提示】 在 Excel 中,可对已建立的透视表产生数据透视图。只要将插入点定位在透视表,选择快捷菜单的"数据透视图"命令,即可创建独立的透视图图表;若要建立嵌入的透视图图表,选中图表后,在快捷菜单中选择"位置"命令,可进行独立图表与嵌入图表的切换;若要对图表的某些内容删除,可在图表的下拉式列表框中去除复选框的选择。

6. 对"学生成绩表 3"工作表进行如下页面设置,并打印预览:

(1) 纸张大小为 A4,文档打印时水平居中,上、下页边距为 3 厘米。

(2) 设置页眉"分类汇总表",设置为"居中"、"粗斜体",设置页脚为当前日期,靠右摆放。

(3) 不打印网格线,但打印工作表的行号和列号。

7. 将文件保存到磁盘,命名为"学生成绩表 2",退出 Excel。

5　幻灯片处理——PowerPoint 2010 应用

5.1　根据样本模板创建演示文稿——制作“培训新员工”文稿

【任务目标】

1. 掌握 PowerPoint 2010 文档的基本操作；
2. 能够根据样本模板创建演示文稿；
3. 掌握演示文稿主题的设置和应用；
4. 理解 PowerPoint 2010 的视图模式；
5. 掌握演示文稿的编辑；
6. 掌握演示文稿的保存与打包。

【职业引导】

很多时候我们需要做一些关于员工培训的演示文稿，为了节省时间、提高效率，我们可以根据已有的模板创建演示文稿；为了让演示文稿风格达到自己的要求，可以应用“设计”对其字体、颜色等进行修改；利用各种视图模式满足不同的浏览需要；还可以根据自己的需要将演示文稿保存为相应类型。

【知识技能】

5.1.1　PowerPoint 2010 的基本操作

首先启动 PowerPoint 2010 应用程序，演示文稿的基本操作包括：

1. 新建空白演示文稿

选择“文件”选项卡下的“新建”命令，在“可用模板和主题”中选择“空白演示文稿”，点击“创建”按钮创建一个空白演示文稿。

2. 保存演示文稿

选择“文件”选项卡下的“保存”命令，打开“另存为”对话框，选择保存的位置和确定演示文稿的文件名，点击“确定”按钮保存；如果要将演示文稿保存为 PowerPoint 2003 版的，需要在保存类型中选择“PowerPoint 97—2003 演示文稿”选项。还可以根据需要保存为其他多种文件类型，本任务后面会介绍。

3. 打开已经保存的演示文稿

选择“文件”选项卡下的“打开”命令，打开“打开”对话框，找到要打开的文档所保存的位置，点击“确定”按钮打开；也可通过鼠标双击直接打开已经保存的演示文稿。

本案例是通过样本模板创建的演示文稿，不是空白的演示文稿。

5.1.2 根据样本模板创建演示文稿

样本模板提供了多种不同主题及结构的演示文稿示范，例如，培训、相册、项目状态报告、测试短片、宣传手册等。可以直接使用这些演示文稿类型进行修改编辑，创建需要的演示文稿。

本案例是根据样本模板创建培训类别的演示文稿，具体操作如下：

(1) 选择“文件”选项卡下的“新建”命令，打开“可用模板和主题”窗格；

(2) 选择“样本模板”图标，打开下一级窗格；

(3) 选择“培训”图标，点击预览图下面的“创建”按钮完成新建，效果如图 5-1 所示。

图 5-1 创建“培训”演示文稿

5.1.3 演示文稿主题设置和应用

1. 主题的设置

主题是预先定义好的演示文稿的样式、风格，包括幻灯片的背景，装饰图案、文字布局及颜色、大小等，在 PowerPoint 2010 应用程序的“设计”菜单中，提供了许多美观的主题，其中有内置的，也有可以通过 office. com 从网上获取的，还有用户自己保存的主题，用户可以根据需要将这些主题应用于演示文稿的幻灯片中。

在 PowerPoint 2010 应用程序“设计”菜单提供的主题右边有三个按钮，它们分别是“颜色”、“字体”、“效果”按钮。点击三个按钮右边的下拉箭头，可以看到更加丰富的色彩、字体和效果，通过它们可以更改现有主题的色彩、字体和效果以形成满足自己需要的新的主题。

以“培训”演示文稿为例，将字体改为“跋涉”主题字体。

2. 创建新的主题

有时我们可以将修改过的主题保存为模板，或者根据自己的需要创建新的主题模板，步骤如下：

(1) 新建一张空白的演示文稿；

(2) 选择“视图”选项卡下的“幻灯片母版”命令进入母版编辑状态；

(3) 编辑希望的效果，然后关闭母版视图；

(4) 展开“设计”菜单下的所有主题，选择最下面的“保存当前主题”命令打开“另存为”对话框，自动进入保存模板的默认路径；或者选择“文件”菜单下的“另存为”命令，在“另存为”对话框中选择文件类型为“office Theme”，打开保存模板的默认路径；

(5) 输入新的主题的名称，点击“保存”按钮完成。这时你可以看到自己创建的主题出现在“设计”菜单下的“自定义主题”中。

3. 应用新的主题

(1) 展开“设计”选项卡下的所有主题，在“自定义”一项下面可以找到已保存过的主题；

(2) 光标放在相应主题上，会显示主题名称；

(3) 点击相应主题按钮即可应用到当前演示文稿中。

5.1.4 PowerPoint 2010 的视图模式

PowerPoint 2010 提供了多种视图模式，以满足用户不同的创作需求，通过“视图”菜单，可以在不同的视图之间切换。

1. 普通视图

普通视图是 PowerPoint 2010 的默认视图，启动 PowerPoint 2010 后将直接进入该视图模式，它主要由“大纲/幻灯片”窗格、“幻灯片编辑”窗口和“备注”窗格组成。它主要用于调整幻灯片的总体结构，编辑单张幻灯片中的内容，还可以在“备注”窗格中添加演讲者备注。

“普通视图”可以分为两种形式，通过“大纲/幻灯片”任务窗格来切换。

(1) 幻灯片视图

幻灯片形式下的普通视图中，左侧的幻灯片预览区从上到下依次显示每张幻灯片的缩小图，用户可以从中查看他们的整体外观，单击其中一张幻灯片的缩小图时，该张幻灯片将显示在幻灯片编辑窗格中，此时可以编辑该张幻灯片。

(2) 大纲视图

在大纲视图中主要显示 PowerPoint 演示文稿的文本部分，它为组织材料或编写大纲提供了一个良好的环境。它是组织和开发演示文稿内容的较好方法，因为用户在工作时可以看见屏幕上所有的标题和正文，以便在幻灯片中重新安排要点，将整张幻灯片移动到适当的位置，或者编辑标题和正文等。

2. 幻灯片浏览视图

通过单击 PowerPoint 2010 应用程序窗口右下角的“幻灯片浏览视图”按钮可以将演示文稿切换到幻灯片浏览视图模式。在这种视图下，幻灯片呈横向排列，可以调整演示文稿中幻灯片的位置，还可以对演示文稿进行整体编辑，比如添加或删除幻灯片，改变幻灯片的背景设计和配色方案等，但不能编辑单张幻灯片的具体内容。

3. 阅读视图

通过单击 PowerPoint 2010 应用程序窗口右下角的“阅读视图”按钮将进入到阅读视图模式，这种视图模式将演示文稿作为适应窗口大小的幻灯片放映查看，便于阅读。

4.备注页视图

选择“视图”菜单下的“备注页视图”命令,可以进入备注页视图模式,这种视图模式将同时显示每张幻灯片及其备注页面。查看备注页,以编辑演讲者备注的打印外观。

5.幻灯片放映视图

单击幻灯片放映按钮,演示文稿将切换到幻灯片放映视图,可以查看演示文稿的效果,与播放真实演示文稿的效果相同,它将以全屏方式动态显示幻灯片的效果,并且能观察到每张幻灯片的切换效果。

6.幻灯片母版视图

幻灯片母版用于设置幻灯片的样式,可供用户设定各种标题文字、背景、属性等,只需更改一项内容就可更改所有幻灯片的设计。在 PowerPoint 中有 3 种母版:幻灯片母版、讲义母版、备注母版。幻灯片母版包含标题样式和文本样式。通过“视图”菜单可以进入“母版视图”。

用户可分别用以上几种视图模式查看“培训”演示文稿。

5.1.5 编辑演示文稿

在演示文稿中,幻灯片作为一种对象,可以对其进行编辑操作,主要的编辑操作包括:添加、选择、复制、调整和删除幻灯片等,编辑幻灯片最方便的视图模式是幻灯片浏览视图,小范围或少量的幻灯片操作也可以在普通视图模式下进行。

在普通视图模式下,对“培训”演示文稿进行编辑。

1.添加新幻灯片

在幻灯片形式的普通视图下,左侧的幻灯片预览区从上到下依次显示每张幻灯片的缩小图,右击第一张幻灯片缩小图,在弹出的快捷菜单中选择“新幻灯片”命令,这样在第一张幻灯片下面就添加了一张新的幻灯片。

也可以在第一张与第二张幻灯片之间单击一下鼠标左键,这时会看到一条横线,敲 Enter 键或者是单击鼠标右键选择“新幻灯片”命令都可以添加一张新的幻灯片。

2.选择幻灯片

无论是在普通视图还是幻灯片浏览视图模式下,只需单击需要的幻灯片即可选中该张幻灯片。

如果要选中编号相连的多张幻灯片,可以首先单击起始编号的幻灯片,然后按住 Shift 键,再单击结束编号的幻灯片。

选择编号不相连的多张幻灯片,可以在按住 Ctrl 键的同时,依次单击需要选择的每张幻灯片。按住 Ctrl 键的同时再次单击被选中的幻灯片,则可以取消选中状态。

3.复制幻灯片

在制作演示文稿时,有时会需要两张内容相似的幻灯片,此时可以利用幻灯片的复制功能,复制一张相同的幻灯片,然后再对其进行适当修改。

复制幻灯片之前首先要选中幻灯片,本案例中选中刚才添加的那张幻灯片。单击右键选择“复制”命令,即可复制一张相同的幻灯片。

【技巧】 可以通过【Ctrl+C】和【Ctrl+V】实现复制和粘贴。

4.调整幻灯片

在制作演示文稿的时候,如果需要对幻灯片的顺序重新排列,则需要移动幻灯片,可以通过“剪切”和“粘贴”按钮实现，也可以直接用鼠标拖动的方式实现。

选择需要移动的幻灯片，按住鼠标左键拖动其到目标位置。

本案例中拖动刚才复制的那张幻灯片，将其移动到文稿的最后，作为最后一张幻灯片。

5. 删除幻灯片

在演示文稿中可以通过删除幻灯片清除冗余信息。

选中要删除的幻灯片，单击鼠标右键，在弹出的快捷菜单中选择“删除”命令即可删除。

本案例中删除最后一张幻灯片。

【技巧】 也可以选中后通过按 Delete 键实现删除。

5.1.6 演示文稿的保存与打包

随着 Office 版本的更新，PowerPoint 软件支持的“另存为”文件类型也逐渐增多，PowerPoint 2010 程序能够保存的文件类型增至 26 种，其中甚至包括视频文件类型。可以通过“另存为”对话框直接选择保存文件的类型，也可以通过“文件”菜单下的“保存并发送”命令选择保存并发送的方式和保存文件的类型。

在“文件”菜单下的“保存并发送”命令的“文件类型”一项下面可以选择更改文件的类型，可以更改为 PowerPoint 97—2003 版、PDF、视频文档，可以打包为 CD，还可以创建为讲义。我们选择其中几种常用的保存类型讲解。

1. 更改文件类型

选择保存文件的类型，可以是演示文稿类型、模板类型、图片类型等。

将演示文稿保存为 PNG 图片类型，步骤如下：

(1) 选择“文件”选项卡下的“保存并发送”命令，打开相应的窗格；

(2) 选择“文件类型”下面的“更改文件类型”一项；

(3) 在“更改文件类型”对话框中选择“图片文件类型”下的“PNG 可移植网络图形格式”，点击“另存为”按钮，弹出如图 5-2 的对话框；

(4) 在弹出的提示对话框中，选择“每张幻灯片”，将演示文稿的所有幻灯片保存为 PNG 类型的图片。

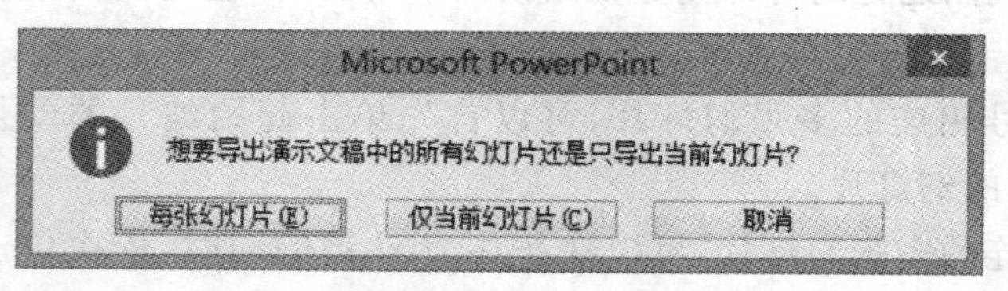

图 5-2 导出幻灯片对话框

2. 创建 PDF 文档

将演示文稿保存为 PDF 文件类型，步骤如下：

(1) 选择“文件”选项卡下的“保存并发送”命令，打开相应的窗格；

(2) 选择“文件类型”下面的“更改文件类型”一项；

(3) 在“更改文件类型”对话框中选择“PDF/XPS 文档”，点击“创建 PDF/XPS”按钮，弹出如图 5-3 的对话框；

(4) 在弹出的提示对话框中输入文件名，点击“发布”按钮将演示文稿保存为 PDF 或者 XPS 文档。

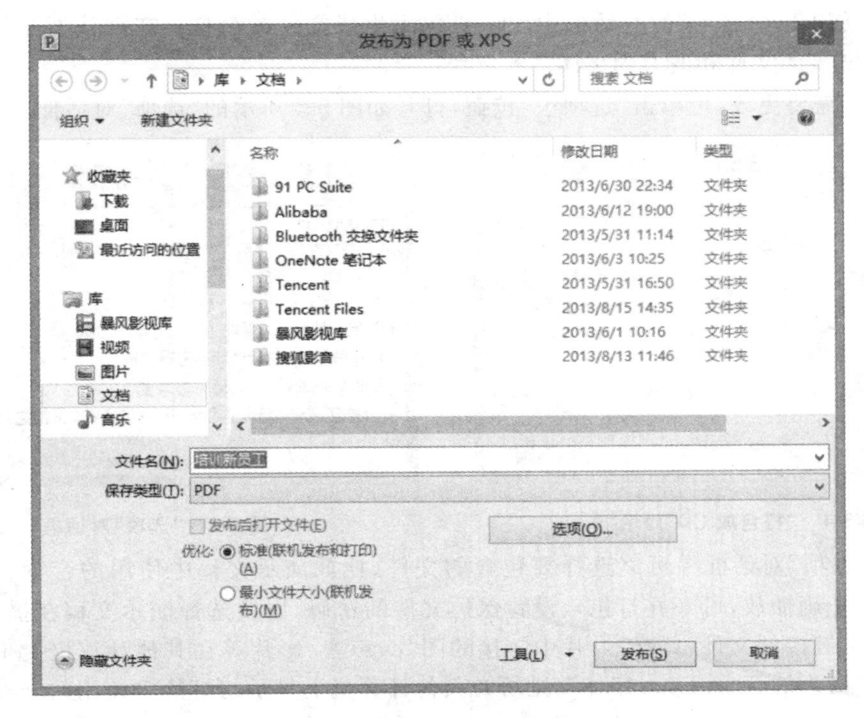

图 5-3 发布为 PDF 或 XPS 对话框

3. 创建视频

以前,我们想要把 PPT 演示文稿转成视频文件,可能会找一些特殊的格式转换软件或者屏幕录像软件,PowerPoint 2010 版本提供了将 PPT 演示文稿转换成 Windows Media 视频文件(WMV 文件)的功能。该功能将演示文稿转换成全保真的视频文件,并且包含所有录制的计时、旁白和激光笔势,包含所有未隐藏的幻灯片,并且保留所有的动画、切换和媒体。

将演示文稿转换成视频的步骤如下:

(1) 在 PowerPoint 2010 中打开一个 PPTX 格式的 PPT 演示文稿;

(2) 选择“文件”选项卡下的“保存并发送”命令,打开相应的窗格;

(3) 选择“文件类型”下面的“创建视频”一项,打开“创建视频”窗格;

(4) 选择显示的分辨率和是否要使用录制的计时和旁白(默认每张幻灯片的播放时间为 5 秒);

(5) 点击“创建视频”即可;

(6) 注意:转成视频文件的演示文稿类型必须是 PPTX 格式的。

4. 将演示文稿打包成 CD

并不是所有的计算机上都安装了 Office 办公软件,为了保证正常播放,可以将演示文稿打包成 CD。操作步骤如下:

(1) 选择“文件”选项卡下的“保存并发送”命令,打开相应的窗格。

(2) 选择“文件类型”下面的“将演示文稿打包成 CD”一项,打开“将演示文稿打包成 CD”窗格。

(3) 点击“打包成 CD”按钮,打开如图 5-4 所示的“打包成 CD”对话框。

（4）在“将 CD 命名为”的对话框中输入打包后生成文件的名称。在默认情况下，该生成文件中含有链接的文件和嵌入的字体。

（5）如果需要更改，可单击“选项…”按钮，打开如图 5-5 所示的“选项”对话框。

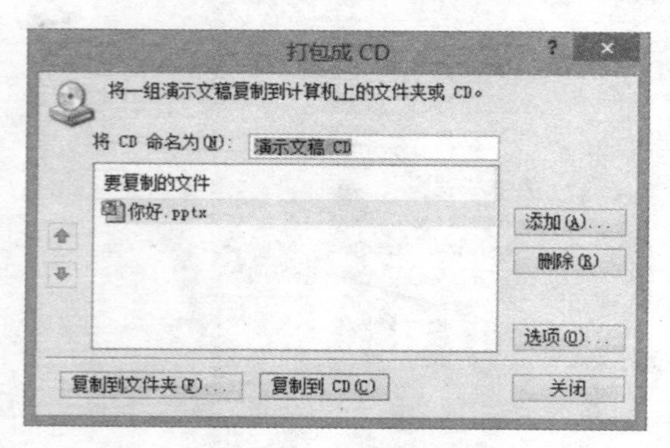

图 5-4 “打包成 CD”对话框

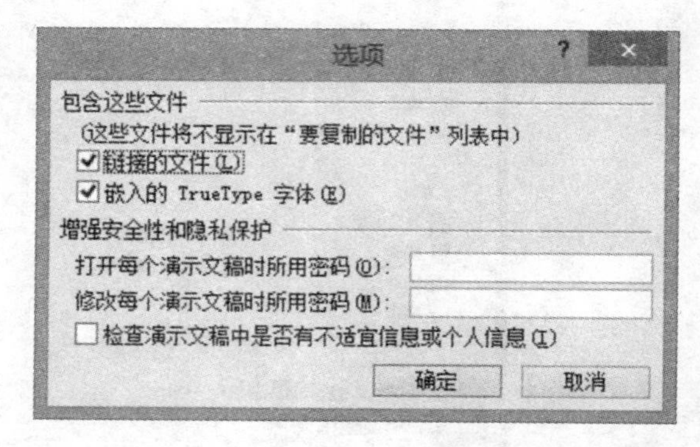

图 5-5 “选项”对话框

（6）从“选项”对话框中可以选择要包含的文件（比如演示文稿中使用的音频、视频等文件，为保证能正确播放，可一并打包）、设置保护文件的密码，以及选择演示文稿在播放器中的播放方式等。链接的文件可使幻灯片中链接的图片、声音、影片等在其他计算机上也能打开。如果选择了“嵌入的 TrueType 字体”，则可在其他计算机上显示幻灯片中使用的未安装字体。当然选择越多，生成的文件包越大。设置完成后，单击“确定”返回原对话框。

（7）PowerPoint 还允许我们加入多个演示文件。单击“添加…”按钮，在弹出的对话框中选择要加入的文件即可；

（8）根据需要设置好之后，单击“复制到文件夹…”按钮，根据提示将其打包存放到硬盘上。这时硬盘上会产生一个以该 CD 名命名的文件夹，里面存放着 PowerPoint 播放时所需要的全部文件。

（9）我们只需要将该文件夹复制到 U 盘或 CD 上，以后无论到哪里，不管计算机上是否安装有 PowerPoint 或需要的字体，幻灯片均可正常播放。

【案例小结】

本案例是通过 PPT 自带的模板快速创建的演示文稿，我们可以根据自己的需要对其进行编辑，并保存为新的模板。另外本案例还介绍了演示文稿的基本操作、PowerPoint 的视图模式、演示文稿的编辑、演示文稿的保存与打包，这些基础操作是学好 PPT 必不可少的知识点。

【应用探索】

1. 根据样本模板创建“培训”演示文稿。
2. 根据自己的需要完善“培训”演示文稿。
3. 将“培训”演示文稿的主题保存为模板。
4. 根据样本模板制作总结报告。
5. 将总结报告另存为视频文件。

5.2 PowerPoint 2010 母版和文字的编辑——制作“梅花”课件

【任务目标】

1. 学会设计和应用幻灯片母板；
2. 掌握文本的添加(占位符、文本框)；
3. 掌握节的使用；
4. 掌握文字格式的设置(字体、字号、文字颜色、效果)；
5. 掌握艺术字的编辑；
6. 掌握图片格式设置。

【职业引导】

PowerPoint 作为一种展示程序，文字的编辑和效果设计是必不可少的；当信息过多的时候，可以使用节来组织演示文稿，从而细分和整理大型演示文稿；在制作课件的时候，我们通常会设计满足自己需要的母版；通过设置艺术字和图片的格式，可以使演示文稿更加美观，更好地传达思想和意境。

【知识技能】

5.2.1 母版的设计和应用

1. 母版的基本概念

可以做这样一个比喻，把普通视图看作舞台，在这里进行幻灯片的创作。幻灯片母版视图就是这个舞台的后台，在这里可以存放和制作舞台上所需的各种布景，这些布景就是母版。

在 PowerPoint 2010 中，通过单击“视图”选项卡中的“幻灯片母版”按钮可进入幻灯片母板视图，此时点击“关闭母版视图”按钮，可返回普通视图。

默认情况下，PowerPoint 2010 给我们准备好了一套母版，进入母版视图后，便可以看到它们。这套母版一共有 11 种不同的版式，就像是有 11 张舞台布景一样，我们可以在舞台(普通视图)上随意使用。

当我们关闭母版视图，点击开始选项卡中的新建幻灯片按钮后，可以看到在这里列举了可用的 11 种版式，这些正是我们在后台(幻灯片母版视图)中看到的那 11 种版式。这里可用的版式数量，取决于我们在后台准备的母版。

在后台制作布景，在舞台上进行使用，这个比喻概括了幻灯片母版的基本概念。

2. 母版的设置

进入母版视图后，可以对默认的 11 种母版版式进行设置，包括文字的格式化、背景图片的设置等，甚至可以在母版中设置动画。

本案例中幻灯片母版效果如图 5-6 所示。

具体步骤如下：

(1) 新建一张空白的演示文稿；

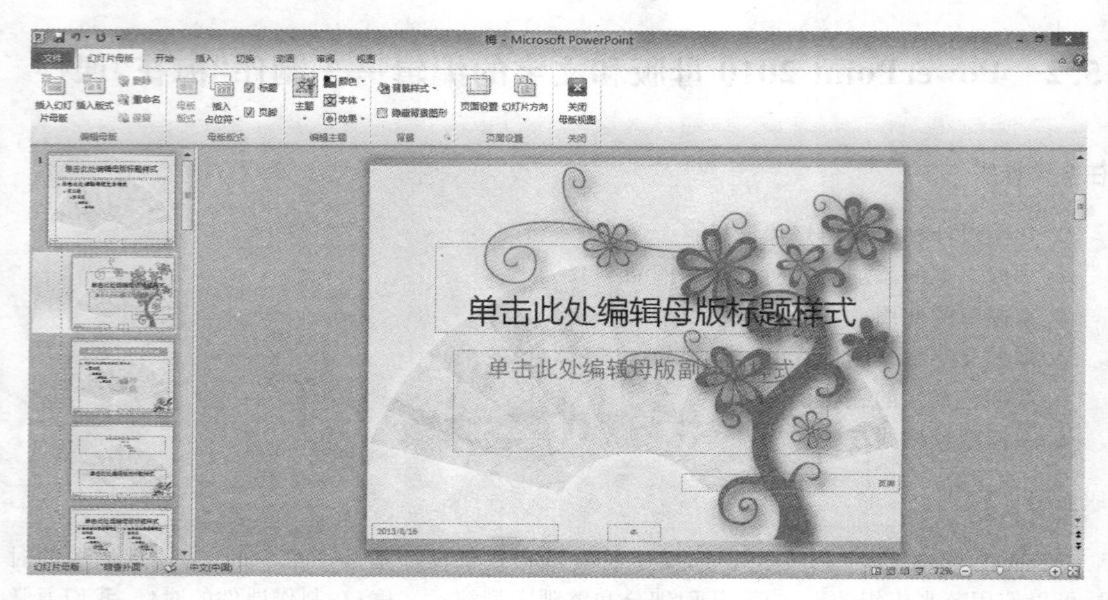

图 5-6 “梅花”演示文稿母版效果

(2) 在“设计”选项卡下面的主题中选择“暗香扑面”;

(3) 在“视图”选项卡下面的“母版视图”中选择“幻灯片母版”按钮进入母版视图;

本案例中的母版我们设置了三种版式:标题幻灯片版式、标题和内容版式、节标题版式。

标题幻灯片版式设计:

(1) 选择“插入”选项卡下面的“图片”命令,打开“插入图片”对话框;

(2) 在对话框中选择要插入的图片“梅花剪影.jpg”;

(3) 将插入的图片和幻灯片右侧对齐;

(4) 在图片上双击,打开“图片工具 格式”选项卡;

(5) 点击“裁剪”按钮,将图片下面有文字的地方裁减掉;

(6) 调整图片大小,和幻灯片的顶部、底部对齐(图片默认是锁定纵横比的);

(7) 点击“颜色”按钮,在打开的下拉菜单“重新着色”一项下面选择“橄榄色 强调文字颜色 3 浅色”(最后一行第四个);

(8) 点击“颜色”按钮,在打开的下拉菜单中选择“设置透明色”命令将图片空白地方变为透明;

(9) 在“图片工具 格式”选项卡的“图片样式”中选择“矩形投影”;

(10) 完成效果如图 5-7 所示。

标题和内容幻灯片版式设计:

(1) 将标题占位符中的文本设置为隶书、44 号;

(2) 选中标题占位符,打开“绘图工具 格式”选项卡,选择“文本填充”为“金色,强调文字颜色 6,淡色 80%”(第二行最后一个);

(3) 选择“文本轮廓”为“金色,强调文字颜色 6,深色 25%”(第五行最后一个);

(4) 选择“文本效果”为“阴影”(“外部”中的“向上偏移”,第三行第二个);

(5) 在“形状样式”中选择“浅色 1 轮廓,彩色填充金色,强调颜色 6”(第三行最后一个);

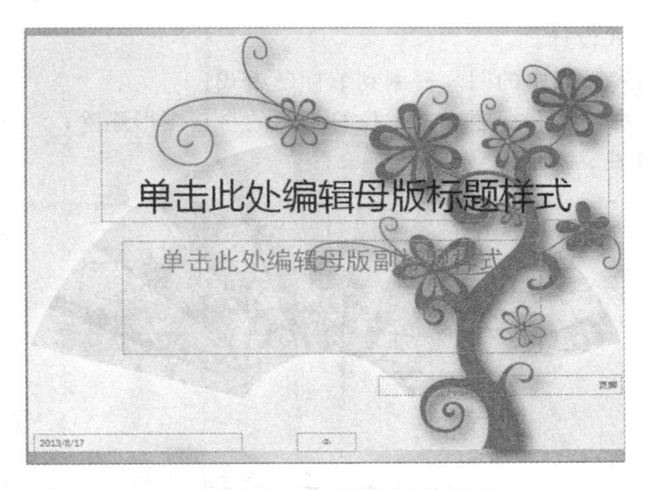

图 5-7　标题幻灯片版式设计效果

(6) 在“形状样式”一项中的“形状效果”下拉菜单中选择“阴影”(“外部”中的右上斜偏移，第三行第一个)；

(7) 在“插入形状”一项中的“编辑形状”下拉菜单中选择“矩形”中的“圆角矩形”；

(8) 将文本占位符中的第一级文本设置为隶书、28 号，颜色为深紫(标准色块中的第八行最后一个)。

(9) 选择“插入”选项卡下面的“图片”命令，打开“插入图片”对话框；

(10) 在对话框中选择要插入的图片“梅花素描.jpg”；

(11) 在图片上双击，打开“图片工具 格式”选项卡；

(12) 点击“裁剪”按钮，将图片裁剪到只剩下右下角的梅花；

(13) 调整图片大小，使得和幻灯片的右下角对齐(图片默认是锁定纵横比的)；

(14) 点击“颜色”按钮，在打开的下拉菜单“重新着色”一项下面选择“褐色”(第一行第三个)；

(15) 在“图片工具 格式”选项卡的“图片样式”中选择“矩形投影”；

(16) 完成效果如图 5-8 所示。

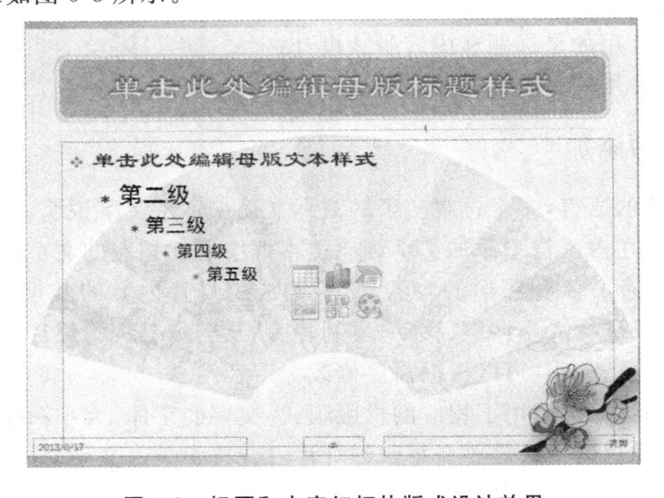

图 5-8　标题和内容幻灯片版式设计效果

节标题幻灯片版式设计：

(1) 将标题和内容版式中的图片复制到节标题版式；

(2) 将文本样式占位符和标题样式占位符中间的自选图形删除；

(3) 完成效果如图 5-9 所示。

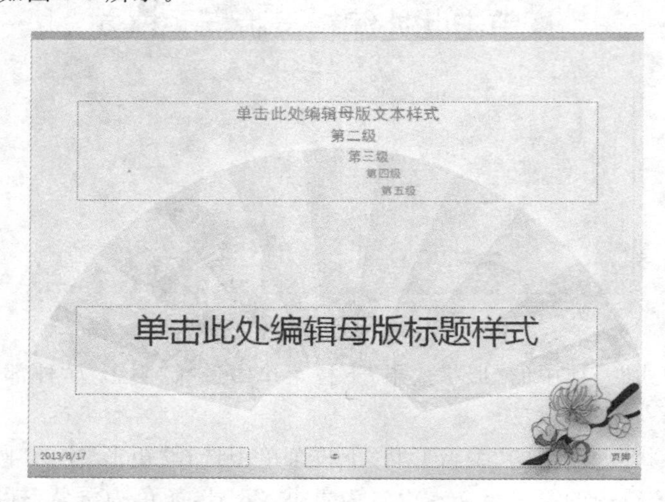

图 5-9　节标题幻灯片版式设计效果

3. 母版的应用

母版设置好后，可以在普通视图中进行应用，点击“开始”选项卡中的“新建幻灯片”按钮，在下拉菜单中选择需要的版式，就完成了对母版的应用。

另一种应用母版的方法是点击“开始”选项卡中的“版式”按钮，同样可以选择需要的版式。如果幻灯片需要更换版式，这种方法可以实现。

默认的 11 种版式是可以添加和删除的，在母版视图中，左侧的版式缩略图上，点击鼠标右键，可在弹出菜单中找到“插入版式”和“删除版式”这样的选项。如果此种版式已经在普通视图中被使用，这里就不允许删除。

在本案例中母版的应用情况如下：

标题幻灯片(第 1 张)用的是标题幻灯片版式设计；

第 2～5 张幻灯片用的是标题和内容版式设计；

第 6～8 张幻灯片用的是节标题版式设计。

5.2.2　文本的添加

文字是书面交流的语言，一个直观明了的演示文稿少不了文字说明，在 PowerPoint 中，添加文字的方法主要有在占位符中添加文字和向文本框中添加相应的文字两种。

占位符是用来储存文字和图形的容器，它是构成幻灯片内容的基本对象，具有自己的属性，用户可以对其本身进行大小调整、移动、复制、粘贴及删除等。幻灯片母板对占位符中文字已经设置好默认的颜色、大小，可以根据需要修改。

本案例中每张幻灯片都应用了相应的母版版式，文字的字体、大小和颜色在母版占位符中已经设置完毕，在普通视图中只需要在每张幻灯片占位符中录入文字即可，如果不需要也可以删除相应的占位符，还可以根据自己的需要添加横排或者竖排文本框。

标题幻灯片应用了标题幻灯片母版版式，其中的占位符被删掉了，文字使用的是艺术字。

第 2 张幻灯片中添加了竖排文本框，在每行中分别录入“梅花简介”、“梅花文化”、“腊梅与梅”、“梅花国画”，设置行距、文字的颜色和字体，给文字设置项目符号列表。

第 3～5 张、第 9 张幻灯片应用了标题与内容母版版式，只需要在占位符中录入文字即可。

第 6～8 张幻灯片添加横排文本框，录入“腊梅”、“梅花国画”，设置文字颜色与字体。

5.2.3 节的使用

“节”是 PowerPoint 2010 中新增的功能，主要用来对幻灯片页面进行管理，类似于文件夹功能。

PowerPoint 2010 中的“节”将整个演示文稿划分成若干个小节来管理，可以帮助你合理地规划文稿结构，同时，编辑和维护起来也能大大节省时间。

本案例中我们根据需要将演示文稿中的幻灯片分成了“课题和提纲”、“内容介绍”、“图片展示”、“课后作业”四个节。

(1) 将视图切为“普通视图”，并定位在第一张幻灯片上；

(2) 选择“开始”选项卡中的“节”，在下拉菜单中选择“新增节”命令，如图 5-10 所示；

(3) 在幻灯片缩略窗格中，在出现的名称为“无标题节”上点右键，选择“重命名节”(或选择“开始”→“节”→“重命名节”)；

(4) 输入新的节名称“课题和提纲”，点“重命名”即可，如图 5-11 所示。

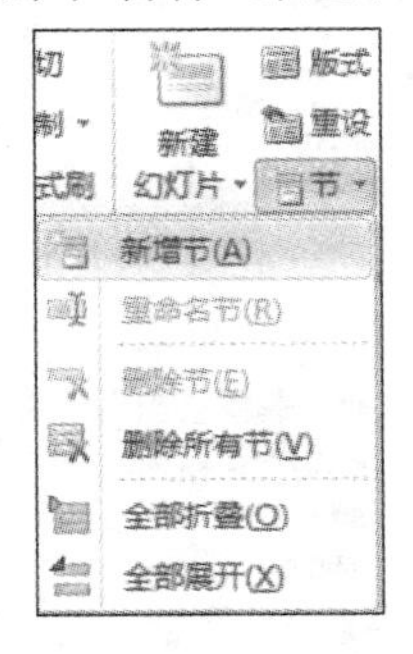

图 5-10 “开始”选项卡下的“新增节”命令

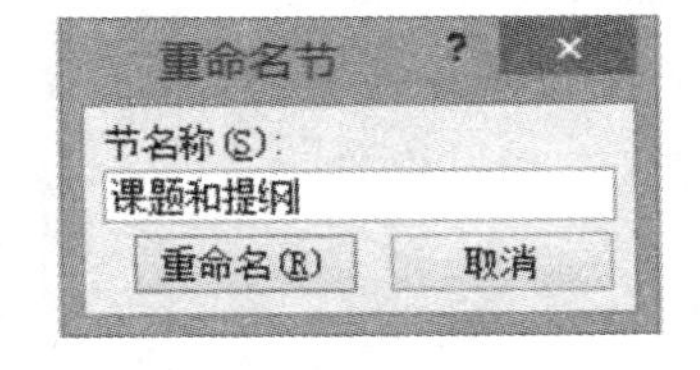

图 5-11 “重命名节”对话框

(5) 定位在第三张幻灯片上，单击右键，选择“重命名节”，在对话框上输入新的节名称“内容介绍”，点“重命名”即可。

(6) 定位在第六张幻灯片上，单击右键，选择“重命名节”，在对话框上输入新的节名称“图片展示”，点“重命名”即可。

(7) 定位在第三张幻灯片上，单击右键，选择“重命名节”，在对话框上输入新的节名称“课后练习”，点“重命名”即可。

设置好节以后，我们就可以方便地对演示文稿中的幻灯片进行管理，比如可以通过“开始”选项卡→“节”→“全部折叠”将幻灯片按照所分的节全部折叠起来；也可以通过缩略图中每个节标题前面的小三角形来折叠和展开每一节的幻灯片；也可以在缩略图中每个节标题上单击右键选择“删除节”命令删除。

5.2.4 文字格式的设置

文字格式设置主要包括对文字的字体、字号、文字颜色、阴影效果等方面的设置。与

Office其他软件的文字格式设置方法相同。

本案例在母版版式中设置好了大部分文字的格式，这里以第二张幻灯片为例讲解文字格式的具体设置。

步骤如下：

(1) 将竖排文本框中的文本设置为“隶书，44 号”；

(2) 选中文本框，打开“绘图工具 格式”选项卡，在“形状样式”一项中的“形状轮廓”下拉菜单中选择“无轮廓”；

(3) 在“艺术字样式”一项中“文本填充”下拉菜单中选择“渐变”→“其他渐变”，打开“设置文本效果格式”对话框，如图 5-12 所示；

(4) 在对话框中选择“渐变填充”，效果设置如图 5-13 所示；

(5) 停止点 1 的光圈颜色为“金色，强调文字颜色 6，深色 50%”(第六行最后一个)，位置在 0%处；

(6) 添加的停止点 2 光圈颜色为“金色，强调文字颜色 6，淡色 40%”(第四行最后一个)，位置在 50%处；

(7) 停止点 3 光圈颜色为默认颜色，位置在 100%处；

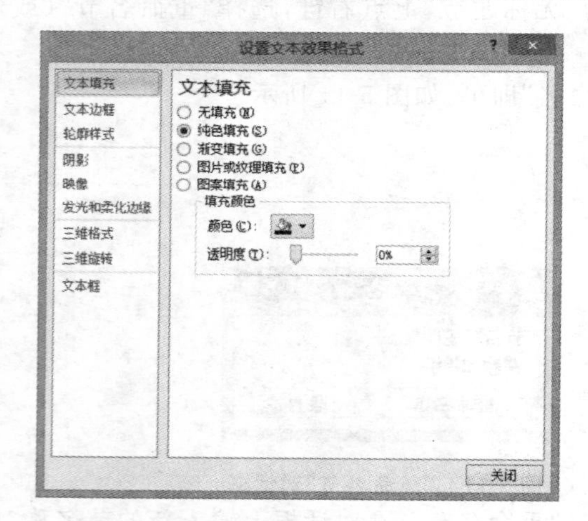

图 5-12 “设置文本效果格式”对话框

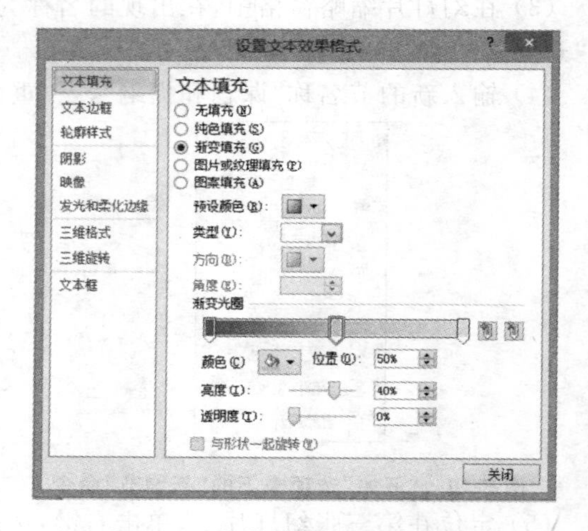

图 5-13 渐变填充效果设置选项

(8) 在“艺术字样式”一项中“文本轮廓”下拉菜单中选择主题颜色为“白色，背景 2，深色 50%”(第四行第三个)，粗细为“1 磅”；

(9) 选择“文本效果”为“阴影”→“外部”中的“向右偏移”(第二行第一个)；

(10) 选择“文本效果”为“棱台”→“棱台”中的“十字形”(第一行第三个)；

(11) 完成效果如图 5-14 所示。

5.2.5 艺术字的编辑

艺术字的使用可以使幻灯片看起来更加生动、美观。以本案例标题幻灯片为例，具体设置方法如下：

(1) 点击“插入”选项卡下面的“艺术字”按钮，在打开的下拉菜单中选择第二行第二个样式。

图 5-14 渐变填充效果设置选项

(2) 在“请在此处放入你的文字”中输入“梅”，设置字体为“华文隶书，96 号”。

(3) 选中文字，打开“绘图工具 格式”选项卡，在“文本填充”一项中选择“其他填充颜色”打开“颜色”对话框，在“自定义”选项卡中选择“黄色”，RGB 值如图 5-15 所示。

(4) 在“绘图工具 格式”选项卡“文本轮廓”一项中选择“其他轮廓颜色”打开“颜色”对话框，在“自定义”选项卡中选择颜色，RGB 值如图 5-16 所示。

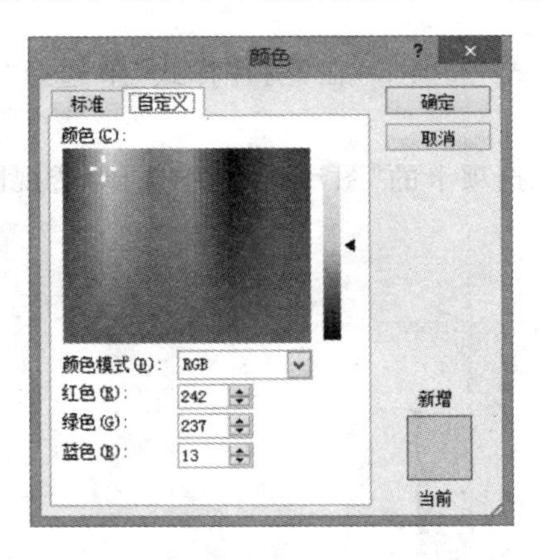

图 5-15 文本填充颜色对话框

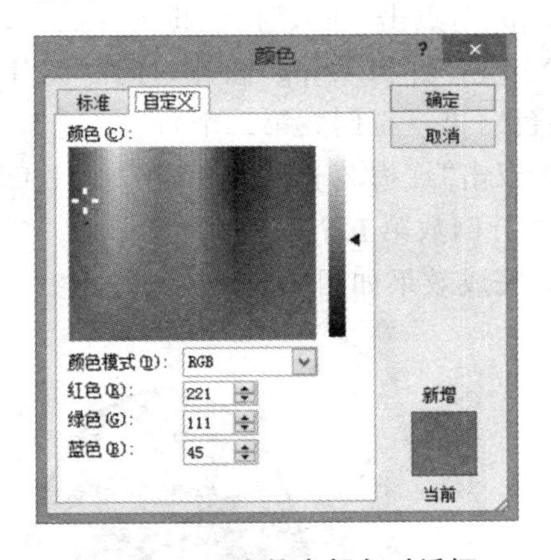

图 5-16 文本轮廓颜色对话框

(5) 在“绘图工具 格式”选项卡“文本效果”一项中选择“阴影”→“外部”中的“右下斜偏移”(第一行第一个)。

(6) 在“绘图工具 格式”选项卡“文本效果”一项中选择“映像”→“映像变体”中的“半映像，4pt 偏移量”(第二行第二个)。

(7) 在“绘图工具 格式”选项卡“文本效果”一项中选择“发光”→“发光变体”中的“金色，8pt 发光，强调文字颜色 6”(第二行最后一个)。

(8) 文字“花之君子”的格式设置和“梅”相同，只是文字效果中没有映像效果。

(9) 完成效果如图 5-17 所示。

图 5-17 标题幻灯片文字效果

5.2.6 图片格式设置

插入图片和插入艺术字一样都可以丰富幻灯片的内容，使幻灯片更加生动、形象，本案例中插入了多幅梅花图片，以第 7 张幻灯片为例，具体设置如下：

(1) 点击“插入”选项卡下面的“图片”按钮，打开“插入图片”对话框，选择“红梅 1.jpg”和“红梅 2.jpg”，点击“插入”按钮将图片插入；

(2) 双击“红梅 1.jpg”图片，打开“图片工具 格式”选项卡，在“图片样式”中选择“棱台形椭圆 黑色”(第一行倒数第二个)；

(3) 双击“红梅 2.jpg”图片，在“图片工具 格式”选项卡的“图片样式”中选择“透视阴影 白色”(第二行倒数第五个)。

(4) 完成效果如图 5-18 所示。

图 5-18 第 7 张幻灯片图片效果

【案例小结】

本案例涉及母版的设计与应用、文本的添加、节的使用、文字格式的设置、艺术字的应用、图片格式的设置，这些都是美化幻灯片的必要知识，有对整体美观性进行把握的母版样式设置，也有对局部美观性进行雕琢的文字和图片格式设置，熟练灵活地应用这些知识能够为做一个好的演示文稿打下坚实的基础。

【应用探索】

1. 完成“梅花”课件的母板设计。
2. 完成案例中的艺术字和文本的格式设置。
3. 完成图片的插入和效果设置。
4. 由案例启发，设计制作有关梅花诗词的课件。

5.3 PowerPoint 2010 动画设计——卷轴动画

【任务目标】

1. 进一步熟悉图片的编辑；
2. 学会设置幻灯片中对象的对齐和分布；
3. 掌握自选图形的编辑；
4. 掌握自定义动画效果的设置。

【职业引导】

在制作幻灯片的过程中，素材是必不可少的，有些素材需要自己制作，可以通过编辑自选图形实现，也可以通过裁剪和设置透明色等方法编辑已有的图片实现；为了准确地定位幻灯片中的对象，我们可以设置对齐方式来实现；为幻灯片中的对象设置恰当的动画效果可以使得幻灯片更加生动，起到画龙点睛的作用。

【知识技能】

5.3.1 图片的编辑

当图片不能满足我们需要的时候，可以通过图片处理软件进行编辑。其实针对图片的一些简单编辑 PowerPoint 2010 自身就可以完成，这些简单编辑包括裁剪、删除背景、调色、设置透明色、更改亮度、柔化、艺术效果等，可以根据需要运用相应功能，达到美化图片的效果。

在前面的任务中我们介绍了图片的格式设置，属于图片编辑的一部分，本案例中的图片编辑主要是运用了图片的裁剪、高度和宽度调整、设置透明色，以第一张幻灯片中“国色天香.jpg”图片为例，具体编辑步骤如下：

(1) 点击“插入”选项卡下面的“图片”按钮，打开“插入图片”对话框，选择“国色天香.jpg”，点击“插入”按钮将图片插入；

(2) 双击“国色天香.jpg”图片,打开“图片工具 格式”选项卡;

(3) 点击“裁剪”按钮,进入裁剪状态,如图 5-19 所示;

图 5-19 进入裁剪状态的“国色天香.jpg”

(4) 按住 Alt 键,利用鼠标左键将图片下面有文字的地方裁减掉;

(5) 裁剪后的图片如图 5-20 所示;

图 5-20 裁剪掉文字的“国色天香.jpg”

(6) 按住【Ctrl+Alt+Shift】,等比例调整图片到适当大小;

(7) 或者“图片工具 格式”选项卡的“大小”一栏中修改图片的高度和宽度;

本案例中画面部分和画轴部分的动画是分别设置的,所以还需要通过裁剪工具将画面的主体部分和轴分开。

(8) 选中将文字裁剪掉的图片,连续按两次【Ctrl+D】,复制两张;

(9) 选择最上面的一张,点击“裁剪”按钮,裁剪得只剩下左边的画轴;

(10) 再选中下面一张,点击“裁剪”按钮,裁剪得只剩下右边的画轴;

(11) 选中最下面一张,点击“裁剪”按钮,裁剪得只剩下中间画面主体部分;

(12) 点击“颜色”按钮,在打开的下拉菜单中选择“设置透明色”命令将两张完成裁剪的画轴图片的空白地方变为透明。

5.3.2 对象的对齐和分布

为了美观大方，有时候我们需要对幻灯片中的对象进行对齐和分布的设置，本案例第一张幻灯片中，完成裁剪的画轴和画面主体部分定位如图 5-21 所示。

图 5-21 裁剪后的图片定位

具体定位步骤如下：

(1) 双击画面主体部分，打开“图片工具 格式”选项卡；

(2) 点击“排列”一项中的“对齐”按钮，在下拉菜单中确认“对齐幻灯片”命令是勾选状态(默认是勾选状态)；

(3) 再点击“对齐”按钮，在下拉菜单中选择“左右居中”，画面主体部分会相对于幻灯片左右居中；

(4) 同样在下拉菜单中选择“上下居中”，画面主体部分会相对于幻灯片上下居中(即垂直方向上居中)；

(5) 由于画轴部分在水平方向上要相对于中线左右分布，所以我们不能用“对齐”下拉菜单中的命令实现，必须要借助于网格和参考线。

(6) 打开“视图”选项卡，在“显示”一栏中勾选“网格”、“参考线”；

(7) 选中两张画轴图片，点击“排列”一项中的“对齐”按钮，在下拉菜单中选择“上下居中”，相对于幻灯片上下居中；

(8) 依靠网格和参考线将两张画轴图片分别定位于垂直参考线的两侧；

5.3.3 自选图形的编辑

如果图片素材不满足自己的要求时，我们可以通过自选图形编辑实现。以本案例中第二张幻灯片为例，介绍如何通过自选图形制作满足需要的素材。

1. 画面主体部分的编辑：

(1) 点击“插入”选项卡下面的“形状”按钮，在打开的下拉菜单中选择“矩形”形状；

(2) 在空白幻灯片中绘制一个矩形，适当调整大小；

(3) 双击矩形，打开“绘图工具 格式”选项卡，选择“形状填充”下面的“图片…”命令，打开“插入图片”对话框；

(4) 选择“牡丹.jpg”图片，点击“插入”按钮，以图片填充矩形；

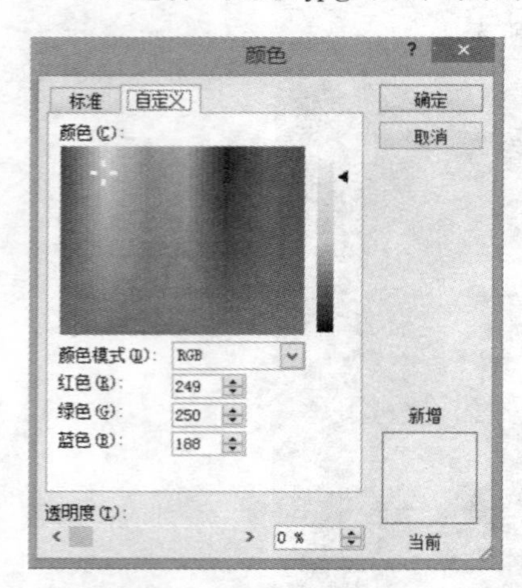

图 5-22 矩形颜色设置 RGB 值

(5) 在“形状轮廓”下面“主题颜色”中选择“白色，背景1，深色50%”(最后一行第一个)，“粗细”选择1.5磅。

(6) 再绘制一个矩形，大小稍微比之前的大1到2厘米；

(7) 双击矩形，打开“绘图工具 格式”选项卡，选择“形状填充”下面的“其他填充颜色…”命令打开“颜色”对话框，色彩设置RGB值如图5-22所示；

(8) 在“形状轮廓”下面“主题颜色”中选择“白色，背景1，深色50%”(最后一行第一个)，“粗细”选择1.5磅。

(9) 选中矩形，单击右键，在快捷菜单中选择“置于底层”命令下的“置于底层”，改变两个矩形的层次关系；

(10) 选中两个矩形，单击“开始”选项卡“绘图”一项中的“排列”按钮，在下拉菜单中选择“对齐”命令，勾选“对齐所选对象”；

(11) 再次选择“对齐”命令下的“左右居中”和“上下居中”，使得两个矩形中心位置重叠；

(12) 在两个矩形同时处于选中的状态下，在边框上单击右键，选择“组合”命令下的“组合”，将两个矩形组合成一个组合图形；

(13) 按住【Ctrl＋Alt＋Shift】三个键，等比例调整图片到适当大小；

(14) 通过“对齐”命令使组合图形相对于幻灯片在水平和垂直方向上都居中；

(15) 最终效果如图5-23所示。

图 5-23 组合图形最终效果图

2. 画轴部分的编辑：

(1) 点击“插入”选项卡下面的“形状”按钮，选择“基本形状”中的“圆柱形”；

(2) 点击黄色变形按钮进行适当变形，并调整大小；

(3) 也可以双击圆柱形，打开“绘图工具 格式”选项卡，在大小一栏中修改高度和宽度；

(4) 双击圆柱形，打开“绘图工具 格式”选项卡，选择“形状填充”下面的“渐变”→“其他渐变”，打开“设置形状格式”对话框，具体设置如图5-24所示；

(5) 其中方向选择“线性向右”,停止点 1 和停止点 3 的颜色 RGB 值设置如图 5-25 所示,停止点 2 的颜色为白色。

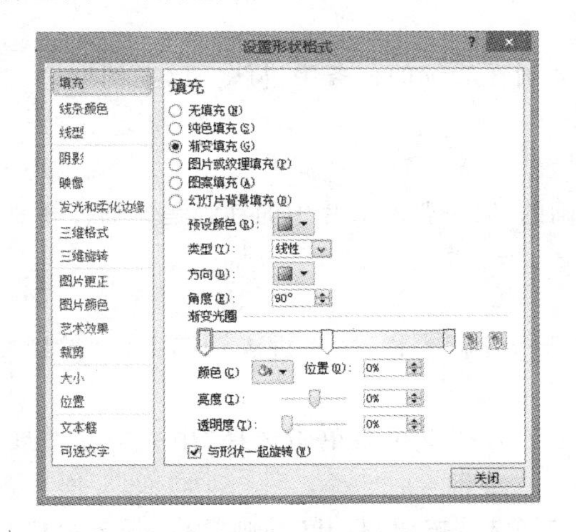

图 5-24　圆柱形“形状填充”设置

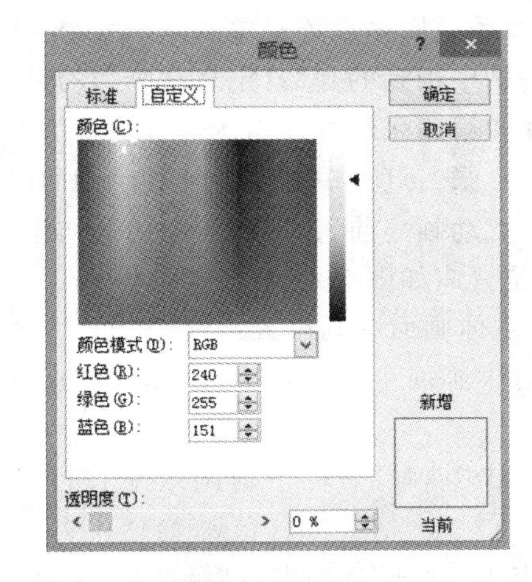

图 5-25　圆柱形“形状填充”渐变光圈色彩 RGB 值

(6) 在“形状轮廓”下面选择“无轮廓”。

(7) 画轴的两端使用的是“基本形状”中的“梯形”,“形状填充”为黑色,透明度为 0%;

(8) 设置好一个,复制一个,双击打开“绘图工具 格式”选项卡,在“排列”一栏中选择“旋转”→“垂直翻转”,或者选择“其他旋转选项…”打开“设置形状格式”对话框,将旋转角度修改为 180 度;

(9) 将“形状轮廓”设置为“无轮廓”;

(10) 将设置好的两个梯形放在圆柱体的上下两端;

(11) 选中圆柱体,单击右键,在快捷菜单中选择“置于顶层”中的“置于顶层”;

(12) 同时选中梯形和圆柱体三个对象,单击右键,选择“组合”命令,将三者设置为组合图形,完成效果如图 5-26 所示。

图 5-26　画轴效果

5.3.4　自定义动画效果设置

PowerPoint 2010 中的动画效果有两类。

第一类:幻灯片切换动画。是指一张幻灯片切换到另一张幻灯片时出现的动画效果,通过“切换”选项卡下的命令设置。

第二类:自定义动画。所谓“自定义”,是指设计者根据自己的需要设计的动画效果,通过“动画”选项卡下的命令设置。

自定义动画分为四种。

第一种:进入动画效果,“绿色”星表示;

第二种:强调动画效果,“黄色”星表示;

第三种:退出动画效果,“红色”星表示;

第四种:动作路径动画效果,线条轮廓表示。

在理解这四种动画时，可以将幻灯片编辑窗口看作是舞台，进入动画设置的是进入舞台的动作效果，退出动画设置的是离开舞台的动作效果，强调动画设置的是对象在舞台上的强调效果，而路径动画则是设置对象的路径效果。

本案例中用到的是“自定义动画”，幻灯片切换动画在后续的任务中讲解。以案例中第一张幻灯片和第四张幻灯片为例讲解动画的设置。

1.第一张幻灯片中打开卷轴展示画面的动画设置

在设置动画之前，先保证对象的最初位置是正确的，第一张幻灯片中的动画是卷轴打开效果，初始位置应如图 5-21 中的定位。

（1）主体画面动画设置：

① 选中画面主体图片，点击“动画”选项卡，展开“动画”一栏，选择进入动画中的“劈裂”效果；

② 点击“动画”一栏中动画效果右边的“效果选项”，在下拉菜单中选择“中央向左右展开”。

③ 点击“动画”选项卡“高级动画”一栏中的“动画窗格”按钮，打开“动画窗格”任务窗格，可以看到刚才添加的动画条目；

④ 在“动画”选项卡“计时”一栏中设置动画开始方式为“与上一动画同时”，持续时间为 3 秒，延迟时间为默认的 0 秒；

⑤ 预览动画，画面从中央向两边展开。

动画开始的方式有三种：

“单击时”表示鼠标单击一下，才能触发“当前”动画效果开始；

“与上一动画同时”表示“当前”动画效果与前一个动画效果同时开始；

“上一动画之后”表示“当前”动画效果在前一个动画效果完成之后开始。

对于第一个动画效果来说，开始方式设置为“与上一动画同时”和“上一动画之后”是没有区别的，因为第一个动画效果的前面是没有其他动画效果的。

（2）画轴的动画设置：

① 选中左边的画轴，点击“动画”选项卡，展开“动画”一栏，选择路径动画中的“向左”效果，可以看到对象上多了一条路径线，绿色表示起点，红色表示终点；

② 延长路径线，将终点放在画面的左边缘；

③ 设置动画开始方式为“与上一动画同时”，持续时间为 3 秒，延迟时间为默认的 0 秒。

预览动画发现动画不是匀速的，轴和画面的运动速度不同，这时需要对画轴的路径动画进行更加详细的设置。

之所以不同是由于画面的运动速度是匀速的，而画轴的路径动画默认情况下在“效果选项…”中设置了“平滑开始”和“平滑结束”效果，如图 5-27 所示。

这里的“平滑开始”与“平滑结束”应该如何理解呢？

打个比方，人在跑步的时候，刚开始的时候，会有一个提速的过程，这里“平滑开始”设置为 1.5 秒，其实是指速度从零提升到最大速度需要的时间是 1.5 秒；而接近终点的时候，又会有一个减速的过程，“平滑结束”设置为 1.5 秒，其实是指速度从最大速度降低到零所需要的时间是 1.5 秒。从开始到结束不是匀速的。

如果同时设置“平滑开始”和“平滑结束”，时间总和加起来不能超过路径动画的时间。

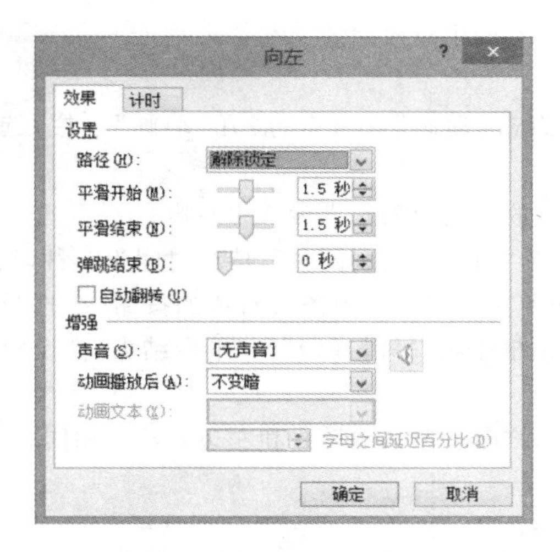

图 5-27　画轴“向左”路径动画的“效果选项”的默认设置

在我们现在设计制作的这个路径动画里，为了保证这两根画轴匀速地运行，和画面主体的动画效果匹配起来，应该把的“平滑开始”与“平滑结束”都设置为 0 秒。

预览动画，发现并不是我们预想的那样，主要是在结束的时候，所以我们将“平滑结束”设置为 0.5 秒。

④ 点击“动画窗格”任务窗格中该动画条目右边的按钮，在打开的快捷菜单中选择“效果选项…”命令，在打开的对话框中将“平滑结束”设置为 0.5 秒；

⑤ 右边的画轴路径动画为“向右”，其他设置和左边画轴都相同。

2. 第四张幻灯片中关闭卷轴画面的动画设置

对象的初始定位如图 5-28 所示。

图 5-28　第四张幻灯片初始定位

(1) 主体画面动画设置：

① 选中画面主体图片，点击“动画”选项卡，展开“动画”一栏，选择退出动画中的“劈裂”效果；

② 点击“动画”一栏中动画效果右边的“效果选项”，在下拉菜单中选择“左右向中央收缩”；

③ 在“动画”选项卡“计时”一栏中设置动画开始方式为“与上一动画同时”，持续时间为 3 秒，延迟时间为默认的 0 秒；

④ 预览动画,画面从左右向中央收缩。

(2) 画轴的动画设置:

① 选中左边的画轴,点击"动画"选项卡,展开"动画"一栏,选择路径动画中的"向右"效果;

② 延长路径线,将终点放在画面的垂直参考线左边;

③ 设置动画开始方式为"与上一动画同时",持续时间为3秒,延迟时间为默认的0秒;

④ 点击"动画窗格"任务窗格中该动画条目右边的按钮,在打开的快捷菜单中选择"效果选项…"命令,在打开的对话框中将"平滑开始"和"平滑结束"都设置为0.3秒(这个时间是根据实际情况设置的);

⑤ 右边画轴路径动画为"向右",其他设置和左边画轴都相同。

【案例小结】

本案例可以说是理解和掌握幻灯片自定义动画的入门案例,它涉及幻灯片中动画设置的类型、开始时间、效果设置、延迟时间等比较关键的知识点,同时还介绍了图片和自选图形的编辑、对象的对齐和分布,在以后的学习过程中这些都是非常重要的知识。

【应用探索】

1. 完成案例中第三张和第四张幻灯片中画轴的自选图形编辑和动画效果的设置。

2. 完成案例中第五张幻灯片图片的编辑以及打开和关闭卷轴的动画效果设置。

3. 完成案例中最后一张幻灯片所实现的打开画轴,停留两秒,再关闭画轴的动画效果设置。

5.4 PowerPoint 2010 幻灯片切换效果——都市相册

【任务目标】

1. 理解图形图片的层叠关系;

2. 掌握幻灯片中页面、页眉、页脚等页面包含内容的设置;

3. 掌握幻灯片切换效果设置。

【职业引导】

在幻灯片中很多时候会涉及图形图像的层叠,它们的层次关系与动画的先后顺序完美配合才能达到最佳效果,所以非常重要;在幻灯片中可以插入日期和时间、页码和页数、备注等信息,既能够清楚地显示,又不会对幻灯片中主体部分造成影响;幻灯片切换效果也是幻灯片动画的一种,合理运用 PowerPoint 2010 提供的新切换效果,能够给人以更强的视觉冲击力,让你的演讲过程连贯而不缺乏生动。

【知识技能】

5.4.1 图形图片的层叠关系

图形图片是幻灯片中常用的元素，如果在一张幻灯片中插入了多张图形或者图片，为了防止有些图片由于被覆盖或者因为动画的先后顺序而无法显示，我们可以根据情况设置层叠关系。

本案例是在演示文稿样本模板“都市相册”基础之上创建的，其中做了一些修改，包括对幻灯片日期和时间的添加，对幻灯片页码和页数的添加，对有些幻灯片的切换效果也做了修改，另外设置了切换时间。

默认情况下，幻灯片中对象的层次关系是先插入的对象在后插入的对象下面。以本案例第六张幻灯片为例，如图 5-29 所示设置图片层叠关系。

图 5-29　第六张幻灯片

(1) 背景图片在母版上，所以在底层；

(2) 花鸟下面的背景图片插入幻灯片之后，选中并单击右键，选择“置于底层”中的“置于底层”；

(3) 花和鸟由于没有层叠，所以先插入的在下面，后插入的在上面；

(4) 如果有重叠的部分则选中要在最上面的对象，单击右键，选择“置于顶层”中的“置于顶层”，或者选择“置于底层”中的“上移一层”；

5.4.2 幻灯片中页面包含内容的设置

1. 日期和时间的插入

(1) 选择“插入”选项卡“文本”一栏中的“页眉和页脚”或者“日期和时间”，打开“页眉和页脚”选项卡，如图 5-30 所示；

(2) 在“幻灯片”选项卡中勾选“日期和时间”一项；

(3) 如果选择“自动更新”单选按钮，语言默认是“中文(中国)”，幻灯片中插入的日期会随着打开演示文稿的日期而自动更新；

(4) 如果选择的是“固定”单选按钮，则需要自己输入一个日期，而且日期的时间不会随着演示文稿打开的日期而变化；

(5) 在“页眉和页脚”对话框中如果勾选“标题幻灯片中不显示”，则设置的日期和时间不会显示在标题幻灯片中。

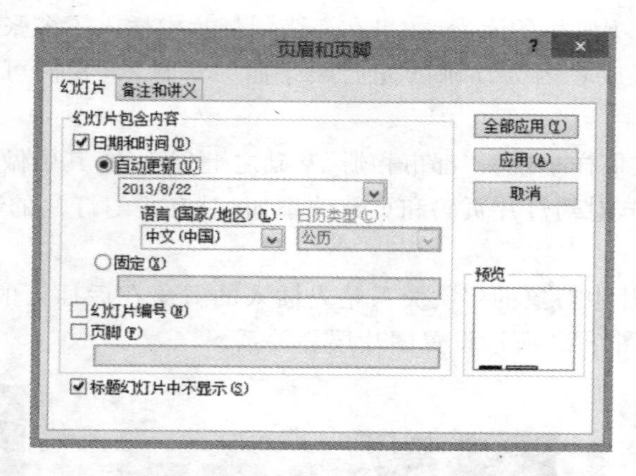

图 5-30 “页眉和页脚”对话框中设置日期和时间

2. 幻灯片编号的插入

幻灯片的编号即页码，和 Office 其他软件一样，幻灯片也提供了插入页码的功能，步骤如下：

(1) 在“页眉和页脚”对话框的“幻灯片”选项卡中勾选“幻灯片编号”一项即可；

(2) 如果“标题幻灯片中不显示”处于选中状态，则设置的页码不会显示在标题幻灯片中；

3. 幻灯片中页脚的插入

(1) 在“页眉和页脚”对话框的“幻灯片”选项卡中勾选“页脚”一项，并输入页脚内容即可，输入的内容会显示在幻灯片页脚部分；

(2) 如果“标题幻灯片中不显示”处于选中状态，则设置的页脚不会显示在标题幻灯片中。

4. 备注和讲义中页面内容的插入

“备注和讲义”选项卡中也可以设置日期和时间、页眉和页脚、页码和页数，主要是针对备注页的设置，设置完成后在讲义母版和备注母版中可以看到。本案例中设置如图 5-31 所示。

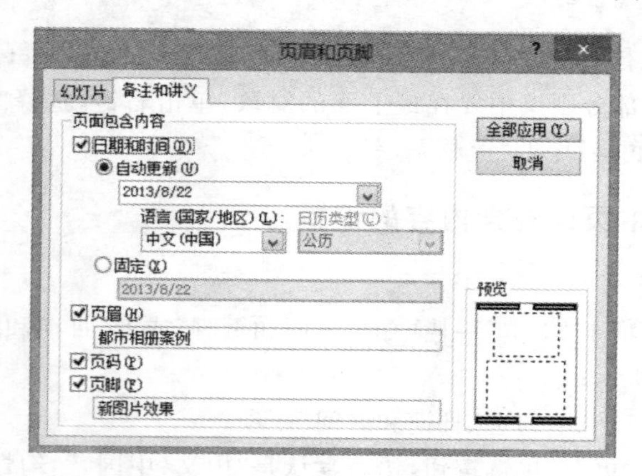

图 5-31 “页眉和页脚”对话框中设置备注和讲义页面内容

5. 幻灯片中总页数的插入

在演示 PowerPoint 的时候，通常都想着讲稿的内容怎样说，就忘记了 PPT 幻灯片的总页数，特别是页数多的时候，花在前面部分幻灯片的时间多了，后面的内容就不够时间讲了。如果可以在幻灯片里显示总页数就好了，但是 PowerPoint 并不能够像它的两个“兄弟”Word 与 Excel 那样直接通过在页眉或者页脚里插入总页数的方法来给所有幻灯片都加上页数，我们可以在幻灯片母版上动手实现这一功能。

在母版视图中我们可以看到很多不同的版式，本案例中版式超过了 11 种，有通过点击右键弹出的菜单中“插入版式”命令实现的新版式，如图 5-32 所示。最上面的版式是所有幻灯片都会使用的母版版式，其他的是针对不同幻灯片的要求所做的个性化改变。

图 5-32　版式上单击右键打开的“插入版式”命令

在幻灯片中插入页码和总页数步骤如下：

(1) 查看演示文稿共有多少页，本案例中共有 14 页；

(2) 点击“视图”选项卡中的“幻灯片母版”按钮进入幻灯片母版视图；

(3) 在最上面的版式右下角可以看到一个有〈#〉符号的占位符(这个〈#〉表示页码)，设置〈#〉的格式，将颜色设置为黑色，大小更改为 16 号；

(4) 在演示文稿用到的所有版式中〈#〉的后面加上“/14”，即“/总页数”；

(5) 保存并退出母版视图；

(6) 单击“插入”选项卡“文本”一栏中的“页眉和页脚”，在“页眉和页脚”对话框的“幻灯片”选项卡中勾选“幻灯片编号”一项，并保存；

(7) 可以看到演示文稿中插入了格式为“页码/页数”形式的页码和总页数。

【注意】 一定要把演示文稿中用到的所有版式中〈#〉的后面加上“/总页数”，漏掉一个，那么使用相应版式的幻灯片就无法正确显示；如果一次没有全部加完，在重复添加后，要重新插入页码。

5.4.3 幻灯片切换效果的设置

PowerPoint 2010 为我们提供了更多的幻灯片切换效果，其中包括 3D 转换特效以及内容转换特效，能够帮我们轻松地制作出具有视觉冲击力的幻灯片。本案例中每张幻灯片都采用了几乎不同的切换效果，设置的方法非常简单，这里以第一张幻灯片为例，介绍设置步骤：

(1) 在普通视图的幻灯片缩略图中选中第一张，选择菜单中的“切换”选项卡；

(2) 在“切换”选项卡中选择华丽型中的“涡流”效果；

(3) 点击右边的“效果选项”按钮，在下拉菜单中选择“自右侧”；

在实际应用中，我们有时需要控制幻灯片中某些幻灯片的切换时间，以本案例中第 12 张幻灯片为例，设置切换时间。

在“切换”选项卡“计时”一栏中的“换片方式”下面，可以看到有两种方式。

单击鼠标时：单击鼠标切换到下一张幻灯片，默认情况下处于勾选状态；

设置自动换片时间：设置自动切换到下一张幻灯片的时间，图 5-33 中表示的是 2 秒。

当只有“单击鼠标时”处于选中状态时以单击鼠标为切换标准；当“设置自动换片时间”处于选中状态时以设置的时间为切换标准；当两者同时处于选中状态的时候以自动换片时间优先，如果动画的时间超过自动换片时间的时候，以动画时间为准；当两者都没有选中的时候，可以通过超链接或者幻灯片左下角的工具来切换。

图 5-33　第 12 张幻灯片自动换片时间为 2 秒

【案例小结】

本案例以演示文稿样本模板“都市相册”为蓝本进行编辑修改，介绍了幻灯片中元素之间的层叠关系，如何为幻灯片添加日期和时间、页码和页数、页眉和页脚，以及如何设置幻灯片的切换效果和切换时间，这些知识点在演示文稿中同样比较重要，尤其是页面内容，很容易被忽视。

【应用探索】

1. 修改案例中第六张幻灯片对象的层叠关系，让鸟儿的嘴落在花的上面。
2. 为案例中幻灯片设置日期和时间、页码和总页数。
3. 为案例备注和讲义设置页眉和页脚。
4. 设置案例中每张幻灯片的切换效果，并设置切换方式为自动切换。

5.5　PowerPoint 2010 多媒体效果——巴黎欧莱雅

【任务目标】、

1. 学会使用动画刷；
2. 掌握在幻灯片中插入音频；
3. 掌握在幻灯片中插入视频；
4. 学会使用排练计时控制幻灯片切换时间。

【职业引导】

在幻灯片中我们可以利用动画刷快速设置动画效果；在幻灯片中插入符合主题的音频和恰当的视频，可以使用户的演示文稿从画面到声音多方位地向观众传递信息；通过排练计时可以按照自己的要求来控制每张幻灯片的切换时间。

【知识技能】

5.5.1 动画刷的使用

在制作演示文稿动画效果的时候经常会遇到这样的情况，一样的动画效果要重复地添加在不同对象上，在以前的 PowerPoint 版本中我们只有重复地操作，而在 PowerPoint 2010 中“动画刷”的出现为我们解决了这一问题。

“动画刷”就如 Word 里面的“格式刷”将一个对象的格式复制到其他对象上一样，它会将 PowerPoint 2010 中原对象的动画复制到目标对象上，可以在同一页面中使用，不同页面中对象也可以实现，这样就可以制作出简单的 PPT 动画。

本案例中第 2～6 张幻灯片中的标题部分动画效果都相同，可以使用格式刷实现，具体步骤如下：

(1) 首先设置第二张幻灯片中标题的动画效果。

数字的动画效果为进入动画中的“淡出”，持续时间为 0.5 秒，开始方式为“与上一动画同时”；

下划线动画效果为进入动画中的“浮入”，效果选项中“方向”为“上浮”，持续时间为 0.5 秒，开始方式为“上一动画之后”。

文字的动画效果为进入动画中的“缩放”，效果选项中“消失点”为“对象中心”，持续时间为 0.5 秒，开始方式为“上一动画之后”。

(2) 在第二张幻灯片中选中数字，然后单击“动画”选项卡“高级动画”一栏中的“动画刷”按钮，如图 5-34 所示，此时光标旁边会多出一个小刷子。

图 5-34 “动画”选项卡中的“动画刷”

(3) 切换到第三张幻灯片，在数字上单击一下，即可看到“动画窗格”中多出一个动画条目，与第二张中数字的动画效果完全相同。

(4) 采用相同的办法可以将下划线和文字的动画都复制到目标对象。

(5) 第 4～6 张中标题动画都可以通过格式刷实现。

除了上面的动画，本案例中 3～5 张幻灯片中都有动画重复的现象，都可以用动画刷实现。

5.5.2 幻灯片中插入音频

PowerPoint 2010 在插入音频方面较以前的版本做了些改进：

(1) 能够完全地嵌入音频格式，在 PowerPoint 2007 或者 PowerPoint 2003 里只支持 WAV 格式文件的嵌入，其他格式的音频文件均是链接，必须和 PPT 文件一起打包音频文件。

(2) 对于 PowerPoint 2010 来说，可直接内嵌 MP3 音频文件，不用再担心音频文件丢失问题。

(3) 随意的剪裁音频文件，可以设置为淡入淡出，音频不会感到突兀。

1. 插入的音频来源

PowerPoint 2010 中可以插入的音频来源有三种：文件中的音频、剪贴画音频、录制的音频。

（1）文件中的音频

图 5-35 中给出了 PowerPoint 2010 兼容的音频文件格式，本案例中使用的音频文件为“巴黎欧莱雅. mp3”。

PowerPoint 2010 插入的 MP3 音频文件，比较缓慢，不能在兼容模式下使用，对方也必须是 PowerPoint 2010 嵌入的 MP3 音频文件才可以完全播放。如果将文件另存为 97—2003 兼容文件，音频文件会自动转换成图片，无法播放。

文件格式	扩展名	更多信息
AIFF 音频文件	.aiff	**音频交换文件格式**　这种声音格式最初用于 Apple 和 Silicon Graphics (SGI) 计算机。这些波形文件以 8 位的非立体声（单声道）格式存储，这种格式不进行压缩，因此会导致文件很大。
AU 音频文件	.au	**UNIX 音频**　这种文件格式通常用于为 UNIX 计算机或网站创建声音文件。
MIDI 文件	.mid 或 .midi	**乐器数字接口**　这是用于在乐器、合成器和计算机之间交换音乐信息的标准格式。
MP3 音频文件	.mp3	**MPEG Audio Layer 3**　这是一种使用 MPEG Audio Layer 3 编解码器进行压缩的声音文件。
Windows 音频文件	.wav	**波形格式**　这种音频文件格式将声音作为波形存储，这意味着一分钟长的声音所占用的存储空间可能仅为 644 KB，也可能高达 27 MB。
Windows Media Audio 文件	.wma	**Windows Media Audio**　这是一种使用 Microsoft Windows Media Audio 编解码器进行压缩的声音文件，该编解码器是 Microsoft 开发的一种数字音频编码方案，用于发布录制的音乐（通常发布到 Internet 上）。

图 5-35　兼容的音频文件格式

（2）剪贴画音频

使用 PowerPoint 2010 可以内嵌音频文件，与早期的版本比较还可以嵌入来自剪贴画库中格式为 MID 的音频文件。

（3）录制的音频

还可以自己录制一些音频文件，格式保存为 PowerPoint 2010 支持的格式。

2. 插入和编辑音频

以本案例中插入来自文件的音频“巴黎欧莱雅. mp3”为例，步骤如下：

（1）在普通视图下定位于第一张幻灯片，单击“插入”选项卡“媒体”一栏中的“音频”按钮；

（2）在下拉菜单中选择“文件中的音频…”命令，打开“插入音频”对话框；

（3）选择“巴黎欧莱雅. mp3”文件，单击“插入”按钮，在幻灯片中会嵌入一个小喇叭图标；

（4）点击这个小喇叭，会发现菜单栏中多出“音频工具”选项卡，子选项卡“播放”如图 5-36 所示；

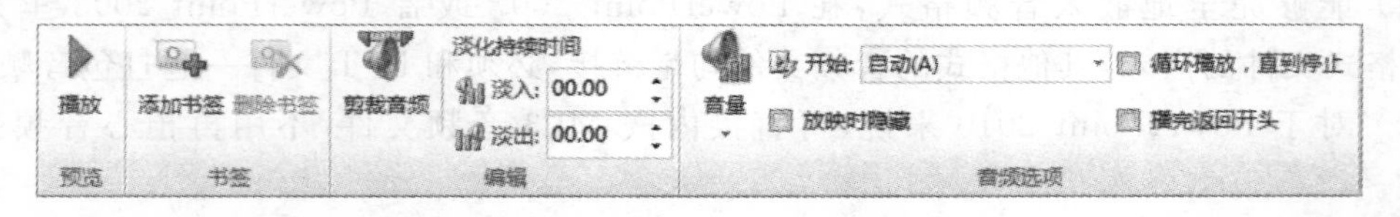

图 5-36　音频“播放”子选项卡

（5）在"播放"子选项卡中我们可以设置音频文件开始的方式为"自动"。这里我们还可以设置音频文件是否循环播放，也可以剪辑音频，调整音量，通过设置淡入淡出避免声音突兀；

（6）通过"动画"选项卡打开"动画窗格"，和以前的版本一样会有一个动画条目出现；

（7）选中动画条目，点击右边的小三角形按钮，打开快捷菜单，选择"效果选项…"命令，打开"播放音频"对话框，参数设置如图 5-37 所示；

（8）如果要截取部分音频，可以在"播放"选项卡中点击"剪辑音频"按钮打开"剪辑音频"对话框实现，如图 5-38 所示。

图 5-37　"巴黎欧莱雅. mp3"音频参数设置

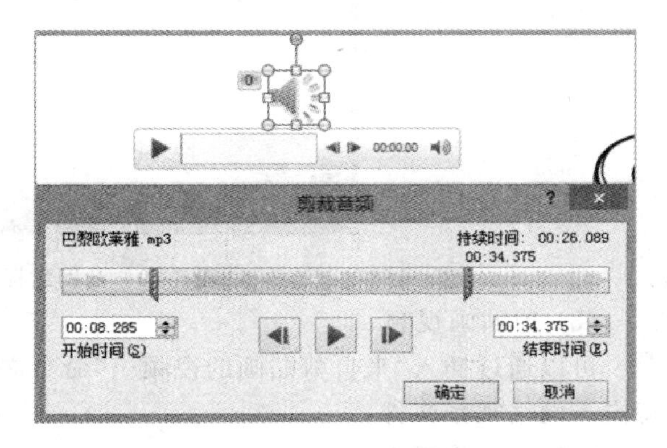

图 5-38　"巴黎欧莱雅. mp3"音频剪辑设置

5.5.3　幻灯片中插入视频

1. 插入的视频的来源

PowerPoint 2010 中可以插入的视频来源也有三种：文件中的视频、来自网站的视频、剪贴画视频。

（1）文件中的视频

现在 PowerPoint 2010 也可以完全内嵌视频文件，不需要像以前的版本一样把视频文件和演示文稿放在同一目录下。

图 5-39 中给出了 PowerPoint 2010 兼容的视频文件格式，本案例中使用的视频文件为"巴黎欧莱雅复颜光学嫩肤系列. avi"。

文件格式	扩展名	更多信息
Adobe Flash Media	.swf	**Flash 视频**　这种文件格式通常用于使用 Adobe Flash Player 通过 Internet 传送视频。
Windows Media 文件	.asf	**高级流格式**　这种文件格式存储经过同步的多媒体数据，并可用于在网络上以流的形式传输音频和视频内容、图像及脚本命令。
Windows 视频文件	.avi	**音频视频交错**　这是一种多媒体文件格式，用于存储格式为 Microsoft 资源交换文件格式 (RIFF) 的声音和运动画面。这是最常见的格式之一，因为很多不同的编解码器压缩的音频或视频内容都可以存储在 .avi 文件中。
电影文件	.mpg 或 .mpeg	**运动图像专家组**　这是运动图像专家组开发的一组不断发展变化的视频和音频压缩标准。这种文件格式是为与 Video-CD 和 CD-i 媒体一起使用而专门设计的。
Windows Media Video 文件	.wmv	**Windows Media Video**　这种文件格式使用 Windows Media Video 编解码器压缩音频和视频，这是一种压缩率很大的格式，它需要的计算机硬盘存储空间最小。

图 5-39　兼容的视频文件格式

不能直接插入 FLV 文件，如果安装了 QuickTime 和 Adobe Flash 播放器，则 PowerPoint 2010 才支持 QuickTime（MOV 格式、. MP4 格式）和 Adobe Flash（SWF 格式）文件。

（2）来自网站的视频

在“插入”选项卡“媒体”一栏中点击“视频”按钮，下拉菜单中选择“来自网站的视频…”，打开如图 5-40 所示的对话框，将网站视频的链接粘贴到文本框中即可。

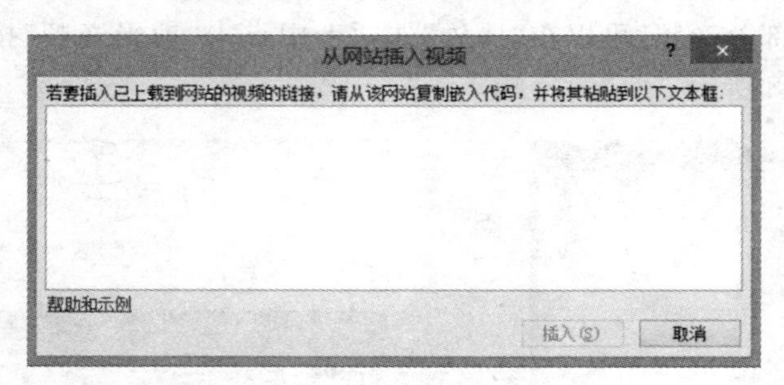

图 5-40　从网站插入视频对话框

（3）剪贴画视频

可以通过插入“来自剪贴画的视频…”命令嵌入来自剪贴画库的“GIF 格式”动画文件，支持嵌入网络视频文件。

2. 插入和编辑视频

以本案例中插入来自文件的视频“巴黎欧莱雅复颜光学嫩肤系列. avi”为例，步骤如下：

（1）在普通视图下定位于要插入视频的幻灯片（本案例中是第 8 张幻灯片），单击“插入”选项卡“媒体”一栏中的“视频”按钮。

（2）在下拉菜单中选择“文件中的视频…”命令，打开“插入视频”对话框。

（3）选择相应的视频文件，本案例是“巴黎欧莱雅复颜光学嫩肤系列. avi”文件，单击“插入”按钮，在幻灯片中会嵌入视频框。

（4）点击视频框，会发现菜单栏中多出“视频工具”选项卡，子选项卡“播放”如图 5-41 所示，和音频的“播放”子选项卡非常相似。

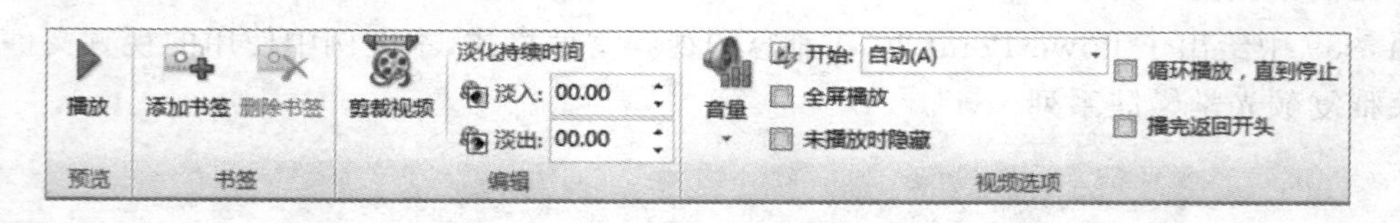

图 5-41　音频“播放”子选项卡

（5）本案例中为了美观，利用自选图形绘制了液晶电视机的图形，将视频置于液晶电视机屏幕的上面。

（6）在“播放”子选项卡中我们可以设置视频文件开始的方式为“自动”。这里我们还可以设置视频文件是否循环播放，是否全屏播放，也可以剪辑视频，调整音量，通过设置淡入淡出避免视频突兀。

（7）通过“动画”选项卡打开“动画窗格”，和以前的版本一样会有一个动画条目出现。

（8）选中动画条目，点击右边的小三角形按钮，打开快捷菜单，选择“效果选项…”命令，打开“播放音频”对话框，参数设置如图 5-37 所示。

（9）通过“动画”选项卡打开“动画窗格”，和以前的版本一样会有一个动画条目出现。

(10) 选中动画条目,点击右边的小三角形按钮,打开快捷菜单,选择“效果选项…”命令,打开“播放视频”对话框,参数设置如图 5-42 所示。

(11) 如果要截取部分视频,可以在“播放”选项卡中点击“剪辑视频”按钮打开“剪裁视频”对话框实现,如图 5-43 所示。其中绿色的标记表示视频开始的位置,对应下面开始的时间,红色的标记表示视频截止的位置,对应下面结束的时间。

(12) “剪裁视频”对话框中有预览窗口,可以看到视频播放的具体位置,根据预览窗口确定开始和结束的时间。

(13) 可以通过“开始时间”和“结束时间”中间的 ◀| ▶ |▶ 按钮来调整视频开始和结束的时间,预览已经剪裁好的视频。

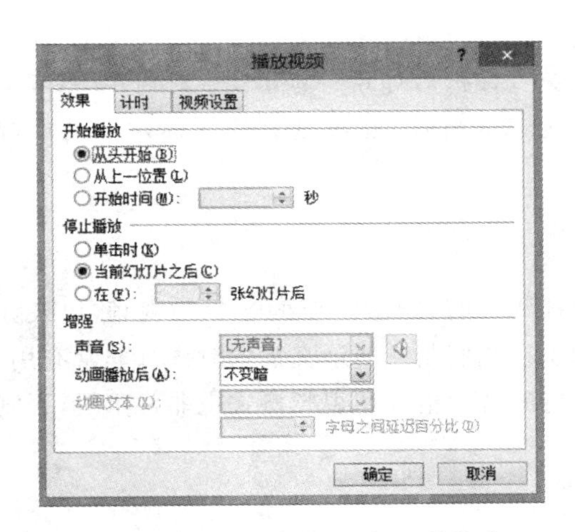

图 5-42 “巴黎欧莱雅复颜光学嫩肤系列.avi”视频参数设置

图 5-43 “巴黎欧莱雅复颜光学嫩肤系列.avi”视频剪辑设置

5.5.4 使用排练计时控制幻灯片切换时间

在实际使用中,有时候我们需要对每张幻灯片的播放时间进行设置,实现幻灯片根据内容自动切换、连贯播放的效果。

虽然我们可以在设置每张幻灯片切换效果的时候对切换时间进行设置,但是却把握不好播放的时长,自动切换却不能给人连贯的感觉,这里我们使用排练计时功能轻松解决这一问题。

本案例中配合音乐的时长,使用排练计时功能对每张幻灯片的切换时间做了精确的设置,步骤如下:

(1) 首先给每张幻灯片设置切换效果;

(2) 选择“幻灯片放映”选项卡“设置”一栏中“排练计时”按钮,会弹出如图 5-44 所示的浮动窗口。

图 5-44 排练计时功能弹出的“录制”浮动窗口

其中第一个图标为“下一项”按钮,第二个图标为“暂停录制”按钮,接下来的文本框显示的是当前的“幻灯片放映时间”,箭头表示重复,后面的时间表示录制总时间。

当整个演示文稿放映完成后，将弹出“Microsoft PowerPoint”对话框，如图 5-45 所示该对话框显示幻灯片播放的总时间，并询问用户是否保留该排练时间。

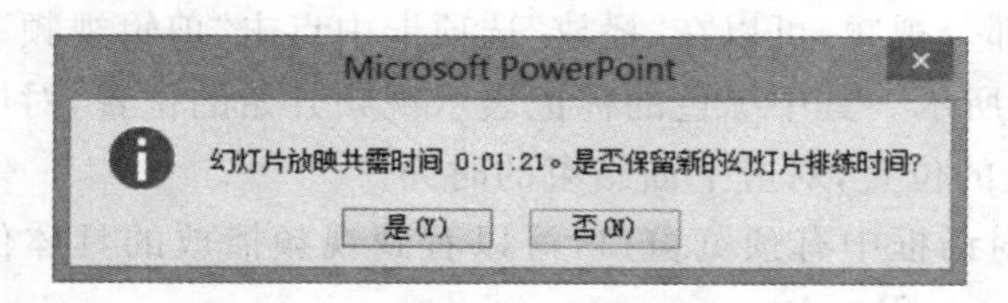

图 5-45 排练计时完成时弹出的对话框

单击“是”按钮，此时演示文稿切换到幻灯片浏览视图，从幻灯片浏览视图中可以看到每张幻灯片下方均显示各自的排练时间。

单击“否”按钮，此时将不保存本次排练时间。

【技巧】 *在排练计时过程中，用户可以不必关心每张幻灯片的具体放映时间，要根据幻灯片的内容确定幻灯片应该放映的时间。预演的过程和时间，应尽量接近实际演示的过程和时间。*

【案例小结】

本案例介绍了动画刷的使用、音频和视频的插入，如何剪裁需要的音频和视频，以及如何通过排练计时来控制幻灯片的切换时间，这些知识在我们制作演示文稿的时候都非常有用，熟练掌握对制作演示文稿非常重要，另外幻灯片支持的音频格式和视频格式也非常重要，否则不能正确地运用。

【应用探索】

1. 完成案例“巴黎欧莱雅”中幻灯片中的动画效果。
2. 插入音频文件，设置音频播放参数。
3. 插入视频文件，试着剪辑视频，重新插入。
4. 设置幻灯片的切换效果，利用排练计时预演幻灯片，并保存恰当的排练计时。

5.6 PowerPoint 2010 计时动画——雪花飘

【任务目标】

1. 学会使用高级日程表调整动画的时间；
2. 掌握循环动画的设置；
3. 理解计时动画的含义。

【职业引导】

幻灯片中可以利用高级日程表细致调整各个动画的开始时间，以达到相应的视觉效果；在幻灯片中可以利用循环动画实现一些需要重复的效果；幻灯片中通过对各个动画开始和持续时间的计算，不会出现一些逻辑上混乱的动画。

【知识技能】

5.6.1 高级日程表

在幻灯片中使用高级日程表可以更精确地控制动画出现的先后顺序，也可以在一个界面上精确地调整各动画的时间。一般动画设置有“只有单击时”、“与上一动画同时”、“上一动画之后”这三种设置，但通过调整高级日程表里的时间轴，可以在上一个动画进行过程中开始第二个动画（还可以是同时开始，调整时间轴是延迟了第二个动画）。

本案例的制作过程如下。

1. 背景的设置

将背景设置为深灰色。下雪的夜晚，天空被映衬得亮一些，所以不用纯黑色。

(1) 在幻灯片的空白处单击右键，打开快捷菜单；

(2) 选择菜单中“设置背景格式...”命令，在打开的对话框中选择“纯色填充”，填充颜色为黑色，透明度为0%。

2. 绘制远处山脉

通过自选图形中曲线工具来绘制。

(1) 选择“插入”选项卡中“形状”按钮，在打开的下拉菜单中选择“线条”命令下的“曲线”工具；

(2) 按住鼠标左键开始，在每个弯曲的 地方单击一下鼠标左键，结束处双击鼠标左键，绘制一个闭合山形状的闭合图形；

(3) 选中绘制好的闭合图形，在打开的“绘图工具 格式”选项卡“形状填充”中选择“白色，背景1，深色50%”（主题颜色最后一行中第一个）；

(4) 在“形状轮廓”下面选择“无轮廓”；

(5) 在“形状效果”中选择“预设”下的“三维选项...”命令，打开“设置形状格式”对话框；

(6) 对话框中显示的是“三维格式”的参数设置，图5-46显示了表面效果中材料的选择；

(7) 在“形状设置格式”对话框，选择照明效果如图5-47所示。

如果对绘制的山不满意，可以通过“编辑顶点”来修改，方法如下：

(1) 选中曲线绘制的山脉，单击右键；

(2) 在打开的快捷菜单中选择“编辑顶点”命令，这时会看到山脉轮廓上在每一个单击左键的地方有顶点；

(3) 细微调整这些顶点的位置改变弯曲的角度和程度；

(4) 也可以通过单击右键“添加顶点”、“抻直弓形”来调整；

(5) 如果要删除某个顶点，选中后单击右键，在快捷菜单中有“删除顶点”命令。

3. 近处雪地的绘制

通过形状中曲线工具来绘制，注意雪地凹凸不平的效果。

(1) 选中绘制好的雪块，在打开的“绘图工具 格式”选项卡“形状填充”中选择“白色”；

(2) 在“形状轮廓”下面选择“无轮廓”；

(3) 在“形状效果”中选择“预设”下的“三维选项...”命令，打开“设置形状格式”对话框；

(4) 对话框中设置材料和山脉一样，如图5-46所示；

（5）在“形状设置格式”对话框，选择照明效果为“冷调”中的“寒冷”。

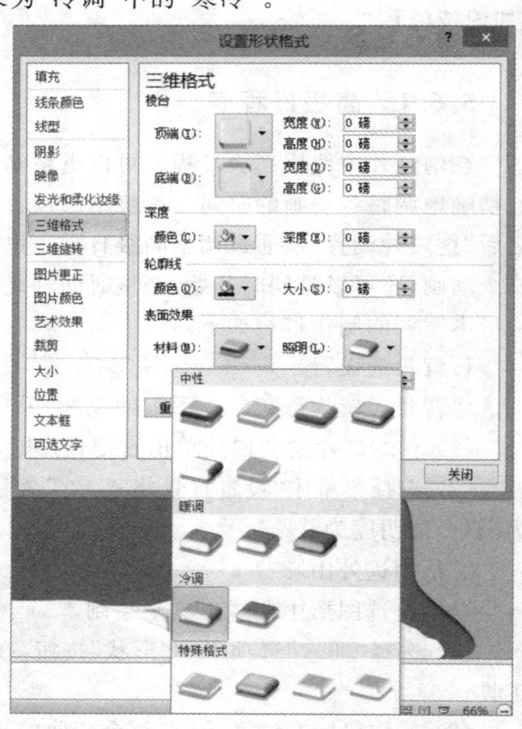

图 5-46 “设置形状格式”对话框选择材料

图 5-47 “设置形状格式”对话框选择照明效果

4. 梅枝的绘制

同样是使用曲线工具来绘制梅枝，填充两种颜色的渐变，参数如图 5-48 所示，其中停止点 1 的颜色参数如图 5-49 所示，停止点 2 的颜色参数如图 5-50 所示，停止点 3 的颜色和停止点 1 的颜色相同。

绘制好山脉、雪地、梅枝后的效果如图 5-51 所示。

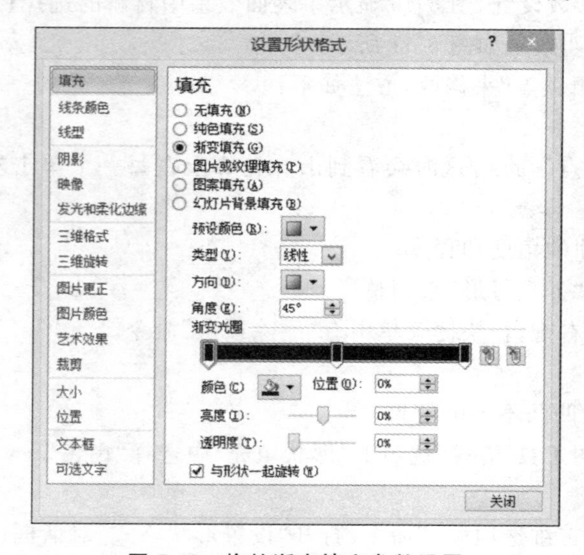

图 5-48 梅枝渐变填充参数设置

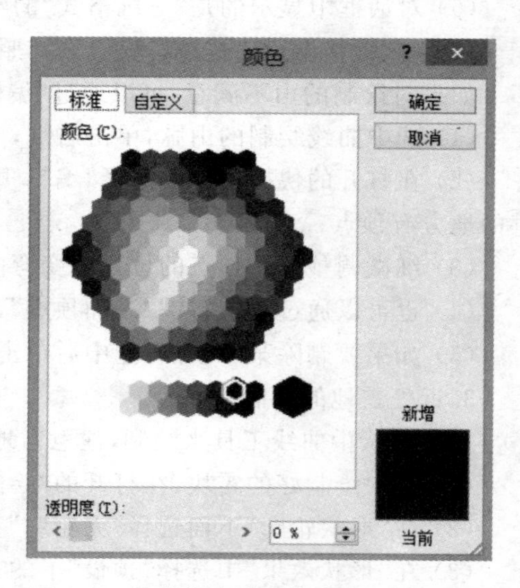

图 5-49 梅枝渐变填充停止点 1 和 3 颜色

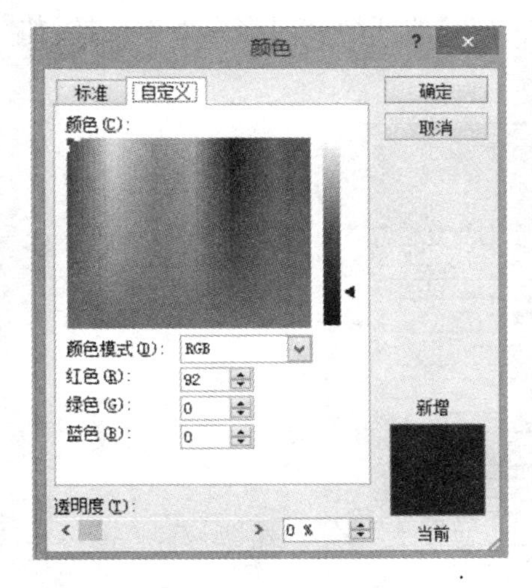

图 5-50　梅枝渐变填充停止点 2 颜色

图 5-51　山脉、雪地、梅枝绘制好的效果

5. 绘制雪花

如图 5-52 所示，两种类型的雪花，前者用直线工具和菱形以及自由曲线绘制的图形组合而成，后者只用了直线工具。

图 5-52　雪花

绘制过程中，要注意以下几点：

(1) 绘制好一个“雪花”花瓣素材，组合备用；

(2) 线条粗细均设置为 0.1 磅，这样，在“雪花”缩小之后，还能看到“雪花”花瓣的效果；

(3) 注意灵活使用“对齐或分布”工具栏；

(4) 注意“旋转”角度。

6. 雪花飘落动画效果

(1) 将 2 朵绘制好的“雪花”缩小，错落放置到“舞台”的上方；

(2) 选中 2 朵“雪花”，执行“自定义动画”→“添加效果”→“动画路径”→“绘制自定义路径”→“曲线”；

(3) 将鼠标指针放置到任意一朵“雪花”的中间，绘制出一条“曲线”动画路径，会发现 2 朵“雪花”的路径同时绘制完成，在“自定义动画”窗格中也会多出 2 个动画条目；

(4) 将 2 个“雪花”的动画条目一起选中，“开始”方式设置为“之前”→“持续时间”设置为“5 秒”；

(5) 选中“雪花”进行复制，复制的过程中，尽量将复制出来的“雪花”没有规律、散乱地排列在“舞台”上方，每复制出一组“雪花”，在“动画窗格”中就会多出相应的动画条目；

(6) 在任意一个动画条目上右击，在快捷菜单中选择“显示高级日程表”，进行“高级日程表”动画调整状态；

(7) 拖动"雪花"动画条目，让其呈阶梯状，让每一朵"雪花"的开始时间都变得不一样，如图 5-53 所示。

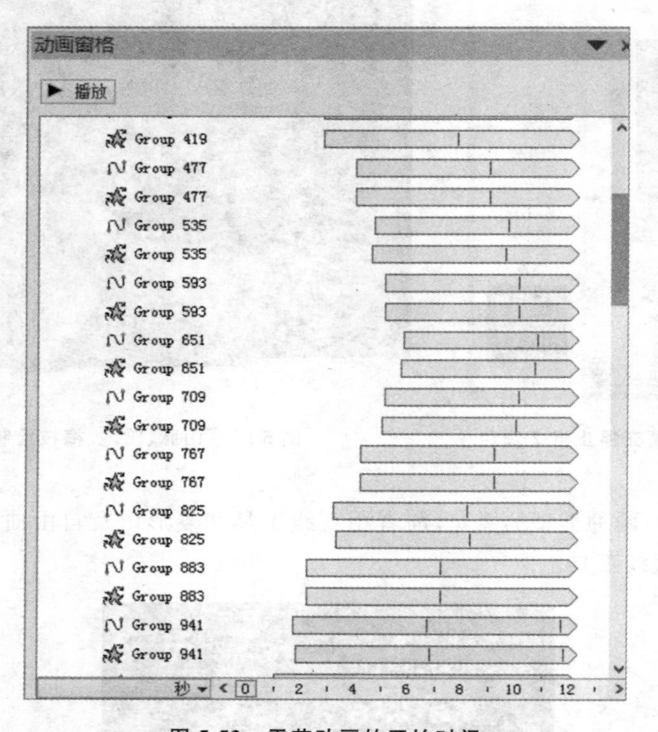

图 5-53　雪花动画的开始时间

"雪花"的开始时间不是一致的，这样会出现雪花次第落下的效果，时间上会有先有后，洋洋洒洒。

5.6.2　循环动画的设置

要想让雪花连绵不断，需要设置循环动画。

将所有"雪花"的动画条目选中，单击右边的下拉按钮，在快捷菜单中选择"效果选项"，打开"自定义动画"对话框，切换到"计时"选项卡中，单击"重复"下拉选项框，选择"直到幻灯片末尾"，单击"确定"；

"雪花"开始时间的"阶梯"状是"S"形的，这个"S"的时间区间控制在一朵"雪花"走完一次路径的时间(5 秒)，否则，可能会出现"雪花"下了一阵，接着下第二阵，分隔的非常明显，不能表现出"雪花"绵绵不断的效果了。

图 5-54　自选图形绘制的梅花

可以先在一张空白幻灯片上将"下雪"动画做好之后，再复制过来。

1. 雪中梅花

雪中梅花如图 5-54 所示，色彩为标准的红色和黄色。可以使用"旋转或翻转"工具，使"花瓣"变换各种不同的角度，摆放、组合出形态各异的"红梅"。

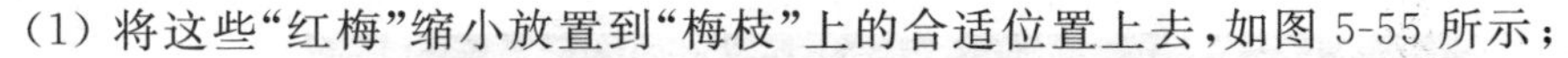

(1) 将这些“红梅”缩小放置到“梅枝”上的合适位置上去,如图 5-55 所示;

图 5-55 红梅在枝头绽放

(2) 选中所有的“红梅”,在“动画”选项卡中选择进入效果中的“缩放”,“效果选项”中“消失点”选择“对象中心”;

(3) “开始”设置为“与前一动画同时”,“持续时间”设置为“1 秒”;

(4) 在“高级日程表”中对每一朵“红梅”的开始“绽放”的时间点进行调整,做出“红梅竞相开放”的效果,如图 5-56 所示。

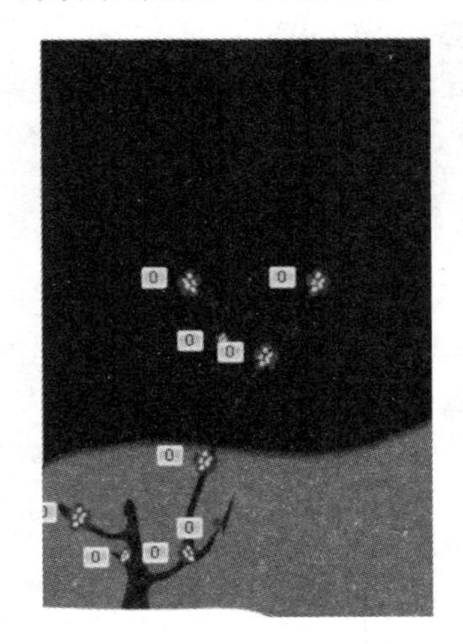

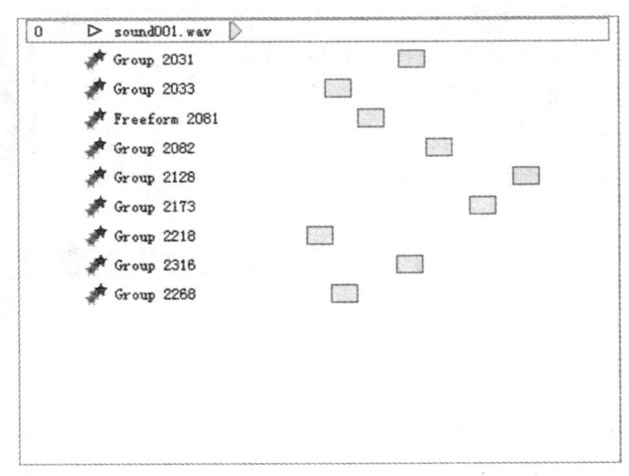

图 5-56 红梅动画效果高级日程表下的状态

2. 文字的添加

文字的字体为华文行楷,颜色为黄色,动画为进入中的“擦除”,这里不再赘述。

3. 音频的添加

本案例中插入音频“Sound 001. wav”,其中截取第 8 秒到 1 分 2 秒之前的音频。

最后的效果如图 5-57 所示。

图 5-57 雪花飘最后效果

【案例小结】

本案例中主要介绍了如何利用高级日程表细致调整各个动画的延迟时间、利用循环动画实现一些需要重复的效果。重点是利用动画开始时间和延迟时间来控制动画放映的时间,通过高级日程表做到精确调整。

【应用探索】

完成“雪花飘”案例的制作:

1. 完成案例幻灯片中所有素材的绘制。
2. 完成案例幻灯片中雪花飘落和循环的动画效果。
3. 完成案例中梅花开放的动画效果。
4. 完成文字的动画效果。
5. 利用高级日程表调整动画延迟时间。
6. 插入音频文件,设置音频播放参数。

5.7 PowerPoint 2010 超链接——春夏秋冬

【任务目标】

1. 掌握超链接的设置;
2. 掌握动作按钮形状的编辑和使用;
3. 学会使用图形编辑工具;
4. 巩固自选图形中曲线工具的使用;
5. 进一步理解计时动画的含义;
6. 幻灯片切换效果的设置。

【职业引导】

很多人在制作幻灯片的时候往往是从第一张开始,通过不断地单击鼠标来控制演示文稿的播放，但很多时候我们需要打乱幻灯片播放的线性结构，这样更有利于传达演示文稿所表达的信息，通过超链接可以管理演示文稿的结构。

【知识技能】

5.7.1 超链接的设置

1. 母版的设计制作

通过“设计”选项卡设置幻灯片大小为全频显示(16∶9)；

点击“视图”选项卡，在“母版视图”中选择“幻灯片母版”进入母版视图。

(1) 基础母版的设计

更改基础母版的背景颜色，设置为渐变，渐变光圈的颜色、颜色值如图 5-58 所示，渐变类型为线性，方向为线性向下。

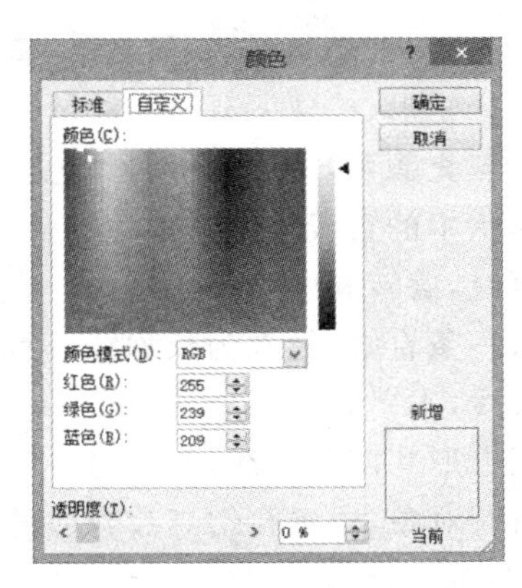

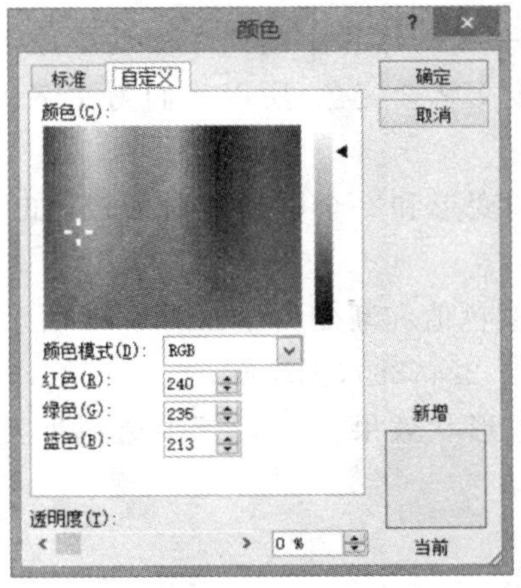

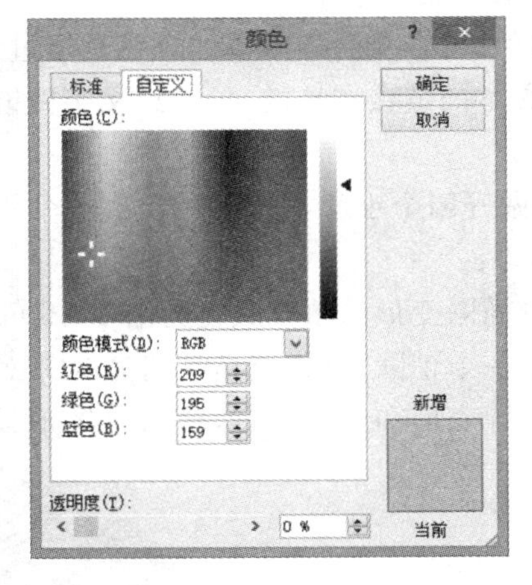

图 5-58 基础母版的背景颜色类型和颜色值

母版中标题幻灯片插入图片“标题背景.png”，置于底层，设置进入类型动画“淡出”效果，持续时间为 1 秒，开始时间为“与上一动画同时”。

在太阳光线发出的位置绘制一个正圆形，渐变填充，类型为“射线”，方向为“中心辐射”，三个渐变光圈颜色、位置和透明度分别为：RGB(255,255,153) 0% 0%，RGB(255,255,102) 94% 50%，RGB(255,255,102) 100% 100%。

其动画为强调类型中的“放大/缩小”效果，开始时间为“与上一动画同时”，持续时间默认，效果设置中尺寸为150%，自动翻转，计时中设置重复为“直到幻灯片末尾”。

(2) 空白版式母版的设计

空白版式母版上有一个“田字格”，如图5-59所示，制作步骤如下：

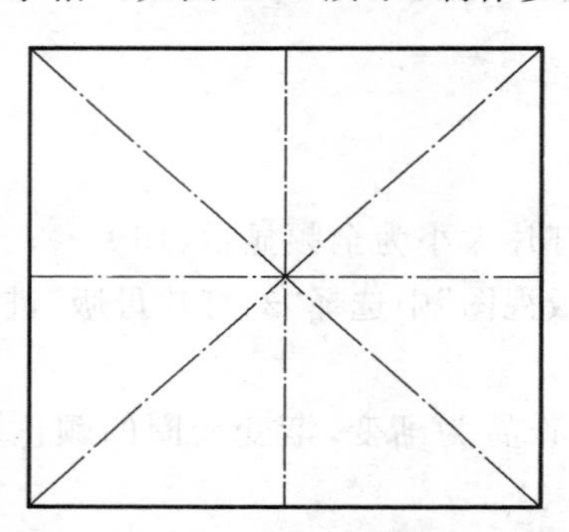

图5-59　空白版式中的田字格

① 插入一个矩形，按住shift键，绘制一个正方形；

② 设置无填充颜色，轮廓颜色为红色，1.5磅；

③ 插入形状中的直线和正方形边同长，轮廓为长划线一点，红色，1磅；

④ 复制直线，旋转90度；

⑤ 再插入一条直线，轮廓为长划线一点，红色，1磅，作为对角线；

⑥ 复制直线，水平翻转；

⑦ 选中正方形和四条直线，利用对齐工具使所选对象上下居中、左右居中；

⑧ 组合所有对象，放置在幻灯片合适的位置。

2. 标题幻灯片超链接的设置

在本案例中，春夏秋冬四季的景色是通过第一张幻灯片中的四个浮动小球上“春”、“夏”、“秋”、“冬”文本的链接实现的，单独给文字做链接文字会变色，所以我们为文字所在的文本框做超链接。

(1) 先做好四个小球，以春为例，由一个椭圆变形和一个圆形组合而成，如图5-60所示，具体步骤如下：

① 设置椭圆变形的填充颜色为渐变，颜色、颜色值和渐变类型如图5-61所示；

② 绘制一个正圆，设置填充颜色为RGB(184,224,89)，无轮廓；

③ 将椭圆变形和正圆组合，将组合图形设置形状效果为“阴影”中透视种类下的“靠下”一项；

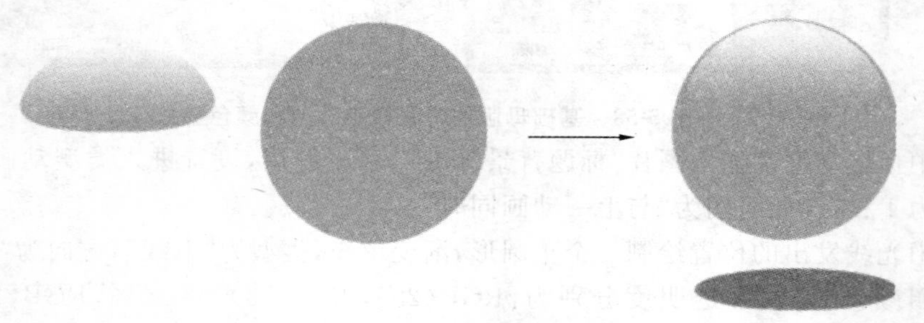

图5-60　浮动小球“春”的组成结构

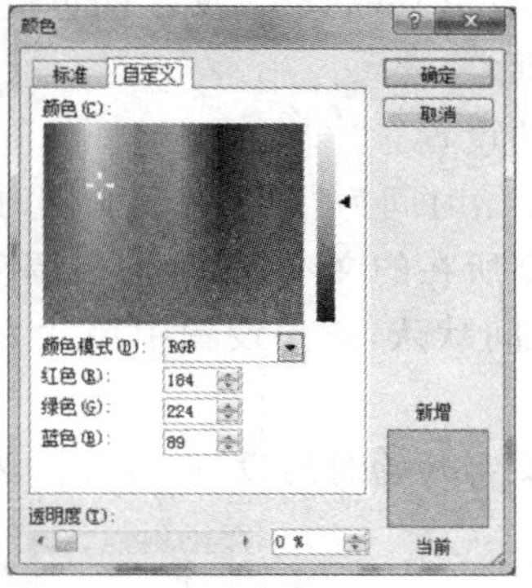
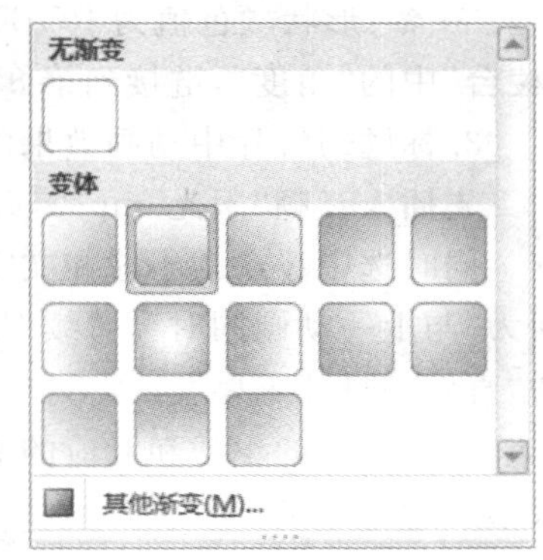

图 5-61 “春”浮动小球椭圆变形的颜色、颜色值和渐变类型

④ 插入艺术字“春”,字体设置为华文新魏,66 磅,填充颜色为橙色,颜色值为 RGB(255,153,51),轮廓颜色为白色,1 磅,文字效果为“棱台”中的“圆”;

⑤ 将小球和艺术字“春”同时选中,利用对齐工具,勾选“对齐所选对象”,上下居中、左右居中,让两个对象中心点重合。

(2) 设置文字所在文本框超链接效果,具体步骤如下:

① 选中文字“春”所在的文本框;

② 单击右键,选择“超链接…”命令,打开“插入超链接”对话框;

③ 在“链接到”下面选择“本文档中的位置”,如图 5-62 所示;

④ 选择春季开始的幻灯片,右边会有预览图,本案例中为第 2 张;

⑤ 还可以点击右上角的“屏幕提示”按钮设置屏幕提示。

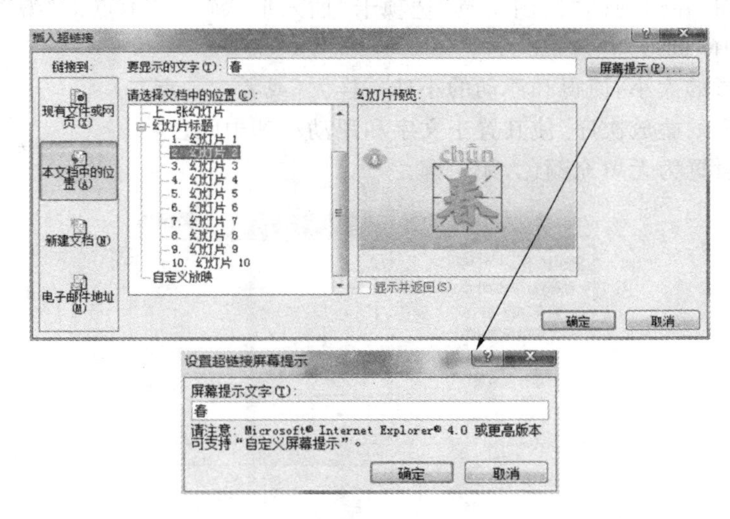

图 5-62 “春”的超链接设置

(3) 夏、秋、冬的设置类似,其中:

① 夏:形状颜色值为 RGB(255,51,51),文字颜色值为 RGB(119,147,60),文字效果为“棱台”中的“圆”,链接到第 4 张;

② 秋:形状颜色值为 RGB(255,192,0),文字颜色值为 RGB(255,255,0),文字效果为“棱台”中的“柔圆”,链接到第 6 张;

③ 冬:形状颜色值为RGB(166,166,166),文字颜色值为RGB(79,129,189),文字效果为“棱台”中的“角度”,链接到第8张。

3. 标题幻灯片中动画效果的设置

先插入音频“阳光.mp3”,开始时间为“与上一动画同时”。

同时选中浮动的小球和文字所在的文本框,添加强调动画中的“放大/缩小”效果,开始时间为“与上一动画同时”,持续时间默认,效果设置中尺寸为80%,自动翻转,计时中设置重复为“直到幻灯片末尾”。

每个浮动的小球和对应的文字开始时间设置为同时,调整延迟时间,让春夏秋冬四季动画次第开始。

5.7.2 动作按钮形状的编辑和使用

1. 标题幻灯片中按钮的使用

本案例中还有一个特色,就是鼠标经过春夏秋冬四个浮动的小球的时候会有滴水的声音出现,这是通过动作按钮实现的。

具体做法如下:

(1) 插入一个动作按钮,选择“动作按钮:自定义”类型;

(2) 按住shift键绘制一个正方形的按钮;

(3) 插入按钮的同时会出现“动作设置”对话框,选择“鼠标移过”选项卡;

(4) 勾选“播放声音”,在下拉的声音列表中选择“其他声音…”,如图5-63所示;

(5) 在打开的“添加音频”对话框中选择所用的声音文件“滴水.wav”,确定;

(6) 双击按钮,在出现的“绘图工具”选项卡“插入形状”一栏中点击“编辑形状”按钮,在“更改形状”中选择“圆形”;

(7) 调整圆形的大小,使得和浮动的小球一样大(或者大一点);

(8) 改变圆形的叠放次序,使其置于文字和浮动小球中间;

(9) 将圆形设置为无填充颜色,无轮廓。

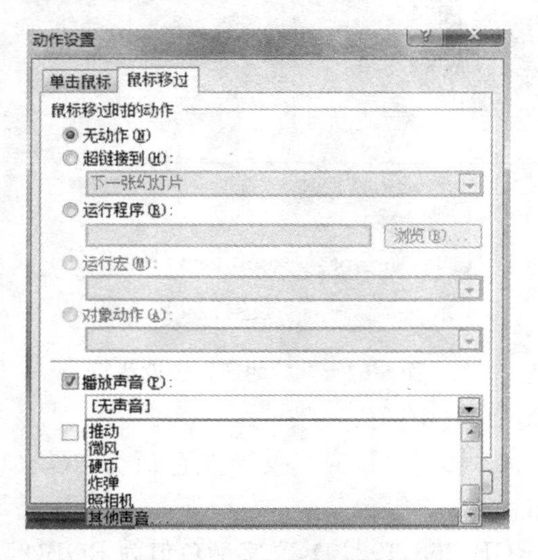

图5-63 动作设置对话框

设置完成之后你就会发现，当鼠标移动到动作按钮上面的时候，就会有滴水的声音出现，由于是透明的，所以并不影响浮动的小球显示，也不影响文字所在的文本框的链接。

有一点需要注意的就是插入的声音文件必须是.WAV 格式的波形文件。

2. 其他幻灯片中按钮的使用

本案例中在每个季节景色结束的时候都会有一个返回按钮，通过超链接回到标题幻灯片。通过动作按钮来设置，步骤如下：

(1) “插入”选项卡下“形状”中选择“动作按钮：自定义”类型；

(2) 在打开的“动作设置”对话框中选择“单击鼠标”选项卡；

(3) 选择“超链接到”下拉列表中的“幻灯片…”打开“超链接到幻灯片”对话框；

(4) 在对话框中选择“幻灯片 1”，确定。

(5) 双击动作按钮，在出现的“绘图工具”选项卡“插入形状”一栏中点击“编辑形状”按钮，在“更改形状”中选择“圆角矩形”；

(6) 为按钮设置填充颜色为橙色，无轮廓，形状效果为“预设”中的“预设 3”，阴影为“外部”中的“右下斜偏移”；

(7) 将按钮复制到其他需要返回的页面中的相应的位置。

5.7.3 图形编辑工具的使用

1. 图形编辑工具命令的添加

本案例中的第 2、4、6、8 页是四季的首页，左上角的图标的制作需要用到“图形编辑工具”功能，但在默认情况下，这个功能不在默认的功能区中，所以我们要先将它找出来放到功能区。

添加“图形编辑工具”以及其下面的命令步骤如下：

(1) 选择“文件”选项卡下的“选项”命令，打开“PowerPoint 选项”对话框；

(2) 在对话框中选择“自定义功能区”命令；

(3) 在“从下列位置选择命令”下拉列表中选择“不在功能区命令”

(4) 找到“形状剪除”、“形状交点”、“形状联合”、“形状组合”四个命令；

(5) 单击右边的“新建选项卡”按钮新建一组功能区到主选项卡；

(6) 双击将“新建选项卡(自定义)”更名为“图形编辑工具”；

(7) 通过“添加＞＞”按钮将“形状剪除”、“形状交点”、“形状联合”、“形状组合”四个命令添加至“图形编辑工具”选项卡下面；

(8) 最后效果如图 5-64 所示。

2. 春夏秋冬左上角图标的制作

左上角的图标制作步骤如下：

(1) 新建一张空白的演示文稿，作为草稿；

(2) 绘制一个正圆形，设置为无填充色；

(3) 按下【Ctrl＋D】复制三个正圆；

(4) 四个圆形俩俩相切，一对上下相切，一对左右相切；

(5) 利用“对齐”工具将上下相切的两个圆对其所选对象左右居中；

(6) 利用“对齐”工具将左右相切的两个圆对其所选对象上下居中；

(7) 再利用“对齐”工具将上下相切的两个圆对其幻灯片左右居中；

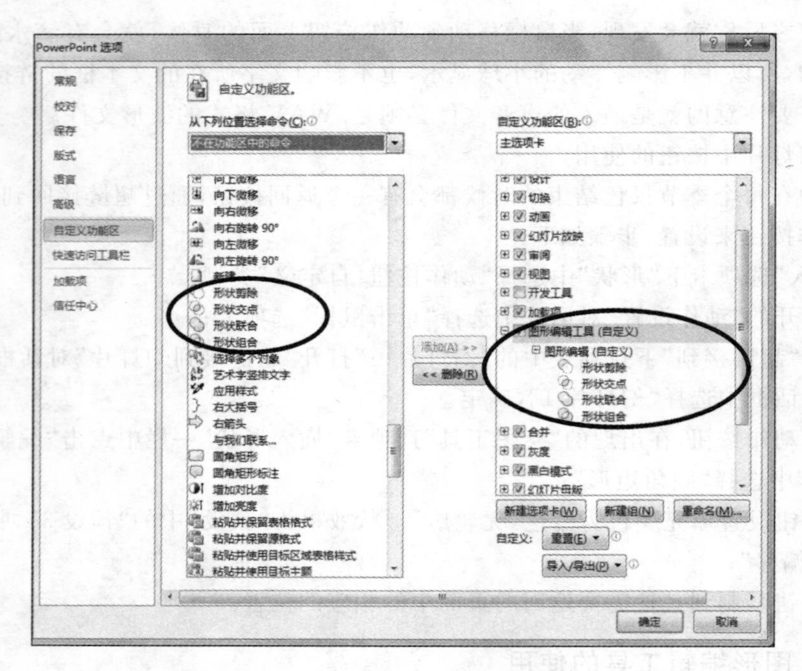

图 5-64　图形编辑工具功能区的添加

(8) 再利用“对齐”工具将左右相切的两个圆对其幻灯片上下居中；

(9) 勾选“视图”选项卡下的“参考线”，将两对相切的圆形移动成如图 5-65 所示的效果；

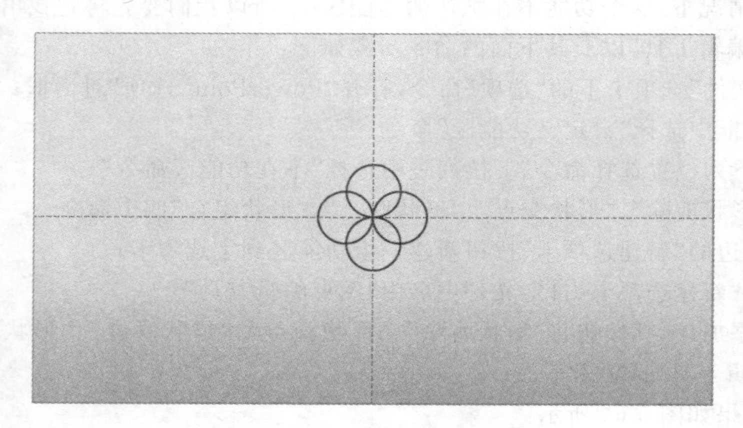

图 5-65　左上图标的绘制效果

(10) 选中四个圆形，选择“图形编辑工具”选项卡中“形状联合”命令，得到左上角图标；

(11) 更改轮廓颜色为黄色 RGB(255,255,0)，粗细为 2.25 磅；

(12) 春夏秋冬左上角图标填充颜色分别为 RGB(184,224,140)、RGB(255,51,51)、RGB(255,153,51)、RGB(166,166,166)。

(13) 春夏秋冬文字的颜色与第 1 张幻灯片中文字的颜色一致，最后效果如图 5-66 所示；

(14) 为左上角图标添加强调动画类型中的“陀螺旋”效果，持续时间为 1 秒，开始时间为“与上一动画同时”，其余参数默认。

图 5-66 春夏秋冬左上角图标

5.7.4 自选图形中曲线工具的使用

1. 写字效果的实现

本案例中的第 2、4、6、8 页中的写字效果是通过自选图形中的曲线实现的，以第 2 张幻灯片“春”为例，具体步骤如下：

(1) 新建一张幻灯片，单击右键，在版式中选择“空白版式”；

(2) 插入艺术字“春”，设置为华文新魏，220 磅；

(3) 填充颜色为白色，轮廓颜色为 RGB(255,153,51)，粗细为 3 磅；

(4) 放置在田字格的正中间；

(5) 选择“插入”选项卡中“形状”按钮下的“曲线”；

(6) 沿着艺术字“春”从第一笔开始描出每个笔画，按住 Alt 键更加容易定位描绘的每个顶点，如图 5-67 中“春”的第一笔。

图 5-67 “春”字的第一笔

(7) 每个笔画都要封闭，填充颜色为橙色 RGB(255,192,0)，无轮廓；

(8) 在每个需要拐弯的地方将笔画拆开。

(9) 将所有笔画选中，添加进入动画中的“擦除”效果，持续时间为 0.5 秒，开始时间为“上一动画之后”；

(10) 根据笔画开始的方向调整“效果选项”中的方向。

(11) “夏”、“秋”、“冬”类似，填充颜色分别为 RGB(119,147,60)、RGB(255,255,0)、RGB(85,142,213)；

2. 春夏秋冬拼音

本案例中的第 2、4、6、8 页中文字的汉语拼音，声调是用自选图形绘制的，也可以用矩形，拼音的颜色和春夏秋冬四季左上角图标的填充颜色一致，分别为：

春：RGB(184,224,140)；

夏：RGB(255,51,51)；

秋：RGB(255,153,51)；

冬：RGB(166,166,166)。

3. 第 3 张春天的景色

第 3 张是春季的景色，效果图如下图 5-68 所示。

太阳、云彩是应用形状中的爆炸形和云形填充相应的颜色而成，小鸟是图片，柳树、草地和花朵都是利用自选图形绘制的，主要是曲线工具的应用，可以根据自己的喜好来搭配颜色。

花朵的绘制过程如下图 5-69 所示，具体步骤如下：

图 5-68　第 3 张春天的景色

(1) 先用曲线工具绘制一片花瓣,填充两种颜色,无轮廓;

(2) 复制一片,垂直翻转,将两片花瓣组合形成一个整体;

(3) 再复制一份,向左或者向右旋转 90 度;

(4) 利用对齐工具对齐所选对象,左右居中、上下居中,将两个图形中心重合;

(5) 选中两个组合图形再组合成更大的整体;

(6) 复制一份,向右旋转 45 度;

(7) 利用对齐工具对齐所选对象,左右居中、上下居中,将两个图形中心重合;

(8) 将两个组合图形再组合成更大的图形;

(9) 复制一份,向右旋转 22.5 度;

(10) 利用对齐工具对齐所选对象,左右居中、上下居中,将两个图形中心重合,并组合成一个整体,得到花朵;

(11) 其他花朵只需要复制做好的花朵,更改颜色即可。

图 5-69　花朵的绘制过程

第 3 张对象的动画设置:

(1) 插入音频"阳光的温度.mp3",开始时间为"与上一动画同时";

(2) 太阳的动画为强调类型中的"放大/缩小"效果,尺寸为 250%,自动翻转,持续时间为 3 秒,计时中重复 3 次;

(3) 白云和小鸟动画都为路径动画,平滑开始和平滑结束都设置为 0 秒,自动翻转,持续时间为 5 秒,计时中选择"直到幻灯片末尾";

(4) 花朵动画是自由曲线绘制的路径动画,平滑开始和平滑结束都设置为 0 秒,自动翻转,持续时间为 5 秒,计时中选择"直到幻灯片末尾";

（5）再为花朵添加强调类型动画中的“陀螺旋”效果，持续时间为 2 秒，计时中选择“直到幻灯片末尾”。

4.第 5 张夏天的景色

第 5 张幻灯片中夏天的效果图如图 5-70 所示。

图 5-70 第 5 张夏天的景色

荷叶、荷花、水珠、水草、草地、树木都是利用自选图形绘制的，青蛙是图片“青蛙.jpg”通过删除背景得到的，可以根据自己的喜好来绘制和搭配颜色。

第 5 张对象的动画设置：

（1）插入音频“雨声.mp3”和“青蛙叫声.wav”，开始时间都为“与上一动画同时”。

（2）左边左上角的荷叶：强调类型中的“放大/缩小”效果，尺寸为 90%，自动翻转，持续时间为 1 秒，开始时间为“与上一动画同时”。

（3）左边小青蛙上面的荷叶：强调类型中的“跷跷板”效果，持续时间为 2 秒，开始时间为“与上一动画同时”。

（4）右边两朵荷叶：路径动画，上面的是“对角线向右下”，下面的是“对角线向右上”，持续时间都为 2 秒，平滑开始和平滑结束都设置为 0 秒。

（5）左边上面的荷花：进入类型中的“淡出”效果，持续时间为 2 秒，开始时间为“与上一动画同时”。

（6）左边下面荷花和右边的荷花：强调类型中的“放大/缩小”效果，尺寸为 90%，持续时间为 2 秒；强调类型中“跷跷板”效果，持续时间为 2 秒，开始时间都为“与上一动画同时”。

（7）雨线：路径动画中“自定义路径”，效果选项为“直线”，顺着雨的方向绘制一条贯穿整个演示文稿的直线，持续时间为 1 秒，平滑开始和平滑结束都设置为 0 秒，重复为“直到幻灯片末尾”，开始时间为“与上一动画同时”，适当调整每条雨线的延迟时间，打乱雨线开始的时间。

（8）水花：一大一小两个椭圆，进入动画类型中的“缩放”效果，效果选项为“对象中心”，持续时间为 1 秒；退出动画类型中的“基本缩放”效果，效果选项为“轻微放大”，持续时间为 1 秒；开始时间为“与上一动画同时”，适当调整每个水花进入和消失的延迟时间。

在下雨动画开始时间调整上，为了避免出现一阵一阵的雨，需要在一个循环时间之内都有开始路径的雨线，这样第一遍结束的雨可以和第二遍开始的雨接上，形成持续不断的雨。

水花进入类型动画的开始时间要在第一遍雨之后，消失类型动画开始的时间要在进入动画快结束的时候。

5. 第 7 张秋天的景色

第 7 张幻灯片中秋天的景色效果图如图 5-71 所示。

图 5-71　第 7 张秋天的景色

树枝和树叶都是通过自选图形绘制的。

背景的填充颜色为渐变填充，参数设置如下：

渐变光圈 1：颜色 RGB(255,255,0)，透明度为 0%，位置为 0%；

渐变光圈 2：颜色 RGB(128,61,6)，亮度为 58%，透明度为 30%，位置为 85%。

渐变类型为“射线”，方向为“中心辐射”。

第 7 张对象的动画设置：

(1) 插入音频“秋日私语. mp3”，开始时间都为“与上一动画同时”；

(2) 树叶的动画为退出类型中的“淡出”效果，持续时间为 1 秒，开始时间为“与上一动画同时”；

(3) 调整树叶退出动画的延迟时间，实现次第落下的效果。

6. 第 9 张冬天的景色

第 9 张幻灯片中冬天的景色效果图如图 5-72 所示。

图 5-72　第 9 张冬天的景色

雪地、雪人、脚印都是通过自选图形绘制的，梅花是插入的透明图片“梅花.png”，雪花的绘制可以参照本书中案例6“雪花飘”中的雪花。

第9张对象的动画设置：

(1) 插入音频“月光.mp3”，开始时间都为“与上一动画同时”；

(2) 雪花飘落的动画参照本书中的案例6。

(3) 脚印的进入动画为“出现”效果，开始时间为“与上一动画同时”，调整延迟时间，让脚印一个一个地出现；

(4) 脚印的退出动画为“淡出”效果，持续时间为2秒，开始时间为“与上一动画同时”，调整延迟时间，相对于相应脚印的出现时间稍后一点。

5.7.5 计时动画的理解

本案例中春夏秋冬四季的景色对象的动画较多，所以特别需要注意动画开始的时间和延迟时间的设置，再通过高级日程表调整，最终达到想要的效果。

5.7.6 幻灯片切换效果的设置

在案例4中我们介绍过幻灯片的切换方式有两种：

单击鼠标时：单击鼠标切换到下一张幻灯片，默认情况下处于勾选状态；

设置自动换片时间：设置自动切换到下一张幻灯片的时间。

当只有“单击鼠标时”处于选中状态时以单击鼠标为切换标准；当“设置自动换片时间”处于选中状态时以设置的时间为切换标准；当两者同时处于选中状态的时候以自动换片时间优先，动画的时间超过自动换片时间时，以动画时间为准；当两者都没有选中的时候可以通过超链接或者幻灯片左下角的工具来切换。

本案例中第1、3、5、7、9张的切换方式是两种切换方式都没有选中的情况，第3、5、7、9通过超链接来切换至第1张幻灯片。

【案例小结】

本案例中介绍了超链接的使用、动作按钮的灵活使用、图形编辑工具功能的添加和使用、利用曲线工具模仿写字效果、利用曲线工具绘制素材、计时动画的应用这些知识点，重点是超链接的理解和使用，动作按钮单击鼠标和鼠标移过时的应用。超链接的使用对我们控制文档结构起到了非常重要的作用。

【应用探索】

完成“春夏秋冬”案例的制作：

1. 设计制作基础母版、标题幻灯片母版和空白版式幻灯片母版。

2. 绘制标题幻灯片中浮动的小球，并添加动画，设置超链接，插入音频。

3. 利用自由曲线描绘“春、夏、秋、冬”四个字，并添加动画。

4. 绘制春天的景象，并为白云等对象添加动画，插入音频。

5. 绘制夏天的景象，并为荷叶，雨线、水花等对象添加动画，插入音频。

6. 绘制秋天的景象，为树叶添加动画，插入音频。

7. 绘制冬天的景象，为雪花、脚印添加动画，插入音频。

5.8 PowerPoint 2010 触发器——有趣的数字

【任务目标】

1. 学会设置幻灯片宽频效果；
2. 学会安装和使用新的字体；
3. 掌握图片的删除背景处理；
4. 学会使用选择窗格为对象命名；
5. 能够利用触发器实现交互放映动画效果；
6. 学会使用保存选项保存字体。

【职业引导】

很多时候在幻灯片中我们并不是只有顺序播放动画的需求，我们希望能够灵活地与幻灯片进行交互，随机地播放任意一个对象的动画，这就需要用到触发器功能。设置触发器的关键是对触发器含义的理解，哪个对象是触发器，哪个对象是被触发的，这时可以利用选择窗格给页面中的各个对象先命名，这样便于在设置中找到相应对象。在幻灯片中使用符合情境的字体能够增添演示文稿的生动性。

【知识技能】

5.8.1 宽频效果的设置

在早期版本的 PowerPoint 中，幻灯片的形状较方（显示大小比例为 4∶3）。PowerPoint 2010 提供了将幻灯片大小设置为宽屏（显示大小比例为 16∶9 和 16∶10）的功能。

1. PPT 宽屏演示之风席卷而来

目前世界上的许多电视、电脑和视频都已采用宽屏和高清格式，当使用宽屏液晶屏来播放 4∶3 显示比例的幻灯片时，幻灯片图像仅占有约 3/5 荧屏，左右两边约 2/5 荧屏空着，当使用宽屏液晶屏来播放宽屏的幻灯片时，幻灯片就会占满全部荧屏，使放映的幻灯片显得更加大气舒服。

目前主流的 PPT 宽屏格式分 2 种，分别是 16∶10 与 16∶9。

2. 宽频比例的确定

根据自己屏幕分辨率的多少来确定。在桌面上，右键选择“属性”，然后查看“设置”即可看到分辨率。

然后，可以计算目前的分辨率属于 16∶10 还是 16∶9。一般 14 寸的笔记本用 16∶10、13.9 寸的用 16∶9 不会产生黑边，其他的电脑屏幕可以根据这个办法确定。

3. 宽频的设置

本案例中将演示文稿设置为宽频(16：9)的格式。

(1) 点击“设计”标签,选择“页面设置”,打开“页面设置”对话框;

(2) 选择“幻灯片大小”下拉列表中的“全屏显示(16：9)”选项;

(3) 其他设置默认,点击“确定”按钮。

这时可以看到PPT变得扁平了,如果是已经做好的PPT,直接更改为宽频,再全屏放映时就可以看见,PPT虽然全屏显示了,但是会变形。

其实这种方式的本质是把页面直接做简单的拉升,所以原来的图像会有一定的变形。

5.8.2 安装和使用新字体

在演示文稿中,根据具体的情境我们需要不同的字体,Windows系统中自带的字体只是一些常用的,数量上比较少,适合PPT的更少,所以很多时候我们需要自己下载一些字体,并安装在系统中,这样给演示文稿才能使用。

1. 安装新的字体

以本案例为例子,我们需要使用“方正少儿简体”和“方正卡通简体”两种字体,首先将这两种字体安装。

和Word中安装新字体的方法类似,但注意先要关闭所有的演示文稿程序,两种方法:

一是将字体文件复制到系统文件夹C:\Windows\fonts文件夹中;

二是直接双击打开字体文件,点击“安装”按钮。

5.8.3 图片删除背景处理

本案例中有许多图片都需要做删除背景处理,以母版的设计为例讲解如何删除背景。

1. 母板的设计制作

(1) 新建空白演示文稿,进入幻灯片母板视图;

(2) 基础母板背景设置为纯色填充,颜色值为RGB(171,108,67);

(3) 在基础母板中插入一个缺角矩形,稍作变形,纯色填充,颜色值为RGB(244,225,197);

(4) 将标题样式设置为“方正少儿简体”,36号字;

(5) 在基础母板的左下角和右上角分别插入两张图片;

插入的两张图片都是由“背景角落图案.jpg”经过简单的处理得来的,具体处理如下:

插入“背景角落图案.jpg”图片,双击进入图片编辑模式,单击“删除背景”命令,此时图片进入背景编辑状态,幻灯片会默认选择其中一部分(粉红色区域是被删除的部分),拖动选择框,放大或缩小选择范围,再利用“标记要保留的区域”和“标记要删除的区域”工具保留或删除图片上的区域,精细地定位所需要的部分,最后单击“保留更改”按钮确定,如图5-73所示。

调整图片大小放置在母版的左下角。

插入图片“背景角落图案参考.jpg”,双击进入图片编辑模式,删除背景,留下右上角的图片上的图案,并放在母版的右上角。

(6) 最后母版的效果如图5-74所示。

图 5-73　基础母版左下角图片背景删除

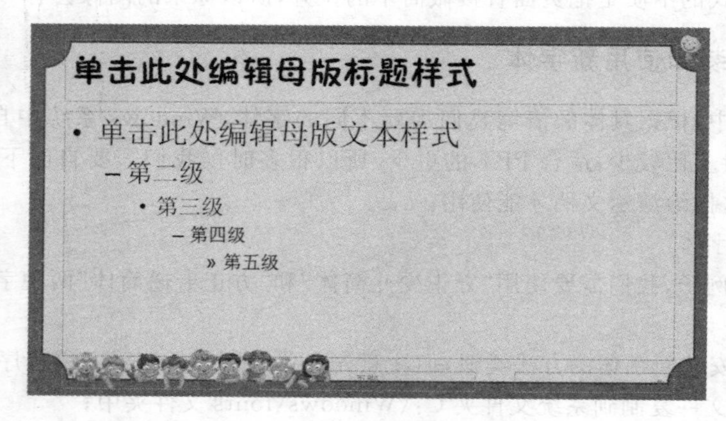

图 5-74　基础母版最终效果图

2. 标题幻灯片的制作

标题文字的制作过程：

(1) 在标题幻灯片中插入折角形和矩形两种形状，为了保证插入的图形为正折角形和正方形，在绘制的过程中按住 Shift 键辅助。

(2) 双击各个形状，进入格式设置选项卡，选择“形状样式”中“主题填充”第三行的样式。

(3) 在各个形状上单击右键，写上相应的文字，并设置字体为“方正少儿简体”，黑色，48 号字。

(4) 选中所有的形状，添加进入动画的“淡出”效果，持续时间为 0.5 秒，开始时间为“与上一动画同时”；

(5) 保持所有形状的选中状态，单击“动画”选项卡中的“添加动画”按钮，为所有形状继续添加强调动画的“脉冲”效果，持续时间为 0.5 秒，开始时间为“与上一动画同时”；

(6) 用鼠标拖动第 1 条“脉冲”动画条目，移至第 1 条“淡出”动画条目的后面，后面的依次同理，将相应动画条目穿插进去，从第 2 个形状开始依次往后延迟 0.5 秒、1 秒、1.5 秒、2 秒。

5.8.4　使用选择窗格为对象命名

为了能够分清楚每张动物图片的动画，在设置触发器之前我们需要为幻灯片中的对象命名。

选择“开始”选项卡，在“编辑”区选择“选择”下拉菜单中的“选择窗格”，打开“选择和可见性”窗格，单击幻灯片中的动物图片，“选择和可见性”窗格中相应的条目会呈现选中状态，双击相应条目为其命名，如图 5-75 所示。

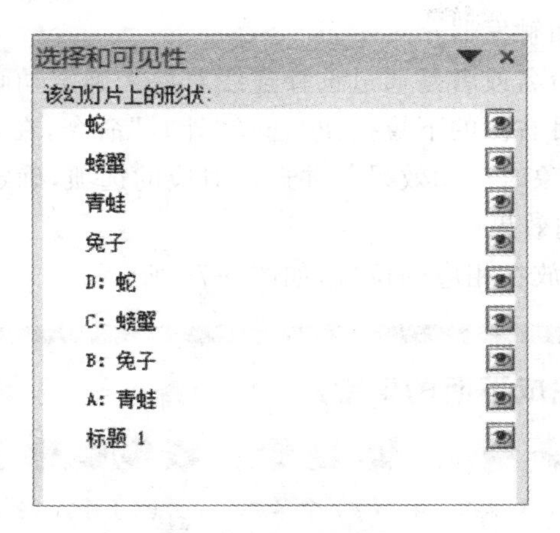

图 5-75 选择窗格命名

5.8.5 触发器实现交互放映动画

1. 触发器的含义

要设置触发器,我们先要来看看什么是触发器?

触发器相当于是一个开关,先想象一下我们开关灯的过程:打开或者关闭开关会触发灯亮或者灯灭。在这个选择题中,每个选项就相当于是一个开关,我们点击相应的选项就像在触碰开关,会触发选项旁边的动物出现,每个选项就是它旁边动物出现动画的开关,即触发器。

2. 触发器的设置

本案例中第 2~6 页幻灯片的各种效果都是利用触发器实现的,下面分别介绍。

(1) 第 2 张中的选择题效果

先输入题目和各个选项,相应的选项旁边插入对应的动物图片,如何实现选择选项后告知答案呢?

图片插入后需要经过简单的背景删除处理。

先为每个动物图片添加进入动画中的"出现"效果,持续时间为 1 秒,开始时间为"单击时"。

如果只是这样,单击任何地方动物图片都会出现,所以我们接下来要为每个动物图片的出现设置触发器,也就是开关,使得单击特定的对象才能触发动物图片的进入效果。

单击相应动物图片动画条目右侧的下拉按钮,选择"计时"命令,在"计时"选项卡中点击"触发器"按钮,选择"单击下列对象时启动效果",并选择对应的选项,确定。

图片出现时的声音效果是在动画条目右侧下拉按钮"效果选项"命令的"效果"中设置的,点击"效果"选项卡中"声音"右侧的按钮,选择相应的声音,除了螃蟹是鼓掌,其他的是捶打。

(2) 第 3 张中的连线题效果

利用"背景删除"命令将各个水果素材准备好,输入题目和各个水果名称,水果名称的字体都为方正少儿简体,依次排开,将水果图片在下方依次排开,利用触发器实现连线。

当点击某个水果名称的时候,连线会自动找到正确的水果图片,可见每个水果名称就是对应连线的触发器(可以看作开关)。

为所有连线添加进入动画中的"擦除"动画效果,方向为"自左侧",持续时间为 0.5 秒,开始时间为"单击时"。

为连线的进入动画添加触发器：

可以通过给每个连线命名或者是通过选择连线对象来确定动画窗格中与其对应的动画。

单击相应连线动画条目右侧的下拉按钮，选择“计时”命令，在“计时”选项卡中点击“触发器”按钮，选择“单击下列对象时启动效果”，并选择对应的选项，确定。

(3) 第 4 张中的填空题效果

将基本的素材准备好，放在相应的位置，如图 5-76 所示。

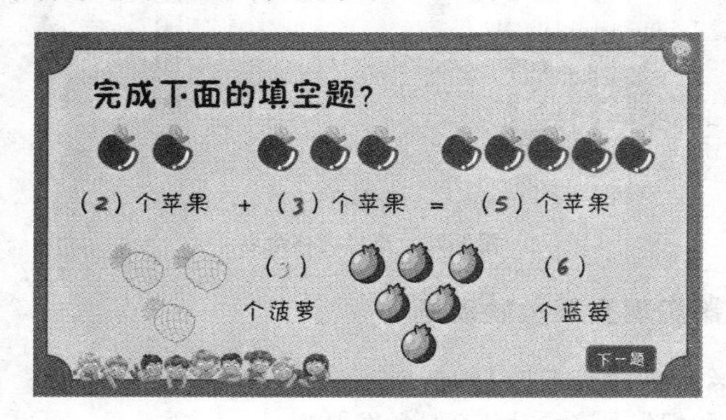

图 5-76 第 4 页素材分布图

在每一个括号的中间插入一个文本框，将正确的数字写在文本框中，设置字体和文字颜色，并添加进入动画中的“出现”效果，开始时间为“单击时”。

再在每一个括号的上面插入一个矩形框，盖住括号和文字，设置矩形无填充色，无轮廓。

利用选择窗格为透明矩形框命名，分别为“2 个苹果”、“3 个苹果”、“5 个苹果”、“3 个菠萝”、“6 个蓝莓”。

单击透明矩形框的时候会触发对应括号中的文字出现，透明矩形框即是触发器。

单击相应文字动画条目右侧的下拉按钮，选择“计时”命令，在“计时”选项卡中点击“触发器”按钮，选择“单击下列对象时启动效果”，并选择对应的选项，确定。

(4) 第 5 张中的点小图看大图效果

将图片“水果 2.jpg”中的每个水果都处理成下图 5-77 所示的样式：一个小图，一个大图加文字组合。

将素材分布在幻灯片中，位置如图 5-78 所示。

图 5-77 第 5 页素材样式

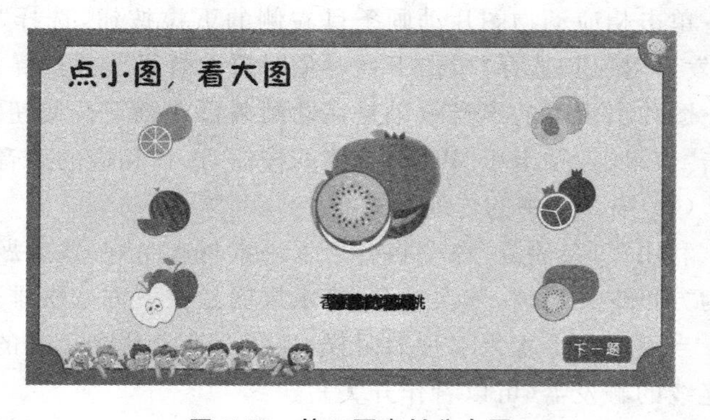

图 5-78 第 5 页素材分布图

为所有的小图和大图利用选择窗格命名，以橘子为例，小图命名为“橘子”，大图命名为“橘子大图”。

先为所有的大图添加退出动画中的“消失”效果，开始时间为“与上一动画同时”，达到一开始看不见大图的效果。

要实现点小图看大图的功能，先要弄清楚谁是触发器，大图的出现动画由小图来触发，可见小图是大图动画的触发器。

所以要先给所有的大图添加进入动画中的“出现”效果，开始时间为“单击时”，单击相应为大图的动画条目右侧的下拉按钮，选择“计时”命令，在“计时”选项卡中点击“触发器”按钮，选择“单击下列对象时启动效果”，并选择对应的选项，确定。

这时你会发现，虽然每个大图的出现由小图来控制，但是一旦大图出现了，它就不会消失，会影响其他的大图出现，所以我们还要在某个大图出现的时候让其他大图消失，例如在点击橘子小图的时候，橘子大图会出现，其他水果的大图都消失。也就是说橘子小图不仅是橘子大图的触发器，也是其他水果大图消失的触发器。

这时我们可以用一种简单的方法来设置其他水果消失的触发器，先为其他水果大图添加退出动画中的“消失”效果，开始时间为“单击时”，将这些退出动画条目采用按住鼠标左键拖动的方式拖放至“触发器：橘子”下面即可，如图 5-79 所示。其他的水果类似。

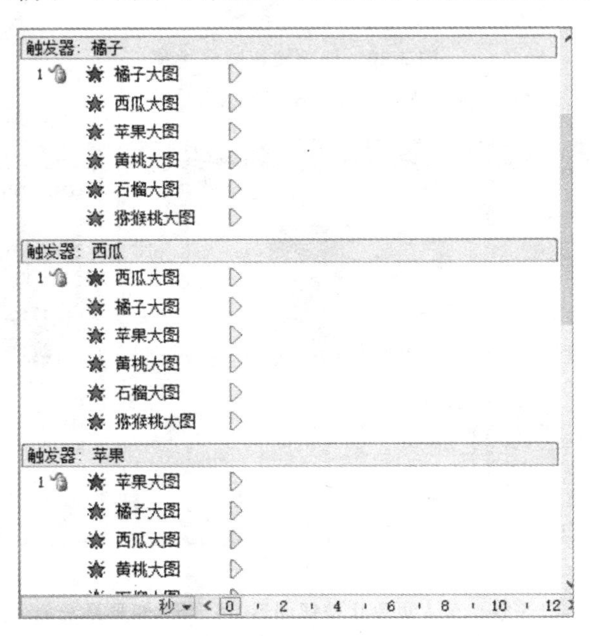

图 5-79　第 5 页触发器动画设置

(5) 第 6 张中的控制视频播放效果

前面的案例中讲过 PPT 可以插入视频，但是有格式限制，例如 MP4 格式和 FLV 格式就不能直接插入，要安装了 Quick Time 和 Adobe Flash 播放器，PowerPoint 2010 才支持 Quick Time(. MOV、. MP4)和 Adobe Flash (. SWF)文件。

① 转换视频格式

网站上下载的通常是 MP4 和 FLV 格式的视频，我们可以采用软件转换为 PowerPoint

2010 中常用的.AVI 和.WMV 格式的视频，今天我们介绍一款软件，软件的名字叫格式工厂。

先利用格式工厂将视频“好饿的毛毛虫.mp4 ”转换为“好饿的毛毛虫.avi”，软件的使用方法此处略。

② 设置视频播放、暂停、停止触发器

插入视频后，下面会出现一个播放进度条，可以方便地控制视频的播放和暂停，还可以通过拖动鼠标的方式调整播放进度，后面的声音按钮可以调整播放的声音大小，这些都是 PowerPoint 2010 新增的功能，只是不能停止视频的播放，我们可以自己添加触发器来控制视频的播放、暂停和停止。

为视频设置格式中的“中等复杂框架”，“黑色”，使得看起来不那么单调。

插入图片“按钮参考.jpg”，删除背景得到播放和暂停两个按钮，然后利用自选图形制作停止按钮，图 5-80 所示为制作过程。

图 5-80　停止按钮制作过程

圆形、月牙形和矩形的颜色值分别如图 5-81 所示。

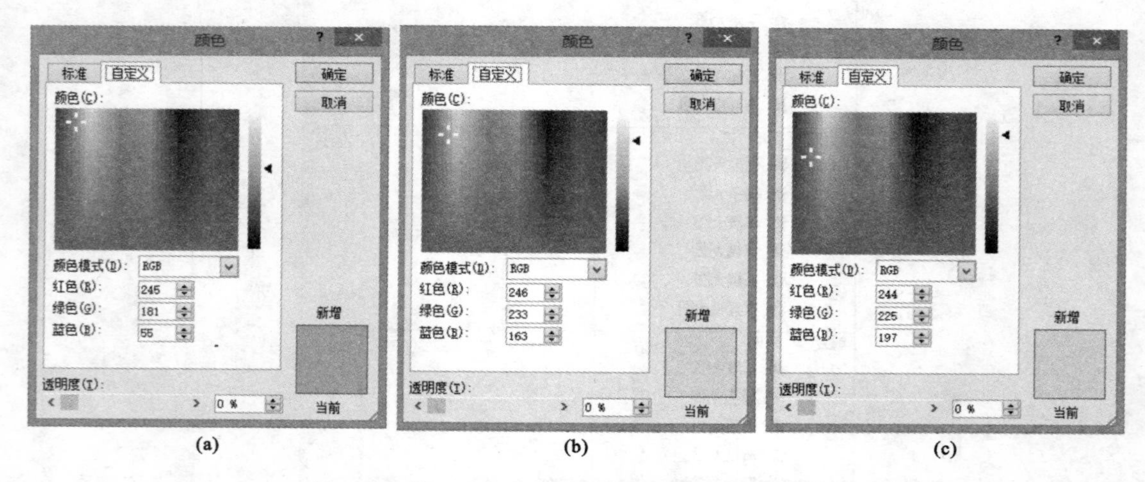

(a)　(b)　(c)

图 5-81　第 6 页停止按钮圆形、月牙形、矩形颜色值

(a) 圆形颜色值；(b) 月牙颜色值；(c) 矩形颜色值

利用选择窗格为三个按钮命名，分别为“播放”、“暂停”和“停止”。

选中插入的视频，在“动画”选项卡下可以看到播放、暂停和停止动画，分别为视频添加这三个动画，开始时间都是“单击时”。注意第二个动画需要点击“添加动画”按钮来添加，否则会替换之前的动画。

单击播放动画条目右侧的下拉按钮，选择“计时”命令，在“计时”选项卡中点击“触发器”按钮，选择“单击下列对象时启动效果”，并选择播放按钮，确定。

暂停和停止动画设置触发器为暂停按钮和停止按钮，设置方法类似。

3. 控制幻灯片切换

虽然通过触发器控制了幻灯片中对象的动画，只有单击触发器的时候才能触发相应对象的动画，但是如果单击幻灯片其他地方则会导致幻灯片切换到下一张，解决的办法如下：

(1) “切换”选项卡中将“换片方式”中两种方式都取消；

(2) 在第1张插入“形状”中选择“动作按钮：自定义”；

(3) 绘制自定义按钮，“单击鼠标时”超链接到下一张幻灯片；

(4) 双击自定义按钮，打开“绘图工具 格式”选项卡；

(5) 点击“编辑形状”按钮，在下拉列表“更改形状”中选择“箭头”；

(6) 第2张幻灯片插入自定义按钮，“单击鼠标时”时超链接到下一张；

(7) 双击自定义按钮更改形状为“圆角矩形”；

(8) 复制第2张自定义按钮到第3、4、5、6张；

(9) 选中第6张幻灯片自定义按钮，单击右键，选择“编辑超链接”命令打开“动作设置”对话框，更改“超链接到”参数为“结束放映”。

5.8.6 使用保存选项保存字体

在编辑演示文稿的时候我们提倡边做边保存，普通的保存默认是没有保存使用的新字体的，因新字体不在常用的系统字体中，在没有新字体的电脑上演示文稿便不能正常地显示，如果要正确显示，则需要通过保存选项实现。

具体设置如下：

(1) 选择“文件”选项卡中的“另存为”命令，打开“另存为”对话框；

(2) 点击“保存”按钮的左边的“工具”按钮打开下拉菜单；

(3) 在下拉菜单中选择“保存选项…”命令；

(4) 在打开的对话框下面勾选“将字体嵌入文件”一项，如图5-82所示。

如果选择第一个则只会保存演示文稿中用到的新字体，如果选择第二个则会保存新字体的所有字符。

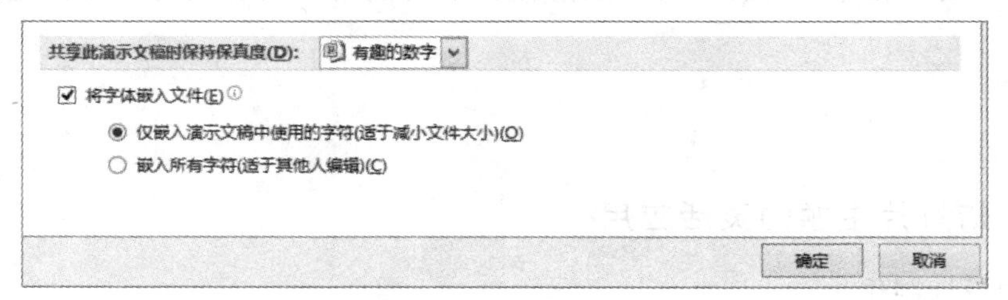

图5-82 保存选项

【案例小结】

本案例中介绍了宽频的设置、图片的处理、选择窗格的使用、触发器的设置，关键的知识点是触发器，利用触发器我们可以很好地与演示文稿交互，实现灵活控制对象动画的目的。无论是选择题、连线题、填空题还是点小图看大图、视频控制，只要掌握了触发器的原理，就会变得非常简单了。

【应用探索】

完成“有趣的数字”案例的制作：

1. 设置宽频的效果，显示比例为16∶9；
2. 安装“方正少儿简体”和“方正卡通简体”两种字体；
3. 利用删除背景方法处理案例中用到的所有图片；
4. 使用选择窗格为幻灯片中需要的对象命名；
5. 插入视频文件“好饿的毛毛虫. avi”；
6. 利用触发器制作案例中的选择题、连线题、填空题、点小图看大图和视频的播放控制；
7. 使用保存选项保存字体。

5.9 PowerPoint 2010——猜猜我有多爱你

【任务目标】

1. 掌握幻灯片主题的灵活应用；
2. 进一步熟悉图片的处理；
3. 学会安装和使用外部插件；
4. 巩固选择窗格的使用；
5. 巩固音频的裁剪。

【职业引导】

PowerPoint 2010 中有一些动画效果被隐藏起来了，例如进入动画中的滑翔、伸展、颜色打字机，退出动画中的层叠，强调动画中的彩色波纹等，如果要使用这些动画，需要安装外部插件，字体的安装和保存、图片的处理、选择窗格的使用以及音频的剪裁都是一些常用的知识。

【知识技能】

5.9.1 幻灯片主题的灵活应用

1. 母版的设计制作

通过“设计”选项卡设置幻灯片大小为全频显示(16∶9)；在“设计”选项卡中选择主题“夏季”，并应用到所有幻灯片。

点击“视图”选项卡，在“母版视图”中选择“幻灯片母版”进入母版视图。

(1) 基础母版的设计

“设计”选项卡中的主题可以通过右边的“颜色”、“字体”、“效果”按钮来改变搭配的色彩和字体，就像衣服的款式和颜色一样，同一款衣服可以有很多种颜色和配饰可以搭配。

而且在母版中我们可以编辑背景的颜色和背景上的对象，例如本案例的背景上有很多圆圈，大大小小、朦朦胧胧，为了增添活泼感，我们可以为这些对象添加动画。

步骤如下：

① 选择基础母版背景中或大大小小或朦朦胧胧的一些圆；

② 设置动画为强调类型中的“放大/缩小”，持续时间为 2 秒，开始时间为“与上一动画同时”，尺寸为 150%，自动翻转；

③ 设置计时中的重复为“直到幻灯片末尾”；

④ 通过“高级日程表”调整延迟时间，打乱动画播放的时间。

(2) 标题母版的设计

标题母版中自选图形的树枝部分是根据图片“卡通 PPT 背景模板.jpg”描绘出来的，树枝上面添加上五彩斑斓的心形，绘制完成后组合，放置在相应的位置，如图 5-83 所示。

图 5-83 标题母版背景效果

心形动画添加步骤如下：

① 取消组合，并选择所有的心形；

② 添加强调类型动画中的“补色”效果，持续时间为 0.5 秒，开始时间为“与上一动画同时”，计时中重复设置为“4”次；

③ 通过“高级日程表”调整延迟时间，打乱动画播放的时间。

(3) 空白版式母版的设计

在空白版式母版插入竖排文本框，录入标题“猜猜我有多爱你”，方正少儿简体，24 号，白色，放置在页面左边。

自选图形制作步骤：

① 复制标题母版中的自选图形；

② 双击自选图形，在“格式”中点击“旋转”，选择“水平翻转”命令；

③ 调整大小，放置在合适的位置；

④ 单击右键，选择“编辑顶点”命令，延长右边的部分；

2. 字体的安装和保存

本案例中需要安装两种字体：“方正少儿简体”和“方正卡通简体”。

在所有的演示文稿程序关闭的情况下，双击字体文件，点击上面的“安装”按钮完成字体的安装。

在最后保存的时候通过保存选项选择“将字体嵌入文件”下的“嵌入所有字符”，这样在其他没有安装这两种字体的电脑上播放演示文稿的时候也能正确地显示。

5.9.2 图片的处理

本案例是利用绘本图片制作的翻书效果，利用幻灯片中简单的图片处理功能可以方便得到想要的素材。例如第 1 页的素材，我们运用删除背景命令，只留下需要的部分，如图 5-84 所示。

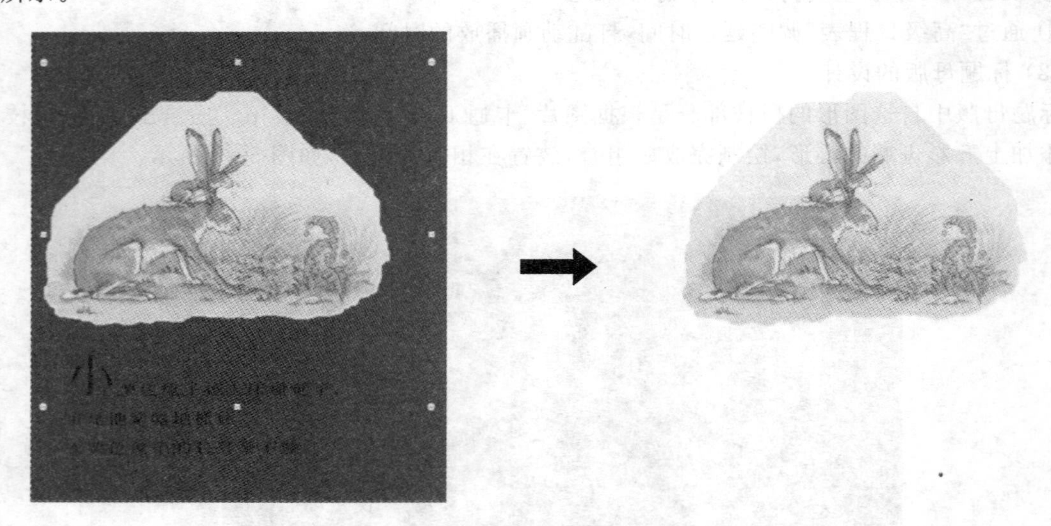

图 5-84 第 1 页的绘本素材

作为书本的一页，当然不能只是得到以上的素材，还需要有页面，如图 5-85 所示是第 1 页的书本页面。

图 5-85 第 1 页书本页面

书本页面是利用自选图形中的曲线工具绘制的，可以参照“书页.png”图片绘制，具体的组成为：图 5-85 左边为自选图形，将图 5-85 左边的自选图形水平翻转后得到右边图形，左右两边组合，并将左边设置为无填充色，无轮廓。

自选图形填充颜色为 RGB(244,243,212),轮廓颜色为 RGB(255,204,102),粗细为 4.5 磅。填充颜色和绘本图片填充颜色一致,可以利用软件“取色器”来获取。

5.9.3 安装和使用外部插件

1. 安装“动画补缺”插件

默认情况下 PowerPoint 2010 有些动画被隐藏起来了,我们要先安装动画补缺插件才能使用。

先下载“动画补缺插件”安装文件,然后进行安装,安装完成后在 PowerPoint 2010 的功能区会多出一个“加载项”选项卡,下面有“动画补缺”按钮,点击就可以打开“动画补缺”对话框,如图 5-86 所示。

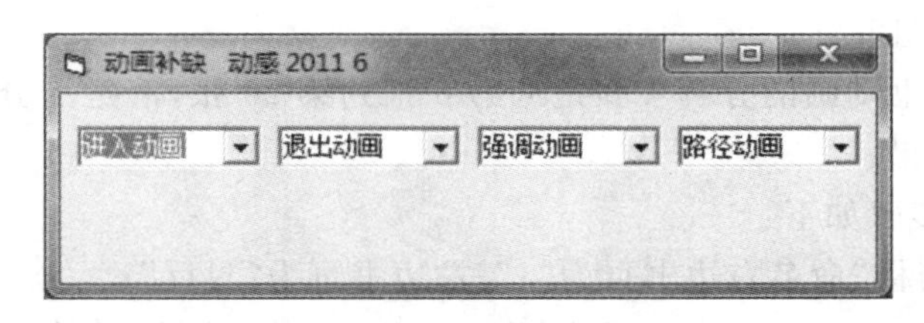

图 5-86 动画补缺对话框

2. 标题幻灯片

标题“猜猜我有多爱你”为方正少儿简体,36 磅,白色。

副标题“手绘本”为方正少儿简体,22 磅,RGB(255,202,102)。

插入音频“告别小苏西. mp3”,设置开始时间为“与上一动画同时”,效果选项中“从头开始”,在“第 4 张幻灯片后”结束。

标题“猜猜我有多爱你”的进入动画用的是“滑翔”和“颜色打字机”,需要使用“动画补缺”中的动画,步骤如下:

(1) 选中“猜猜我有多爱你”,单击“加载项”选项卡下的“动画补缺”按钮;

(2) 在打开的对话框中选择“进入动画”下拉菜单中的“滑翔”,右边会出现相应的动画条目;

(3) 设置动画开始的时间为“与上一动画同时”,持续时间为 0.5 秒,在“效果选项”中选择“风铃. wav”声音;

(4) 继续选中标题“猜猜我有多爱你”,添加“动画补缺”中的进入类型动画“颜色打字机”效果;

(5) 设置“颜色打字机”效果持续时间为 0.5 秒,延迟时间为 1 秒,“效果选项”中首选颜色 RGB(196,215,63),辅助颜色为 RGB(254,221,120),按 50%字母之间延迟百分比;

3. 第 2 张幻灯片

两段话文字都为方正少儿简体,28 磅,白色,文本效果为“发光”,光的颜色为酸橙色,8 pt。

每段话有两个进入动画,分别为“缓慢进入”和“淡出”,其中“缓慢进入”在补缺动画中,动画参数设置如下:

“缓慢进入”持续时间为 8 秒,效果选项中“方向”为“自底部”;

“淡出”持续时间为 8 秒,其他参数默认。

通过给第二段话的进入动画设置延迟时间来达到前后出现的效果。

4. 第 3 张幻灯片

插入“封面”图片，设置“图片工具格式”中的“矩形投射”效果。

插入音频“猜猜我有多爱你.mp3”，设置开始时间为“与上一动画同时”，效果选项中“从头开始”，在“当前幻灯片之后”结束。

选中小喇叭，单击右键，选择“剪裁音频”命令打开“剪裁音频”对话框，设置开始时间为 0 秒，结束时间为 5.8 秒。或者直接插入利用格式工厂裁剪好的音频“故事名.mp3”。

用自选图形绘制一个箭头，编辑文本“进入故事”，超链接到第 4 张。

5.9.4 使用选择窗格命名对象

为了避免混淆，在做翻书动画之前利用“选择窗格”为对象命名。

1. 第 6～20 张幻灯片

第 4 张幻灯片翻书动画的分解步骤是从第 6 张到第 20 张，清楚了分解动画，再合在一起就有了最终的翻书效果。

以第 6 张为例，步骤如下：

(1) 利用“选择窗格”命名右边书页为“1”，左边书页为“封反”；

(2) 第 1 页添加“动画补缺”中的退出类型动画 “层叠”效果，开始时间为“与上一动画同时”，效果选项中方向为“到左侧”；

(3) 封反添加退出动画中的“擦除”效果，开始时间为“与上一动画同时”，延迟 0.1 秒，效果选项中方向为“自右侧”，置于底层；

(4) 为两个动画添加触发器第“1”页（右边书页），达到点击右边书页的时候才触发动画。

第 7～20 张动画类似第 6 张，注意左右书页的层叠关系（左边在下面）。

2. 第 4 张幻灯片翻书动画

依次将第 6～20 张幻灯片中对象复制到第 4 张，步骤如下：

(1) 将第 6 张的对象复制到第 4 张；

(2) 将第 7 张的对象复制到第 4 张，先将右边书页置于底层，再将左边书页置于底层；

(3) 依次将第 8～20 张的对象复制到第 4 张，每次先将右边书页置于底层，再将左边书页置于底层；

(4) 最后将“封底.jpg”放在书本左边，并置于底层。

由于之前为对象命名了，所以在第 4 页动画窗格中虽然有很多动画条目，但并不会混淆。

最后绘制一个自选图形，编辑文本“动画分解”，超链接到第 5 张。

5.9.5 音频的裁剪

将“猜猜我有多爱你.mp3”利用格式工厂依据每页的故事剪裁成一段一段的音频，然后添加相应的触发器。

“开始.mp3”音频不需要触发器，“1.mp3”触发器为第 1 页，依次类推，一直到“27.mp3”，将音频放在触发器动画条目的第一条。

【注意】 如果将“猜猜我有多爱你.mp3”整个插入再裁剪，要插入多次，占用的空间太大。

触发器控制的改进地方：

你也许会发现虽然有触发器控制每段音频的开始，却没有控制停止，如果某一页音频没有结束就翻页,会听到两段音频,继续翻页会听到更多段的音频,要解决这个问题可以在某段音频的触发器下添加前面所有音频的停止动画。

【案例小结】

本案例的重点为动画补缺插件的安装和应用,还综合了幻灯片母版的应用、图片的处理、选择窗格的应用、触发器的应用、音频的裁剪等相关知识点,是一个综合性比较强的案例。

【应用探索】

完成"猜猜我有多爱你"案例的制作:

1. 幻灯片母版的设计制作;
2. 安装动画补缺插件,并为第 1、2 张幻灯片添加动画;
3. 制作书本每页的素材;
4. 制作翻书效果的分解动画,并添加触发器;
5. 将分解动画合在一张幻灯片中;
6. 裁剪音频"猜猜我有多爱你.mp3",并设置对应的触发器。

5.10 PowerPoint 2010——新春联欢会

【任务目标】

1. 掌握幻灯片中时钟效果的设置;
2. 掌握幻灯片中遮罩效果的设置;
3. 掌握幻灯片中倒计时效果的设置;
4. 掌握剪贴画的再编辑;
5. 会根据需要选择幻灯片的放映方式。

【职业引导】

演示文稿中我们可以做一些有创意的小动画,增加幻灯片观赏的生动性和趣味性;幻灯片提供的剪贴画可以转换成图形对象,通过取消组合可以直接得到很多自选图形素材;我们可以根据自己的需要设置幻灯片的放映方式,比如循环播放、放映时加不加旁白、放映时加不加动画、窗口放映还是全屏幕放映等,还可以自己选择一部分要放映的幻灯片。

【知识技能】

5.10.1 时钟效果的设置

1. 素材的准备

钟面是通过"闹钟.jpg"先删除背景得到如图 5-87 中间的效果,再用画图程序进一步处理,将钟面上指针删除后造成的不同颜色修正。

 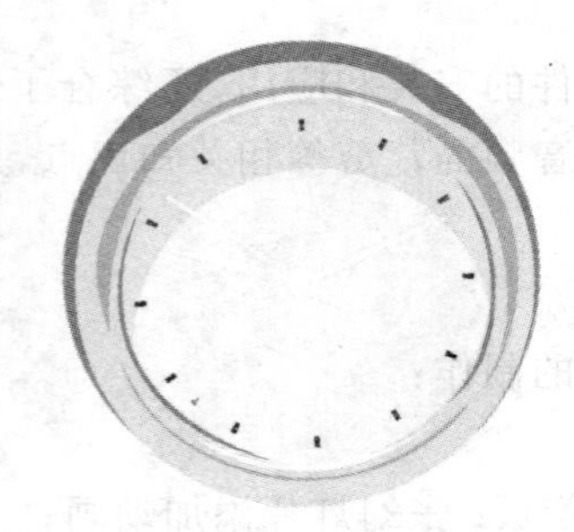 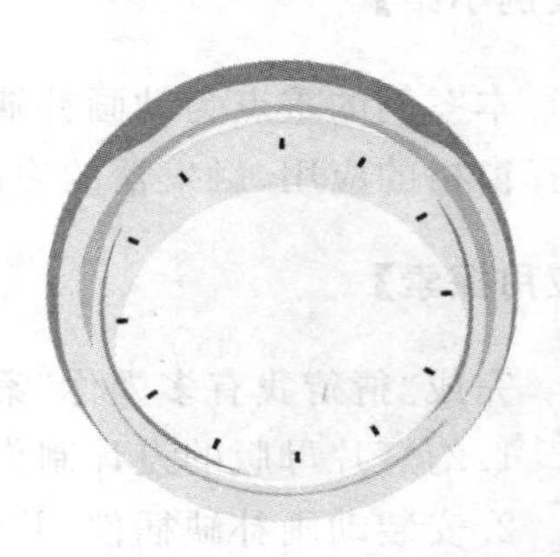

图 5-87　钟面的处理过程

指针通过自选图形绘制，时针、分针和表盘中间的固定点可以组合，但秒针因为要添加动画，所以不能组合。

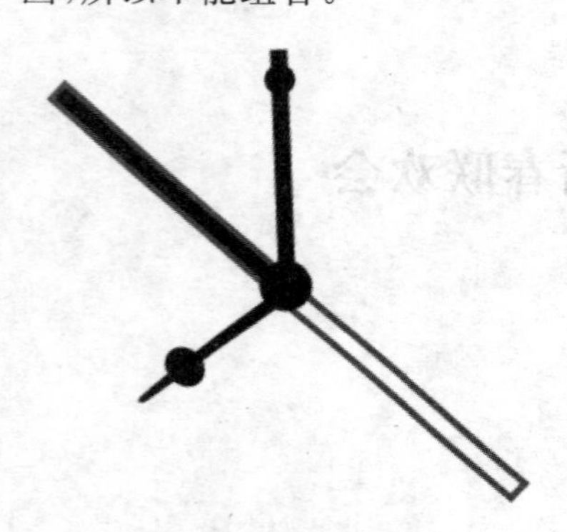

图 5-88　时钟指针

秒针添加的是强调类型动画中的“陀螺旋”效果，由于陀螺旋是以对象的中心为旋转点的，而秒针要围绕着指针底端旋转，所以需要将秒针复制一份，旋转 180 度，与原来的秒针底端紧邻，组合成一个整体，再将复制的秒针设置为无填充色，无轮廓。从图 5-88 中秒针组合图形的轮廓可以看出秒针的组成部分。

2. 动画设置

秒针动画：强调类型“陀螺旋”效果，开始时间为“与上一动画同时”，持续时间为 7 秒，顺时针旋转 45 度。

插入音频“时钟滴答声. mp3”，裁剪音频，持续 7 秒。

【技巧】　*可以设置其他的持续时间，根据时间计算旋转的角度，比如如果持续的是 10 秒，则需要旋转的就是一周的 1/6，即 60 度。*

【注意】　*在幻灯片中动画的持续时间最长是 59 秒，所以我们只能设置模拟的时钟效果，秒针的旋转可以真实呈现。*

5.10.2　遮罩效果的设置(第 2 张幻灯片)

1. 幻灯片切换效果

第 2 张幻灯片切换效果为“门”，切换持续时间为 3 秒，切换时声音为“布谷报时. wav”，切换时插入的声音文件只能是 WAV 格式的，如果有 MP3 格式的可以转换为 WAV 格式。

2. 幕布动画

第 2 张幻灯片中幕布动画为退出中的“飞出”效果，开始时间为“与上一动画同时”，持续时间为 5 秒，左边幕布飞出方向为“到左侧”，右边方向为“到右侧”，平滑开始和平滑结束都为 0 秒。

插入音频“新年好. mp3”，开始时间为“与上一动画同时”。

3. 遮罩效果

“新春联欢会”五个字开始是看不见的，因为文字颜色为黑色，和后面背景的颜色一致，要想看见，需要在背景和文字之间间隔一层颜色与黑色对比比较强烈的对象，罩着文字，就像光投射过去的效果，让以前被遮住的文字显示出来，因此称之为遮罩效果。

明白了原理，就比较简单了，本案例中白色的圆形就是背景与文字之间间隔的对象，它依次走过“新春联欢会”五个字，这样我们就看清楚了每个字。

白色正圆动画设置如下：

(1) 插入艺术字“新”，设置方正卡通简体，66 磅，填充和线条都为黑色；

(2) 复制艺术字，更改文字得到“春”、“联”、“欢”、“会”；

(3) 利用对齐工具中的“顶端对齐”、“横向分布”将文字放置在屏幕合适的位置；

(4) 绘制一个正圆，比艺术字稍大，填充为白色，无线条；

(5) 放在幻灯片屏幕的左侧，设置路径动画，“自定义路径”，效果选项中“直线”，终点放在第一个字“新”的大概正中间位置；

(6) 路径持续时间为 6 秒，平滑开始 3 秒，平滑结束 3 秒，开始时间为“与上一动画同时”，延迟 2.5 秒；

(7) 继续为正圆添加路径动画，起点为“新”的中间，终点落在“春”的中间，持续时间为 2 秒，平滑开始 1 秒，平滑结束 1 秒，开始时间为“与上一动画同时”，延迟 8.5 秒；

(8) 依次类推，绘制“春”到“联”、“联”到“欢”、“欢”到“会”的路径，持续时间为 2 秒，平滑开始 1 秒，平滑结束 1 秒，开始时间为“与上一动画同时”，延迟时间分别为 10.5 秒、12.5 秒、14.5 秒；

(9) 最后为正圆添加退出动画中的“消失”效果，持续时间 0.5 秒，开始时间为“与上一动画同时”，延迟时间分别为 16.5 秒。

4. 文字下面的彩色圆动画

在“新春联欢会”五个字的下面分别绘制一个正圆，并填充为彩色，用“选择窗格”为圆分别命名，设置动画：

(1) 同时选中五个圆，设置进入类型动画“淡出”效果，持续时间 2 秒，开始时间为“与上一动画同时”，延迟 18 秒；

(2) 同时选中五个圆，设置进入类型动画“浮入”效果，持续时间 1 秒，效果选项选择“上浮”，开始时间为“与上一动画同时”，延迟 18 秒；

(3) 同时选中五个圆，设置强调类型动画“脉冲”效果，持续时间 0.5 秒，开始时间为“与上一动画同时”，延迟 20 秒；

(4) 将相应圆的动画调整到一起。

节目单动画设置如下：

进入类型动画“淡出”效果，持续时间 2 秒，开始时间为“与上一动画同时”，延迟 22 秒。

5. 舞台下面的灯光

舞台下面的灯光是用自选图形绘制的，具体方法不再赘述。

动画效果设置如下：

(1) 进入类型动画“淡出”效果，持续时间 0.5 秒，开始时间为“与上一动画同时”，延迟 5 秒；

(2) 强调类型动画“脉冲”效果，持续时间 1 秒，开始时间为“与上一动画同时”，延迟时间设置比较灵活，不要超过 5 秒太长即可。

5.10.3 倒计时效果的设置(第3张幻灯片)

1.时钟效果

秒针动画为强调动画中“陀螺旋”效果,持续时间为59秒,开始时间为“与上一动画同时”,计时中设置重复为“直到幻灯片末尾”,延迟0秒。

音频“时钟滴答声.mp3”开始时间为“与上一动画同时”,延迟0秒。

2.倒计时效果

(1) 插入艺术字“10”,设置为“微软雅黑,199磅,红色,强调文字颜色2,粗糙棱台”;

(2) 添加进入动画“出现”效果,开始时间为“与上一动画同时”,延迟0秒;

(3) 添加退出动画“消失”效果,开始时间为“与上一动画同时”,延迟1秒;

(4) 复制艺术字“10”,改为“09”,对象“10”的动画也被复制;

(5) 修改“09”的进入动画延迟时间为1秒,消失时间为2秒(也就是“10”消失的时候“09”出现,“09”再多延迟1秒消失);

(6) 复制艺术字“09”,改为“08”,修改进入动画延迟时间为2秒,退出动画延迟时间为3秒;

(7) 复制“08”修改为“07”,进入延迟时间3秒,退出延迟时间4秒;

(8) 复制“07”修改为“06”,进入延迟时间4秒,退出延迟时间5秒;

(9) 复制“06”修改为“05”,进入延迟时间5秒,退出延迟时间6秒;

(10) 复制“05”修改为“04”,进入延迟时间6秒,退出延迟时间7秒;

(11) 复制“04”修改为“03”,进入延迟时间7秒,退出延迟时间8秒;

(12) 复制“03”修改为“02”,进入延迟时间8秒,退出延迟时间9秒;

(13) 复制“02”修改为“01”,进入延迟时间9秒,退出延迟时间10秒;

(14) 复制“01”修改为“00”,进入延迟时间10秒,退出延迟时间11秒。

动画条目如图5-89所示。

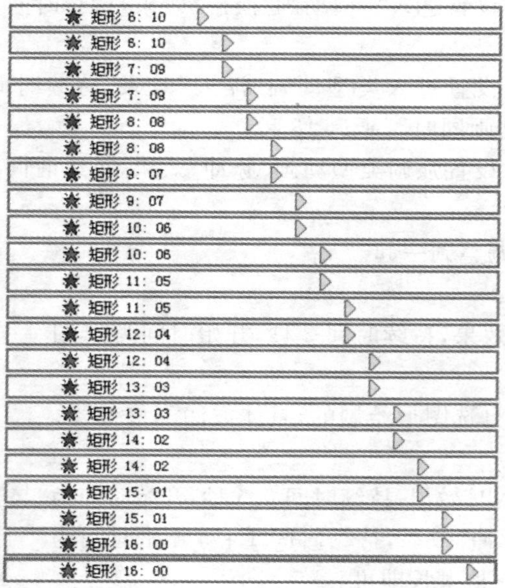

矩形 6: 10
矩形 6: 10
矩形 7: 09
矩形 7: 09
矩形 8: 08
矩形 8: 08
矩形 9: 07
矩形 9: 07
矩形 10: 06
矩形 10: 06
矩形 11: 05
矩形 11: 05
矩形 12: 04
矩形 12: 04
矩形 13: 03
矩形 13: 03
矩形 14: 02
矩形 14: 02
矩形 15: 01
矩形 15: 01
矩形 16: 00
矩形 16: 00

图5-89 倒计时效果动画条目

3."新年快乐"文字

进入动画中的"缩放"效果,开始时间为"与上一动画同时",持续时间为 0.5 秒,延迟 11 秒。

插入音频"新年好(结束).mp3",开始时间为"与上一动画同时",延迟 11 秒。

插入音频"烟花声.mp3",开始时间为"与上一动画同时",延迟 11 秒。

4.烟花效果

烟花动画关键是烟花爆炸的那一瞬间,用彩色的小球来实现,烟花升空时比较小,所以用另外一个对象来表现。

(1) 上升的烟花动画

黄色小圆添加路径动画,自定义路径,效果选项为"直线",开始时间为"与上一动画同时",持续时间为 1 秒,起点在幻灯片舞台外面,靠底部,终点在屏幕上烟花爆炸的位置,延迟时间等于或者长于 11 秒,通过延迟时间不同达到次第上升的效果。

在烟花爆炸的位置黄色小圆要消失,所以还要添加退出动画中的"消失"效果,开始时间为"与上一动画同时",延迟时间根据路径结束的时间来确定。

(2) 爆炸的烟花动画

彩色小球先出现,再消失,消失的同时向外扩散。

① 进入类型"出现"效果,开始时间"与上一动画同时",延迟时间和对应的黄色小圆消失的延迟时间一致。

② 强调类型"放大/缩小"效果,开始时间"与上一动画同时",尺寸为"500%"。

③ 退出类型"向外溶解"效果,开始时间为"与上一动画同时"。

5.10.4 剪贴画的再编辑(第 3 张幻灯片)

1.气球素材

气球是通过插入的剪贴画编辑而成的,步骤如下:

(1) 点击"插入"选项卡下面的"剪贴画"按钮打开剪贴画任务窗格;

(2) 在搜索框中输入"气球",点击"搜索";

(3) 点击出现的剪贴画,将其插入到幻灯片中;

(4) 选中插入的剪贴画,将其剪切;

(5) 点击"开始"选项卡下的"粘贴",选择"选择性粘贴…"打开"选择性粘贴"对话框;

(6) 选择粘贴为"图片(Windows 元文件)";

(7) 单击右键,取消组合,在弹出的对话框中选择"是",将其转换为图形文件;

(8) 再次取消组合,去掉其他的元素,只留下气球,并重新组合;

(9) 为气球设置形状效果为预设中的"预设 5",阴影效果参数设置如图 5-90 所示。

2.气球动画

路径动画,自定义路径,效果选项为"曲线",开始时间为"与上一动画同时",持续时间为 6 秒,起点在幻灯片舞台外面,靠底部,终点在幻灯片舞台外面,靠顶部。延迟时间不一致,次第飘过舞台。

3.舞台下面的灯光

动画和第 2 张一样,所以直接复制即可。

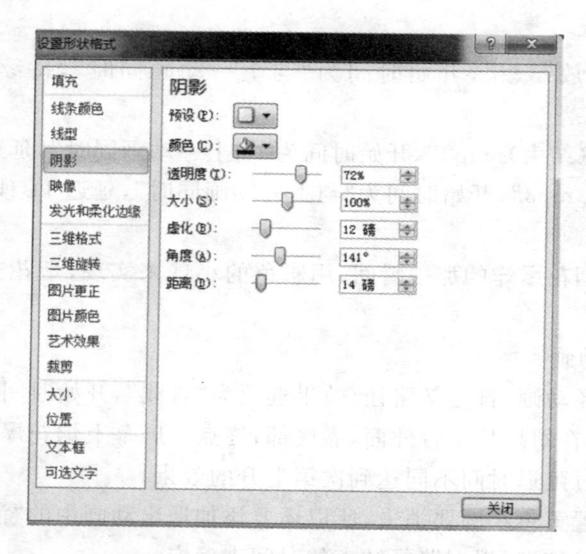

图 5-90　气球阴影效果设置参数

5.10.5　幻灯片放映方式

幻灯片的放映主要通过"设置放映方式"对话框来设置,"幻灯片放映"选项卡下点击"设置幻灯片放映"按钮可以打开。

1. 放映类型设置

(1) 演讲者放映

此选项是默认的放映方式。在这种放映方式下,幻灯片全屏放映,放映者有完全的控制权。例如可以控制放映停留的时间、暂停演示文稿放映,可以选择自动方式或者人工方式放映等。

(2) 观众自行放映

在这种放映方式下,幻灯片从窗口放映,并提供滚动条和"浏览"菜单,由观众选择要看的幻灯片。在放映时可以使用工具栏或菜单移动、复制、编辑、打印幻灯片。

(3) 在展台放映

在这种放映方式下,幻灯片全屏放映。每次放映完毕后,自动反复,循环放映。除了鼠标指针外,其余菜单和工具栏的功能全部失效,终止放映要按 Esc 键。观众无法对放映进行干预,也无法修改演示文稿。适合于无人管理的展台放映。

2. 可选幻灯片放映设置

可以选择待放映的幻灯片,有全部、部分和自定义放映三种选择。

(1) 部分放映

选择开始和结束的幻灯片的编号,即可定义放映的部分。

(2) 自定义放映

需要先在"自定义放映"选项中,选择演示文稿中某些幻灯片,以某种顺序组成新的演示文稿,以一个自定义放映名命名。然后在"自定义放映"框中选择自定义的演示文稿,单击"确定",此时只放映选定的自定义的演示文稿。

3. 换片方式设置

“换片方式”可以选择人工手动换片或按设定的排练时间换片。

4. 隐藏幻灯片

可以隐藏某张幻灯片，这样在放映的时候就不会出现，选中要隐藏的幻灯片，单击右键，在弹出的菜单中选择“隐藏幻灯片”，即可隐藏。

【案例小结】

本案例通过“新春联欢会”介绍了几种动画技巧，包括时钟效果、倒计时效果、遮罩效果、巧用剪贴画，综合了图片的处理、选择窗格的应用、自选图形的应用、音频的插入和裁剪等相关知识点，另外也加深了对于计时动画的理解，是一个综合性比较强的案例。

【应用探索】

完成“新春联欢会”案例的制作：

1. 完成第 1 张幻灯片中时钟效果的制作。

2. 完成遮罩效果和第 2 张中其他动画的制作。

3. 完成倒计时效果的制作。

4. 利用剪贴画制作气球素材，并添加动画。

5. 插入音频，完成整个案例的制作，可以加入自己的一些小创意。

6　因特网应用

6.1　Internet 基础

6.1.1　计算机网络的概念与结构

计算机连接起来构成了物理上的网络，物理网络中的计算机需要通过各种协议才可以相互通信。协议是计算机之间通信必须遵守的共同规范。计算机之间通信的层面是很多的。两台计算机之间直接用网线连接起来，其中一台计算机（源计算机）上有一篇文章，另外一台计算机（目的计算机）将这篇文章（从源计算机）上下载下来。我们可以说数据信号从源计算机到达目的计算机，也可以说数据包从源计算机到达目的计算机，还可以说一篇文章从源计算机到达目的计算机。这里的数据信号、数据包还有一篇文章实际上是一个东西，都是信息从源计算机到达目的计算机，区别是它们的工作层次不一样。那么哪个层次是高的，哪个层次是低的，到底有多少层次，都是些什么层次？这些都可以从计算机网络体系结构中找到答案。

计算机的网络体系结构以 OSI/RM（开放系统互连/参考模型）作为理论学习的基础，而 TCP/IP 是当今世界最大的广域网——Internet（互联网或因特网）实际使用的网络体系结构。二者之间的对应关系如图 6-1 所示。

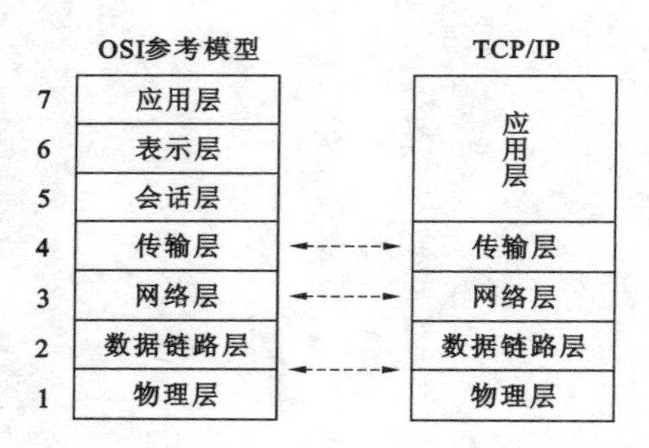

图 6-1　OSI 参考模型和 TCP/IP 参考模型

6.1.2　什么是 Internet

要了解 Internet，先要来了解一下计算机网络在空间范围上的分类。计算机网络按照空间范围的大小分为局域网、城域网和广域网。

1. 局域网基本概念

局域网（LAN：Local Area Network）是将小区域内的各种通信设备互连在一起的通信网络。

决定局域网特性的主要技术有三个：

（1）用于传输数据的传输介质；

(2) 用以连接各种设备的拓扑结构;

(3) 用以共享资源的介质访问方法。

这三种技术在很大程度上决定了传输数据的类型、网络的响应时间、吞吐率和利用率,以及网络应用等各种网络特性。其中最重要的是介质访问控制方法,它对网络特性起着十分重要的影响。

局域网的典型特性:高速据速率(1 M～1000 Mbps)、短距离(0.1～25 km)、低误码率(10-8～10-11)。

局域网的协议结构包括物理层、数据链路层和网络层。由于局域网没有路由问题,一般不单独设置网络层;另外由于 LAN 的介质访问控制比较复杂,因此将数据链路层分成逻辑链路控制子层和介质访问控制子层。

局域网按照介质访问控制方法的不同可以分为以太网、标记环网、标记总线网、快速以太网、交换局域网、全双工以太网、千兆位以太网、ATM 局域网、无线局域网。

其中最常见的为快速以太网和无线局域网。前一种采用的是 CSMA/CD(载波监听多路访问/冲突检测)的介质访问方法,无线局域网采用的是无线 CSMA/CA 技术。

快速以太网一般是企事业单位使用的局域网形式。在企事业单位内部,各个部门的计算机连接到部门交换机上,部门交换机再汇总到单位的核心交换机上,核心交换机和企业的边界路由器相连,通过边界路由器和互联网服务提供商的路由器相连,使内部计算机能和互联网的计算机进行数据交流。

无线局域网也叫 WLAN(Wireless Local Area Network),俗称 WIFI,一般是家庭和公共场所如机场、公园等使用的小型计算机网络。在这个网络里,一般的终端设备是智能手机,通过无线介质并经过认证和无线路由器连接,无线路由器一般和互联网服务提供商通过光纤相连。这样也可以使得用户通过智能终端设备和互联网进行信息交流。

2. 城域网基本概念

城域网(MAN:Metropolitan Area Network)是在一个城市范围内所建立的计算机通信网,简称 MAN。这是上世纪 80 年代末,在 LAN 的发展基础上提出的,在技术上与 LAN 有许多相似之处,而与广域网(WAN)区别较大。

MAN 的传输媒介主要采用光缆,传输速率在 100 兆比特/秒以上。所有联网设备均通过专用连接装置与媒介相连,只是媒质访问控制在实现方法上与 LAN 不同。

MAN 的一个重要用途是用作骨干网,通过它将位于同一城市内不同地点的主机、数据库,以及 LAN 等互相联接起来,这与广域网的作用有相似之处,但两者在实现方法与性能上有很大差别。

3. 广域网

广域网(WAN:Wide Area Network)是在一个广泛地理范围内所建立的计算机通信网,简称 WAN,其范围可以超越城市和国家以至全球,因而对通信的要求及复杂性都比较高。

WAN 由通信子网与资源子网两个部分组成:通信子网实际上是一数据网,可以是一个专用网(交换网或非交换网)或一个公用网(交换网);资源子网是连在网上的各种计算机、终端、数据库等。资源子网不仅指硬件,也包括软件和数据资源。

在实际应用中,LAN 可与 WAN 互联,或通过 WAN 与位于其他地点的 WAN 互联,这时 LAN 就成为 WAN 上的一个端系统。

互联网(Internet)又称因特网，即广域网、城域网、局域网及单机按照一定的通信协议组成的国际计算机网络。互联网是指将两台计算机或者是两台以上的计算机终端、客户端、服务端通过计算机信息技术的手段互相联系起来的结果，人们可以与远在千里之外的朋友相互发送邮件、共同完成一项工作、共同娱乐。

6.1.3 传输介质、通信协议 TCP/IP

计算机网络按照传输介质的不同可以分为有线网络和无线网络。无线网络采用的传输介质是空气，而有线网络主要是光纤和双绞铜线。

TCP/IP 协议并不是只有 TCP 和 IP 两个协议，在网络层，还包括 ICMP、ARP、RARP 等协议。在传输层，还包括 UDP 协议以及 OSPF、EIGRP 等路由协议。应用层的很多协议也属于 TCP/IP 协议，比如 HTTP、FTP、DNS 等。这些协议都是公有协议，另外还有很多应用层的协议是私有的，比如腾讯 QQ 的 OICQ 协议、微软的 SMB 协议等。

但是作为整个 TCP/IP 协议族里最重要的两个协议，TCP 和 IP 是整个网络——包括局域网和广域网运作起来的基础。一般来说，不管你是在局域网里共享打印机或文件，还是在浏览互联网里的网页，你都会使用到这两个协议。

TCP 协议是传输层协议，传输层协议的数据单元叫数据段，TCP 的作用就是将上面来的应用层数据进行分段，TCP 保证数据段可靠地从源端传送到目的端，由目的端对数据段进行重组。传输层协议中比较重要的字段是端口号，它用来区分不同的应用层协议。Windows 主机安装完成后，可以在系统文件夹 C:\Windows\system32\drivers\etc 里找到 services 文件，用记事本打开，如图 6-2 所示。

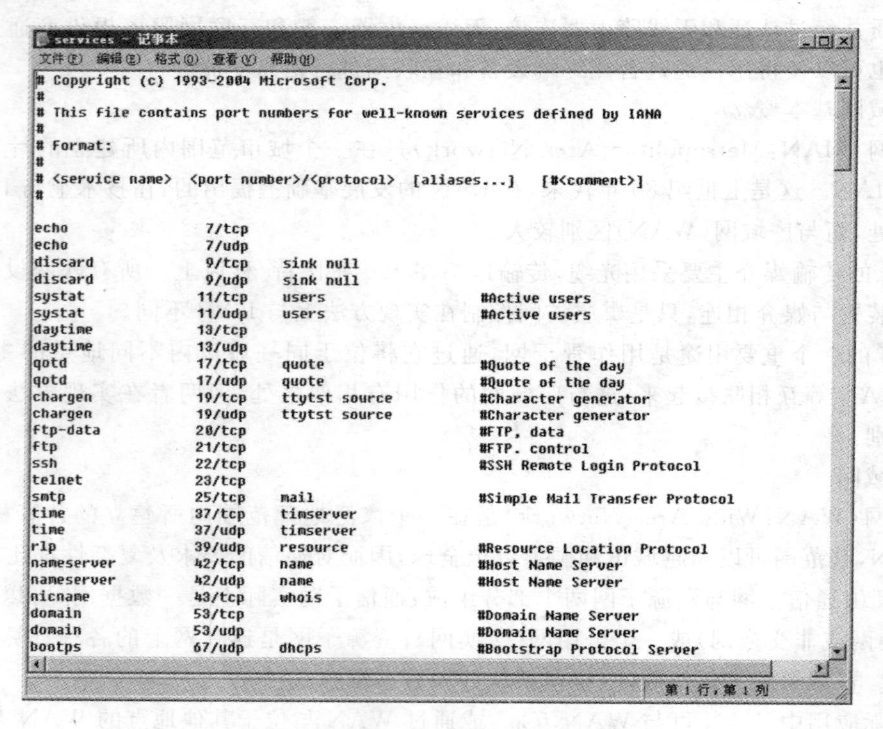
services - 记事本
文件(F) 编辑(E) 格式(O) 查看(V) 帮助(H)

```
# Copyright (c) 1993-2004 Microsoft Corp.
#
# This file contains port numbers for well-known services defined by IANA
#
# Format:
#
# <service name>  <port number>/<protocol>  [aliases...]   [#<comment>]
#

echo                7/tcp
echo                7/udp
discard             9/tcp    sink null
discard             9/udp    sink null
systat             11/tcp    users                  #Active users
systat             11/udp    users                  #Active users
daytime            13/tcp
daytime            13/udp
qotd               17/tcp    quote                  #Quote of the day
qotd               17/udp    quote                  #Quote of the day
chargen            19/tcp    ttytst source          #Character generator
chargen            19/udp    ttytst source          #Character generator
ftp-data           20/tcp                           #FTP, data
ftp                21/tcp                           #FTP. control
ssh                22/tcp                           #SSH Remote Login Protocol
telnet             23/tcp
smtp               25/tcp    mail                   #Simple Mail Transfer Protocol
time               37/tcp    timserver
time               37/udp    timserver
rlp                39/udp    resource               #Resource Location Protocol
nameserver         42/tcp    name                   #Host Name Server
nameserver         42/udp    name                   #Host Name Server
nicname            43/tcp    whois
domain             53/tcp                           #Domain Name Server
domain             53/udp                           #Domain Name Server
bootps             67/udp    dhcps                  #Bootstrap Protocol Server
```

第 1 行，第 1 列

图 6-2 Windows 的 services 文件

在这个文件里，我们可以看到最左边的一列是应用层协议，第二列是对应的端口号以及对应的传输层协议(TCP 或 UDP)。

TCP 将应用层数据封装起来并放入网络层形成 IP 数据包，TCP 用端口号来区分不同的应用层服务，用三次握手保证连接的可靠性，用窗口机制进行流量控制。

IP 是网络层协议，它尽可能地对数据包进行传递，但不保证数据一定能够送达，保证数据可靠送达是由 TCP 协议来实现的。网络层的协议数据单元也叫数据包。

同 TCP 协议一样，IP 协议也有用来区分上次协议类型的协议号，同样在系统文件夹 C:\Windows\system32\drivers\etc 里，找到 protocol 文件，用记事本打开，如图 6-3 所示。

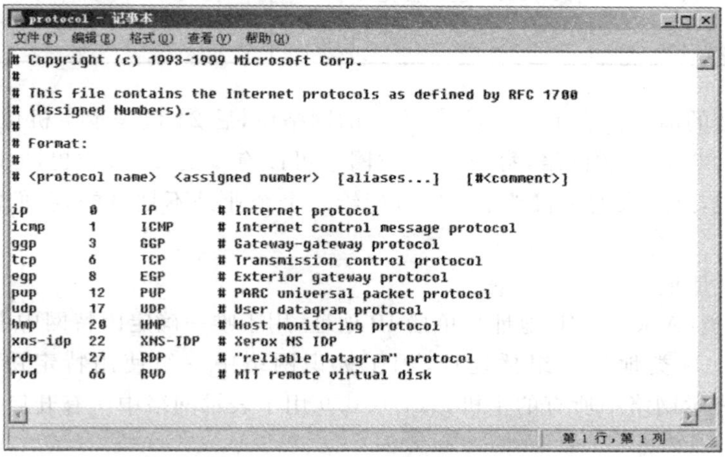

```
protocol - 记事本
文件(F) 编辑(E) 格式(O) 查看(V) 帮助(H)
# Copyright (c) 1993-1999 Microsoft Corp.
#
# This file contains the Internet protocols as defined by RFC 1700
# (Assigned Numbers).
#
# Format:
#
# <protocol name>  <assigned number>  [aliases...]   [#<comment>]

ip       0     IP       # Internet protocol
icmp     1     ICMP     # Internet control message protocol
ggp      3     GGP      # Gateway-gateway protocol
tcp      6     TCP      # Transmission control protocol
egp      8     EGP      # Exterior gateway protocol
pup      12    PUP      # PARC universal packet protocol
udp      17    UDP      # User datagram protocol
hmp      20    HMP      # Host monitoring protocol
xns-idp  22    XNS-IDP  # Xerox NS IDP
rdp      27    RDP      # "reliable datagram" protocol
rvd      66    RVD      # MIT remote virtual disk
第 1 行，第 1 列
```

图 6-3 Windows 的 protocol 文件

我们可以看到如果 IP 数据包里如果协议字段的值为 6，那么上一层协议就是 TCP。从这里我们也可以看到，实际上和测试网络连通性有关的 ICMP 协议也是封装在 IP 中的，所以我们也可以把它看作传输层协议。

IP 协议中另外一个比较重要的字段是 IP 地址，包括源 IP 地址和目的 IP 地址，计算机的 IP 协议进程和路由器等网络设备的路由进程就是根据数据包中的目的 IP 地址进行数据包的转发的。

6.1.4 IP 地址

1. 因特网的地址

数据包在因特网里从一台主机到达另外一台主机，就像一封信从发信人到达收信人，都离不开目的地地址。数据包的地址就是 IP 地址，目前我们使用的 IP 协议还是第四版(本章所述均是 IPv4)，在这个版本里，IP 地址是长度为 32 位的二进制值。为了方便记忆，我们将 32 位四个字节的 IP 地址用点分十进制的形式进行表示，比如 10.1.19.16。注意有四段，三个点，每一段值的范围从 0 到 255。

下一代因特网使用的 IP 地址版本是第六版，长度为 128 位。

IP 地址是一个由网络层和主机层两个层次组成的地址。数据包在传输过程中，中间的路由器根据目的 IP 地址的网络层部分进行数据包的转发，当到达目的网段后，根据 IP 地址的主机层部分送达目的主机。

2. IP 地址的分类

IP 地址根据第一个八位组的值可以分成五类,如表 6-1 所示。

表 6-1 IP 地址的分类

类别	网络标志位以及二进制范围(第一字节)	十进制范围	备注
A 类	0 0000000～0 1111111(第一位是 0)	1～126	网络/主机位为 8/24
B 类	10 000000～10 111111(前两位是 10)	128～191	网络/主机位为 16/16
C 类	110 00000～110 11111(前三位是 110)	192～223	网络/主机位为 24/8
D 类	1110 0000～1110 1111(前四位是 1110)	224～239	用于组播
E 类			用于研究

A 类 IP 地址的前 8 位表示 IP 地址层次中的网络位,后 24 位表示主机位。从表 6-1 中可以看到,一共有 126 个 A 类网络,每一个 A 类网络可以有 2 的 24 次方也即 16,777,216 个主机地址,一般来说,这么大的主机地址空间分配给一个企业是不划算的,我们需要对它进行子网划分。

3. 特殊的 IP 地址

上面的前三类(ABC 类)IP 地址是单播 IP 地址,用于唯一确定因特网中的一台主机,是最常用的 IP 地址。D 类地址是组播地址,用于标识网络中一组使用特定协议的主机,比如 224.0.0.1 用于表示网络中所有的主机,224.0.0.9 用于表示网络中所有开启了 RIP 协议的主机。

除此之外,还有一些特殊的 IP 地址需要我们去关注:

(1) 主机环回测试地址

127.0.0.1,用于测试主机自己的 IP 进程是否工作正常。比如我们可以用 ping 127.0.0.1 来测试自己计算机的 TCP/IP 是否正确安装。另外,我们用 127.0.0.1 来表示本机,它就是本机永远不会 down 掉的一个接口的 IP 地址,如果主机网线被拔掉,ping 127.0.0.1 仍然是通的。

(2) 公有地址和私有地址

公有地址是指在 Internet 上可被路由器路由的 IP 地址。

私有地址不可以在 Internet 上被路由,仅能用于局域网资源共享。私有地址包含 A 类、B 类、C 类三段。

A 类:10.0.0.0～10.255.255.255

B 类:172.16.0.0～172.31.255.255

C 类:192.168.0.0～192.168.255.255

私有地址解决了公有地址不足的现状,对公有地址和私有地址进行转换是在路由器或者防火墙上进行的,采用的技术是 NAT(网络地址转换)。

(3) 网络地址

主机标识位全部为 0 的地址从不分配给单个主机,而是作为网络本身的标识。

例如,主机 212.111.44.136 是一个 C 类地址,主机位为最后 8 位,这个 IP 地址所在网络的网络地址为 212.111.44.0。

(4) 直接广播地址

主机标识位全部为1的地址从不分配给单个主机,而是作为同网络的广播地址。

例如,主机212.111.44.136所在网络的广播地址为212.111.44.255。

在每个分类网络中,网络地址和直接广播地址是不能分配给主机使用的,也就是说每一个C类网络实际上可以分配给主机使用的IP地址一共有$2^8-2=254$个。

(5) 有限广播地址(255.255.255.255)

32位全部为1的IP地址是直接广播地址,是局域网广播地址。

(6) 默认路由地址

32位全部为0的IP地址是默认路由地址,主要用于路由器配置默认路由时使用。

4.子网划分与子网掩码

不管是公有IP地址还是私有IP地址,都要对它们进行子网划分。对于公有IP地址,子网划分可以节约IP地址,试想一下如果将一个A类地址只分配给一个企业,那么整个A类地址块只够分配给126个企业,而每个企业也一般用不完多达一千多万个的IP地址。在进行子网划分时,每个子网会浪费掉网络地址和直接广播地址这两个IP地址,但同上面给一个企业分配一千多万个IP地址相比,还是值得的。对于私有IP地址,子网划分可以便于网络管理员管理网络。

进行子网划分,就要用到子网掩码。子网掩码同IP地址一样,也是32位的。但是子网掩码同IP地址不一样,它的1和0是不能交替出现的,而且1只能出现在0的前面,这就使得子网掩码只能是00000000、10000000、11000000、11100000、11110000、11111000、11111100、11111110、11111111这九个值,对应的十进制值分别为0、128、192、224、240、248、252、254、255。子网掩码的1决定了IP地址中对应的位置是网络位,子网掩码的0决定了IP地址中对应的位置是主机位,一般来说,我们单独说一个IP地址是没有意义的,必须将它和子网掩码结合起来,才能确定这个IP地址的层次。默认情况下,A类地址的子网掩码是255.0.0.0;B类地址的子网掩码是255.255.0.0;C类地址的子网掩码是255.255.255.0。如果一个IP地址不给出子网掩码,那么它使用的就是默认的子网掩码。

6.1.5 IPv6地址

随着计算机网络的发展,越来越多的服务器设备都需要使用IP地址以便在互联网上提供各种服务,另外终端设备则需要使用IP地址以便连上互联网,上面介绍的IPv4地址的局限性是数量有限,IPv6地址就是用来解决这个问题的。从长度上来看,IPv4地址只有32位(二进制),而IPv6地址则有128位,足够全世界的人使用。IPv6地址和IPv4地址的子网划分原理是一样的,都是由前面若干连续的位表示网络,后面若干连续的位表示主机。IPv6地址形式上分成8段,每段由4个十六进制值组成,段与段之间用冒号隔开。如果IPv6地址中间的段中有连续的若干个零,则可以省略这些零,而使用两个冒号将其他值连接起来,这种双冒号在IPv6地址中只能出现一次。另外可以省略的零是每一段最前面的零。

例如,"2006:0123:4500:0000:0000:00ef:6789:abcd",这个IPv6地址可以省略为"2006:0123:4500::ef:6789:abcd"。

6.1.6 域名、统一资源定位器

计算机或智能设备终端之间进行数据通信一般是通过 IP 地址来进行的。但是人们一般无法记住这些枯燥的数字，人们更容易记住的是计算机的名字，这个名字可以理解为域名。因此在 TCP/IP 体系的应用层，添加了一个 DNS 协议来处理 IP 地址和域名之间对应的关系。这就是我们在前面第二个模块里设置网卡参数要设置 DNS 服务器 IP 地址的原因。这样当用户在浏览器地址栏里输入 www. baidu. com 这样的域名后，浏览器会将这个数据包交给网卡发送出去，网卡首先要检查这个名字对应的 IP 地址是多少，才可以封装数据包并传送出去。如果没有这个名字对应的 IP 地址，网卡首先会向 DNS 服务器发送一个 DNS 请求数据包，获取 www. baidu. com 这个名字对应的 IP 地址 115. 239. 210. 26，然后再利用这个 IP 地址和百度的 Web 服务器进行通信。

www. baidu. com 这个名字其实是一个主机名，它是 baidu. com 这个域(范围)内的主机，名字叫 www。

上面所讲的域名只是下面要讲的统一资源定位器(URL：Unique Resource Locator)的一部分。

统一资源定位器一般出现在浏览器的地址栏里。浏览器一般用来获取互联网上的信息资源。

http://www. baidu. com/index. php 是一个典型的统一资源定位器。http 表示获取资源使用的协议是 Web 协议，这里的协议还可以是 ftp 等其他互联网应用层协议。www. baidu. com 是提供 Web 服务的主机名字，运行浏览器的主机会主动将它转化为 IP 地址，然后再和百度的 Web 服务器通信。最后的 index. php 是请求的最终资源，一个叫作 index. php 的文件。

6.2 Internet Explorer 8 浏览器的使用

6.2.1 打开及关闭 IE 浏览器

浏览器是用户用来和互联网上的 Web 服务器进行数据交流的主要工具。目前主流的浏览器主要是微软的 Internet Explorer(简称 IE 浏览器)、Google 的 chrome 浏览器、开源的 Mozilla Firefox(火狐)浏览器，以及国内公司的遨游浏览器、360 极速浏览器等。本教材中我们以 IE 浏览器为例，讲述一般浏览器的使用方法。

图 6-4 IE 浏览器图标

找到桌面上的 IE 浏览器图标，如图 6-4 所示。

双击即可打开 IE 浏览器，IE 浏览器从 7.0 版本开始就支持一个窗口包含多个选项卡。打开新的选项卡方法就是单击前一个选项卡后面的矩形，如图 6-5 所示。

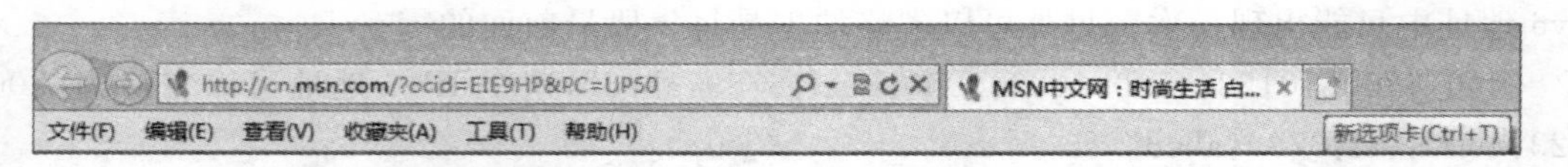

图 6-5 打开新的选项卡

这样操作可以方便我们在不同的 Web 页面之间切换。要关闭选项卡可以点击选项卡后面的红色叉叉,如果要关闭整个 IE 浏览器,单击 IE 浏览器右上角的关闭按钮即可,这个操作将关闭所有选项卡。

6.2.2 Internet Explorer 的窗口界面

打开 IE 浏览器,第一行最前面的是前进和后退按钮,用来在页面之间来回切换,一般这些页面之间是先后打开的关系,通过链接联系起来。接着是统一资源定位器。紧接着是打开的多个选项卡,最后是主页和收藏夹两个按钮。主页是打开浏览器就加载的 Web 页面,收藏夹可以将经常访问的页面地址保存起来,方便再次访问该页面。

IE 浏览器的第二行是菜单项。这里有六个菜单项,如图 6-6 所示。

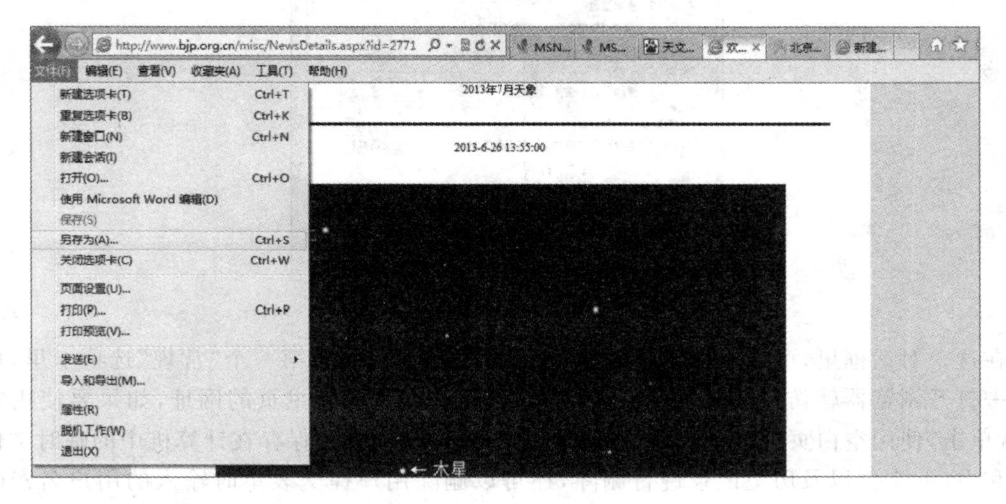

图 6-6 IE 浏览器界面

6.2.3 使用 IE 浏览器浏览网页

使用 IE 浏览器浏览网页主要是借助于搜索引擎如百度找到自己要访问的页面。如果记得网址也可以直接在地址栏中输入网址,一般来说能记住的网址就是域名,对于下面这种网址,大家一般记不住,也不需要记住,它是一种动态的网址,特征是在普通统一资源定位器的后面带上问号,再加上“关键字=值”的形式,每一个“关键字=值”之间用“&”连接起来。

如:http://www.baidu.com/s&wd=%E5%A4%A9%E6%96%87&rsv_bp=0&ch=&tn=baidu&bar=&rsv_spt=3&ie=utf-8&rsv_sug3=4&rsv_sug4=313&rsv_sug1=2&oq=tianwen&rsp=2&f=3&rsv_sug5=0&rsv_sug=0&rsv_sug2=0&inputT=3562。

还有一种浏览网页的方式是打开历史记录。在新建选项卡里,按下【Ctrl+H】快捷键,即可打开最近浏览的页面的网址,单击相应的链接就可以打开相应的页面。

6.2.4 获取网络信息、保存网上资源

在文件菜单项里我们可以保存页面,比如图 6-6 中页面是一个和天文有关的科普页面,如果要保存它,可以点击“文件”→“另存为…”或按下【Ctrl+S】快捷键,给要保存的页面命名并选择一个保存路径就可以将页面保存下来。

6.2.5 设置 Internet Explorer

IE 浏览器的设置主要在 Internet 选项里进行，依次点击“工具”→“Internet 选项”，就打开了图 6-7 所示。

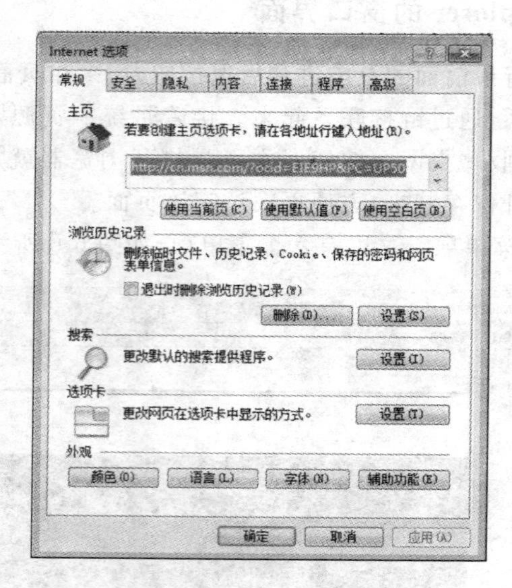

图 6-7 Internet 选项

在这个对话框里，可以对 IE 浏览器进行大部分的设置。在第一个“常规”选项卡里，可以设置一打开浏览器就访问的页面——“主页”，这里主要是设置主页的网址，如果要使用空白页，就单击“使用空白页”；这个选项卡还可以对曾经浏览的网页保存在计算机中的临时文件如图片和 flash 文件以及历史记录进行删除，还可以删除用户提交表单时输入的用户名密码以及一些网站写在本机的 Cookie 信息（这些信息用于区分不同用户并加快用户对该网站的浏览访问）。

其他选项卡的设置这里就不详细介绍了。

6.3 电子邮件

6.3.1 E-mail 的工作原理

一个邮件系统的传输包含了用户代理（User Agent）、传输代理（Transfer Agent）及接收代理（Delivery Agent）三大部分。

用户代理是一个用户端发信和收信的程序，负责将电子邮件按照一定的标准包装，然后送至邮件服务器，将信件发出或由邮件服务器收回。

传输代理负责信件的交换和传输，将信件传送至适当的邮件主机，再由接收代理将信件分发至不同的邮件信箱。传输代理必须要能够接收用户邮件程序送来的信件，解读收信人的地址，根据 SMTP（Simpie Mail Transport Protocol）协议将它正确无误地传递到目的地。现在一般的传输代理已采用 Sendmail 程序完成工作，到达邮件主机再经接收代理 POP（Post Office Protocol，网络邮局协议或网络中转协议）来使邮件被用户读取至自己的主机。

6.3.2 E-mail 地址与电子邮箱的选择

E-mail 地址比统一资源定位器地址要简单一些，以 zs@xxjsx.com 这样一个普通的E-mail地址为例，它可以分成三部分，第一部分是邮箱用户名，第二部分是一个“@”连接符，第三部分是用户名所在的域的名字。用户要申请这样一个 E-mail 地址一般需要通过 Web 页面进行。在这个申请邮箱的 Web 页面里，用户只需要填写用户名和密码等信息就可以了，域名一般是确定的。在企事业单位里，用户的邮箱地址也有可能是网络管理员已经申请好直接分配给用户的。

6.3.3 电子邮件的收发

就像上网要使用浏览器一样，电子邮件的收发也要使用专门的用户客户端工具，如 Outlook 2010 或者 Foxmail 等。当然我们也可以用浏览器来收发电子邮件，但是我们通过浏览器收取的电子邮件一般来说邮件并未保存在本地，而是保存在远程邮件服务器上，而当我们打开 Outlook 2010 或者 Foxmail 时，这些邮件客户端程序会自动将邮件从远程服务器上读取到本机上来。

在 Windows 7 中使用 Outlook 2010 收发电子邮件的步骤如下：

首先是点击“开始”→“所有程序”→“Microsoft office”→“Microsoft Outlook 2010”，如图 6-8所示。

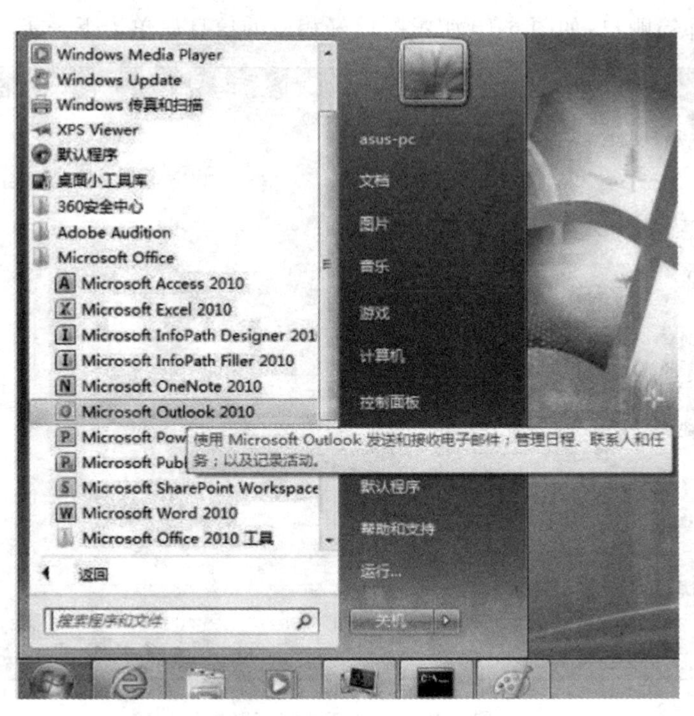

图 6-8 开启 Outlook

打开 Outlook 2010 的第一个步骤就是要设置已经申请好的邮箱账户，一定要注意这个账户在打开 Outlook 2010 之前就已经申请好了，包括用户名、域名和密码，如图 6-9 所示。

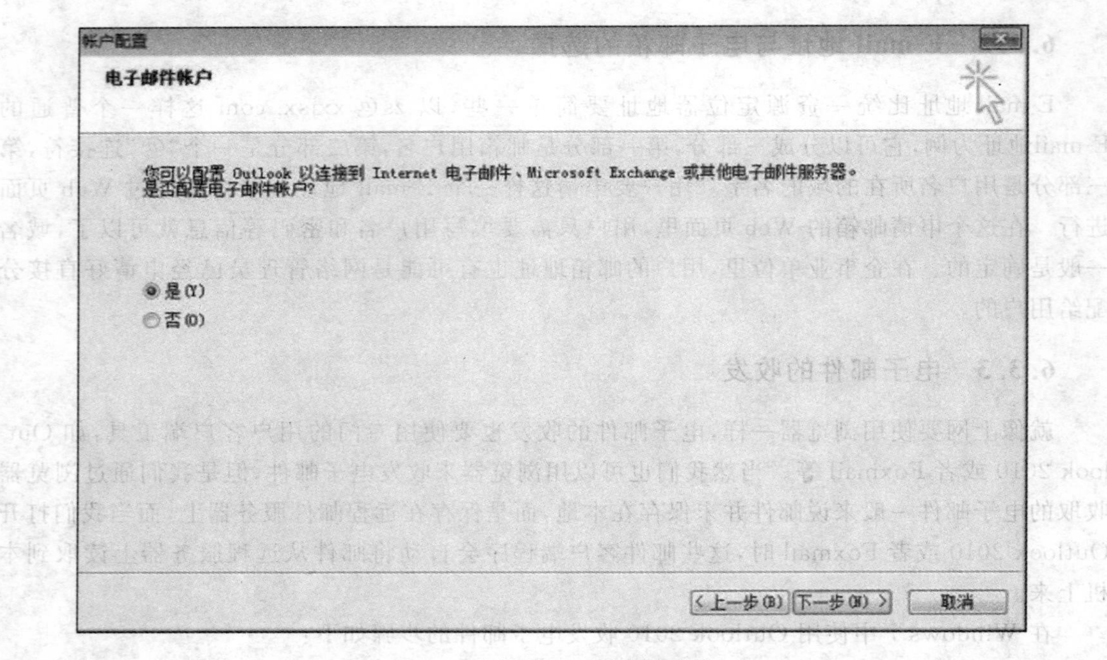

图 6-9　选择是否设置邮箱账户

这里选择"是"单选按钮并单击下一步。注意这里是给 Outlook 2010 添加新的邮箱账户，而不是申请新的邮箱账户，如图 6-10 所示。填好相应的信息后单击下一步。

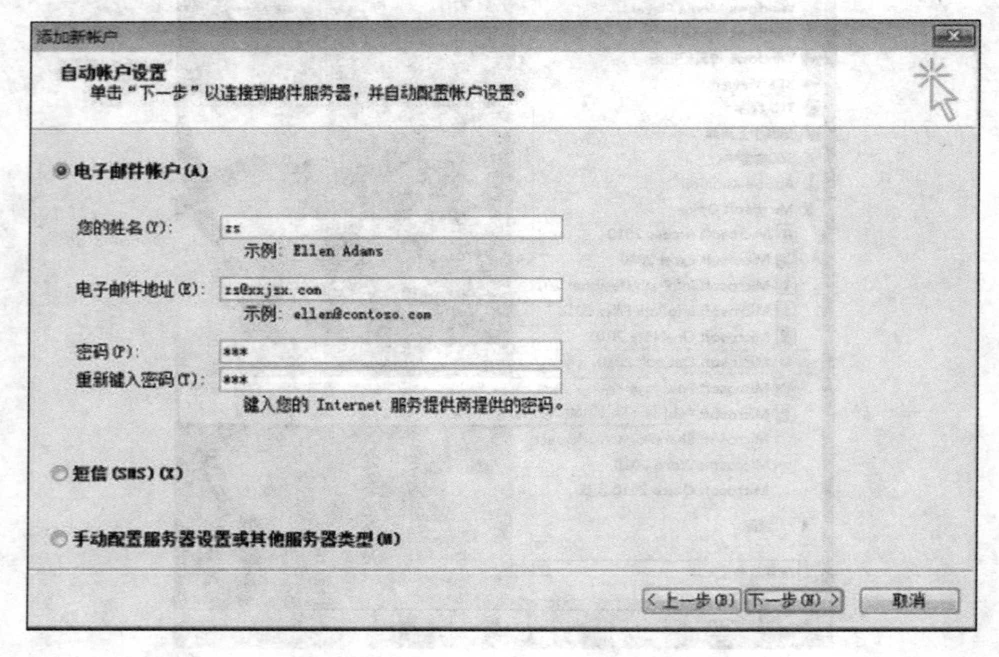

图 6-10　添加新的邮箱账户

这里 Outlook 2010 会主动和用户账户所在的邮件服务器进行网络交互，首先根据邮箱账户的域名和相应的邮箱服务器进行网络连接，然后再根据用户名和密码进行验证，如果邮箱账户的用户名和密码正确无误，就会出现图 6-11 所示的界面。

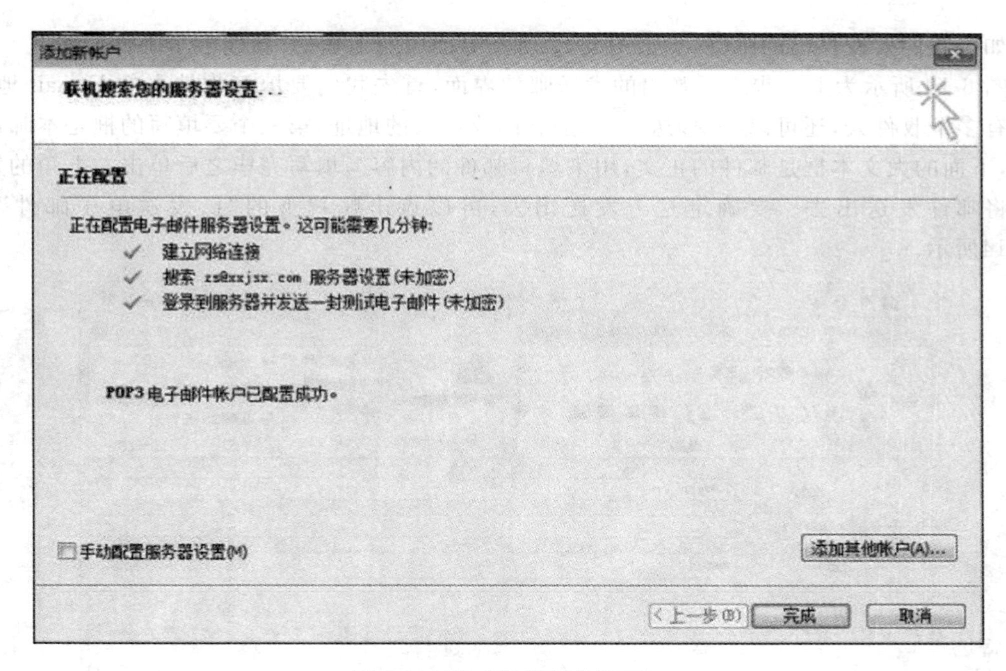

图 6-11 完成邮箱账户的添加

上一步账户添加完成之后,就出现了 Outlook 2010 初始界面,如图 6-12 所示,可以看到这个用户账户自动收到了一封测试邮件。

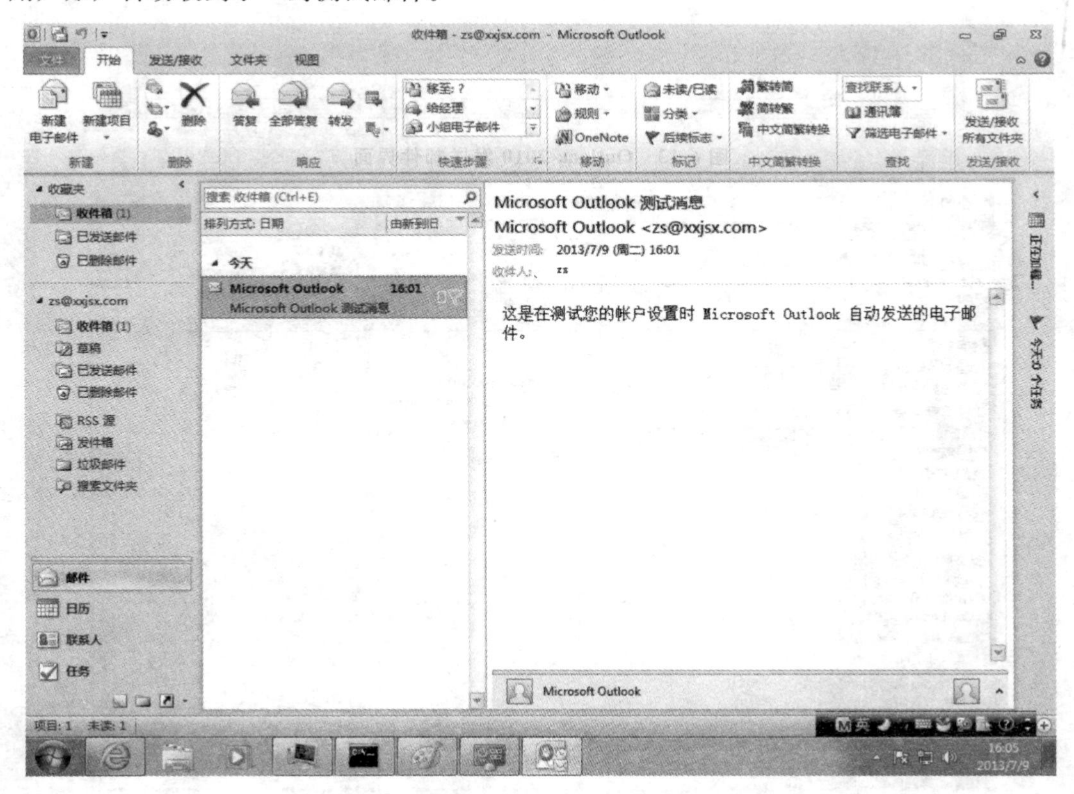

图 6-12 Outlook 2010 初始界面

如果我们要发自己的邮件，点击图 6-12 所示界面中左上角的“新建电子邮件按钮”。

图 6-13 所示为上一步之后弹出的发送邮件界面，首先我们要填好收件人的 E-mail 地址，如果有多个收件人，还可以在“抄送”中添加新的收件人的地址，第三个要填写的框是本邮件的主题，下面的大文本框是邮件的正文，用来填写邮件的内容。填写完毕之后单击左上角的发送即可将邮件发送出去。要确定是否发送出去，可以点击账户下的“已发送电子邮件”，如图 6-14所示。

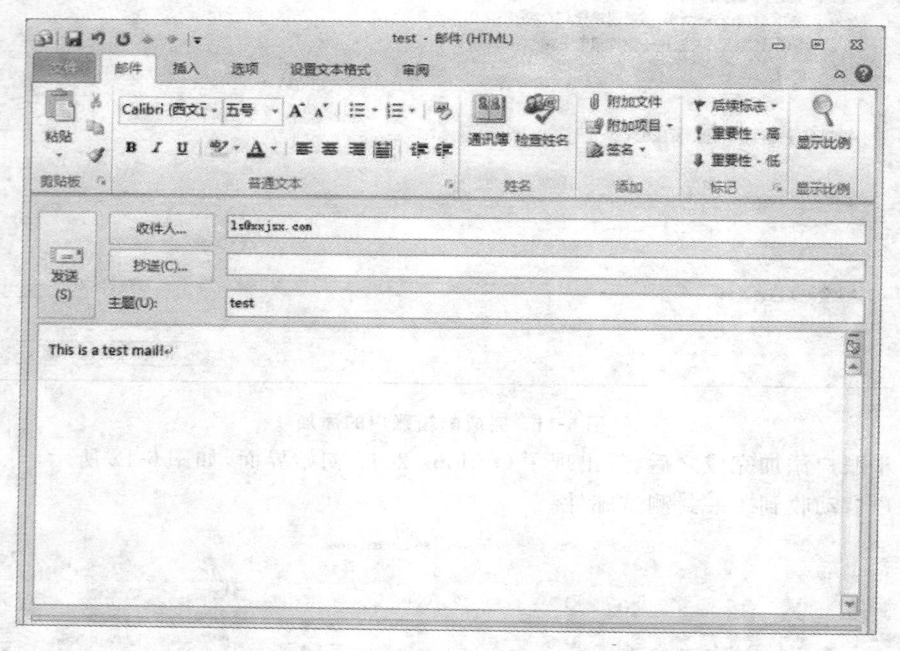

图 6-13　Outlook 2010 发送邮件界面

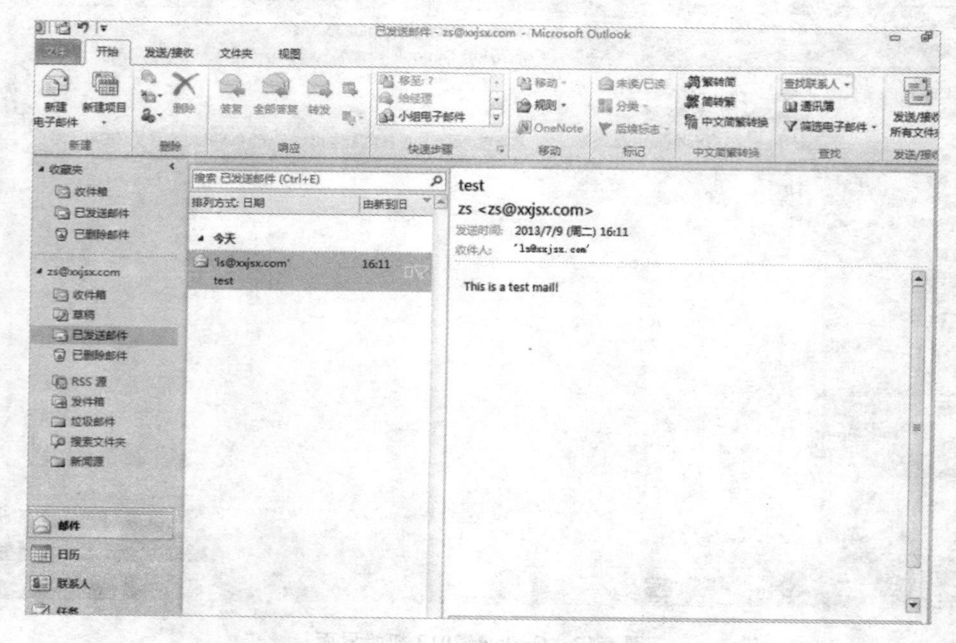

图 6-14　Outlook 2010 已发送邮件界面

在图 6-14 所示的界面中，我们可以看到这封信已经发送出去了。

要接收邮件，只需要点击发送接收选项卡中的"发送/接收"按钮即可。从图 6-15 中我们可以看出已经收到了对方的一封回信。

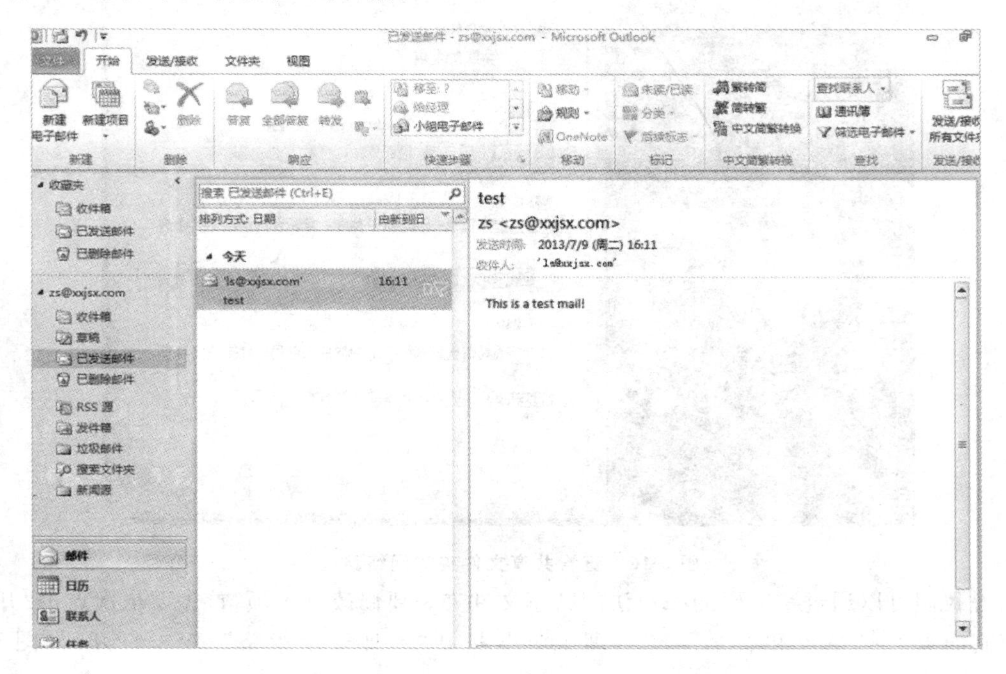

图 6-15　Outlook 2010 已收到回信的界面

实训项目 1　实现局域网内文件共享

【实训目标】

1. 会设置文件夹的局域网共享；
2. 会通过共享获取信息资源。

【实训内容】

局域网共享文件夹步骤：

(1) 设定文件夹的共享

在一台装了 Windows 7 的计算机上登录之后，是有一个用户身份的，这个用户如果要在局域网里的其他计算机上访问他的文件夹其实是很简单的。默认情况下，桌面上的文件都是共享的。

首先我们在桌面上新建一个名为"共享文件夹"的文件夹，然后点击右键打开这个共享文件夹的属性，并选择"共享"这个选项卡，如图 6-16 所示，可以看到文件的共享路径。

(2) 修改本地安全选项

一般情况下，为了保证系统安全，Windows 是不允许使用空密码的本地账户通过网络访问本机的，在这个案例里，我们的用户名 zip 对应的密码是空的，因此我们要修改本地安全策

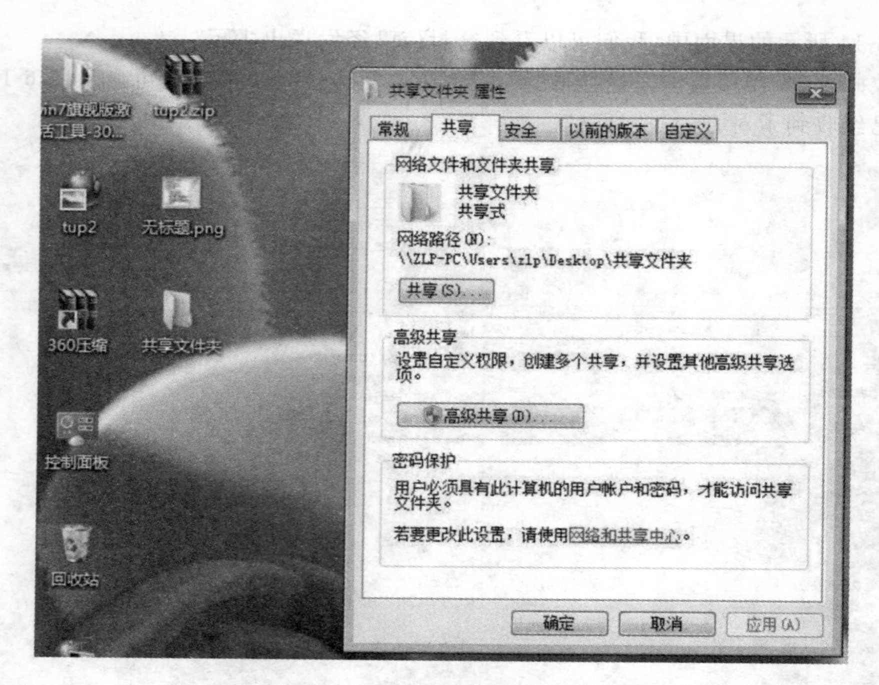

图 6-16　查看共享文件夹的网络路径

略，使得我们可以通过空密码的账户访问共享文件夹。要修改这一项，首先要依次点击“开始”→“控制面板”→“系统和安全”→“管理工具”，找到“本地安全策略”，双击打开，如图 6-17 所示。

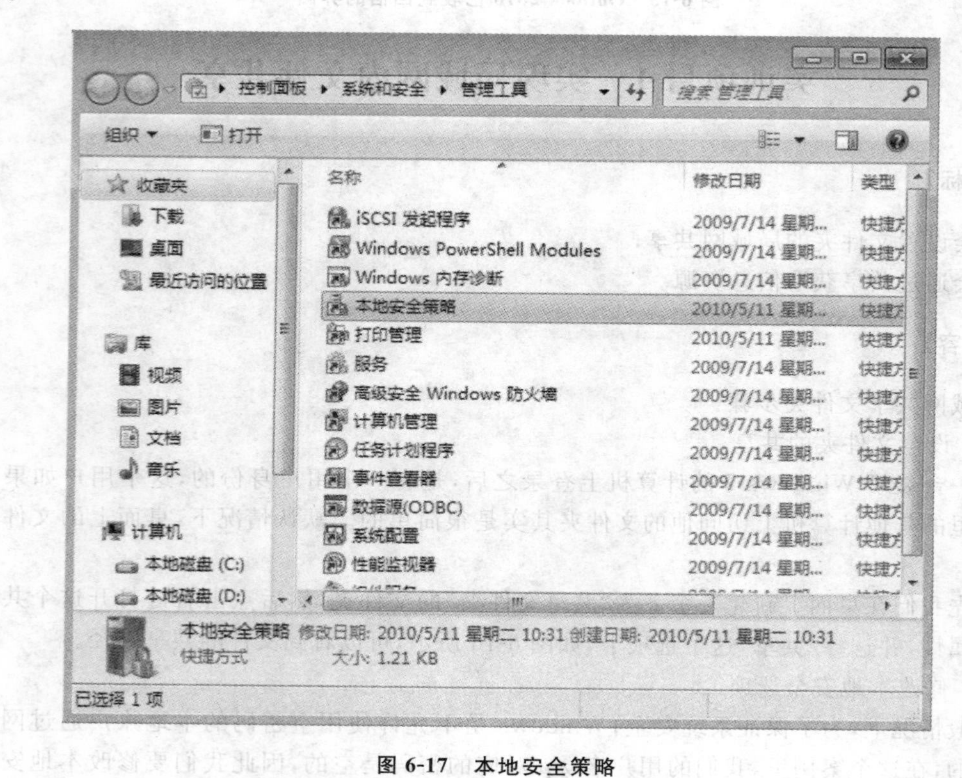

图 6-17　本地安全策略

打开本地安全策略以后，依次展开“本地策略”→“安全选项”，在右边的策略中找到倒数第三项“账户：使用空白密码的本地账户只允许进行控制台登录”，如图 6-18 所示。

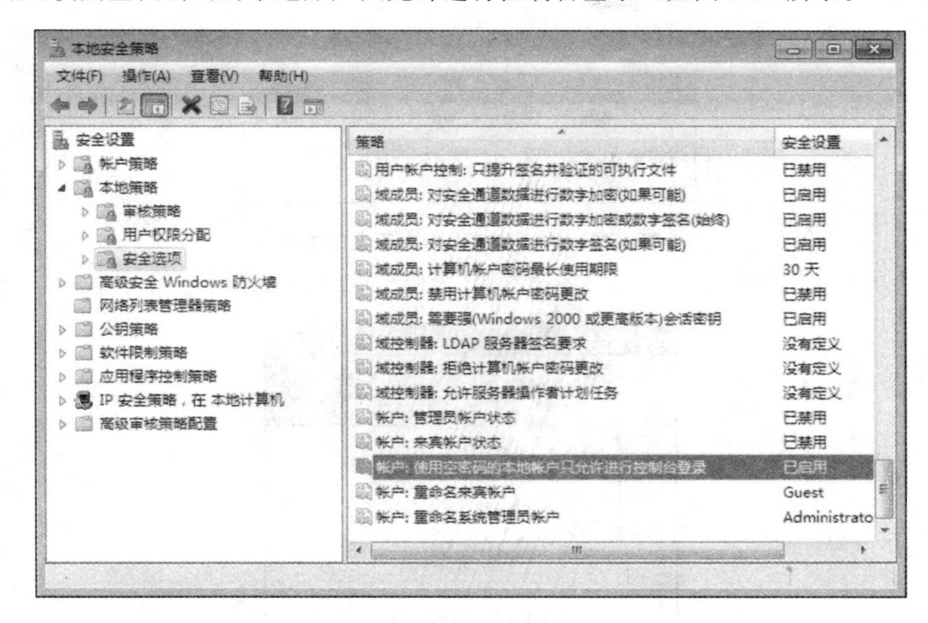

图 6-18　本地安全策略的倒数第三项

右击这一项，并选择属性，打开设置对话框，如图 6-19 所示。

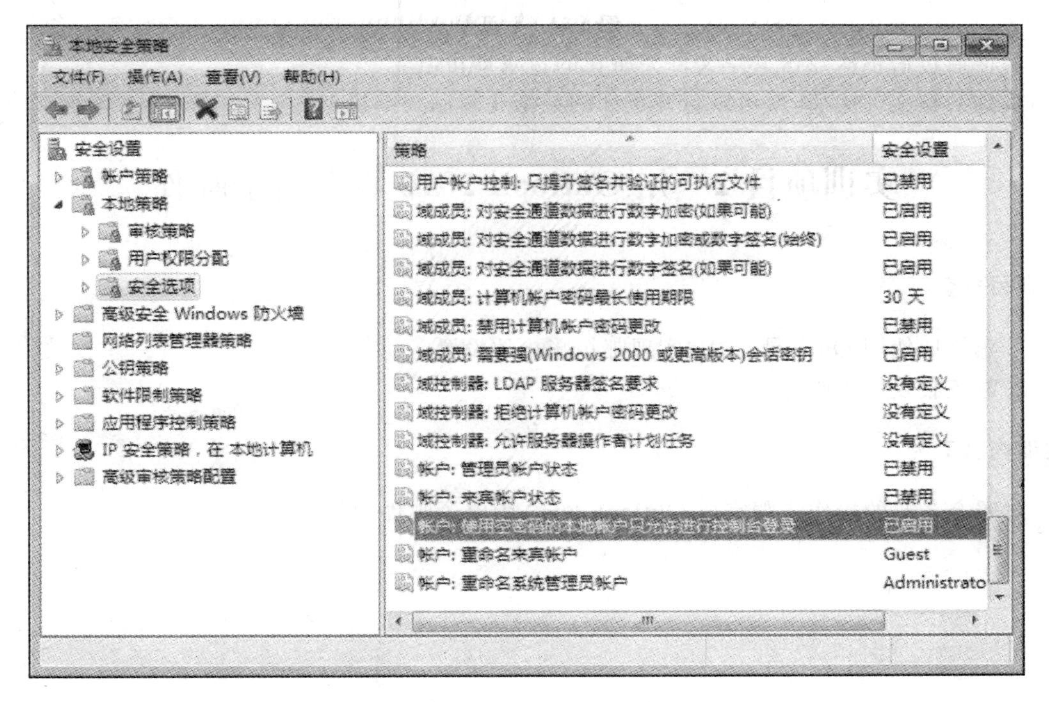

图 6-19　设置该项的值

将其值由“已启用”改为“已禁用”，这样用户可以以空密码通过网络访问共享文件夹了。

(3) 通过资源管理器访问共享文件夹

在要访问共享的另外一台计算机上打开资源管理器，在地址栏输入“\\计算机的名字(或IP地址)”，如图6-20所示。

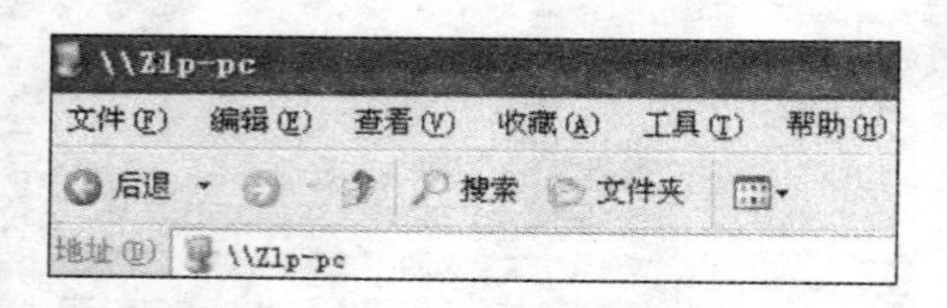

图 6-20 访问共享文件夹所在的主机

在弹出的验证对话框中输入用户名和密码(密码可以为空)，如图6-21所示。

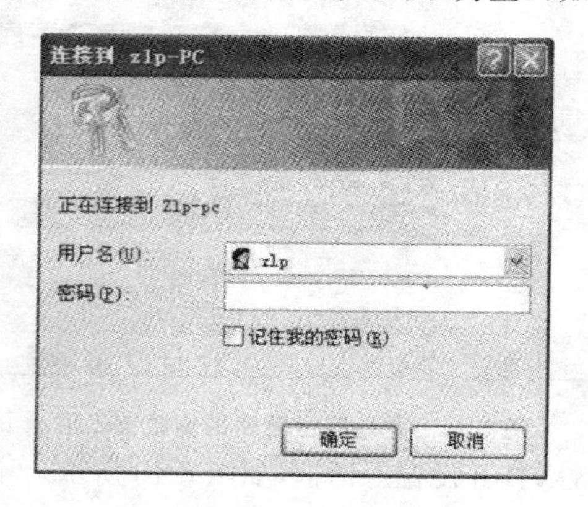

图 6-21 验证用户

验证通过后依次点击共享文件夹所在的目录即可。

找到共享文件夹后，就可以打开里面的数据并复制到本机上。

实训项目 2 用 Outlook 2010 收发电子邮件

【实训目标】

1. 熟练地使用 Outlook 2010 实现邮箱账户的设置；
2. 熟练收发电子邮件。

【实训内容】

对照 6.3 节的操作步骤完成 Outlook 2010 中电子邮件的收发。

7 音视频处理

7.1 音频处理

7.1.1 音频处理的软件 Adobe Audition 简介

Adobe 推出 Adobe Audition 软件，这是一个完整的、应用于运行 Windows 系统的 PC 机上的多音轨唱片工作软件。该产品此前叫作 Cool Edit Pro 2.1，被 Adobe 在 2003 年 5 月从 Syntrillium Software 公司成功购买。

Adobe Audition 提供了高级混音、编辑、控制和特效处理能力，是一个专业级的音频工具，允许用户编辑个性化的音频文件、创建循环、引进 45 个以上的 DSP 特效以及最多 128 个音轨。

Adobe Audition 拥有集成的多音轨和编辑视图、实时特效、环绕支持、分析工具、恢复特性和视频支持等功能，为音乐、视频、音频和声音设计专业人员提供全面集成的音频编辑和混音解决方案。允许听到即时变化和跟踪 EQ 的实时音频特效可让用户获益匪浅。它包括了灵活的循环工具和数千个高质量、免除专利使用费(royalty-free)的音乐循环，有助于音乐跟踪和音乐创作。

下面简单介绍一下 Audition 软件的工作界面。

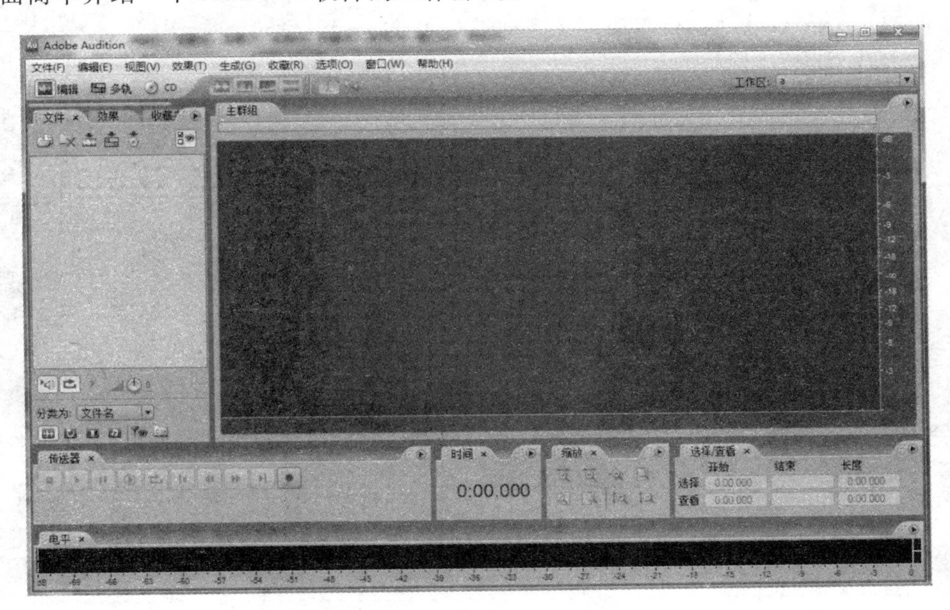

图 7-1 Audition 的工作界面

Audition 软件的第一行是软件的名称和窗口的最小化、最大化、关闭按钮。

该软件的第二行出现的是操作菜单，其中文件菜单主要处理和文件打开、关闭以及另存为有关的操作；编辑菜单主要处理音频的剪切、复制、粘贴以及音频的定位和音频的硬件设置；效果菜单主要处理各种音频特效，是最重要的一个菜单；生成菜单是产生一些人造音频。

Audition 软件的第三行左边是音频的三种不同视图，编辑视图也称为单轨视图，右边是每种视图下可以操作的按钮。

Audition 软件的第四行左边是选项卡，对应了第二行中相应的菜单项；右边是主群组面板，显示的是文件的波形图或频谱图。

Audition 软件的第五行有四个面板。其中第一个面板是传送器面板，第二个三角形按钮用来播放音频，最右边的红色按钮用来录音；第二个面板是时间面板，用来显示当前音频的播放时间；第三个面板是缩放面板，用来在水平或垂直方向上放大或缩小主群组面板中的音频；第四个面板是选择、查看面板，其中选择的开始和结束时间会在主群组面板中高亮显示，查看的开始和结束时间对应主群组中能够显示的全部时长的音频范围，注意输入时间时，分和秒之间用冒号，秒和毫秒之间用小数点。

Audition 软件的最后一行是电平面板，用来显示左右声道的音量波动。

7.1.2 使用 Adobe Audition 录制音频

使用 Audition 软件录制音频，首先要将麦克风连接到计算机的红色音频输入圆孔。如果有伴奏音乐，就要在图 7-1 的第三行选择第二个按钮进入多轨视图。

（1）单击“文件”→“导入”，打开素材中的音频文件“月亮代表我的心伴奏. mp3”，如图 7-2 所示。

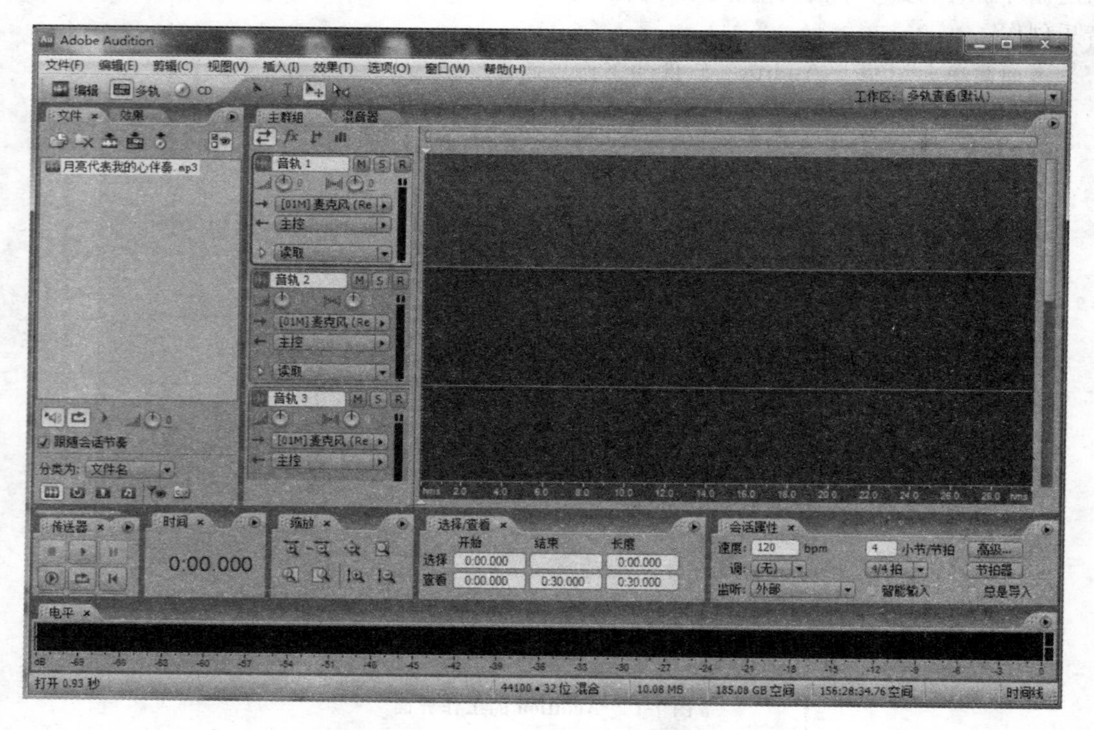

图 7-2　在 Audition 的多轨视图中导入文件

（2）将左边的文件拖入到右边的音轨 1 中，并用第三行右边的移动/复制剪辑工具将音频拖动到音轨 1 最左边的位置，如图 7-3 所示。

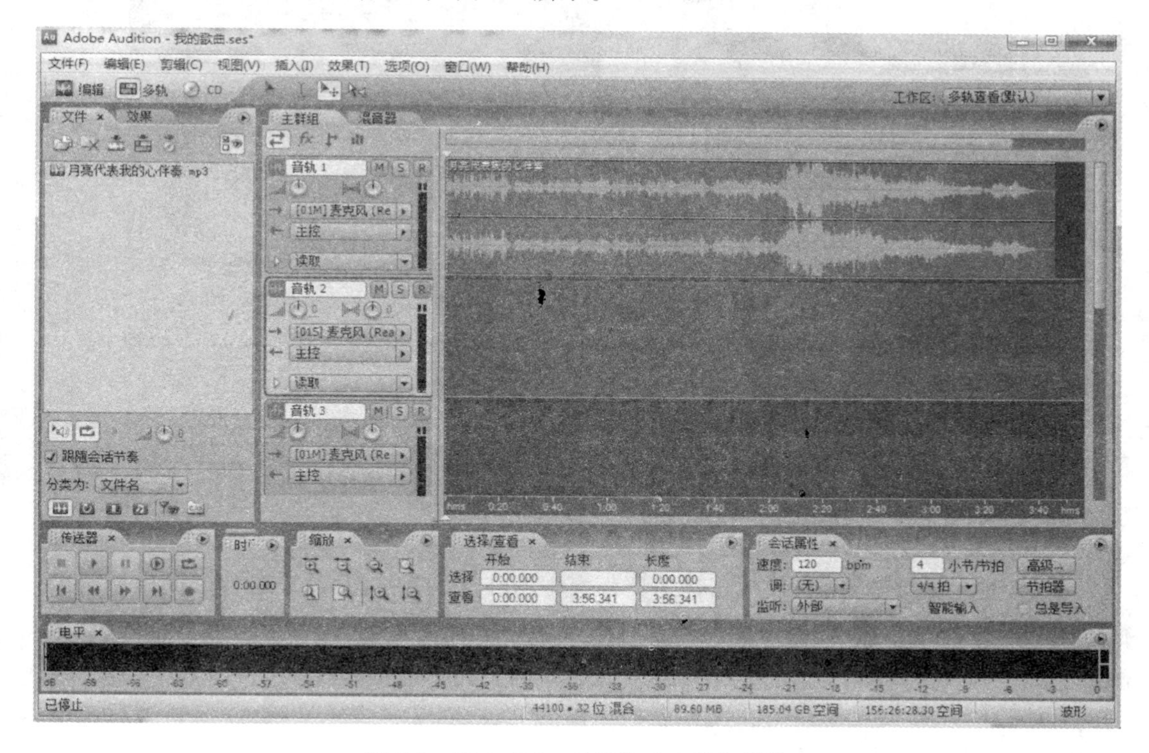

图 7-3 在 Audition 的音轨 1 中放入伴奏

（3）单击音轨 2 中的录音备用按钮，弹出如图 7-4 所示的“保存会话”对话框。

图 7-4 保存会话

（4）在文件名对话框中输入新的文件名，点击保存。到这里，录音的准备工作已经做好了，如图 7-5 所示，点击左下角传送器面板的红色录音按钮，开始录音。

图 7-5　多轨录音

(5) 要完成录制音频，再次单击传送器面板中的红色录音按钮，结束录音。同时单击第三行上的时间选择工具![I]，将鼠标移动到音轨 1 音频的最右端并单击一下，出现黄色虚线后，点击黄色虚线并按住不放，向左拖动选中整个音轨 1 和音轨 2 的音频。

(6) 点击“文件”→“导出”，在文件名栏中输入文件名，选择 WAV 或 MP3 格式后单击保存按钮，完成文件的录制混缩，如图 7-6 所示。

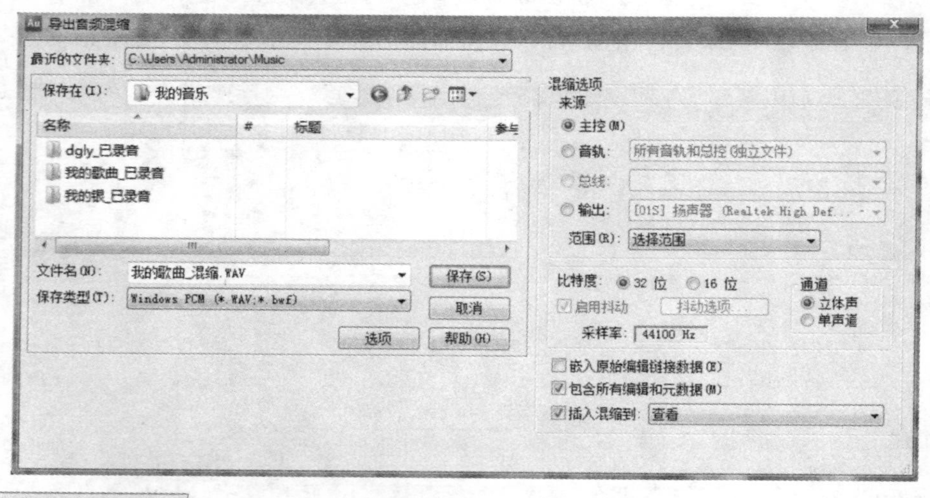

图 7-6　混缩输出

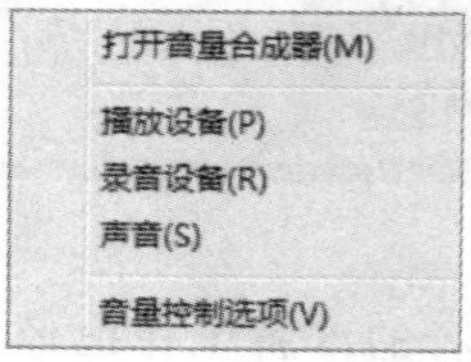

打开音量合成器(M)
播放设备(P)
录音设备(R)
声音(S)
音量控制选项(V)

图 7-7　更改录音设备配置

上面录制的内容是歌曲或有背景音乐的朗诵，有时候我们需要用 Audition 软件录制一段计算机正在播放的音频。具体操作如下：

(1) 右键单击计算机桌面右下角的扬声器图标。

(2) 单击图 7-7 所示的录音设备选项，出现图 7-8 所示的对话框。

图 7-8　打开录制设备对话框

(3) 右键单击立体声混音,选择启用。并再次右键单击立体声混音,选择设置为默认设备。适当调节扬声器的音量。

(4) 打开 Auditon 软件,单击"文件"→"新建",弹出如图 7-9 所示的对话框,使用系统推荐的默认值,单击确定即可。

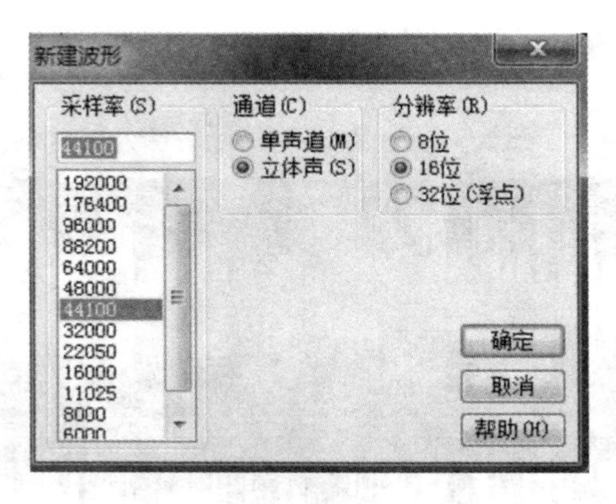

图 7-9　新建波形文件

(5) 打开计算机的音频或视频播放器,播放一段音频或视频。

(6) 再次回到 Auditon 软件,点击第五行传送器最后的红色播放按钮,就可以录制系统声音了,如图 7-10 所示。

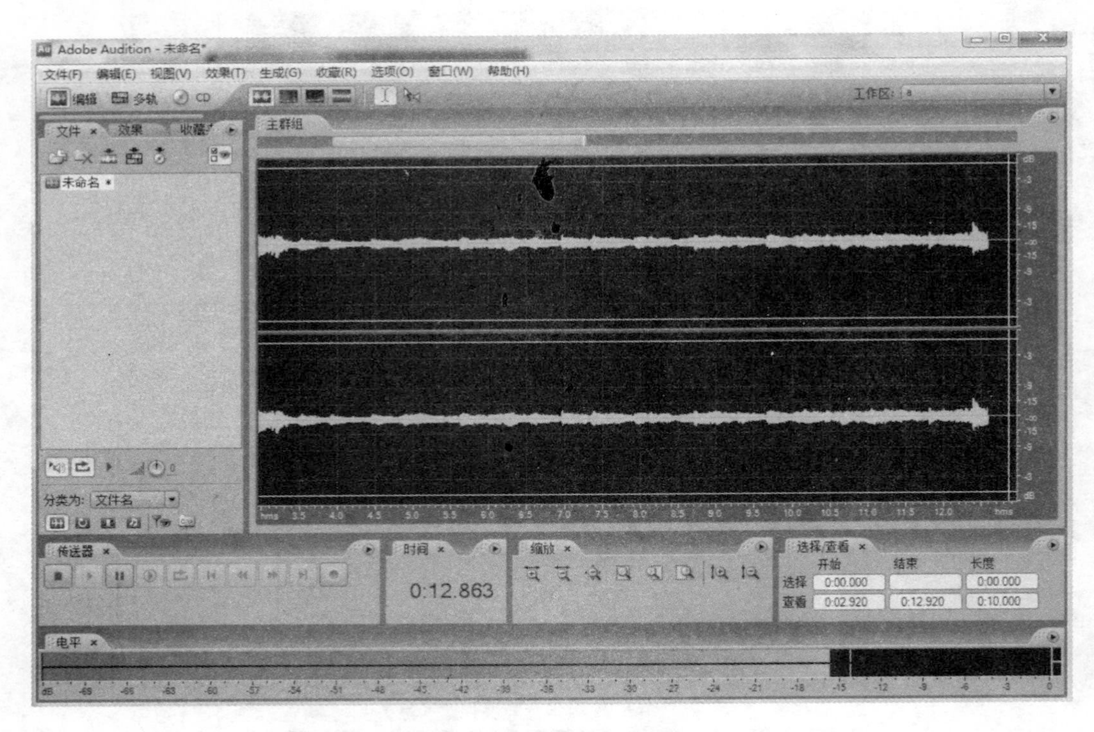

图 7-10　录制系统声音

7.1.3　使用 Adobe Audition 降低噪音

录音的时候，有时候会将环境中的声音（噪声）也录制下来，这个时候我们可以利用Audition软件降低噪声。具体操作如下：

(1) 单击“文件”→“打开”，打开素材中的音频文件“琵琶语. mp3”，如图 7-11 所示。

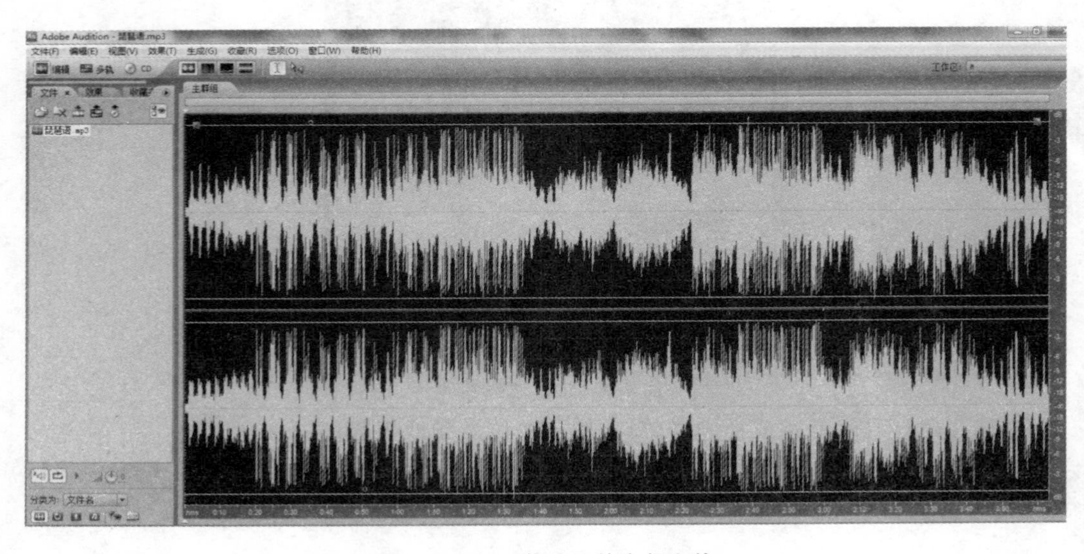

图 7-11　打开待处理的音频文件

(2) 单击右下角的缩放选项面板中的水平放大按钮 两次或三次，使得我们可以精确选择乐曲开始时用来做样本的环境噪声，如图 7-12 所示。

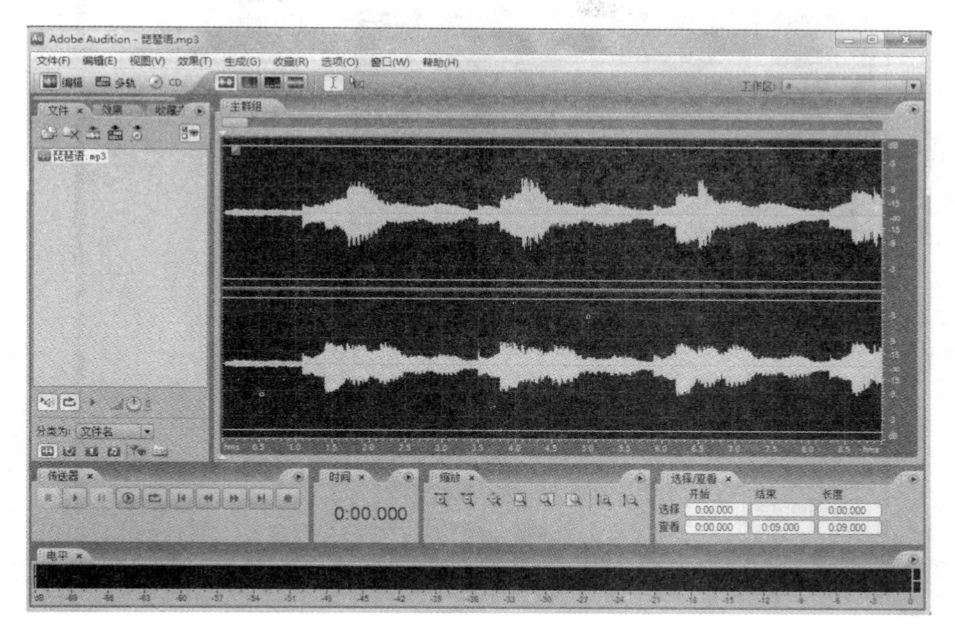

图 7-12　水平放大音频开始部分

(3) 用时间选择工具选中最开始的一段从 0.2 秒到 0.8 秒的音频，并在选中的音频上单击右键，在弹出的快捷菜单中选择采集降噪预置噪声，如图 7-13 所示。

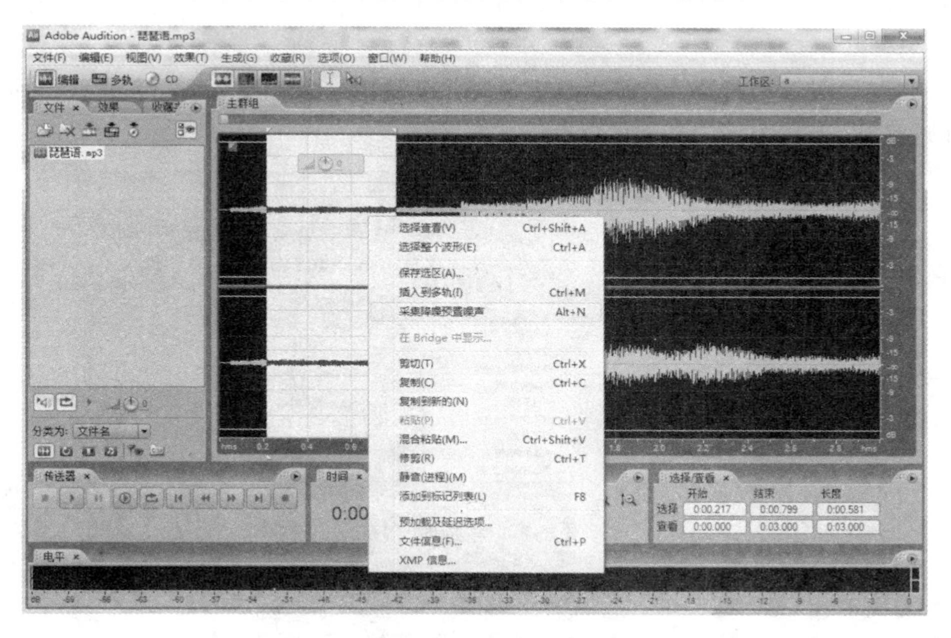

图 7-13　采集预置噪声

(4) 单击 Audition 软件第二行的“效果”→“修复”→“降噪器(进程)…”，在弹出的降噪器对话框中点击波形全选按钮，再单击确定按钮，完成噪声的移除操作。

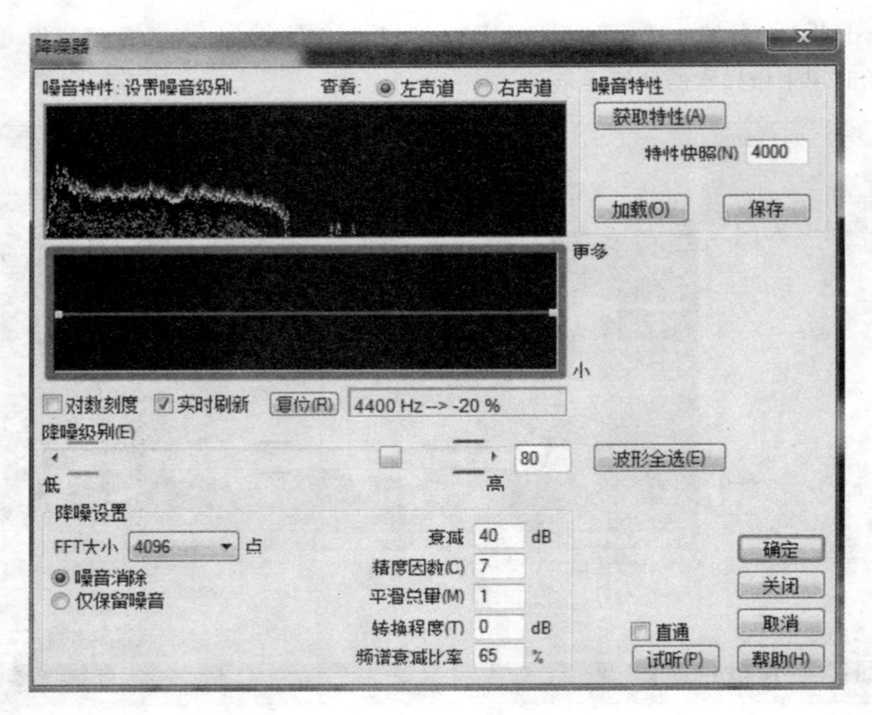

图 7-14　降噪器

7.1.4　使用 Adobe Audition 生成伴奏带

很多时候我们要将一段音频中的人声去掉，生成一个伴奏带。下面的案例我们将完成这项任务。

(1) 单击“文件”→“打开”，打开素材中的音频文件“风吹麦浪.mp3”，单击 Audition 软件第二行的“效果”→“立体声声像”→“析取中置通道”。

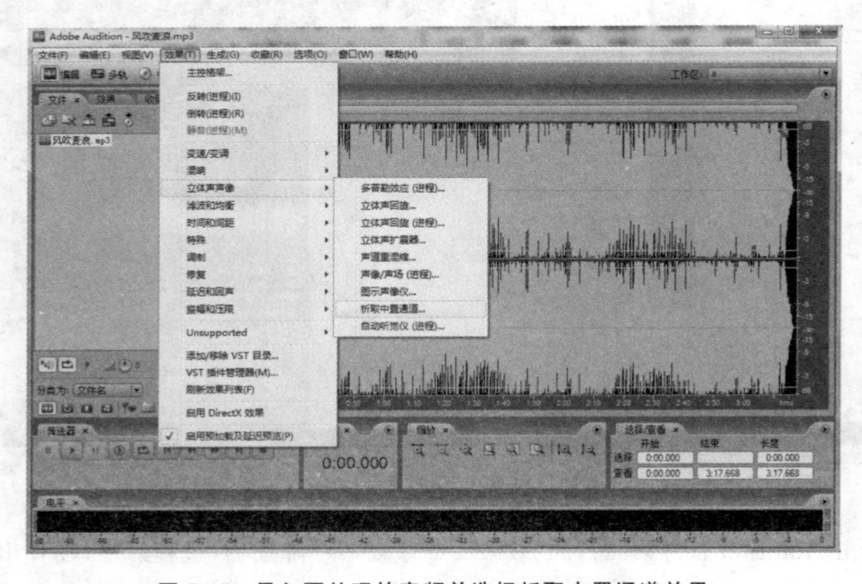

图 7-15　导入要处理的音频并选择析取中置通道效果

（2）在析取中置通道的预设效果中选择 Vocal Remove（移除人声），并点击确定，生成伴奏带，如图 7-16 所示。

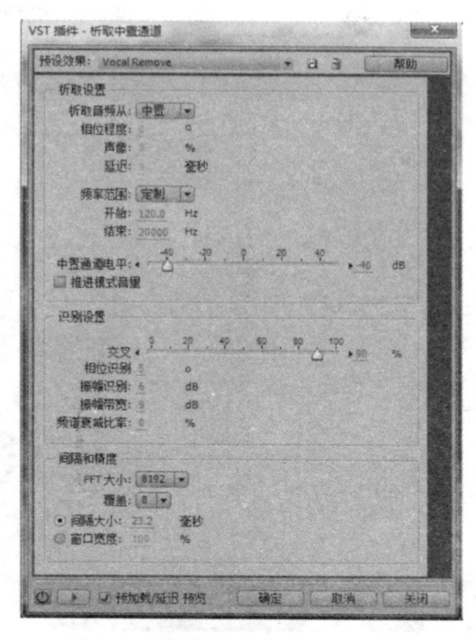

图 7-16　选择 Vocal Remove 效果

7.1.5　使用 Adobe Audition 营造延迟和回声效果

要使一段朗诵的音频或一段辽远的音乐产生回荡的效果，可以使用 Audition 的延迟和回声效果。我们这里以房间回声为例子，来学习为音频加特殊效果的方法。

（1）单击"文件"→"打开"，打开素材中的音频文件"房间回声原曲.mp3"，在做下一步操作之前，可以先听一下没有做房间回声效果之前的音乐，以便和做完效果之后的音乐比较。听完之后可以单击 Audition 软件第二行的"效果"→"延迟和回声"→"房间回声"，如图 7-17 所示。

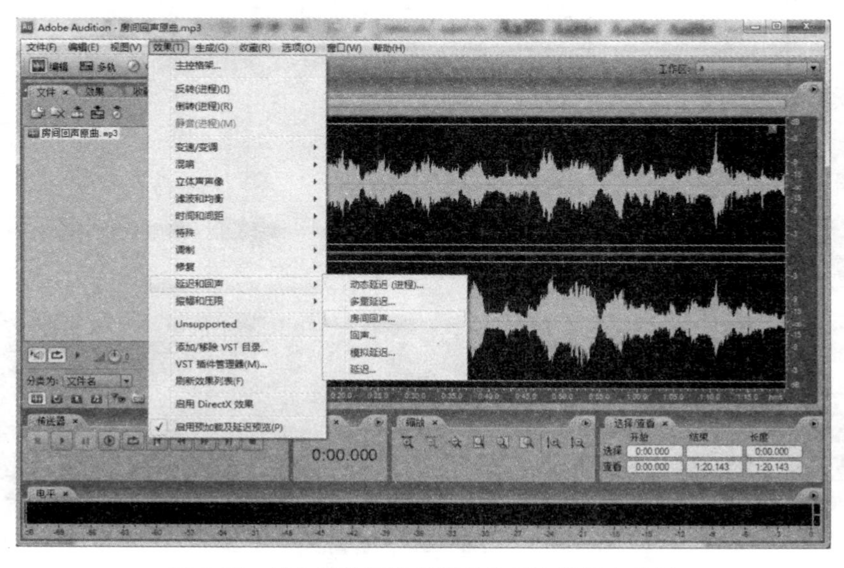

图 7-17　导入要处理的音频并选择房间回声效果

(2) 在房间回声的预设效果中选择“Giant Sterile Ballromm(大而空旷的舞厅)”,并点击“确定”,生成有回声效果的音频,如图 7-18 所示。

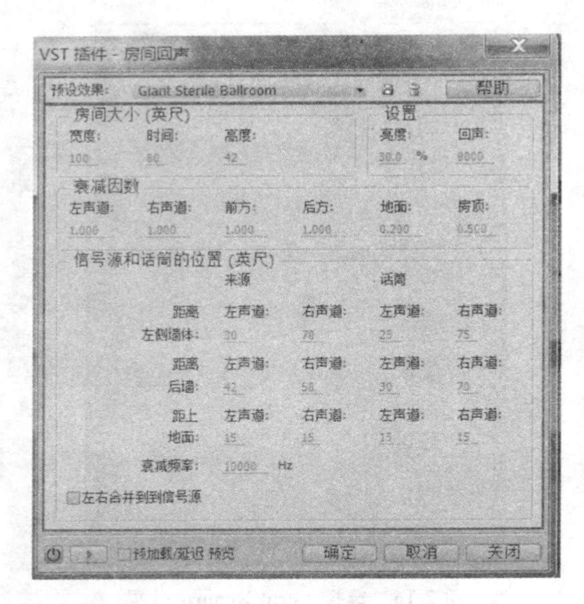

图 7-18　选择 Giant Sterile Ballroom 效果

(3) 如果整段音频音量偏小,可以选中整段音频,如图 7-19 所示,将主群组内居于上方的音量调节按钮向右拨动,调大音量后再来听这段音频,将出现辽远而空旷的感觉。

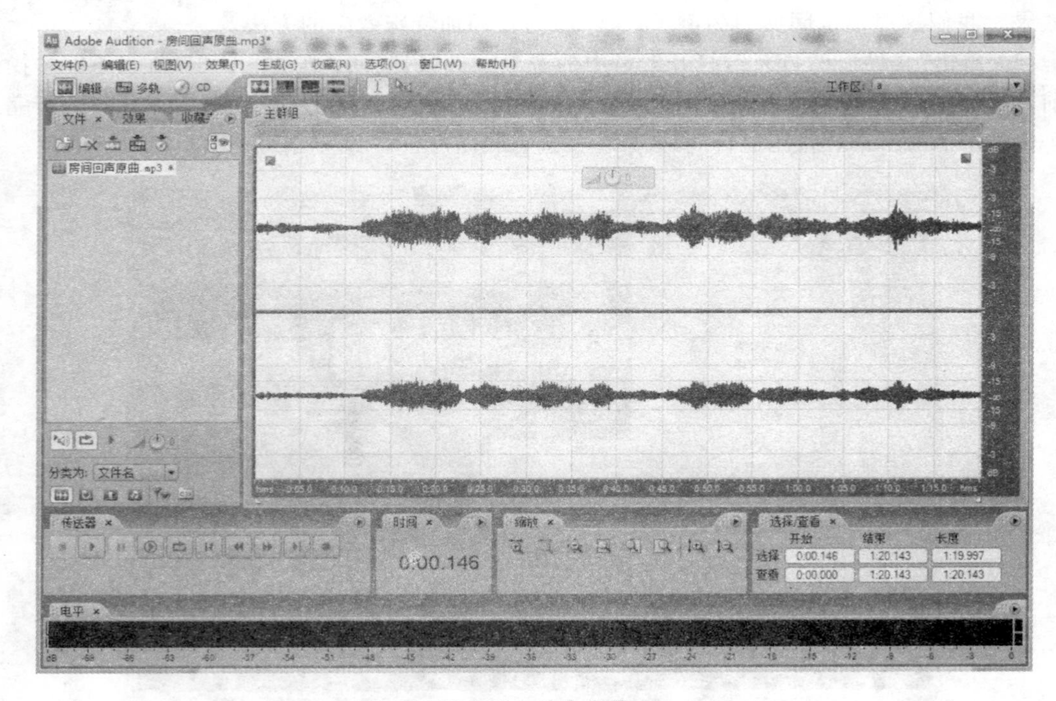

图 7-19　放大音量

7.2 爱剪辑软件介绍

【任务目标】

1. 爱剪辑软件安装；
2. 爱剪辑软件简介；
3. 工作界面组成；
4. 新建工程文件。

【职业引导】

在实际工作和生活中经常需要对我们拍摄的视频做一些处理，或者需要将多个视频文件剪辑在一起，如制作毕业视频、教学用的视频课件等等。那么本章将以爱剪辑软件为例，介绍如何使用爱剪辑来剪辑处理视频。

【知识技能】

7.2.1 爱剪辑软件简介

爱剪辑是最易用、强大的视频剪辑软件，也是国内首款全能的免费视频剪辑软件，由爱剪辑团队凭借 10 余年的多媒体研发实力，历经 6 年以上创作而成。

爱剪辑软件不需要使用者有任何视频剪辑的基础，也不需要理解“时间线”、“非编”等各种专业词汇，让一切都还原到最直观易懂的剪辑方式，拥有更多人性化的创新亮点，更少纠结的复杂交互，更稳定的高效运行设计，更出众的画质和艺术效果。如图 7-20 所示为爱剪辑软件界面。

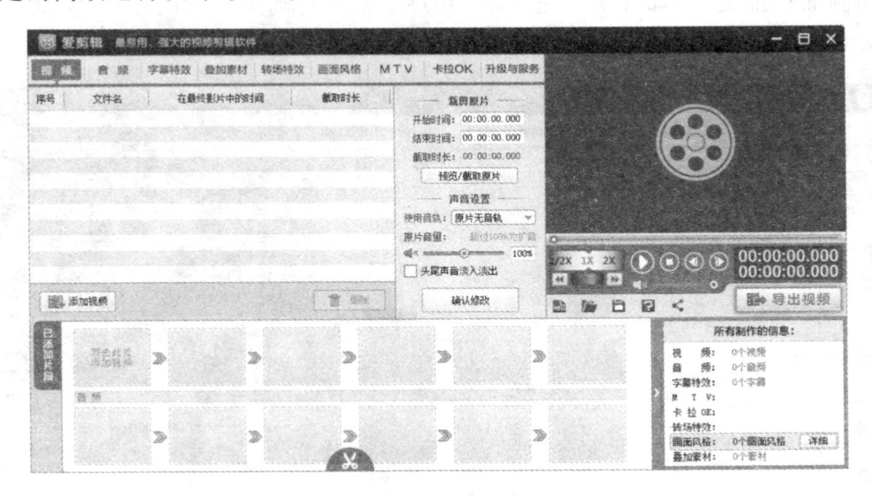

图 7-20 爱剪辑软件界面

7.2.2 爱剪辑软件的安装

双击“爱剪辑_2.5.exe”安装程序，按照向导提示一步步完成安装即可在桌面上看到爱剪辑的图标。

7.2.3　工作界面组成

爱剪辑窗口由 9 个功能区组成，界面非常清晰明确。

1. 视频

打开“视频”功能区，左侧是视频文件，右侧是效果预览窗口，如图 7-21 所示。

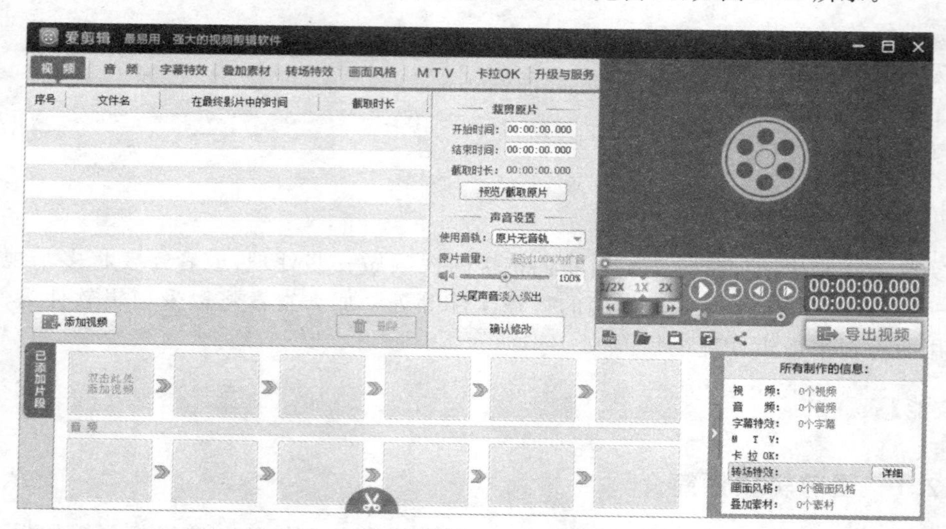

图 7-21　爱剪辑-编辑窗口

2. 音频区

添加声音文件，并可以进行音频片段的截取。

3. 字幕特效

在视频画面添加文字，如片头片尾文字，并对字幕进行动画特效的设计，包括文字的出现、停留和消失 3 种特效制作。具体界面如图 7-22 所示。

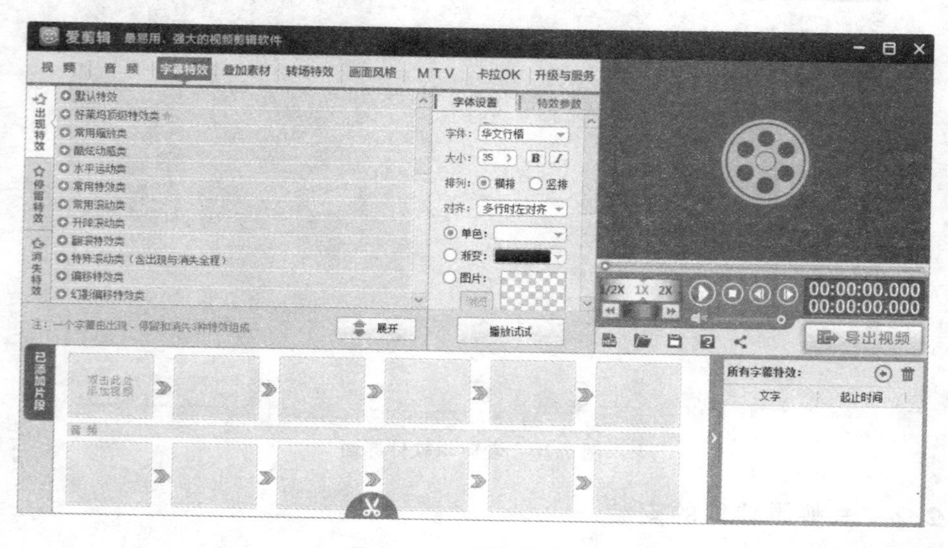

图 7-22　字幕特效窗口

4. 叠加素材

系统提供了 3 种叠加的方式，分别是加贴图、加相框和去除水印。可以实现多重画面的叠加效果。

如图 7-23 所示，我们为视频素材添加了一个垂柳效果的相框。

图 7-23 叠加素材窗口

5. 转场特效

相邻两个视频素材之间的过渡称为转场，默认的系统效果是直接转场，即画面直接跳转。加入转场特效后，可以实现丰富而美观的过渡效果。转场特效窗口如图 7-24 所示。

6. 画面风格

可对视频画面进行美化、风格化处理，得到非常丰富甚至动态的画面风格。如我们添加了画心的动态风格效果，则在画面上出现了如图 7-25 所示的动画。

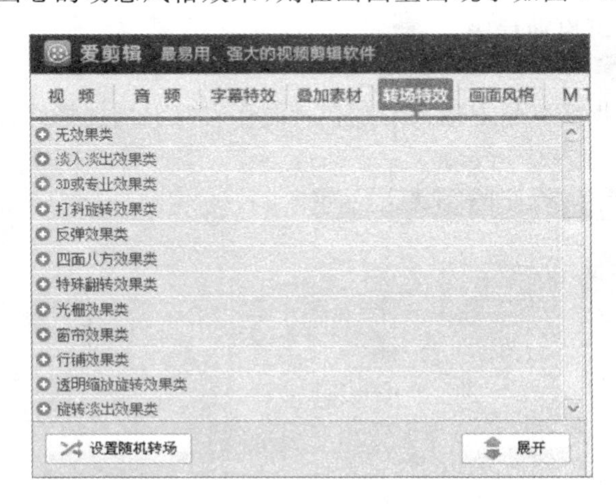

图 7-24 转场特效窗口

图 7-25 画心动画

7. MTV

MTV 歌词字幕同步功能也引入其中，它可以根据使用者实际的背景音乐动态显示歌词信息，并且每行歌词还具有动感十足的字幕呈现特效，和电视上明星的 MTV 效果一样出色。

8. 卡拉 OK

有时候，我们可能突发奇想，大爱某首歌曲，或想将这种愉悦分享给更多人，那卡拉 OK 功能真是美妙极了！但传统的卡拉 OK 制作简直让人望而生畏，本软件摒弃了传统的繁杂制作思路，重视功用性、合理性，用简单几个步骤即可制作一个精美的卡拉 OK 视频。并且还有多达 16 种超酷的文字跟唱特效。如图 7-26 所示为导入孙燕姿的《遇见》这首歌的歌词文件后完成的卡拉 OK 字幕效果。

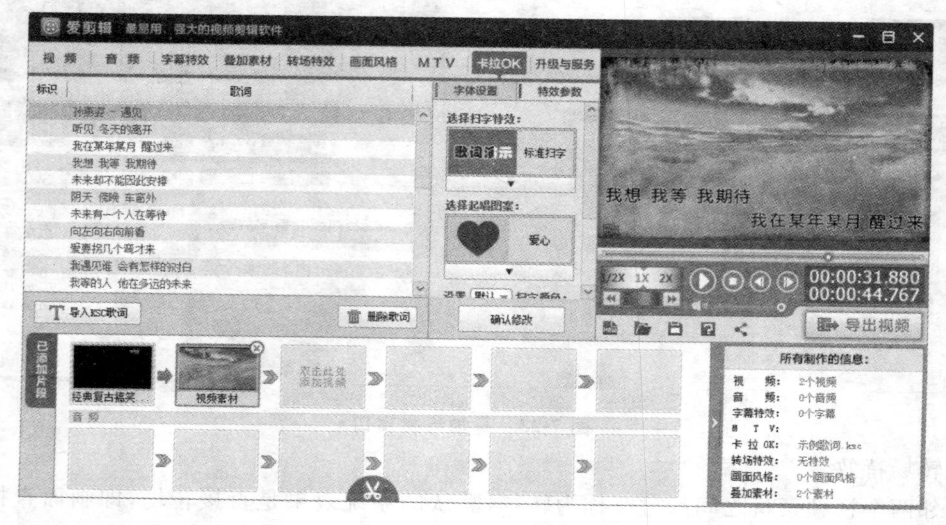

图 7-26 卡拉 OK 效果

7.2.4 创建文件

1. 启动爱剪辑程序

安装好爱剪辑程序后，双击桌面图标，即可启动程序。

2. 新建工程文件

启动程序后，自动弹出“新建对话框”，根据实际情况输入“片名”、“制作者”信息，选择好视频大小和保存的路径后，单击“确定”按钮，如图 7-27 所示。

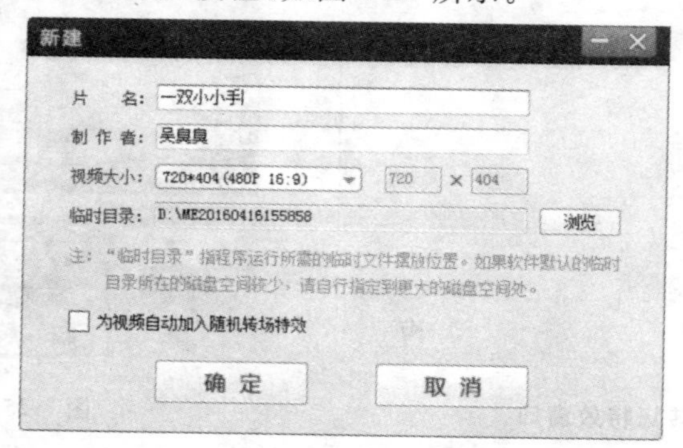

图 7-27 新建工程文件

【提示】 输入的这些信息将会在最后生成的视频文件中显示出来。

【应用探索】

1. 独立安装爱剪辑软件。
2. 新建工程文件，以班级、姓名等信息为片名。
3. 网络搜索一首儿歌视频，及相关图片、背景音乐素材。

7.3 音视频的剪辑与拼接

【任务目标】

1. 视频的导入与剪辑；
2. 多个视频素材的拼接与转场设置；
3. 背景音乐的设置。

【职业引导】

如图 7-28 所示，使用爱剪辑软件进行多个视频画面的剪辑与拼接，以及加入背景音乐或者音效，完成基本的视频编辑效果。

图 7-28 视频画面截图

【知识技能】

7.3.1 下载视频

现在网络上的资源非常丰富，我们可以通过多种途径获取视频资源，比如直接通过百度搜索关键字，找到视频资料下载即可，也可以通过专门的视频网站进行搜索。

在此，我们介绍一种从专业视频网站下载视频的方法。

【提示】 目前很多网站都做了专有化设置，即必须在电脑上安装该网站的视频播放程序后，才可以下载很多视频资源，并且只能用其专用播放器打开播放。比如爱奇艺、土豆等主流视频网站，都必须在电脑上安装相应的程序才能下载。并且下载下来的视频格式比较特殊，不能被常规播放器所识别，只能用它自己的播放器打开观看视频。为此我们特地介绍在这种情况下视频如何搜索下载并正常播放使用的方法。

本案例中以搜索儿歌“一双小小手”为例。

7.3.2 搜索下载视频

通过百度视频搜索关键字“一双小小手”，得到如图 7-29 所示的结果。

图 7-29 百度视频搜索关键字“一双小小手”

(1) 在海量搜索结果中找到比较高清的视频。

通过搜索结果，我们可以看到很多片源都来自于爱奇艺、酷 6 等视频网站，通过浏览后发现爱奇艺网站上的视频资料更高清，画面质量更好一些(下图 7-30 所示红色框线所选择的画面品质为 720P，是非常高品质的画面质量)。所以我们锁定爱奇艺下载我们所需要的视频，效果如图 7-30 所示。

图 7-30 爱奇艺播放窗口

(2) 单击“下载”按钮，提示安装爱奇艺程序才能下载该视频。

(3) 安装爱奇艺程序，如图 7-31 所示，按照提示的步骤进行安装即可。

图 7-31 安装爱奇艺程序

【提示】 注意如图 7-31 中红色矩形框所标出的 3 个复选框，取消勾选，不需要捆绑安装这 3 个程序。

(4) 下载安装奇艺 QSV 视频格式转换器。

安装好爱奇艺播放器后，还需要再安装相应的格式转换器。否则下载下来的视频不能被其他播放器所识别和使用。

安装过程和刚刚一样，非常简单快捷。

(5) 完成以上 2 个程序的安装后，桌面上会出现如图 7-32所示的 2 个图标。

图 7-32 爱奇艺播放器及格式转换器

7.3.3 格式转换

直接从爱奇艺上下载的视频文件名为“儿童歌曲《一双小小手》[高清]. qsv”，我们可以看到视频文件的后缀名是“. qsv”，这种格式的文件只能用爱奇艺播放器才能打开，其他常规播放器，如暴风影音、QQ 影音等都不能识别，更无法进行编辑。于是我们需要使用 QSV 转换工具，完成格式的转换。

双击打开“QSV 转换工具”，启动界面如图 7-33 所示；单击“添加文件”按钮，在打开的对话框中找到我们刚刚下载的儿歌视频，添加进列表中；单击“输出文件夹”后面的按钮，重新选择新的输出路径，本例中我们选择了将输出文件放在桌面上；单击“开始转换”按钮，即可完成转换，如图 7-34 所示。

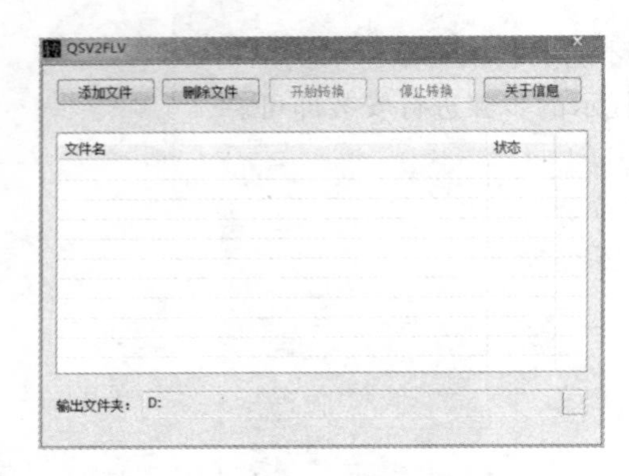

图 7-33　启动 QSV 格式转换工具

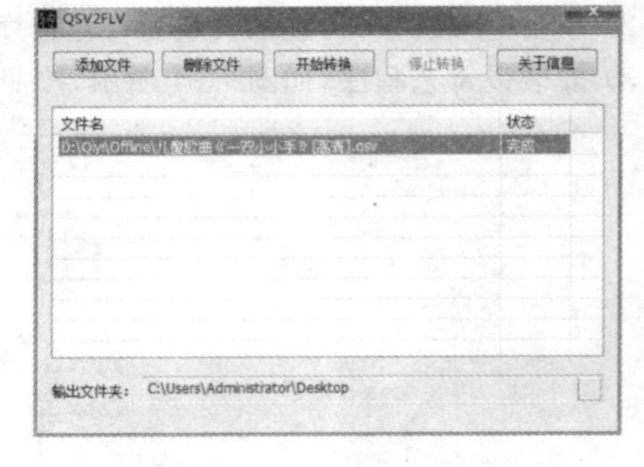

图 7-34　完成格式转换

7.3.4　使用爱剪辑对视频素材进行剪辑与拼接

启动爱剪辑程序，新建工程文件，进入编辑界面，如图 7-35 所示。

图 7-35　爱剪辑编辑界面

单击“添加视频”按钮，找到桌面上刚刚转换了格式的视频文件。按照图 7-36 所示的 4 个操作步骤即可。

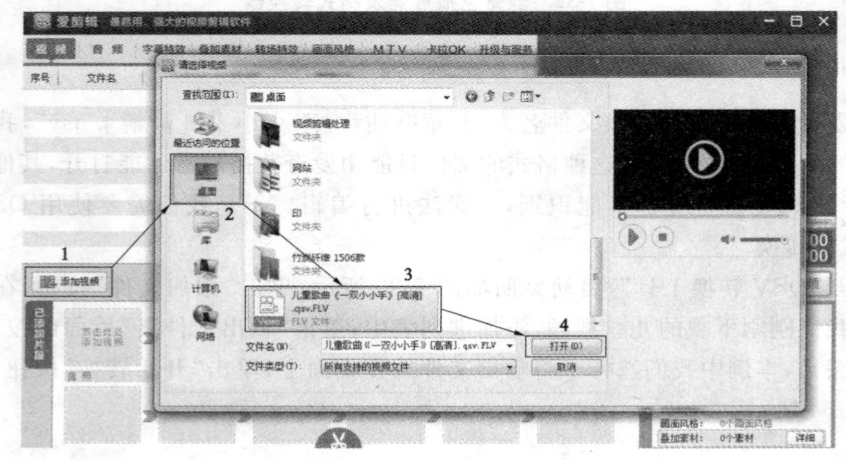

图 7-36　添加视频

7.3.5 视频剪辑

添加视频后，会出现如图 7-37 所示的“预览/截取”对话框。根据实际需要，将视频的开始时间和结束时间做必要的剪辑，再单击“确定”按钮即可。

图 7-37 视频截取对话框

7.3.6 视频拼接

完成一个视频的剪辑之后，在窗口中可以看到刚刚我们添加进来的视频片段，已经显示在下方的视频区域，如图 7-38 所示。

图 7-38 完成剪辑的视频片段编辑界面

用同样的方法导入其他视频素材。

如本例，我们导入了一个卡通动画的儿歌视频和一个幼儿园小朋友的舞蹈视频，剪辑在一起。按照播放的先后顺序，放在窗口下方的视频区，如图 7-39 所示。

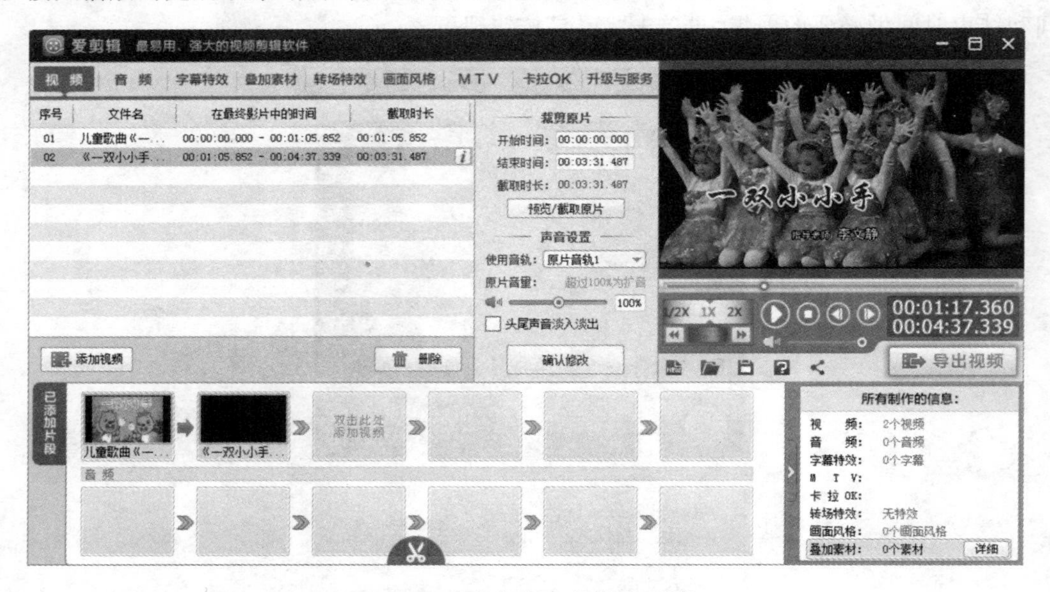

图 7-39 两段视频文件剪辑、拼接

【应用探索】

1. 网络搜索视频并下载视频资料，下载合适的背景音乐文件。
2. 安装爱奇艺软件和格式转换软件。
3. 新建工程文件，添加视频素材，并完成剪辑和拼接。
4. 用类似的方法，完成背景音乐文件的剪辑。

最终结果如图 7-39 所示。

7.4 视频特效制作

【任务目标】

1. 添加字幕特效；
2. 制作视频转场特效；
3. 去除水印。

【职业引导】

如下 3 张效果图所示，使用爱剪辑程序进行视频画面的美化处理，以及添加字幕的特效制作。

片头文字出现特效

视频之间五角星过渡效果

视频画面“画心”特效

【知识技能】

7.4.1 字幕制作与特效设置

在视频处理中我们时常要用到文字信息，比如给视频添加一个片头片尾的字幕或者一些关键字等等。那么在爱剪辑软件中，如何制作字幕以及字幕的效果呢？

本例以添加片头的字幕效果为例进行讲解。

(1) 启动爱剪辑软件，添加 2 个视频素材；

(2) 鼠标单击“字幕特效”选项卡，展开字幕设置的功能区面板，在右侧预览窗口中双击，即可打开文本输入的对话框，如图 7-40 所示；

(3) 输入“一双小小手”，单击“确定”按钮；

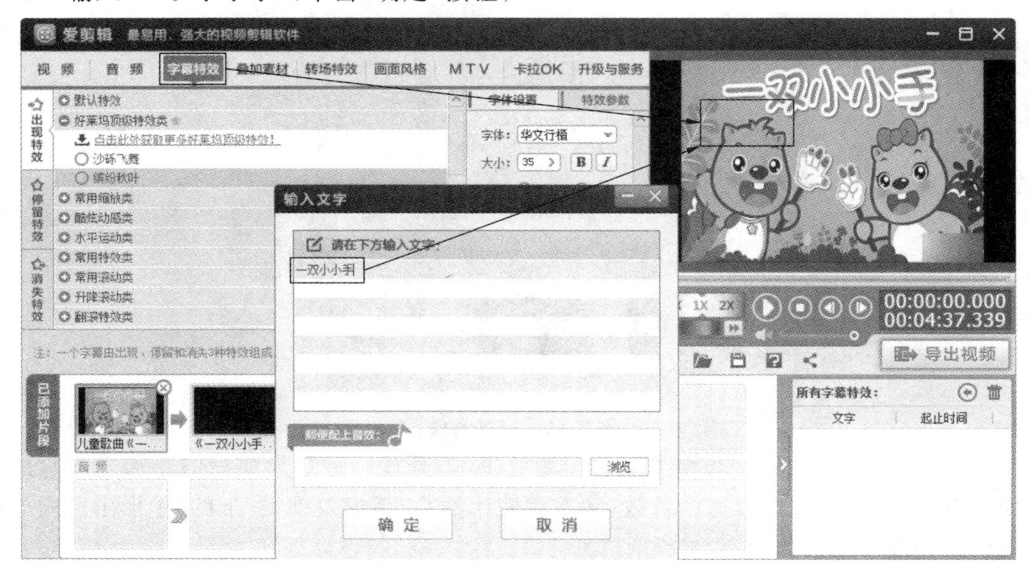

图 7-40 输入片头文字

(4) 调整文字的位置和大小，为输入的文字选择“字幕特效”下的“出现特效”，本例选择的是好莱坞顶级特效类的“缤纷秋叶”效果，如图 7-41 所示。

图 7-41 片头文字的出现特效

7.4.2 视频转场特效

(1) 选中第 2 个视频素材；

(2) 鼠标单击“转场特效”选项卡，展开转场设置的功能区面板，如图 7-42 所示；

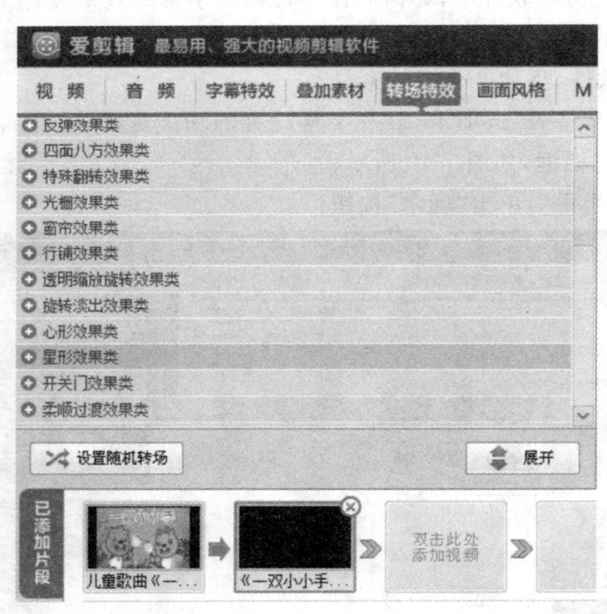

图 7-42 转场特效

(3) 在左侧窗口中列出 38 种类型的转场效果，打开任一种效果前面的小加号，即可使用其中任意效果，预览后选择合适的特效，如本例使用的是“星形效果类”下的“星形由内向外(柔边)”效果。完成后结果如图 7-43 所示。

图 7-43 星形由内向外(柔边)转场效果

7.4.3 去除水印

从网上下载的素材,一般在素材的角落会有一些标志以及 logo 等,如我们从"六一儿童网"上下载了一个"小鸭子"的视频动画,截图如图 7-44 所示。我们需要将这样的 logo 标志模糊化处理。

图 7-44 视频右上角 logo

(1) 打开"叠加素材"选项卡,在左侧选择"去水印";

(2) 单击"添加去水印区域",在右侧预览窗口中确定需要去除的矩形区域大小和位置;

(3) 在"去水印设置"中修改时间段与区域,以及去除方式,一般用模糊式和马赛克式去除方式比较多。

本例使用的就是模糊式去除方式,操作如图 7-45 所示,完成后的结果如图 7-46 所示。

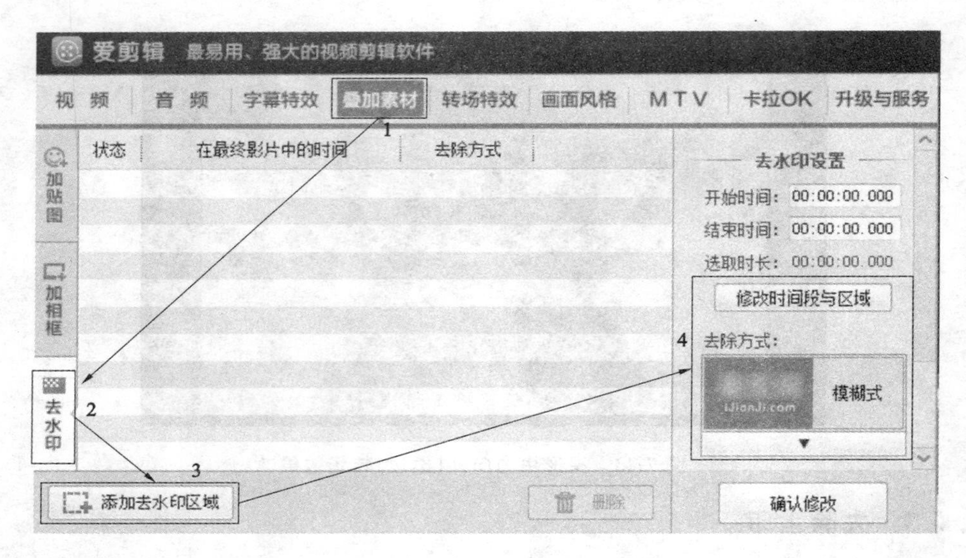

图 7-45 去除水印操作方法

图 7-46 去水印后效果

【应用探索】

制作毕业视频

1. 导入视频素材，制作转场效果；

2. 制作片头片尾字幕，并设置特效；

3. 如果选择的素材有水印标志，去除水印；

4. 添加相框效果。